全国高等卫生职业教育高素质技能型
人才培养"十三五"规划教材

供药学、药物制剂技术、化学制药、生物制药技术、中药学等专业使用

药用植物识别技术

主　编　姚腊初　张建海　许友毅

副主编　付绍智　刘灿仿　孙兴力

编　者　(以姓氏笔画为序)

牛学义　鹤壁职业技术学院

付绍智　重庆三峡医药高等专科学校

刘灿仿　邢台医学高等专科学校

许友毅　广东岭南职业技术学院

孙兴力　永州职业技术学院

何晓丽　合肥职业技术学院

张建海　重庆三峡医药高等专科学校

郑　丽　邢台医学高等专科学校

姚腊初　益阳医学高等专科学校

唐　敏　益阳医学高等专科学校

蒋　媛　永州职业技术学院

华中科技大学出版社
http://www.hustp.com
中国·武汉

内 容 简 介

本书为全国高等卫生职业教育高素质技能型人才培养"十三五"规划教材。

本书以提高人才培养质量为根本目标,着力推动课程内容与职业标准的对接、教学过程与生产过程的对接,并根据工学结合的基本要求以及本学科的课程特点进行编写。全书分为六个项目,内容包括绪论、植物器官形态识别、植物分类识别、药用植物资源、药用植物显微构造识别、现代生物技术在药用植物识别技术中的应用。附录包括药用植物识别技术实训指导、药用植物识别技术野外实习指导、被子植物门分科检索表、常见维管植物科属名录与重要药用植物彩色照片。

本书可供药学、药物制剂技术、化学制药、生物制药技术、中药学等专业学生使用。

图书在版编目(CIP)数据

药用植物识别技术/姚腊初,张建海,许友毅主编. —武汉:华中科技大学出版社,2016.9(2025.1重印)
全国高等卫生职业教育高素质技能型人才培养"十三五"规划教材. 药学及医学检验专业
ISBN 978-7-5680-2034-3

Ⅰ.①药… Ⅱ.①姚… ②张… ③许… Ⅲ.①药用植物-识别-高等职业教育-教材 Ⅳ.①Q949.95

中国版本图书馆 CIP 数据核字(2016)第 155599 号

药用植物识别技术
Yaoyong Zhiwu Shibie Jishu

姚腊初　张建海　许友毅　主编

策划编辑:居　颖
责任编辑:罗　伟
封面设计:原色设计
责任校对:曾　婷
责任监印:周治超
出版发行:华中科技大学出版社(中国·武汉)　　电话:(027)81321913
　　　　　武汉市东湖新技术开发区华工科技园　　邮编:430223
录　　排:华中科技大学惠友文印中心
印　　刷:武汉市籍缘印刷厂
开　　本:880mm×1230mm　1/16
印　　张:15.5　插页:9
字　　数:546千字
版　　次:2025 年 1 月第 1 版第 7 次印刷
定　　价:52.00 元

全国高等卫生职业教育高素质技能型
人才培养"十三五"规划教材
（药学及医学检验专业）
编委会

前言

QIANYAN

本书为全国高等卫生职业教育高素质技能型人才培养"十三五"规划教材,由华中科技大学出版社组织有关医药院校专家、教师编写。

药用植物识别技术是一门药学类专业的重要的基础课程,其具有理论性、实践性、直观性均很强的特点。本书的编写思路是按照全国高职高专本专业教育教学改革要求,以提高人才培养质量为根本目标,以优化培养模式、提高能力及水平、改良课程生态、强化实训教学为手段,着力推动课程内容与职业标准的对接、教学过程与生产过程的对接,并根据工学结合的基本要求以及本学科的课程特点,力求"基本理论够用、精练,实训、实践进一步强化"。为了便于药用植物识别技术野外实习的科学安排,本书在内容编排上较《药用植物识别技术》第1版(华中科技大学出版社)作了较大的调整,全书分绪论、植物器官形态识别、植物分类识别、药用植物资源、药用植物显微构造识别、现代生物技术在药用植物识别技术中的应用六个项目与药用植物识别技术实训指导、药用植物识别技术野外实习指导、被子植物门分科检索表、常见维管植物科属名录与重要药用植物彩色照片五个附录。每个项目前列出了具体的学习目标,末尾附有小结、能力检测试题,正文中有知识链接、列表比较与大量的图片,书末还专门选录有重要药用植物彩色照片。

本书编写的具体分工:项目一绪论、项目二植物器官形态识别、附录三被子植物门分科检索表由益阳医学高等专科学校姚腊初编写;项目三植物分类识别编者分别是,任务一植物分类概述、任务二低等植物、任务三高等植物一苔藓植物至三裸子植物由永州职业技术学院孙兴力编写,任务三高等植物四被子植物(一)双子叶植物纲【离瓣花亚纲】由重庆三峡医药高等专科学校张建海编写,任务三高等植物四被子植物(一)双子叶植物纲【合瓣花亚纲】由鹤壁职业技术学院牛学义编写,任务三高等植物四被子植物(二)单子叶植物纲由永州职业技术学院蒋媛编写;项目四药用植物资源由邢台医学高等专科学校郑丽编写;项目五药用植物显微构造识别任务一植物细胞、任务二植物组织由邢台医学高等专科学校刘灿仿编写,项目五药用植物显微构造识别任务三植物器官构造、附录四常见维管植物科属名录、附录五重要药用植物彩色照片由广东岭南职业技术学院许友毅编写;项目六现代生物技术在药用植物识别技术中的应用由益阳医学高等专科学校唐敏编写;附录一药用植物识别技术实训指导由合肥职业技术学院何晓丽编写;附录二药用植物识别技术野外实习指导由重庆三峡医药高等专科学校付绍智编写。

由于编者水平有限,书中难免存在错误与纰漏,敬请读者批评指正。

在使用本书的过程中,各院校可根据实际情况灵活选用有关内容,并殷切期望广大读者提出宝贵意见。

姚腊初

目录
MULU

项目一　绪　论

 ## 任务一　药用植物识别技术的基本概念、任务和学习方法

一、药用植物识别技术的基本概念

药物是指用于预防、治疗、诊断人的疾病,有目的地调节人的生理机能并规定有适应证或者功能主治、用法和用量的物质。药物的来源可分为天然药物、人工合成药物与生物制品药物三大类。而天然药物是指动物、植物和矿物等自然界中存在的有药理活性的天然产物。根据 20 世纪 80 年代历时 5 年的全国大规模中药资源普查的结果,我国已有药用记载的天然药物种类 12807 种,其中药用植物 11146 种,占 87%。

药用植物是指含有能防病治病的具有一定生理活性物质的植物。

药用植物识别技术是利用植物学的知识和方法来研究药用植物的一门技术。

药用植物识别技术的基本内容分为药用植物器官形态识别、药用植物分类识别、药用植物资源、药用植物显微构造识别、现代生物技术在药用植物识别技术中的应用。

二、药用植物识别技术的主要任务

药用植物识别技术是药学类学生必修的一门重要的专业基础课。其主要任务如下。

(一)准确鉴定药材基源

我国药用植物种类繁多,各地用药历史和用药习惯存在差异,因此药材中同名异物、同物异名现象比较严重。如称为"贯众"的原植物达 50 种,而鱼腥草有蕺菜、折耳根、臭菜、侧耳根、臭根草、臭丹灵、猪皮拱等不同名称。因此根据《中华人民共和国药典》或其他文献,运用植物形态解剖学与分类学知识准确鉴定药材的原植物来源,明确真伪,保证用药安全有效具有十分重要的意义。

(二)合理利用与保护药物资源

人类进入 21 世纪,回归自然成为新的世界潮流。天然药物作为治疗药或作为保健品,食品补品,其独到的防病治病效果和较低的毒副作用,已成为全球医药工业研究开发的热点。调查药用植物资源,弄清其种类和分布,探究这些资源的功用、利用现状、重点品种的蕴藏量以及濒危程度与科学保护方法,为制定药材生产规划,合理开发利用与保护药用植物资源提供了科学依据。

(三)不断寻找和开发新的药物资源

利用植物亲缘关系远近与所含化学成分间关系的规律,可不断寻找和开发新的药物资源。如治疗慢

性支气管炎的岩白菜素最初是从虎耳草科植物岩白菜 *Bergenia purpurascens* （Hook. f. et Thoms）Engl 中提取的，从虎耳草科植物进行筛选研究，很快发现落新妇属（*Astilbe*）多种植物岩白菜素的含量较高，是提取这一成分的理想资源植物。

21 世纪是生命科学的世纪。利用细胞工程与基因工程等现代生物技术，可生产活性成分高的物种、转基因物种和濒危物种，进一步扩大新的药用资源。

三、药用植物识别技术的学习方法

药用植物识别技术是一门理论性、实践性、直观性、灵活性均很强的课程。因此在学习时应坚持理论联系实际，重视实验操作与野外教学，利用各种机会到大自然中去，提高对药用植物识别技术这门课程的学习兴趣，运用系统比较、纵横联系、综合分析的方法，认真细致地观察药用植物，了解药用植物的形态构造和生活习性，并密切结合理论知识进行学习，从而系统、全面地学习好药用植物识别技术这门课程。

 ## 任务二　药用植物识别技术的发展历史

一、我国历代主要本草著作简介

我国古代劳动人民在同疾病作斗争的过程中，发现了许多能够治病的药物，并不断积累了丰富的用药知识，古代药物"以草为本"，即植物药占大多数，记载药物知识的著作称为"本草"。现将我国历代主要本草著作列于表 1-1 中。

表 1-1　我国历代主要本草著作

书　名	作者	年　代	说　明
神农本草经	不详	东汉末年	总结了汉代以前的医药经验，是现知我国最早的药物专著。载药 365 种，分上、中、下三品。每种以药性和主治为主
本草经集注	陶弘景	南北朝梁代（公元 502—549 年）	共 7 卷，载药 730 种，对原有的性味、功能与主治有所补充，并增加了产地、采集时间和加工方法等
新修本草（唐本草）	李勣、苏敬等	唐显庆四年（公元 659 年）	共 54 卷，载药 850 种，新增药 114 种，其中有不少外国输入药物，如安息香、血竭等。本书是由政府组织编辑颁布，是我国和历史上最早的药典
本草拾遗	陈藏器	唐开元 27 年（公元 739 年）	收载《唐本草》未载药物 692 种，各药一般记有性味、功效、生长环境、形态、产地和混淆品种考证等
证类本草（经史证类备急本草）	唐慎微	宋代（公元 1082 年）	将《嘉祐补助本草》与《图经本草》合并，载药 1746 种，新增药 500 余种，是现今研究宋代以前本草发展最完备的重要参考书
本草纲目	李时珍	明万历 24 年（公元 1596 年）	共 52 卷，载药 1892 种，新增药 374 种，附药图 1109 幅，附方 11096 条。全书按药物自然属性，自立分类系统，为自然分类的先驱。曾多次刻印并被译成多种文字，对世界医药学作出了巨大的贡献
本草纲目拾遗	赵学敏	清（公元 1765 年）	对《本草纲目》作了一些正误和补充。载药 921 种，其中 716 种为《本草纲目》中未收载药物

书　名	作　者	年　代	说　明
植物名实图考、植物名实图考长编	吴其濬	清（公元 1848 年）	共记载植物 2552 种，对每种植物的形色、性味、用途和产地、生长环境叙述颇详，并附有精确绘图，尤其着重植物的药用价值与同名异物的考证，为后人研究和鉴定药用植物提供了宝贵的资料

▌**知识链接**▌

《本草纲目》的成就

《本草纲目》是一部集 16 世纪以前中国本草学大成的著作，不仅是中国一部药物学巨著，也不愧是中国古代的百科全书。《本草纲目》在药物分类上改变了原有上、中、下三品分类法，采取了"析族区类，振纲分目"的科学分类。它把药物分为矿物药、植物药、动物药。又将矿物药分为金部、玉部、石部、卤部四部。植物药一类，根据植物的性能、形态及其生长的环境，区别为草部、谷部、菜部、果部、木部等 5 部。草部又分为山草、芳草、醒草、毒草、水草、蔓草、石草等小类。动物一类，按低级向高级进化的顺序排列为虫部、鳞部、介部、禽部、兽部、人部等 6 部，还有服器部。这种分类法，已经过渡到按自然演化的系统来进行了。从无机到有机，从简单到复杂，从低级到高级，这种分类法在当时是十分先进的。尤其对植物的科学分类，要比瑞典的分类学家林奈早二百多年。

《本草纲目》不仅在药物学方面有巨大成就，在化学、地质、天文等方面，都有突出贡献。它在化学史上，较早地记载了金属、金属氯化物、硫化物等一系列的化学反应。同时又记载了蒸馏、结晶、升华、沉淀、干燥等现代化学中应用的一些操作方法。李时珍还指出，月球和地球一样，都是具有山河的天体，"窃谓月乃阴魂，其中婆娑者，山河之影尔"。

《本草纲目》纠正了前人的许多错误之处，如：天南星与虎掌，本来是同一种药物，过去却被误认为是两种药物；以前蕴蓣、女萎认为是同药，李氏经过鉴别确认为两种；苏颂在《图经本草》将天花、栝楼分为两处，其实是同一种植物；前人误认"马精入地变为锁阳""草子可以变鱼"，一一予以纠正之。并且在本书中还加入了许多新的药物。对某些药物的疗效，李时珍还通过自己的经验作了进一步的描述。

《本草纲目》还载叙了大量宝贵的医学资料，除去大量附方、验方及治验病案外，还有一些有用的医学史料。

二、近现代药用植物识别技术的发展概况

1857 年由李善兰和英国人 A. Williamson 合作编译的《植物学》在上海出版，它是我国介绍西方近代植物科学的第一部书籍。全书共八卷，插图 200 余幅。李氏创立了许多现代植物学名词和名称。1934 年，《中国植物学杂志》创刊。1936 年韩士淑根据日本下山氏的著作编译了第一部中文《药用植物学》大学教科书。1949 年中国科学图书公司出版了我国药物学家李承祜编著的《药用植物学》。

新中国成立以后，党和国家十分重视中医药与天然药物的研究和人才的培养。在各地先后设立了中医药大学，中药学院（系）和药用植物教学与研究机构，在各医（药）科大学的药学专业和中医药大学的中药专业开设了"药用植物学"课程，出版和使用了全国规划统编教材，培养了大批药用植物研究人才，开展了药用植物研究工作。

我国分别于 1959—1962 年、1970—1972 年、1983—1986 年进行了三次中药资源的大规模普查和品种整理工作。

新中国成立以来，通过国家和广大药学工作者的努力，编写和出版了许多重要的专著，如《中华人民共和国药典》(1953、1965、1977、1985、1990、1995、2000、2005、2010、2015 年版)、《中国植物志》、《中国药用植物志》、《中国高等植物图鉴》、《中药志》、《中药大辞典》、《全国中草药汇编》及彩色图谱、《中国本草图

录》、《原色中国本草图鉴》、《新华本草纲要》、《中国中药资源志要》、《中华本草》等。此外还出版了不少药用植物类群、资源药专著、地区性药用植物志和民族药志，创刊了大量刊登药用植物和中药研究论文的期刊。

近年来，随着生物技术应用于药用植物识别技术研究领域，已取得的研究成果有：①应用蛋白质电泳、DNA指纹图谱和DNA测序技术，准确鉴定近缘种、道地药材和贵重药；②利用生物技术进行植物组织培养、细胞培养和毛状根培养，提高了有效成分的含量和质量，并获得了无病毒的植株；③利用基因工程，创造了具有更高活性成分和抗逆性的新的转基因药用植物，利用转基因植物生产多肽、蛋白质和疫苗。21世纪药用植物识别技术的发展方兴未艾，它必将进一步促进天然药物学的飞速发展。

小 结

药用植物识别技术是利用植物学的知识和方法来研究药用植物的一门学科。

学习药用植物识别技术的主要任务有准确鉴定药材基源，合理利用与保护药物资源，不断寻找和开发新的药物资源。

药用植物识别技术的学习要坚持理论联系实际，重视实验操作与野外教学，充分运用系统比较、纵横联系、综合分析的方法。

我国古代主要本草著作有：《神农本草经》、《本草经集注》、《新修本草（唐本草）》、《本草拾遗》、《证类本草》、《本草纲目》、《本草纲目拾遗》、《植物名实图考》、《植物名实图考长编》等。

我国近现代药用植物识别技术发展较快，特别是新中国成立以来，进行了三次大规模中药资源普查，当前正在进行第四次中药资源普查，编写和出版了许多重要的专著，生物技术已应用于药用植物识别技术研究领域，进一步促进了药用植物识别技术的发展。

能力检测

一、单选题

1. 我国第一部药学专著是（　　）。

A.《黄帝内经》　　　B.《神农本草经》　　　C.《伤寒论》　　　D.《证类本草》

2. 我国第一部药典是（　　）。

A.《本草纲目》　　　B.《神农本草经》　　　C.《新修本草》　　　D.《中华人民共和国药典》

3.《本草经集注》的作者是（　　）。

A. 李时珍　　　B. 赵学敏　　　C. 陈藏器　　　D. 陶弘景

二、问答题

1. 什么是药用植物和药用植物识别技术？

2. 学习药用植物识别技术的主要任务有哪些？

3.《本草纲目》对药用植物识别技术的重大贡献是什么？

4. 怎样学好药用植物识别技术？

（姚腊初）

项目二　植物器官形态识别

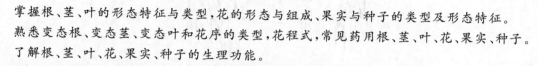
植物器官是由各种不同植物组织构成的具有一定外部形态和内部构造,并执行一定生理机能的植物体的组成部分。

在高等植物中,种子植物器官有根、茎、叶、花、果实和种子。其中根、茎、叶具有吸收、制造、运输和贮藏营养物质等功能,称为营养器官;花、果实、种子具有繁衍后代延续种族的功能,称为繁殖器官。器官之间在生理上和结构上有着明显的差异,但彼此间又密切联系,相互协调,构成一个完整的植物体。

　　　任务一　根

根一般生长在地下,通常不分节和节间,不具芽、叶和花,细胞中不含叶绿素,具有向地性、向湿性和背光性。

许多植物的根是重要的中药材,如党参、黄芪、人参、三七等。

一、根的形态和类型

(一)定根和不定根

1. 定根　直接或间接由胚根生长出来的,有固定的生长部位的根称为定根,包括主根、侧根和纤维根,如桔梗、人参的根。

(1)主根:植物最初生长出来的根,是由种子的胚根直接发育来的。

(2)侧根:主根生长达到一定长度,从其侧面生长出许多分枝。

(3)纤维根:在主根或侧根上还能形成更小的分枝。

2. 不定根　没有固定的生长部位,不是直接或间接由胚根所形成,而是由茎、叶或其他部位生长出来的根统称不定根,如薏苡的根。植物栽培上常利用此特性进行扦插、压条等营养繁殖。

(二)直根系和须根系

一株植物地下部分所有根的总和,称为根系。按其形态及生长特性,根系可分为两种基本类型,即直根系和须根系(图 2-1)。

1. 直根系　主根发达,主根和侧根的界限非常明显的根系,称为直根系,是一般双子叶植物和裸子植物根系的特征,如人参、桔梗、甘草等具有直根系。

2. 须根系　凡是无明显的主根和侧根区分的根系,或根系全部由不定根和它的分枝组成,粗细相近,无主次之分而呈须状的根系称为须根系,多数单子叶植物如淡竹叶、百合、白茅等具有须根系。

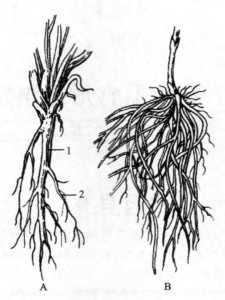

图 2-1　直根系和须根系

A.直根系　B.须根系

1.主根　2.侧根

二、根的变态

有些植物为了适应生活环境的变化,在长期的历史发展过程中,其根的形态、结构和生理功能等方面产生了一些变态,而且这些变态性状形成后可以代代遗传下去,变态根常见的主要有以下几种类型。

(一)贮藏根

根的一部分或全部因贮藏营养物质而成肉质肥大状,这样的根称贮藏根(图 2-2)。依据其来源及形态的不同又可分为以下几种。

1. 圆锥根　主根肥大呈圆锥状,如胡萝卜、白芷、桔梗等的根。

2. 圆柱根　主根肥大呈圆柱状,如萝卜、菘蓝、丹参等的根。

3. 圆球根　主根肥大呈圆球状,如芜菁的根。

4. 块根　块根由侧根或不定根肥大而成,形状多不规则,为块状或纺锤形,一个植株常可以形成多个块根,如甘薯、天门冬、何首乌、百部等(图 2-2)。

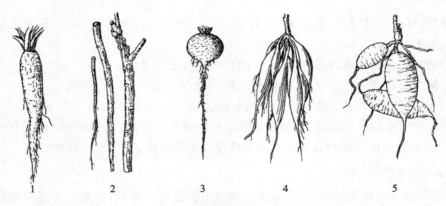

图 2-2　变态根的类型(一)

1.圆锥根　2.圆柱根　3.圆球根　4.块根(纺锤状)　5.块根(块状)

(二)支持根

有些植物在靠近泥土的茎节上产生一些不定根深入土中,以增强支持茎干的作用,这样的根称支持根,如玉米、薏苡、甘蔗、高粱等。

（三）攀援根

攀援植物在其地上茎干上生出不定根，以使植物能攀附于石壁、墙垣、树干或其他物体上，这种根称为攀援根，如常春藤、薜荔、络石等。

（四）气生根

自茎上产生的不伸入土中而暴露在空气中的不定根称气生根。气生根具有在潮湿空气中吸收和贮藏水分的能力，多见于热带植物，如石斛、吊兰、榕树等。

（五）呼吸根

有些生长在湖沼或热带海滩地带的植物，有部分根垂直向上生长，暴露于空气中进行呼吸，称呼吸根，如水松、红树等。

（六）水生根

水生植物的根呈须状垂生于水中，纤细柔软并常带绿色，称水生根，如浮萍、菱、睡莲等。

（七）寄生根

一些寄生植物产生的不定根不是插入土中而是伸入寄主植物体内吸收水分和营养物质，以维持自身的生活，这种根称为寄生根（图2-3），如菟丝子、桑寄生等植物。

图 2-3 变态根的类型（二）
1.支柱根（玉米） 2.攀援根（常春藤） 3.气生根（石斛） 4.呼吸根（红树） 5.水生根（浮萍） 6.寄生根（菟丝子）

 # 任务二　茎

茎由种子的胚芽发育而来，是重要的营养器官，多生于地上，少生于地下，具有背地性。茎的主要功能是输导和支持作用，此外，尚有贮藏和繁殖的功能。中药中以茎或茎皮入药的较多，如麻黄、鸡血藤、厚朴、天麻等。

一、茎的形态

茎通常呈圆柱形，但也有一些植物的茎比较特别，呈方形（如薄荷、益母草）、三棱形（如莎草）、扁平形（如仙人掌）等。茎的中心一般为实心，但也有些植物的茎是空心的（如芹菜、南瓜等）。禾本科植物如稻、竹等的茎中空且有明显的节，特称秆。

茎上着生叶的部位称节。两节之间的部分为节间，并且在节上长芽和叶，这是茎和根在外形上的主要区别。通常将着生叶和芽的茎称为枝或枝条。在木本植物中，节间显著伸长的枝条，称为长枝；节间短缩，紧密相接的枝条，称为短枝。一般短枝着生在长枝上，花多着生在短枝上，最终开花结果，所以又称为果枝，如梨和苹果。

在多年生落叶木本植物的越冬枝条上，叶子脱落后在茎上留下的痕迹称为叶痕，包被芽的芽鳞片脱落后在茎上所留下的痕迹称为芽鳞痕，茎枝表面隆起呈裂隙状的小孔称皮孔（图2-4）。茎的顶端着生的芽称为顶芽，叶腋处着生的芽称为腋芽。芽发育后形成枝或花。

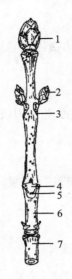

图 2-4 茎的外形
1.顶芽 2.腋芽 3.节 4.叶痕
5.维管束痕 6.节间 7.皮孔

二、茎的类型

(一)依茎的质地分类

1. 木质茎 茎质地坚硬,木质部发达。具木质茎的植物称木本植物,根据其性状的不同,又可分为以下几种类型。

(1)乔木:植株高大,主干明显,下部少分枝,如松、厚朴、杨等。

(2)灌木:植株矮小,主干不明显,在基部分枝成丛生枝干,如白丁香、连翘等。

(3)半灌木:植株外形与灌木相似,但其茎基部木质而多年生,上部多为草质而入冬枯死,如麻黄、牡丹等。

(4)木质藤本:茎长而柔韧,需缠绕或攀附他物才能向上生长,如葡萄、木通等。

2. 草质茎 茎质地较柔软,木质部不发达。具草质茎的植物称为草本植物,根据其生长年限和性状的不同,又可分为以下类型。

(1)一年生草本:植物在一年内完成其生命周期,即植物在一年内完成从种子萌发至开花结实后全株枯死的全过程,如红花、向日葵等。

(2)二年生草本:植物在二年内完成其生命周期,即种子在第一年萌发,只进行营养生长,第二年才开花结实,然后全株枯死,如萝卜、菘蓝、白菜等。

(3)多年生草本:生命周期二年以上的植物,如薄荷、人参、黄连等。

3. 肉质茎 茎质地柔软多汁,肉质肥厚,如芦荟、仙人掌、景天等。

(二)依茎的生长习性分类

1. 直立茎 茎直立于地面上生长,如玉米、松、向日葵、亚麻等。

2. 缠绕茎 茎细长,不能直立,而依靠茎本身缠绕他物,呈螺旋状向上生长,如五味子、马兜铃、何首乌等。

3. 攀援茎 茎细长,不能直立,而是以卷须、不定根等特有的结构攀附他物向上生长,如栝楼、葡萄、常春藤、爬山虎等。

4. 匍匐茎 茎平卧在地上生长,在节处生有不定根长入地下,如甘薯、连钱草等(图2-5)。

5. 平卧茎 茎平卧在地上生长,节处不产生不定根,如蒺藜、地锦、马齿苋等。

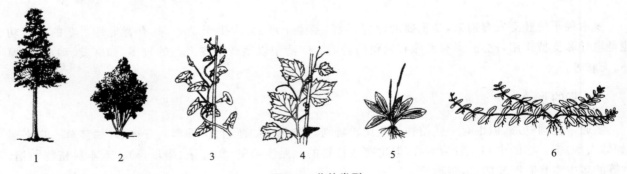

图 2-5 茎的类型
1.乔木 2.灌木 3.缠绕茎 4.攀援茎 5.草本 6.匍匐茎

三、茎的变态

茎的变态种类很多,可分为地下变态茎和地上变态茎两大类。

1. 地下变态茎 常见的地下变态茎有下列四种。

(1)根状茎:外形似根,在土中横向生长,但有明显的节和节间,节上具退化的鳞片叶,先端及节上均具有芽,并常生有不定根,如姜、苍术、芦苇等。

(2)块茎:短而肥厚呈不规则的块状,节间缩短,节向下凹陷,如眼窝,芽生其中但并不明显,鳞片叶退化或早落,如天麻、半夏、马铃薯等。

(3)鳞茎:茎缩短成扁平或圆盘状的鳞茎盘,其上着生有许多肉质肥厚的鳞片叶,整体呈球形或扁球形,下部长有须根。又根据其外部有无干膜质的鳞叶,又分为有被鳞茎和无被鳞茎。有被鳞茎如蒜、洋葱等,无被鳞茎如百合、贝母等。

(4)球茎:茎肉质肥大呈球状,节和节间明显,节上生有膜质鳞片叶和芽,如荸荠、慈姑、芋等(图2-6)。

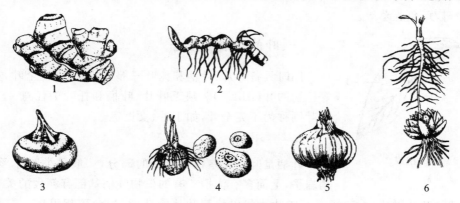

图 2-6　地下变态茎

1.根茎(姜)　2.根茎(玉竹)　3.球茎(荸荠)　4.块茎(半夏)　5.鳞茎(洋葱)　6.鳞茎(百合)

2. 地上变态茎　常见的地上变态茎有以下几种。

(1)叶状茎:茎变成绿色的扁平叶状或针叶状,行使叶的功能,而正常的叶则退化为膜质鳞片状、线状或刺状,如仙人掌、天门冬、竹节蓼等。

(2)刺状茎:茎变成分枝或不分枝的坚硬针刺。刺状茎生于叶腋,可与刺状叶相区别,如山楂、皂荚、酸橙等。

(3)钩状茎:通常弯曲呈钩状,粗短坚硬无分枝,位于叶腋,如钩藤。

(4)卷须茎:茎变成分枝或不分枝的卷须,生于叶腋或与花枝的位置相当,常见于攀援植物,如葡萄、栝楼等。

(5)小块茎和小鳞茎:二者都是由地上芽形成的小球体,具繁殖作用。前者不具鳞片,类似块茎,如薯蓣、秋海棠、半夏等;后者具肥厚小鳞片,类似鳞茎,如大蒜、洋葱、卷丹等(图2-7)。

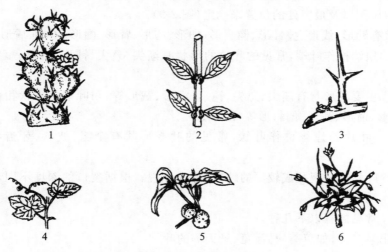

图 2-7　地上变态茎

1.叶状茎(仙人掌)　2.钩状茎(钩藤)　3.刺状茎(皂荚)　4.卷须茎(葡萄)
5.小块茎(山药零余子)　6.小鳞茎(洋葱花序)

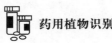

 # 任务三 叶

叶着生在茎节上,常为绿色扁平体,含有大量叶绿体,具有向光性,是进行光合作用和蒸腾作用的主要器官。有些植物的叶还具有贮藏作用和繁殖作用。中药中仅以叶作为药用部位的并不多,常见的如大青叶、桑叶、番泻叶等;很多中药是以草本植物的全草或地上部分入药,其中叶常占据了主要的部分,常见的如蒲公英、益母草、鱼腥草等。

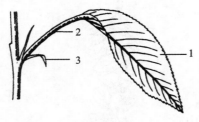

图 2-8 叶的组成
1.叶片 2.叶柄 3.托叶

一、叶的组成与形态

同时具备叶片、叶柄和托叶三部分的叶,称完全叶,如桃、梨、月季等植物的叶(图 2-8)。缺乏叶片、叶柄和托叶中任意一个或两个部分的叶则称为不完全叶,如丁香、女贞等。

(一) 叶柄

叶柄是叶片和茎枝相连接的部分,一般呈类圆柱形、半圆柱形或稍扁平,上面多有沟槽。有的植物叶柄基部有膨大的关节,称叶枕,如含羞草。有的植物叶片退化,而叶柄变态成叶片状以代替叶片的功能,如台湾相思树。有些植物的叶柄基部或叶柄全部扩大形成鞘状,称为叶鞘,如前胡、当归、淡竹叶等。

此外,有些无柄叶的叶片基部包围在茎上,称为抱茎叶,如苦荬菜;有的无柄叶的叶片基部彼此愈合,并被茎所贯穿,称贯穿叶,如元宝草。

(二) 托叶

托叶是叶柄基部的附属物,常成对着生于叶柄基部两侧。托叶一般较细小,形状、大小因植物种类不同差异甚大。有的小而呈线状,如梨、桑;有的与叶柄愈合成翅状,如月季、蔷薇、金樱子;有的变成卷须,如菝葜;有的两片托叶边缘愈合成鞘状,包围茎节的基部,称托叶鞘,如何首乌、虎杖等。

(三) 叶片

叶片是叶的主要组成部分,通常为薄的绿色扁平体。

1. 叶片的全形 叶片的形状和大小变化很大,随植物种类而异,甚至在同一植株上有时也有差异。但一般同一种植物叶片的形状是比较稳定的,在分类学上常作为鉴别植物的依据。叶片的形状主要是根据叶片长度和宽度的比例以及最宽处的位置来确定(图 2-9)。

常见的叶片形状有针形、线形、披针形、椭圆形、卵形、心形、肾形、圆形、菱形、盾形等(图 2-10)。

2. 叶端 叶片的顶端称作叶端,常见的叶端的形状有渐尖、急尖、钝形、截形、短尖、骤尖、微缺、倒心形等(图 2-11)。

3. 叶基的形状 主要的形状有渐尖、急尖、钝形、心形、截形等,与叶端的形状相似,只是在叶基部分出现。此外,还有耳形、箭形、戟形、偏斜形等(图 2-12)。

4. 叶缘的形状 叶片的边缘称作叶缘,常见的叶缘形状有全缘、波状、牙齿状、锯齿状、圆齿状(图 2-13)。

5. 叶片的分裂 叶片边缘裂开成较深的缺口,称为分裂。根据裂口的深度不同,可分为浅裂、深裂、全裂等(图 2-14)。

6. 叶片的质地 常见的有以下几种。

(1) 肉质:叶片肥厚多汁,如芦荟、马齿苋、景天等的叶。

(2) 革质:叶片稍厚,比较坚韧,略似皮革,上面常有光泽,如枇杷、夹竹桃的叶。

(3) 草质:叶片薄而柔软,如薄荷、藿香、商陆等的叶。

(4) 膜质:叶片薄而半透明,如麻黄的叶。

7. 叶脉 叶脉是贯穿于叶肉的维管束,主要起支持和疏导作用。叶脉在叶片中的分布形式称为脉

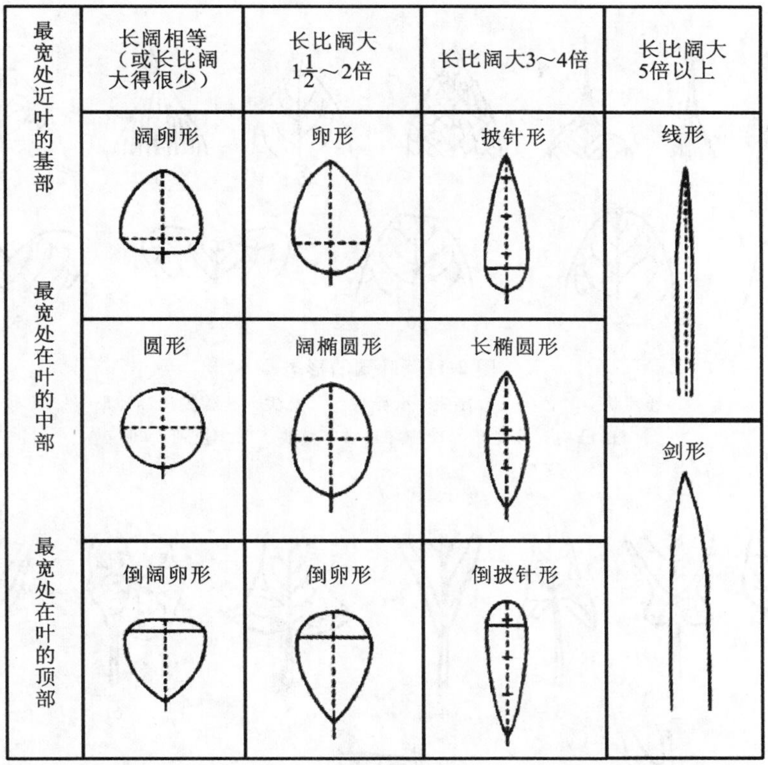

最宽处近叶的基部	长阔相等（或长比阔大得很少）	长比阔大 $1\frac{1}{2}$～2倍	长比阔大3～4倍	长比阔大 5倍以上
	阔卵形	卵形	披针形	线形
最宽处在叶的中部	圆形	阔椭圆形	长椭圆形	
				剑形
最宽处在叶的顶部	倒阔卵形	倒卵形	倒披针形	

图 2-9 叶形的基本分类

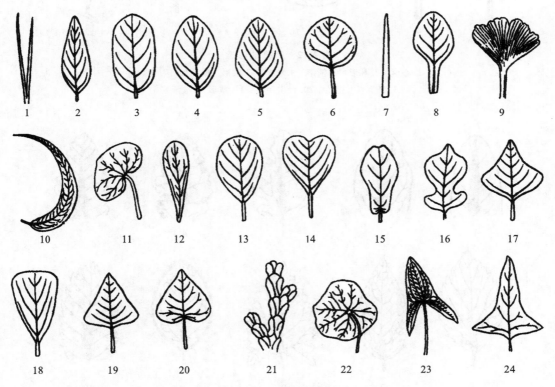

图 2-10 叶片的全形

1.针形 2.披针形 3.矩圆形 4.椭圆形 5.卵形 6.圆形 7.线形 8.匙形
9.扇形 10.镰形 11.肾形 12.倒披针形 13.倒卵形 14.倒心形 15、16.提琴形
17.菱形 18.楔形 19.三角形 20.心形 21.鳞形 22.盾形 23.箭形 24.戟形

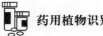

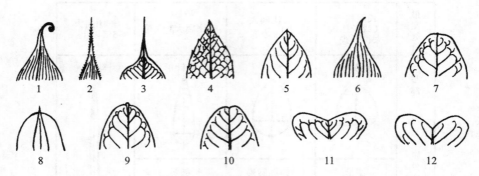

图 2-11　叶端的形态

1.卷须状　2.芒尖　3.尾尖　4.渐尖　5.急尖　6.骤尖　7.钝形

8.凸尖　9.微凸　10.微凹　11.微缺　12.倒心形

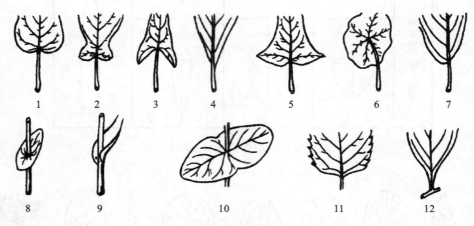

图 2-12　叶基的形态

1.心形　2.耳形　3.箭形　4.楔形　5.戟形　6.盾形　7.歪斜

8.穿茎　9.抱茎　10.合生穿茎　11.截形　12.渐狭

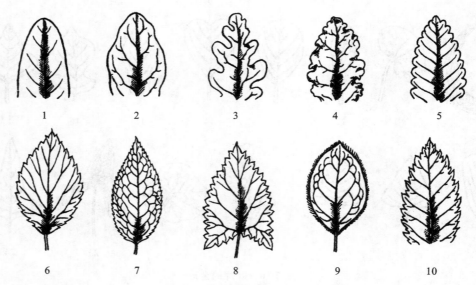

图 2-13　叶缘的形态

1.全缘　2.浅波状　3.深波状　4.皱波状　5.圆齿状　6.锯齿状

7.细锯齿状　8.牙齿状　9.睫毛状　10.重锯齿状

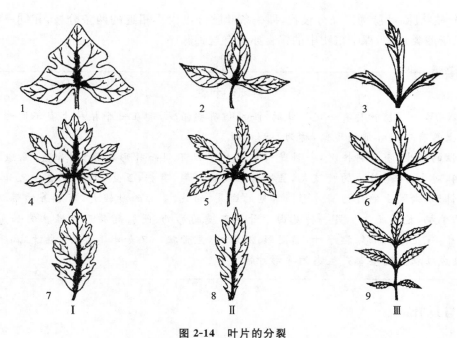

图 2-14 叶片的分裂

Ⅰ.浅裂 Ⅱ.深裂 Ⅲ.全裂

1.三出浅裂 2.三出深裂 3.三出全裂 4.掌状浅裂 5.掌状深裂
6.掌状全裂 7.羽状浅裂 8.羽状深裂 9.羽状全裂

序,脉序一般可分为以下三种类型(图 2-15)。

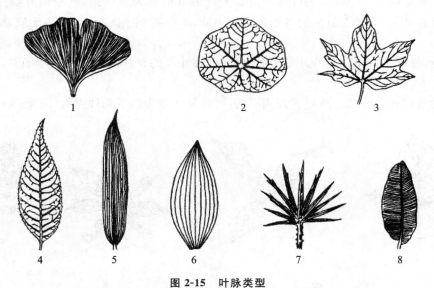

图 2-15 叶脉类型

1.分叉状脉 2、3.掌状网脉 4.羽状网脉 5.直出平行脉 6.弧状平行脉 7.射出平行脉 8.羽状平行脉

(1)网状脉:具有明显的主脉,由主脉分出许多侧脉,侧脉再分出细脉,彼此连接成网状,是大多数双子叶植物的脉序。侧脉由中脉的两侧分出,呈羽状排列,细脉则仍呈网状,称为羽状网脉,如枇杷、桃、李等植物的叶。侧脉自中脉的基部分出形如掌状,细脉仍连成网状,称为掌状网脉,如蓖麻、南瓜、向日葵等植物的叶。

(2)平行脉:叶脉多呈平行或近于平行分布,是大多数单子叶植物的脉序。中脉和侧脉自叶片基部发出,彼此平行,直达叶端,称为直出平行脉,如水稻、小麦、麦冬等植物的叶。中脉和侧脉自叶片基部发出,弧状纵行,直达叶端,称为弧状平行脉,如铃兰、玉竹、玉簪等植物的叶。侧脉自中脉两侧发出,彼此平行,直达叶缘,称为羽状平行脉,如芭蕉、美人蕉等植物的叶。各叶脉自叶片基部射出呈扇形排列,称为射出平行脉,如棕榈、蒲葵等植物的叶。

（3）二叉分枝状脉：叶脉为二叉分枝状，即一条叶脉分出大小相近的两条分枝，在同一叶上可以有好几级分枝，常见于蕨类植物，裸子植物中的银杏亦具有这种脉序。

知识链接

异形叶性

一般情况下，一种植物具有一定形状的叶子，但有些植物，却在一个植株上有不同形状的叶。这种同一植株上具有不同叶形的现象，称为异形叶性。

异形叶性的发生，有两种情况：一种是叶因枝的老幼不同而叶形各异，例如蓝桉，嫩枝上的叶较小，卵形无柄，对生，而老枝上的叶较大，呈披针形或镰刀形，有柄，互生，且常下垂。又如金钟柏的幼枝上的叶为针形，老枝上的叶为鳞片形。常见的白菜、油菜，基部的叶较大，有显著的带状叶柄，而上部的叶较小，无柄，抱茎而生。另一种是由于外界环境的影响，而引起异形叶性。例如慈姑，有三种不同形状的叶：气生叶，箭形；漂浮叶，椭圆形；沉水叶，呈带状。又如水毛茛，气生叶，扁平广阔，而沉水叶，却细裂成丝状。这些都是生态的异形叶性。

二、单叶与复叶

（一）单叶

一个叶柄上只着生一个叶片的叶称单叶，如厚朴、女贞等。

（二）复叶

一个叶柄上着生两个以上叶片的叶称复叶。复叶的叶柄称为总叶柄，其腋内有腋芽，总叶柄上着生叶片的轴状部分称叶轴，叶轴上着生的每个叶片称小叶，小叶有柄或无柄，其腋内无腋芽；小叶的柄，称小叶柄。

从来源上看，复叶是由单叶的叶片分裂而成的，即当叶片的裂片深达主脉或叶基并具小叶柄时，便形成了复叶。

根据小叶的数目和在叶轴上排列的方式不同，可将复叶分为以下几种类型（图2-16）。

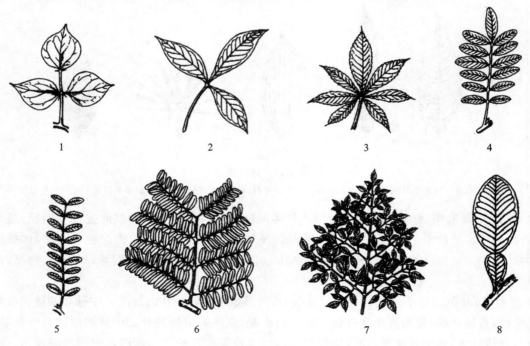

图 2-16　复叶类型

1.羽状三出复叶　2.掌状三出复叶　3.掌状复叶　4.奇数羽状复叶
5.偶数羽状复叶　6.二回羽状复叶　7.三回羽状复叶　8.单身复叶

1. 羽状复叶 叶轴长,多数小叶在叶轴的两侧呈羽状排列。若羽状复叶上小叶的数目为单数,则称奇(单)数羽状复叶,如槐、苦参、蔷薇等的叶;若羽状复叶上小叶的数目为双数,则称偶数羽状复叶,如决明、落花生、皂荚等的叶。若羽状复叶的叶轴作一次羽状分枝,形成许多侧生小叶轴,在每一小侧轴上又形成羽状复叶,则称为二回羽状复叶,如合欢、云实、含羞草的叶;若羽状复叶的叶轴作二次或多次分枝,在最后的分枝上又形成羽状复叶,则分别形成三回或多回羽状复叶,如南天竹、苦楝、茴香等的叶。

2. 掌状复叶 三个以上的小叶着生在极度缩短的叶轴上呈掌状排列,如人参、五加、七叶树等的叶。

3. 三出复叶 叶轴上着生有三个小叶。如果三个小叶柄是等长的,则称为三出掌状复叶,如酢浆草、半夏等的叶;如果顶端小叶柄较长,则称为三出羽状复叶,如大豆、胡枝子的叶。

4. 单身复叶 总叶柄顶端只具一个叶片,总叶柄常作叶状或翼状,在柄端有关节与叶片相连,如酸橙、柑橘、柚等的叶。

具单叶的小枝和羽状复叶之间有时易混淆,识别时首先要弄清叶轴和小枝的区别:第一,叶轴的先端没有顶芽,而小枝的先端有顶芽;第二,小叶的腋内没有腋芽,仅在总叶柄的腋内有,而小枝上每一单叶的腋内均有腋芽;第三,复叶上的小叶与叶轴成一平面,而小枝上的单叶与小枝常成一定角度;第四,复叶脱落叶时,整个复叶由总叶柄处脱落,或小叶先脱落,然后叶轴连同总叶柄一起脱落,而小枝一般不脱落,只有叶脱落。

三、叶序

叶在茎枝上的排列方式,称为叶序。常见的叶序有下列四种(图2-17)。

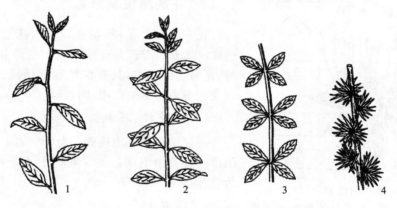

图2-17 叶序类型
1.互生 2.对生 3.轮生 4.簇生

1. 互生叶序 在茎的每一节上只生有一片叶子,各叶呈螺旋状排列在茎上,如桃、桑、柳等。

2. 对生叶序 茎的每一节上有相对而生的两片叶子,如丁香、薄荷、石竹等。

3. 轮生叶序 茎的每一节上着生有三片或三片以上的叶子,排列成轮状,如夹竹桃、直立百部、轮叶沙参等。

4. 簇生叶序 两片以上的叶子着生在节间极度缩短的茎上,密集成簇状,如银杏、枸杞、落叶松等。

此外,有些植物的茎极为短缩,节间不明显,其叶如从根上直接生出而呈莲座状,称基生叶,如蒲公英、车前等;有些植物可兼有对生、(三叶)轮生叶序,如羊角拗、桃金娘(偶见)等。

四、叶的变态

叶也和根、茎一样,受环境条件的影响而有各种变态。常见的变态叶有下列几种。

1. 苞片 生于花或花序下面的变态叶,称苞片。生在花序外围或下面的苞片称总苞片;生于花序中各花花柄上或花萼下的苞片称小苞片。苞片的形状多与普通叶不同,常较小,绿色,但也有形大而呈各种颜色的,如鱼腥草花序下的总苞片呈白色花瓣状。

2. 鳞叶 叶的功能特化或退化成鳞片状,称为鳞叶。有的鳞叶肥厚肉质,能贮藏营养物质,如百合、贝母、洋葱等鳞茎上的肉质鳞叶;有的鳞叶成很薄的膜质,如麻黄。木本植物冬芽外面紧密重叠的鳞片,也是由叶变成的鳞叶。

3. 叶卷须 叶片或托叶变成卷须,借以攀援他物。如豌豆的卷须是由羽状复叶上部的小叶变态而成;菝葜的卷须是由托叶变态而成。

4. 刺状叶 叶的一部分或全部变为坚硬的刺状,起保护作用或适应干旱环境,如小檗、仙人掌等。

5. 捕虫叶 食虫植物的叶,叶片形成囊状、盘状或瓶状等捕虫结构,当昆虫触及时,立即能自动闭合,将昆虫捕获,而被腺毛和腺体分泌的消化液所消化,如捕蝇草、茅膏菜、猪笼草。

任务四 花

花是种子植物所特有的生殖器官,通过传粉、受精、产生果实和种子,使种族得以延续繁衍。种子植物之外其他植物均不开花,称隐花植物。裸子植物花较简单、原始,而被子植物花则高度进化,构造也较复杂,一般有花植物指的是被子植物,本节内容所述花即被子植物的花。

花的形态、构造随植物种类而异,但它的形态构造特征较其他器官稳定,变异较小。同时植物在长期进化过程中所发生的变化也往往从花的结构方面反映出来,因此花被作为植物鉴定的主要依据。因此正确认识、掌握花的特征,对学习植物分类学、药用原植物鉴别及花类药材鉴定有重要意义。采集标本时尽量采带花和果实的标本,若少花、果则失去科学价值。

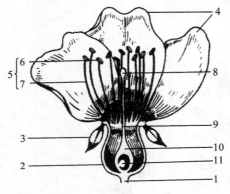

图 2-18 花的组成部分

1.花梗 2.花托 3.花萼 4.花冠 5.雄蕊 6.花药
7.花丝 8.柱头 9.花柱 10.子房 11.胚珠

一、花的组成及形态

花一般是由花梗、花托、花萼、花冠、雄蕊群、雌蕊群等组成。雄蕊与雌蕊是花中最重要的部分,具有生殖功能;花萼、花冠合称花被,具有保护和引诱昆虫传粉的作用;花梗和花托主要起支持作用(图 2-18)。

(一)花梗(花柄)

花梗是花和茎连接的部分,通常为绿色柱状,粗细长短随植物种类而不同。不少花梗上或下部有小形叶状物,称为苞片。

(二)花托

花托生于花梗顶端,通常稍膨大,形状随种类而异,花萼、花冠、雄蕊、雌蕊均着生其上。花托有各种形状,如圆柱状(木兰、厚朴)、圆锥状(草莓)、倒圆锥状(莲)、杯状(金樱子、蔷薇),顶端形成肉质增厚部分,呈平坦垫状、杯状或裂药状的花盘(枣、卫矛、芸香、葡萄),延伸成柱状体,称雌蕊柄(花生、黄连)或圆锥雌雄蕊柄(白花菜、西番莲)(图 2-19)。

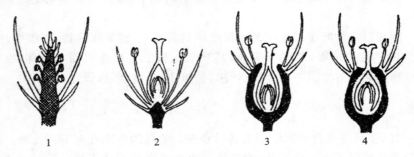

图 2-19 几种不同的花托

1.圆锥状花托 2.圆柱状花托 3、4.杯状(凹顶形)花托

(三)花被

花被是花萼与花冠的总称,特别是花萼、花冠形态相似不易区分时,则称为花被,如木兰、百合、黄

精等。

1. 花萼　花萼是一朵花中所有萼片的总称,位于花最外层,常呈绿色叶片状。花萼有以下几种类型。

离生萼:萼片互相分离,如毛茛、油菜。

合生萼:萼片互相连合,如曼陀罗、地黄,花萼的连合部称萼筒或萼管,分离部分称萼齿或萼裂片。

距:有的萼筒一边向外凸成一管状或囊状突起,称距,如凤仙花、旱金莲。

早落萼:花开放前即落,如虞美人、白屈菜。

宿萼:花开后萼不脱,随果增大,如柿、辣椒、酸浆、茄。

瓣状萼:萼片较大或具鲜艳颜色,呈花冠状,如八仙花、铁线莲、乌头等。

副萼:有些植物萼下另有一轮类似萼片状的苞片,称为副萼,如棉花、锦葵、草莓、翻白草等。

萼变化:膜质,半透明,如补血草、鸡冠花、牛膝、青葙;冠毛,如菊科、蒲公英、旋覆花,利于果实和种子传播。

2. 花冠　花冠是一朵花中所有花瓣的总称,位于花萼内侧,是花中最显眼的部分。依花冠连合与否可分为离瓣花(如桃、萝卜)和合瓣花(如牵牛、地黄),这是恩格勒分类系统重要的分类依据之一,此外有些花冠有距,有些花冠宿存,有些植物花冠退化。合瓣花冠的连合部分称花冠管或花冠筒,分离部分称花冠裂片(其前伸如帽檐部分称冠檐;冠檐与冠筒交界对称冠喉)。有些植物花瓣基部延长成管状或囊状亦称距(延胡索、紫堇属、堇菜属等),有些植物花冠或花被上生有的瓣状附属物(萝藦、水仙)称副花冠。

根据花冠形态,我们可以把花冠分为如下类型:十字形、蝶形、假蝶形、唇形、漏斗状、管状、舌状、高脚碟状、钟状、辐状或轮状(图 2-20)。

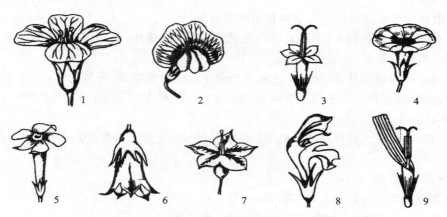

图 2-20　花冠的类型

1.十字形　2.蝶形　3.管状　4.漏斗状　5.高脚碟状　6.钟状　7.辐状　8.唇形　9.舌状

十字形:花瓣 4 枚,分离,上部外展呈十字形,如荠菜、萝卜等十字花科植物。

蝶形:花瓣 5 枚,分离,排列成蝴蝶形,上面一片位于花的最外方且最大,称旗瓣,侧面两片位于花的翼较小,称翼瓣,最下面的两片最小且顶部常靠合,并向上弯曲似龙骨,称龙骨瓣,如甘草、豌豆等蝶形花亚科植物。

假蝶形:花瓣 5 枚,龙骨瓣在外,旗瓣在内,如番泻叶、苏木等云实亚科植物。

唇形:花瓣合生,呈二唇形,上唇 2 裂,下唇 3 裂,下部筒状,如益母草、丹参等唇形科植物。

管状:花瓣大部分合生呈管状(筒状),其余部分(花冠裂片)沿花冠管方向伸出,如红花、白术等菊科植物。

舌状:花冠基部呈一短筒,上部向一侧延伸成扁平舌状,如向日葵、菊花等菊科植物。

漏斗状:花瓣合生,花冠筒较长,自下而上逐渐扩大,上部外展呈漏斗状,如牵牛、甘薯、曼陀罗等。

高脚碟状:花冠下部细长呈管状,上部水平展开呈碟状,如水仙、长春花、迎春花。

钟状:花冠筒宽而较短,上部裂片外展似古代铁钟,如党参、沙参、桔梗等。

辐状或轮状:花冠筒甚短而广展,裂片由基部向四周扩展,形如车轮状,如茄科龙葵、茄、辣椒等。

3. 花被卷迭式　花被各片之间排列形式与关系,在花蕾将绽开期最明显。常见类型如下。(图 2-21)。

图 2-21　花被卷叠式

1.镊合状　2.内镊合状　3.外镊合状　4.旋转状　5.覆瓦状　6.重覆瓦状

（1）镊合状：花被各片边缘互相接触排成一圈，如葡萄、桔梗花冠，锦葵花萼。

内向镊合：花被各片边缘微向内弯，如沙参花冠、臭椿花冠。

外向镊合：花被各片边缘微向外弯，如蜀葵花萼。

（2）旋转状：花被各片彼此以一边重叠成回旋形式，称旋转状，如夹竹桃、栀子、酢浆草等花冠（每片一边在内，一边在外）。

（3）覆瓦状：花被片边缘彼此覆盖，但有一片完全在外，一片完全在内面，如山茶花萼，紫草、三色堇花冠。

重覆瓦状：两片在外，两片在内，如野蔷薇、桃、杏。

（四）雄蕊群

雄蕊群是一朵花中全部雄蕊的总称。雄蕊位于花冠里面，在其上形成雄性生殖细胞。雄蕊群位于花被内侧，一般直接着生于花托上，有的则着生在花冠上，称贴生，其数目多与花瓣同数或为其倍数，数目超过 10 个的称雄蕊多数。

1. 雄蕊的组成　典型的雄蕊由花丝和花药两部分组成。

花丝：雄蕊基部细长柄状部分，下部着生在花托上，或花被基部，上部支持着花药，花丝粗细、长短因植物种类而不同，长者如合欢，短者如细辛。

花药：花丝顶端膨大的囊状体，常由 4 个或 2 个药室或花粉囊组成，分为两半，中间为药隔。雄蕊成熟时，花粉囊开裂，散发出花粉粒。花药开裂的方式和花药在花丝上的着生方式因植物种类不同而异，常见的开裂和着生方式如下。

花药开裂方式有纵裂（大多数植物）、孔裂（马铃薯、玉米、龙葵）、瓣裂（樟、小檗、淫羊藿）、横裂（木槿、蜀葵）（图 2-22,1～3）。

花药着生方式（图 2-22,4～9）：

全着药：全部花药着生在花丝上，如莲、油桐、紫玉兰。

基着药：基部着生在花丝上，如樟、茄、小檗、莎草、唐菖蒲。

背着药：背部着生在花丝上，如杜鹃、马鞭草。

丁字着药：背部中央一足着生在花丝顶端，二者呈丁字形，如茶、禾本科、百合、石蒜。

个字着药：花药上部连合，着生在花丝上，下部分离，如泡桐、地黄。

广歧着药：药室完全分离，几成一直线着生在花丝顶上，如益母草、薄荷。

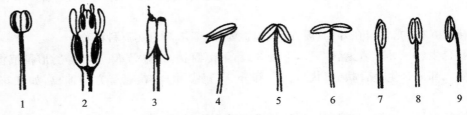

图 2-22　花药的开裂(1～3)和着生方式(4～9)

1.纵裂　2.瓣裂　3.孔裂　4.丁字着药　5.个字着药　6.广歧着药　7.全着药　8.基着药　9.背着药

2. 雄蕊类型　一朵花中雄蕊的数目、长短、分离、合生及排列方式等状况，是随植物种类不同而异，常见的有以下几种类型（图 2-23）。

单体雄蕊：雄蕊的花丝连合成一束，呈圆筒状，花药分离，如锦葵科、楝科植物。

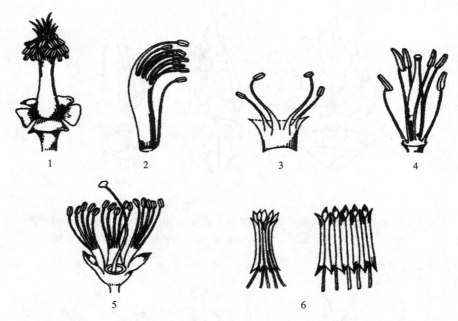

图 2-23 雄蕊的类型
1.单体雄蕊 2.二体雄蕊 3.二强雄蕊 4.四强雄蕊 5.多体雄蕊 6.聚药雄蕊

二体雄蕊:雄蕊的花丝连合成二束,如豆科植物(9)+1,也有的植物如延胡索、紫堇等为六枚雄蕊(3)+(3)。

多体雄蕊:雄蕊多数,花丝分别连合成数束,如酸橙、蓖麻等。

聚药雄蕊:花药连合成筒状,花丝分离,如菊科植物。

二强雄蕊:雄蕊 4 枚,其中 2 枚花丝较长,如唇形科、玄参科、马鞭草科植物等。

四强雄蕊:雄蕊 6 枚,其中 4 枚花丝较长,如十字花科植物。

3. 雄蕊的构造

(1) 花丝的构造:外层为 1 层角质化的表皮细胞,中央 1 条周韧维管束直达药隔。

(2) 花药:花丝顶端膨大的囊状体,是雄蕊的主要部分。在花药中有一至数个藏有花粉粒的腔室,称为药室或花粉囊。多数花药具有四个药室,分成左右两半,横切面呈蝴蝶状,两侧药室间为药隔,其中有一维管束。

(五) 雌蕊群

雌蕊群是一朵花中所有雌蕊的总称,位于花中央或花托顶部,是花的重要生殖部分。

1. 雌蕊的组成 雌蕊是由一至数个心皮所构成的。心皮是适应生殖的变态叶。裸子植物的心皮(又称大孢子叶、珠鳞)展开成叶片状,胚珠裸露在外,被子植物的心皮边缘结合成囊状的雌蕊,胚珠包被在囊状的雌蕊内,这是裸子植物与被子植物的主要区别。当心皮卷合形成雌蕊时,其边缘的合缝线称腹缝线,相当于心皮中脉部分的缝线称背缝线,胚珠常着生在腹缝线上(图 2-24)。

典型的雌蕊由柱头、花柱、子房三部分组成。

(1) 柱头:位于雌蕊的顶端稍膨大的部分,起接受、识别和促进花粉的作用。柱头常呈圆盘状、羽毛状、星状、头状等多种形状,其上带有乳头状突起,并能分泌黏液,有利于花粉的附着和萌发。

(2) 花柱:柱头和花柱之间的连接部分,起支持柱头的作用,是花粉管进入子房的通道。花柱的粗细、长短、有无随植物种类而异,如玉米的花柱细长如丝,莲的花柱粗短如棒,而木通、罂粟则无花柱,其柱头直接着生于子房的顶端,唇形科和紫草科植物的花柱插生于纵向分裂的子房基部,称花柱基生。有些植物的花柱与雄蕊合生成一柱状体,称合蕊柱,如白及等兰科植物。

(3) 子房:雌蕊基部囊状膨大的部分,着生于花托上。常呈椭圆形、卵形等形状。子房的外壁称子房壁,子房壁以内的腔室称子房室,其内着生胚珠,因此子房是雌蕊最重要的部分。

2. 雌蕊的类型 被子植物的雄蕊是由一至多个心皮构成的。根据组成雌蕊的心皮数目不同,雌蕊可

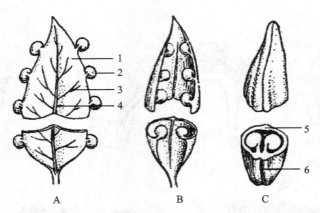

图 2-24　心皮边缘愈合,形成雌蕊的过程示意图(A、B、C 为心皮边缘愈合的程序)
1.心皮　2.心皮上着生的胚珠　3.心皮的侧脉　4.心皮的背脉　5.背缝线　6.腹缝线

分为以下类型(图 2-25、图 2-26)。

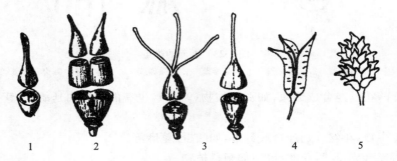

图 2-25　雌蕊的类型
1.单心皮雌蕊　2.二心皮复雌蕊　3.三心皮复雌蕊　4.三心皮单雌蕊　5.离生心皮雌蕊

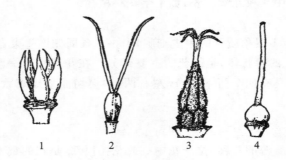

图 2-26　雌蕊的结合
1.离生雌蕊　2、3、4.合生雌蕊　2.子房结合,柱头、花柱分离
3.子房、花柱结合,柱头仍然分离　4.子房、花柱、柱头全部结合

(1)单心皮雌蕊:1个心皮构成的雌蕊,如杏、桃、黄芪。

(2)离生心皮雌蕊:1朵花中多数离生心皮构成的雌蕊,如毛茛、木兰、楼斗菜、八角、五味子。

(3)复雌蕊(合生心皮雌蕊):由多个心皮连合构成的雌蕊,称复雌蕊。二心皮雌蕊,如桑、连翘、龙胆;三心皮雌蕊,如百合、石斛;四心皮雌蕊,如卫矛;五个以上心皮雌蕊,如马兜铃、虞美人、柑、橘。尚有退化雌蕊或称不充雌蕊,如桑雄花。

复雌蕊心皮数的判断:①柱头或花柱的分裂数目;②子房上的主脉;③子房室数(心皮向内卷入形成与心皮数目相等的子房室数,但也有被假隔膜完全或不完全分隔为两个的现象,可由腹缝线来确定)。

3. 子房在花托上的位置　由于花托的形状不同,子房在花托上着生的位置及其与花被、雄蕊之间的关系也常发生变化,常见的有以下类型(图 2-27)。

(1)子房上位:子房基部与花托相连。花被、雄蕊生于子房下方的花托上,花托扁平或突起,这种花称下位花,如油菜、金丝桃等。花被、雄蕊生于子房周围,花托下陷,这种花称周位花,如桃、杏等。

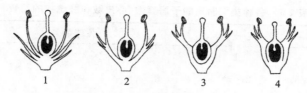

图 2-27 子房的位置简图
1.子房上位(下位花) 2.子房上位(周围花) 3.子房半下位(周围花) 4.子房下位(上位花)

(2)子房半下位:子房仅下半部与凹陷花托愈合。花被、雄蕊位于子房周围,花托凹陷形成的花称为周位花,如桔梗、党参、马齿苋等。

(3)子房下位:子房位于杯状花托中,并与其愈合。花被、雄蕊位于子房上方的花筒边缘,这种花称为上位花,如核桃、丝瓜等。关于杯状花托,现多认为是花筒,即花被和雄蕊基部愈合而成的花筒,其本质并非花托。

4. 子房的室数 子房的室数由心皮数和结合状态而定。单雌蕊子房只有1室,称单子房,如甘草、野葛等豆科植物的子房。合生心皮雌蕊的子房称复子房,其中有的仅心皮边缘愈合,形成的子房只有1室,如栝楼、丝瓜等葫芦科植物的子房。有的心皮边缘向内卷入,在中心连合形成与心皮数相等的子房室,称复室子房,如百合、黄精等百合科植物和桔梗、南沙参等桔梗科植物的子房。有的子房室被假隔膜完全或不完全地分隔,如菘蓝、芥菜等十字花科植物和益母草、薄荷等唇形科植物的子房。

5. 胎座及其类型 胚珠在子房内着生的部位称胎座。因雌蕊的心皮数目及心皮连合的方式不同,常形成不同的胎座类型,常见的胎座类型有下列几种(图 2-28)。胎座类型图为横切面和纵切面两种剖面。

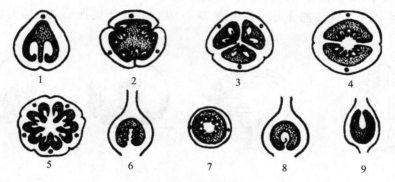

图 2-28 胎座的类型
1.边缘胎座 2.侧膜胎座 3、4、5.中轴胎座 6、7.特立中央胎座 8.基生胎座 9.顶生胎座

(1)边缘胎座:单心皮构成的单室子房,胚珠沿腹缝线的边缘着生,如决明、豌豆等豆科植物的胎座。

(2)侧膜胎座:合生心皮、子房1室,胚珠沿相邻二心皮腹缝线着生,如葫芦、黄瓜等葫芦科植物,罂粟、延胡索等罂粟科植物。

(3)中轴胎座:合生心皮,各心皮边缘向内伸入,将子房分隔成2至多室,在中央汇集成中轴,胚珠着生于中轴上,如百合、贝母等百合科植物,桔梗、沙参等桔梗科植物,蜀葵、棉花等锦葵科植物的胎座。

(4)特立中央胎座:合生心皮,但子房室隔膜和中轴上部均消失,形成1个子房室,胚珠着生于残留的中轴周围,如石竹、太子参等石竹科植物,过路黄、点地梅等报春花科植物的胎座。

(5)基生胎座:由1～3个心皮组成,子房1室,1枚胚珠着生在子房室基部,如大黄(三心皮)、向日葵(二心皮)、胡椒(一心皮)、紫茉莉(一心皮)。

(6)顶生胎座:由1～3个心皮组成,子房1室,1枚胚珠着生于子房室顶部,如眼子菜(一心皮)、桑(二心皮)、樟(三心皮)。

弄清心皮室、胚珠数、子房室数与各种胎座关系,可用以下表格对比(表 2-1)。

表 2-1　各种类型胎座的子房室数、心皮数和胚珠数的比较

胎座类型	心皮数	胚珠数	子房室数
边缘胎座	1	∞	1
侧膜胎座	2～∞	∞	1
中轴胎座	2～∞	∞	2～∞
特立中央胎座	2～∞	∞	1
基生胎座	2～∞	1	1
顶生胎座	1～∞	1	1

6. 胚珠　胚珠是着生于子房室内的卵形小体,受精后发育成种子,其数目和类型随植物种类不同而不同。

(1)胚珠的结构:

珠柄:胚珠一端有一短柄,与胎座相连,维管束从此进入胚珠。

珠被:位于胚珠的最外面,被子植物大多数 2 层(外珠被与内珠被),裸子植物 1 层(胡椒科 1 层,檀香科、蛇菰科无珠被)。

珠心:珠被内方称珠心,是胚珠的重要部分。

胚囊:珠心中央发育成胚囊。

珠孔:珠被顶端有一小孔,是受精的花粉管到达珠心的通道。

合点:珠被、珠心基部和珠柄汇合处,是维管束进入胚囊的通道。

珠脊:在倒生胚珠中,珠柄很长与珠被愈合,并在珠柄外面形成一条长而明显的纵行隆起。

(2)胚珠的类型:由于胚珠各部分(珠柄、珠被、珠心)生长速度不同而形成不同的胚珠类型(图 2-29)。常见的如下。

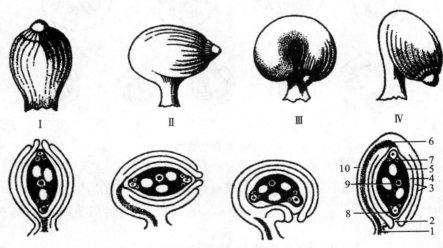

图 2-29　胚珠的类型与构造

Ⅰ.直生胚珠　Ⅱ.横生胚珠　Ⅲ.弯生胚珠　Ⅳ.倒生胚珠

1.珠柄　2.珠孔　3.珠被　4.珠心　5.胚囊　6.合点　7.反足细胞

8.卵细胞和助细胞　9.极核细胞　10.珠脊

直生胚珠:胚珠各部分均匀生长,珠柄较短,位于下端,珠孔在上,珠柄、合点、珠孔三点一线,并与胎座成垂直状态,如蓼科、胡椒科植物的胚珠。

横生胚珠:胚珠生长时一侧快,一侧慢,珠柄在下,胚珠横列,合点与珠孔之间的直线约与珠柄成垂直,如玄参科、茄科、锦葵科、毛茛科某些植物的胚珠。

弯生胚珠:胚珠下半部的生长比较均匀,合点仍在下方,接近珠柄,胚珠上半部生长一侧快,一侧慢,快侧向慢侧弯曲,使珠心弯向珠柄,胚珠近肾形,珠柄、珠心、珠孔不在一条直线上,如十字花科、豆科、石竹科、茄科某些植物的胚珠。

倒生胚珠:生长一侧快一侧慢,使向慢侧弯曲达180°,胚珠倒置,珠孔靠珠柄,合点拉向另一端,珠孔与合点的连线与珠柄大致平行,如大戟科、百合科、豆科大多数植物的胚珠。

二、花的类型

被子植物的花在长期的演化过程中,花的各部分都发生了不同程度的变化,使花的形态构造多种多样,形成不同类型的花,常见的如下。(图2-30)。

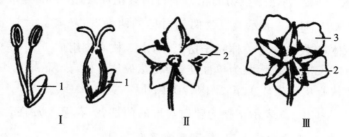

图2-30 花的类型
Ⅰ.无被花(裸花) Ⅱ.单被花 Ⅲ.重被花
1.苞片 2.花萼 3.花瓣

(一)按照花的各部分变化不同分类

1. 完全花和不完全花

完全花:一朵花具有花萼、花冠、雄蕊群、雌蕊群的花,如油菜、桃等。

不完全花:缺少其中一部分或几部分的花,如桑科、葫芦科、大戟科、瑞香科植物的花。

2. 重被花、单被花、无被花和重瓣花

重被花:一朵花具有花萼和花冠的花(又称两被花、双被花),如桃、甘草。

单被花:具有花被,花被可为1至多轮,虽具颜色呈瓣状,仍称花被(不分花萼和花冠),如玉兰、白头翁。

无被花(裸花):没有花被的花(常有苞片),如杜仲、胡椒、杨、柳等。

重瓣花:花瓣的数目多于正常,常为多轮,如栀子花,碧桃、玫瑰花。

3. 两性花、单性花和无性花

两性花:一朵花具有雄蕊和雌蕊,如桔梗、油菜。

单性花:一朵花仅具雄蕊或雌蕊,其中仅有雄蕊的花称雄花,仅有雌蕊的花称雌花。

雌雄同株(单性同株):同株植物既有雄花,也有雌花,如南瓜、蓖麻。

雌雄异株(单性异株):在同种植物的雄花和雌花分别生于不同植株上,如银杏、桑。

杂性同株:单性花与两性花存在于同株植物上,如朴树。

杂性异株:有单性花和两性花,但存在不同植株上,如臭椿、葡萄。

无性花:有些植物花的雄蕊和雌蕊均退化或发育不全,如八仙花花序周围的花。

(二)按照花的形态不同分类

1. 辐射对称花 花被(主要指花冠)形状一致,大小相似,有2个以上对称面的花,如桃、梨、牡丹,又称整齐花。

2. 两侧对称花(不整齐花) 花被形态、大小有较大差异,仅有1个对称面,如豆科、唇形科等植物。

3. 不对称花 通过花的中心不能作出对称面的花,如缬草、美人蕉。

三、花的记载

(一)花程式

用字母、数字、符号写成固定的程式表示花的组成、性别、对称性及花各部分情况。

K—花萼　　C—花冠　　A—雄蕊群　　G—雌蕊群　　P—花被(指单被花)

字母右下角用数字 1~10 表示数目,若超过 10 或数目不定用"∞"表示,退化或不存在用"0"表示。

( )——连合　+——轮数　$\overline{G}$——下位子房　$\underline{G}$——上位子房　$\overline{\underline{G}}$——半下位子房

G 右下角有三个数字,分别表示心皮数、子房室数、胚珠数(每室),互相之间用":"隔开,合生心皮用括号,如(2:2:∞)。

*—辐射对称　↑—两侧对称　☿—两性花　♂—雄花　♀—雌花

下面以豌豆、桑、桔梗、百合、茜草等植物的花为例写出其花程式,分别说明如下。

豌豆花:☿↑$K_{(5)}C_5A_{(9)+1}\underline{G}_{1:1:∞}$ 表示豌豆为两侧对称的两性花,花萼 5 片连合,花瓣 5 片离生,二体雄蕊(其中 9 枚合生成一体,1 枚单独为一体),子房上位,由 1 枚心皮组成 1 室,室内含多粒胚珠。

桑花:♂*P_4A_4;♀*$P_4\overline{G}_{(2:1:1)}$ 表示桑为单性花,雄花花被片 4 枚,分离,雄蕊 4 枚,离生;雌花花被片 4 枚,分离,子房上位,由 2 枚心皮合生成 1 室,室内含 1 粒胚珠。

桔梗花:☿*$K_{(5)}C_{(5)}A_5\overline{\underline{G}}_{(5:5:∞)}$ 表示桔梗为辐射对称的两性花,花萼 5 片连合,花瓣 5 片连合,雄蕊 5 枚离生,子房半下位,由 5 枚心皮合生成 5 室,每室内含多粒胚珠。

百合花:☿*$P_{3+3}A_{3+3}\underline{G}_{(3:3:∞)}$ 表示百合为辐射对称的两性花,花被 6 片离生(3 片在内为一轮,另 3 片在外为一轮),雄蕊 6 枚离生(排成两轮,每轮 3 片),子房上位,由 3 枚心皮合生成 3 室,每室内含多粒胚珠。

茜草花:☿*$K_{(5)}C_{(5)}A_5\overline{G}_{(2:2:1)}$ 表示茜草为辐射对称的两性花,花萼 5 片合生,花瓣 5 片合生,雄蕊 5 枚离生,子房下位,由 2 枚心皮合生成 2 室,每室内含 1 粒胚珠。

(二) 花图式

花图式是花的横切面投影图,表明花的组成部分、数目、形态、排列方式和相互关系(图 2-31)。

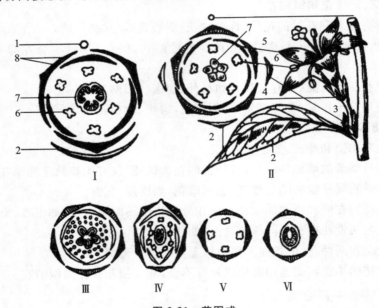

图 2-31　花图式

Ⅰ.单子叶植物　Ⅱ.双子叶植物　Ⅲ.苹果　Ⅳ.豌豆　Ⅴ.桑的雄花　Ⅵ.桑的雌花

1.花序轴　2.苞片　3.小苞片　4.萼片　5.花瓣　6.雄蕊　7.雌蕊　8.花被

小圆圈:在上方,表示花序轴位置,单生花和顶生花可不绘。

带黑棱月形:表示苞片,绘在花轴相对一方或侧方,表示花着生于花轴和苞片之间的腋部,顶生花可不绘。

黑色带棱斜线月形:表示花萼,黑色或空白的月形表示花瓣。

花药用横切面以形状来表示,退化雄蕊以×来表示,注意排列方式、轮数、连合与分离,内向、外向与花瓣的相互位置等。

雌蕊以子房横切面形状来表示,注意表明心皮数目、合生或离生、子房室数、胎座类型及胚珠着生情况。

花图式不能表达子房与花被的相关位置,花程式不能表达各轮排列关系、花被卷叠情况,二者结合才能较全面地表达出花的特征。

四、花序

花序为花在花枝或花轴上排列的方式和开放的顺序。有些植物的花单生枝顶或叶腋,称单生花,如玉兰、牡丹、木槿。多数植物则按一定方式排列在一起,形成花序。在花序上没有典型的营养叶,通常只具较小的苞片,有些苞片密集在一起,称总苞片,如菊科。

总花梗、花序梗是指花序下部的梗,无叶总花梗称花葶,花序梗向上延伸的部分(着生小花的部分)称花序轴。

花序上的花称小花,小花的梗称小花梗,小花梗上如有苞片称小苞片。

根据花在画轴上的排列方式和开放顺序,花序可以分以下几类。

(一)无限花序(总状花序类)

开花期,花序轴顶端具一定分生能力,可继续伸长,并不断产生新的花。花的开花顺序自下而上或自外而内。无限花序有以下类型(图 2-32)。

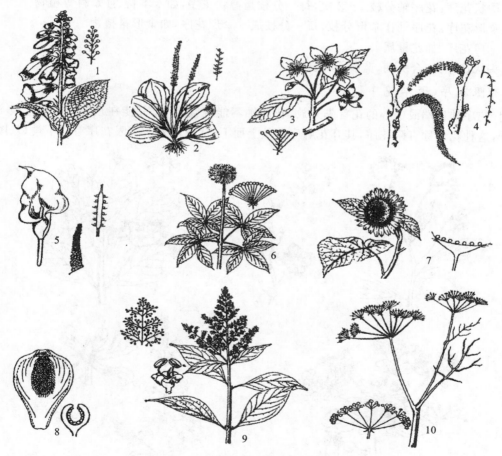

图 2-32 无限花序的类型
1.总状花序(洋地黄) 2.穗状花序(车前) 3.伞房花序(梨) 4.荑荑花序(杨) 5.肉穗花序(天南星) 6.伞形花序(人参) 7.头状花序(向日葵) 8.隐头花序(无花果) 9.复总状花序(女贞) 10.复伞形花序(小茴香)

1. 单花序(花序轴不是分枝)

(1)穗状花序:花序轴细长,小花无柄,呈螺旋状排列于花轴周围,如车前、牛膝、知母。

(2)荑荑花序:花序轴柔软,使整个花序下垂,小花亦无柄,且一般为单性,单被或无被等不完全者,花后常整个花序脱落,如胡桃雄花序,枫杨、白杨、柳、褚树等。

（3）肉穗花序：与穗状花序略同，但花序轴肉质粗大，其上密生多数无柄、不完全小花，花序外常是一大型苞片，称佛焰苞，如天南星、独角莲、半夏、马蹄莲。

（4）球穗花序：穗状花序的轴短缩，并具多数大型苞片，使整个花序近球形，如葎草的雌花序。

（5）头状花序：花序轴极缩短，在总花梗顶端形成平顶或圆顶的盘状总花托，外围有多数苞片组成的总苞，托上密生多数无柄的小花，如菊科植物。

（6）隐头花序：花序轴肉质膨大而下凹，凹陷的内壁上着生许多无柄的单性小花，仅留一小孔与外方相通，为昆虫进出腔内传播花粉的通道，如桑科植物。

（7）总状花序：花序轴细长，周围生多数小花，小花具长短近相等的小花柄，如十字花科植物、刺槐等。

（8）伞房花序：小花排列略似总状花序，但小花梗不等长，下部长，向上逐渐缩短，上部近平顶状，如蔷薇科山楂及绣线菊等。

（9）伞形花序：无伸长的花序轴，在总花梗的顶端生有多数放射状排列的，小花梗近等长的小花，如刺五加、人参等。

2. 复花序（花序轴有分枝）

（1）圆锥花序：花轴分枝一次，每一分枝是总状花序，整个外形呈圆锥状（复总状花序），如女贞、南天竹、槐。

（2）复穗状花序：花序轴分枝 1～2 次，每一分枝是穗状花序，如禾本科、莎草科等植物。

（3）复伞形花序：花序轴作伞形分枝，每一分枝成一伞形花序，如伞形科植物。

（4）复伞房花序：如花楸属。

（5）复头状花序：如合头菊、蓝刺头等。

（二）有限花序（聚伞花序类）

开花期，花序轴顶端或中心的花首先开放，花序轴不能继续生长，只能在顶花下方产生侧轴，侧轴又是顶花先开，这种花序称有限花序，其开花顺序是从上而下，从内向外。有限花序有以下类型（图 2-33）。

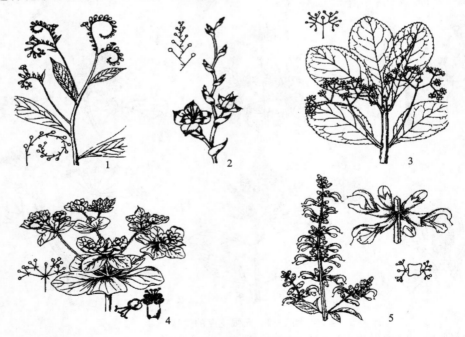

图 2-33 有限花序的类型
1.螺旋状聚伞花序（琉璃草） 2.蝎尾状聚伞花序 3.二歧聚伞花序（大叶黄杨）
4.多歧聚伞花序（泽漆） 5.轮伞花序（薄荷）

1. 单歧聚伞花序 花序轴顶端生 1 朵花，而后在其下方依次产生 1 个侧轴，侧轴顶端同样生 1 朵花，如此连续分枝就形成单歧聚伞花序。

（1）螺旋状聚伞花序：花序轴的分枝均在同一侧产生，花序呈螺旋状卷曲，如紫草科植物。

（2）蝎尾状聚伞花序：花序轴的分枝在左右两侧交互产生，花序呈蝎尾状，如唐菖蒲、射干。

2. 二歧聚伞花序 花序轴顶端生 1 朵花，而后在其下方两侧同时各产生 1 个等长侧轴，每一侧轴再以同样方式开花，并分枝，称二歧聚伞花序，如大叶黄杨、卫矛等卫矛科植物，石竹、卷耳等石竹科植物的花序。

3. 多歧聚伞花序 花序轴顶端生 1 朵花，而后在其下方同时产生数个侧轴，侧轴常比主轴长，各侧轴又形成小的聚伞花序，称多歧聚伞花序，如大戟科大戟属植物。

4. 轮伞花序 聚伞花序生于对生叶腋成轮状排列，称轮伞花序，如益母草、丹参等唇形科植物。

（三）混合花序（包括无限和有限花序）

聚伞花序圆锥状：紫丁香、葡萄、玄参（聚伞圆锥花序）。

伞形花序圆锥状：楤木。

聚伞花序伞形状：葱、蒜（伞形聚伞花序）。

五、花的功能

花是开花植物的繁殖器官，主要作用是执行生殖功能，在完成生殖的过程中，要经过开花、传粉和受精等过程来完成。

（一）开花

开花是种子植物发育成熟的标志，当雄蕊的花粉粒和雌蕊的胚囊成熟时，花被由包被状态而逐渐展开，裸出雄蕊和雌蕊，呈现开花。开花年龄、季节和花期随植物种类而不同，一年生植物当年开花结果枯死；二年生植物头年营养生长，第二年开花后完成生命；大多数多年生植物到开花年龄后年年开花，但竹类一生中只开花 1 次。每种植物的开花季节是一致的，有的先花后叶，有的花叶同放，有的先叶后花。植物的花期也随植物种类而异。

（二）传粉

花开放后，花粉囊开裂，散出花粉，通过风、虫、鸟、水等不同媒介传递到雌蕊的柱头上，这一过程称传粉。传粉有自花传粉和异花传粉两种方式。

1. 自花传粉 花粉粒落在同一花雌蕊柱头上，称为自花传粉，如棉、大豆、番茄、芝麻。

自花传粉植物的特征：花为两性花；常具等高和同时成熟的雌、雄蕊且花药内向；柱头对本花的花粉萌发无生理阻碍。连续长期自花传粉可使植物后代生活力逐渐衰退。

闭花受精：有些植物雌、雄蕊早熟，在花未开放或根本不开放时即行自花传粉、受精，如花生、豌豆、太子参、火柴头等。在环境条件不适合于开花传粉时，闭花受精弥补了这个不足，且花粉不受雨水淋湿和昆虫吞食。

2. 异花传粉 一朵花的花粉传到另一朵花的柱头上，称为异花传粉（有同株与异株之分，有人只把异株花传粉称为异花传粉）。

异花传粉植物的特征：常为单性花，且雌雄异株；雌、雄蕊不在同时成熟（玉米、玉簪）；雌、雄蕊异长，避免自花授粉机会；花药外向；花粉在同花或同一植株上不能萌发或萌发不良，如苹果、梨、一些兰科植物。

▌**知识链接** ▌

各类传粉的花

风媒花：花较小，多不具备花被及鲜艳的颜色，无蜜腺及芳香气味；花丝多细长，垂于花被之外，或具菜荑花序，可随风摇动；花粉粒体积小而较轻，数量多，表面干燥平滑，易于滑动；柱头多扩展或呈柱状、羽状等以增加受粉面积；生态常群生。

虫媒花：大而显眼的花被，具蜜腺及芳香气味；花粉粒数量常较少而体积较大，且表面多粗糙，并具黏性，使花粉易于附着；有的具特殊结构或气味，专门适应某种昆虫传粉。

水媒花：如金鱼藻等沉水植物，利用水流进行传粉。

鸟媒花：如蜂鸟等对香蕉、凌霄属植物等传粉。

（三）受精

当花粉落到柱头时，成熟雌蕊的柱头上分泌出黏液，使花粉黏附在柱头上，同时又促使花粉粒萌发。花粉粒萌发时，首先自萌发孔产生若干花粉管，其中的一个花粉管向下生长，穿过柱头，经过花柱，进入子房，再通过珠孔（珠孔授精）或合点（合点授精）进入胚囊。在花粉管的延长过程中，花粉粒中的营养细胞和两个精细胞进入花粉管的最前端，花粉管破裂，精细胞被释放到胚囊中（这时营养细胞已分解消失），其中1个精细胞与卵细胞结合，形成受精卵（合子）（精子与卵结合的过程称受精作用），以后发育成种子的胚，另1个精细胞与极核细胞结合，发育成种子的胚乳，这一过程称双受精，是被子植物特有的现象。受精后，胚囊中的其他细胞先后被吸收而消失。珠被发育成种皮，胚珠发育带动了子房发育成果实。有些植物雌雄蕊早熟，在花未开放或根本不开放时即行自花传粉、受精，称闭花受精。

六、花的药用价值

许多植物的花可供药用。以整朵花或花蕾入药的有洋金花、金银花、槐米、丁香等；以花序入药的有菊花、款冬花、旋覆花等；以花的某些部分入药的有：金樱子、莲房以花托入药，莲须以雄蕊入药，红花以花冠入药，番红花、玉米均用柱头或花柱入药，蒲黄、松花粉以花粉入药等。

任务五　果　　实

果实是被子植物特有的繁殖器官，雌蕊的子房受精后，胚珠发育成种子，子房发育成果实（裸子植物仅有种子而无果实，其他植物既无种子也无果实）。果实的外壁为果皮，内含种子，果实具有保护种子和散布种子的作用。

▌知识链接▐

果实的发育

被子植物的花经传粉和受精后，花的各部分发生显著的变化，花萼脱落或宿存，花冠一般脱落，雄蕊和雌蕊的花柱、柱头枯萎，子房逐渐膨大，发育成果实。这种由子房发育形成的果实称真果，如桃、杏、柑橘、柿等；有些植物除子房外，花的其他部分如花被、花柱及花序轴等也参与果实的形成，这种果实称假果，如梨、苹果、无花果、凤梨等。

果实的形成需要经过传粉和受精作用，但有些植物只经传粉而未经受精作用也能发育成果实，这种果实无籽，称单性结实。单性结实是自发形成的，称自发单性结实，如香蕉、无籽葡萄、无籽柑橘等。但也有些是通过人工诱导，形成具有使用价值的无籽果实，称诱导单性结实，如用马铃薯的花粉刺激番茄的柱头，而形成无籽番茄。无籽的果实不一定都是由单性结实形成，也可能在植物受精后，胚珠的发育受阻，因而形成无籽果实。

一、果实的类型

根据参加果实形成的部分的不同可分为真果与假果，根据果实的来源、结构和果皮性质的不同可分为单果、聚合果、聚花果三大类。根据果皮质地的不同可分为肉质果和干果。

（一）单果

单果是由单心皮或合生心皮雌蕊形成的果实（1朵花只结1个果实），依果皮质地分为肉质果与干果。

1. 肉质果　果实肉质多浆，成熟时不开裂。肉质果又分以下几种。

（1）浆果：由单心皮或合生心皮雌蕊、上位或下位子房发育形成的果实，外果皮薄，中果皮和内果皮肉质多浆，内有1至多枚种子，如葡萄、枸杞、番茄（上位子房）、忍冬（下位子房）。

（2）柑果：由合生心皮雌蕊、上位子房形成，外果皮较厚，革质，内含有具挥发油的油室，中果皮与外果皮结合,界限不明显,中果皮疏松,呈白色海绵状,内有多分枝的维管束;内果皮膜质,分隔成若干室,内壁生有许多肉质多汁的囊状毛,即可食部分。柑果是芸香科柑橘属所特有的。

(3)核果:典型者由单心皮雌蕊、上位子房形成,内果皮坚硬、木质,形成坚硬的果核,每核内含1粒种子。外果皮薄,中果皮肉质(桃、李、梅、杏),非典型者荔枝、桂圆,具2～4个心皮,通常1枚胚珠发育。核果常泛指有坚硬果核的果实,不论其心皮数、果核数、种子数及子房位置,如把杨梅、枣、胡桃、苦楝等也称为核果。

(4)梨果:由5个心皮合生、下位子房与花筒一起发育而成的假果,外面肉质可食部分是原来的花筒发育而成。外、中果皮和花筒之间界限不明显,内果皮坚韧故较明显,常分隔为5室,每室常含2粒种子。如苹果、山楂、梨、木瓜等(枇杷内果皮木质)。

(5)瓠果:由3个心皮侧膜胎座、下位子房形成,与花托一起发育形成的假果。花托与外果皮形成坚韧的果实外层,中、内果皮及胎座为肉质部分,成为果实可食部分(葫芦科特有),如西瓜、冬瓜、栝楼、罗汉果(图2-34)。

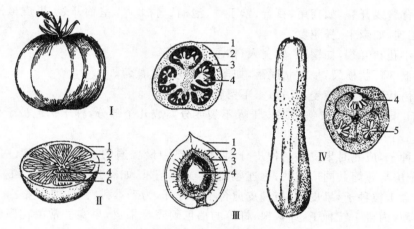

图 2-34 单果类肉质果

Ⅰ.浆果(番茄) Ⅱ.柑果(柑橘) Ⅲ.核果(杏) Ⅳ.瓠果(黄瓜)
1.外果皮 2.中果皮 3.内果皮 4.种子 5.胎座 6.肉质毛囊

2. 干果 果实成熟时,果皮干燥,开裂或不开裂(图2-35)。有以下几种类型。

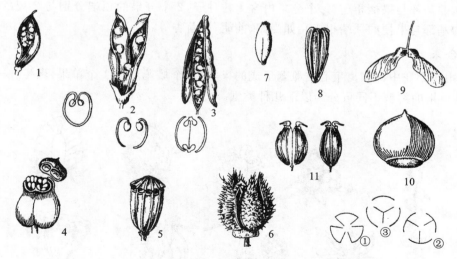

图 2-35 单果类干果

1.蓇葖果 2.荚果 3.角果 4.蒴果(盖裂) 5.蒴果(孔裂) 6.蒴果(纵裂) ①室间开裂 ②室背开裂 ③室轴开裂
7.颖果 8.瘦果 9.翅果 10.坚果 11.双悬果

(1)裂果类:果实成熟后果皮自行开裂,依据开裂方式不同分为以下几种类型。

蓇葖果:由单心皮或离生心皮雌蕊发育形成,成熟时沿腹缝线或背缝线开裂,如单心皮者淫羊藿,2个心皮者杠柳、徐长卿、萝藦、络石、长春花。

荚果：由单心皮形成，成熟时沿背、腹2条线开裂成2片（有的不开裂），豆科植物特有，如开裂者黄豆、绿豆，不开裂者皂荚、紫荆、刺槐、落花生，节裂者含羞草、山蚂蝗，螺旋状开裂者苜蓿，念珠状开裂者肉质槐。

角果：由2个心皮合生，侧膜胎座，假隔膜将子房隔成2室，为十字花科特有。果实成熟后，果皮沿两侧腹缝线开裂，成2片脱落，假隔膜仍留在果柄上。角果分长角果（如萝卜、油菜）和短角果（如菘蓝、荠菜、荠菜）。

蒴果：裂果中最常见，由合生心皮复雌蕊发育形成。1至多室，每室多数种子。如：侧膜胎座二心皮（龙胆、秦艽、延胡索）；侧膜胎座三心皮（堇菜属）；侧膜胎座多心皮（罂粟、虞美人）；中轴胎座多心皮（百合、桔梗）；特立中央胎座（石竹科）。

蒴果成熟时开裂方式有纵裂、孔裂、盖裂、齿裂。

纵裂：按开裂的位置不同可分以下几类。①室间开裂：心皮相接处（腹缝线）开裂，如蓖麻、马兜铃、杜鹃。②室背开裂：背缝线开裂，如鸢尾、百合、紫丁香、泡桐、乌桕。③室轴开裂：果皮虽沿腹、背缝线开裂，但隔壁仍与中轴相连，如牵牛、曼陀罗。

孔裂：顶端呈小孔状开裂，如罂粟、虞美人、桔梗、金鱼草。

盖裂：中或中上部环状横裂，呈帽状脱落，如车前、马齿苋、莨菪。

齿裂：顶端呈齿状开裂，如瞿麦、石竹、王不留行、女娄菜。

（2）不裂果（闭果）类：果实成熟后果皮干燥不裂或分离成几个部分，种子仍包被于果实中。常分为以下几类。

瘦果：具1粒种子，成熟时果皮易与种皮分离，是闭果中最普遍的一种，如毛茛、白头翁等；菊科植物的瘦果是由下位子房与萼筒共同形成的，称连萼瘦果，又称菊果，如蒲公英、向日葵、红花。

颖果：果实内含1粒种子，果皮薄，与种皮愈合不易分开，为禾本科特有，如小麦、玉米等。

坚果：果皮坚硬，内含1粒种子，如板栗、栎等的褐色硬壳是果皮，果实外常由花序的总苞发育成的壳斗附着于基部。有的坚果特小，无壳斗包围，称小坚果，如益母草、薄荷等唇形科植物。

翅果：果皮一端或周边向外延伸成翅状，果实内含1粒种子，如杜仲、榆、臭椿等。

胞果：果皮薄而膨胀，疏松地包围种子，而与种子极易分离，如藜、青葙等。

双悬果：伞形科特有，由下位的2个心皮子房形成，果实成熟后心皮分离成2个分果，双双悬挂在心皮柄上端，心皮柄的基部与果柄相连，每个分果内含1粒种子（2个分果的顶端分别与2裂的心皮柄的上端相连，心皮柄的基部与果梗的顶端相接），如当归、前胡、小茴香等。

（二）聚合果

聚合果是由1朵花中许多离生心皮雌蕊形成的果实，每个雌蕊形成1个单果，聚生在一个花托上（图2-36）。根据其单果的类型不同可分为以下几种类型。

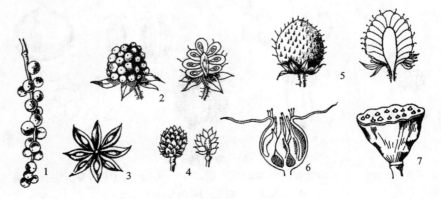

图 2-36　聚合果
1.聚合浆果　2.聚合核果　3.聚合蓇葖果　4～6.聚合瘦果（蔷薇果）　7.聚合坚果

1. 聚合蓇葖果 多数蓇葖果聚生在同一花托上而成,如乌头、景天、八角等花托不突出,厚朴、木兰属花托突出。

2. 聚合瘦果 多数瘦果聚生在突起的花托上,如毛茛、白头翁、委陵等;部分瘦果聚生在膨大的肉质花托上,如草莓;也有的花托凹陷成壶形,如蔷薇、金樱子(特称为蔷薇果)。

3. 聚合核果 多数小核果聚生在突起的花托上,如悬钩子。

4. 聚合坚果 许多小坚果嵌生于膨大、海绵状倒三角形的花托中,如莲。

5. 聚合浆果 许多浆果聚生在延长或不延长的花托上,如五味子、南五味子。

（三）聚花果

聚花果(复果)是由整个花序发育形成的果实(图2-37),主要有以下三种。

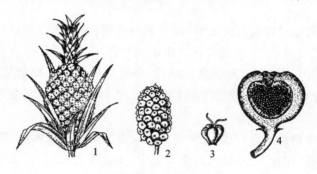

图 2-37 聚花果
1.凤梨 2.桑椹 3.带有花被的桑椹的一个小果实 4.无花果

1. 隐头果 由隐头花序形成,花序轴肉质化并内陷成囊状(可食部分),囊的内壁生有许多小瘦果,如无花果、薜荔果。

2. 桑椹 开花后花被变成肥厚多汁,每个花被包被一个瘦果。

3. 凤梨 多数不孕的花着生在肥大肉质的花序轴上,多汁的花序轴成为果实的食用部分。

二、果实的药用价值

许多植物的果实可供药用,如整个果实入药的有五味子、乌梅、女贞、连翘、木瓜、茴香、马兜铃等。以果实某部入药的有:陈皮、橘红为果皮,橘络、丝瓜络为中果皮的维管束。

任务六 种 子

种子是种子植物所特有的繁殖器官,是由胚珠受精后发育而成,种子植物生殖生长的最终结果。

一、种子的形态结构

种子的形态、大小、颜色、表面纹理,因植物种类不同而异。种子常呈圆形、椭圆形、肾形、卵形、圆锥形、多角形。

种子大小:差异悬殊,如复椰(大实椰子)产于非洲东部,直径约 50 cm,每个重 10 多斤,最重达 30 斤;斑叶兰种子无胚乳,200 万粒重 1 g,萌发时须借助于真菌产生的菌根帮助。

种子颜色:绿色(绿豆)、白色(扁豆)、红紫色(赤小豆)、红棕色(薏苡)、一端红一端黑(相思豆)。

种子表面:平滑而有光泽(红蓼、北五味子)、粗糙(长春花、天南星)、具皱褶(乌头、车前)、瘤刺状突起(太子参)、具毛茸(白前、萝藦、络石)、具假种皮(由珠柄或胎座部分组织延伸而成,成肉质的有卫矛、苦瓜、荔枝、龙骨,菲薄膜质的如阳春砂、白豆蔻、益智、红豆蔻)、具种阜(在珠孔处由珠被扩展形成海绵状突起物,如蓖麻、巴豆)。

种子一般由种皮、胚乳、胚三部分组成,也有的种子没有胚乳,有的种子还具外胚乳。

1. 种皮 种皮由珠被发育而来,有的种子在种皮外尚有假种皮,是由珠柄或胎座部位的组织延伸而成,有的为肉质,如龙眼、荔枝、苦瓜,有的呈菲薄的膜质,如砂仁、豆蔻等。种皮上常有下列结构。

(1)种脐:种子成熟从种柄或胎座上脱落后留下的疤痕,常呈圆形或椭圆形。

(2)种孔:种孔由胚珠上的珠孔发育形成,为种子萌发时吸收水分和胚根伸出的部位。

(3)种脊:种脐至合点之间隆起的脊棱线,内含维管束。倒生胚珠的种子种脊狭长突起(杏、蓖麻),弯生胚珠或横生胚珠则短,直生胚珠无种脊。

(4)合点:种皮上维管束汇合之处。

(5)种阜:有些植物的种皮在珠孔处有一海绵状突起物,称种阜,种子萌发时可以帮助吸收水分,如蓖麻、巴豆等。

2. 胚乳 胚乳是极核细胞受精发育而成的,位于胚的周围,呈白色,胚乳细胞内含丰富的淀粉、蛋白质、脂肪等物质,是种子内的营养组织,供胚发育时所需的养料。

外胚乳:大多数植物种子,当胚发育和胚乳形成时,胚囊外面的珠心细胞被胚乳吸收而消失,但也有少数植物种子珠心未被完全吸收而形成营养组织包围在胚乳和胚外部,称外胚乳,如肉豆蔻、槟榔、胡椒、姜、甜菜、石竹等。

3. 胚 胚是由卵细胞受精后发育而成,是种子内未发育的幼小植物体,由以下几部分组成。

(1)胚根:位置对着种孔,在种子中,胚根分化较完全,发育成主根。

(2)胚轴(胚茎):连接胚根与胚芽的部分,发育成为连接根与茎的部分。

(3)胚芽:位于胚的顶端,种子萌发后发育成植物的主茎和地上枝。

(4)子叶:为胚吸收和贮藏养料的器官,在种子萌发后可变绿而进行光合作用。单子叶植物 1 枚,双子叶植物 2 枚,裸子植物多枚。

二、种子的类型

被子植物的种子常依据胚乳的有无,分为以下两种类型。

(一)有胚乳种子

种子中有发达的胚乳,胚相对较小,子叶薄(图 2-38),如蓖麻、大黄、稻等。

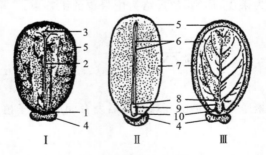

图 2-38 有胚乳种子(蓖麻籽)

Ⅰ.外形 Ⅱ.与子叶垂直面纵切 Ⅲ.与子叶平行面纵切

1.种脐 2.种脊 3.合点 4.种阜 5.种皮

6.子叶 7.胚乳 8.胚芽 9.胚茎 10.胚根

(二)无胚乳种子

在胚发育过程中,胚吸收了胚乳的养料,并贮藏于胚的子叶中,故胚乳不存在或仅残留一薄层,这种种子的子叶肥厚,常具发达的子叶(图 2-39),如大豆、杏仁、南瓜子等。

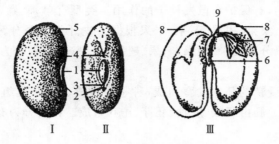

图 2-39 无胚乳种子（菜豆种子）
Ⅰ.菜豆外形 Ⅱ.菜豆外形（示种孔、种脊、种脐、合点） Ⅲ.菜豆的构造剖面（已除去种皮）
1.种脐 2.合点 3.种脊 4.种孔 5.种皮 6.胚根 7.胚芽 8.子叶 9.胚轴

小 结

根的表面不含叶绿体、无节和节间，不生芽、叶、花等，具有向地性、向湿性、背光性等特性，根的类型（主根和侧根、不定根）、根系类型（直根系和须根系）、变态根的类型（贮藏根、支持根、攀援根、气生根、呼吸根、水生根和寄生根）都是需要重点识记的内容。

茎上有节和节间，着生芽、叶、花等，变态茎类型包括地下变态茎（根茎、块茎、球茎、鳞茎）和地上变态茎（叶状茎、枝刺、钩状茎、茎卷须、小块茎和小鳞茎）。茎按照不同的分类标准可以分成不同类型，依茎的质地分为木质茎、草质茎、肉质茎。按茎的生长习性，分为直立茎、缠绕茎、攀缘茎、匍匐茎、平卧茎，而茎的分类是需要重点识记的内容。

知道确定叶形的原则、叶片的分裂（浅裂、深裂、全裂）、叶的变态类型等内容。叶的组成（叶柄、叶片、托叶）、叶脉和脉序（平行脉序、网状脉序）、单叶与复叶以及复叶的类型、叶序的概念及类型则需要重点识记。

花是种子植物特有的繁殖器官，它由花梗、花托、花萼、花冠、雄蕊群和雌蕊群等组成，其中雄蕊群和雌蕊群是花中最重要的部分。花通常按照它的组成部分（花冠、雄蕊、雌蕊）的形态构造而区分开来。

花冠在大多数花中是最显眼的部分，起着保护雄蕊和雌蕊、吸引昆虫的作用；花冠常见的类型有十字形花冠、蝶形花冠、唇形花冠、管状花冠、舌状花冠、漏斗状花冠、钟状花冠、坛状花冠、高脚蝶状花冠、辐状花冠。

雄蕊是产生花粉粒而起繁殖作用的部分，由花丝和花药组成，常见雄蕊类型有：离生雄蕊、二强雄蕊（雄蕊 4 枚，分离，2 长 2 短）、四强雄蕊（雄蕊 6 枚，分离，4 长 2 短）、单体雄蕊、二体雄蕊、多体雄蕊、聚药雄蕊。

雌蕊是花中真正起繁殖作用的最主要的部分，它受精后变成果实，并产生种子。雌蕊由柱头、花柱、子房构成。

雌蕊类型有单雌蕊、离生心皮雌蕊、复雌蕊。单雌蕊是由一枚心皮组成的雌蕊（一朵花中只有一枚雌蕊）；离生心皮雌蕊由多个心皮组成，而每个心皮单独为一枚雌蕊，只在雌蕊基部相连（一朵花中有多个雌蕊）；复雌蕊是由多个心皮组成的一个雌蕊（一朵花中有一枚雌蕊）。

子房的着生位置：子房与花托的结合方式确定子房的位置，一般包括上位子房（子房壁的基部与花托相连）、下位子房（子房的外壁全部与花托内壁相连）、半下位子房（子房外壁的下半部与花托内壁相连）。

胎座是子房内壁与胚珠连接的部分，其类型有边缘胎座、侧膜胎座、中轴胎座、特立中央胎座、基生胎座、顶生胎座。

花的类型有：完全花与不完全花（对花各组成部分的有无而言）；重被花、重瓣花、单被花和无被花（对花萼和花冠的有无而言）；两性花、单性花和无性花（对雄蕊和雌蕊的有无而言）；辐射对称花和两侧对称花（对花瓣的排列方式而言）。

花序：花在花枝的排列方式，类型有无限花序（总状花序、穗状花序、柔荑花序、肉穗花序、伞房花序、伞形花序、头状花序、隐头花序）和有限花序（单歧聚伞花序、二歧聚伞花序、多歧聚伞花序、轮伞花序）。

果实是子房发育而形成的,有保护和散发种子的作用。类型有单果、聚合果、聚花果。单果分为肉果和干果。肉果分为浆果、核果、梨果、柑果、瓠果;干果根据果皮开裂与否分为裂果和不裂果;裂果分为蓇葖果、荚果、角果、蒴果;不裂果分为瘦果、颖果、坚果、翅果、胞果;聚合果分为聚合蓇葖果、聚合瘦果、聚合核果、聚合坚果、聚合浆果。

　　种子是植物的原始体,由受精的胚珠发育而成;种子由种皮、胚、胚乳组成。种皮上有种脐、种孔、种脊、合点、种阜、假种皮等结构。胚由胚根、胚轴、胚芽、子叶组成。种子分为有胚乳种子、无胚乳种子。

能力检测

一、单选题

1. 根有定根和不定根之分,定根有主根,主根是从(　　)发育而来。

A. 直根系　　　　　　B. 不定根　　　　　　C. 定根　　　　　　D. 胚根

2. 根茎和块茎为(　　)。

A. 地上变态茎　　　　B. 地下变态茎　　　　C. 正常茎变态　　　D. 发育不良

3. 下列哪种植物具有地下变态茎?(　　)

A. 何首乌　　　　　　B. 益母草　　　　　　C. 黄精　　　　　　D. 党参

4. 下列哪个科具有对生叶?(　　)

A. 唇形科　　　　　　B. 茄科　　　　　　　C. 蓼科　　　　　　D. 木兰科

5. 下列哪个植物具有肉质叶?(　　)

A. 薄荷　　　　　　　B. 芦荟　　　　　　　C. 枇杷　　　　　　D. 半夏

6. 豆科植物花的雄蕊为(　　)。

A. 二体雄蕊　　　　　B. 离生雄蕊　　　　　C. 二强雄蕊　　　　D. 聚药雄蕊

7. 四强雄蕊是指该雄蕊群具(　　)。

A. 雄蕊多枚,四长　　　　　　　　　　B. 雄蕊四枚

C. 雄蕊 6 枚,四长二短　　　　　　　　D. 雄蕊八枚,四长四短

8. 十字花科植物的所特有的果实为(　　)。

A. 蓇葖果　　　　　　B. 荚果　　　　　　　C. 角果　　　　　　D. 蒴果

9. 八角茴香的果实属于(　　)。

A. 干果　　　　　　　B. 蓇葖果　　　　　　C. 裂果　　　　　　D. 以上均是

10. 种子成熟从种柄或胎座上脱落后留下的疤痕称(　　)。

A. 种脐　　　　　　　B. 种脊　　　　　　　C. 种阜　　　　　　D. 种孔

二、简答题

1. 如何区分直根系与须根系?

2. 缠绕茎与攀援茎有何不同?

3. 脉序有哪几种类型?

4. 无花果无花吗?

5. 瘦果、颖果、坚果、翅果、胞果均为含一粒种子的果实,试述它们之间有何不同。

(姚腊初)

项目三 植物分类识别

学习目标

掌握植物分类等级及蕨类植物、裸子植物、被子植物特征及常见药用植物。

熟悉植物命名方法、植物分类检索表和菌类植物主要特征及常见药用植物。

了解藻类、地衣类、苔藓植物的特征。

任务一 植物分类概述

一、植物分类的意义

生存在地球上的植物有 50 万种以上，要对数目如此众多，彼此又千差万别的植物进行研究，应该先根据它们的自然性质，由粗到细、由表及里地进行分门别类，否则便无从下手，因此，了解和研究千姿百态的植物世界，就要对各种植物进行分类、鉴定和命名。植物分类学是发展较早的一门学科，它的任务不仅要识别物种、鉴定名称，而且还要阐明物种之间的亲缘关系和分类系统，进而研究物种的起源、分布中心、演化过程和演化趋势。因此，它是一门既有实用价值又富有理论意义的学科，是所有与植物有关学科的基础。

我国是世界上使用药用植物历史最悠久的国家之一，大家熟知的明代药学专著《本草纲目》中就记载了药用植物千余种，因此要学好中药学专业，就必须要有扎实的植物分类学基础。中药学工作者学习植物分类学的意义如下。

（一）可鉴定药材原植物真伪，保证用药安全

由于植物分布区域、名称及植物生长等复杂性以及历史变迁，同一种中药从古到今各地使用的种有差异，或同一种植物在不同地区使用不同名称，使药材和原植物之间存在着同物异名或同名异物现象。例如，大黄为常用中药，具有泻热通肠，凉血解毒，逐瘀通经的作用。2015 版药典规定正品大黄为蓼科植物掌叶大黄、唐古特大黄和药用大黄的干燥根及根茎。但是在河北、山西、内蒙古等地产一种山大黄，原植物是波叶大黄，据临床研究没有泻下作用，不能作大黄药用。所以如果没有一定的植物分类学基础，就很可能将药材来源鉴定错误，尤其对一些有毒药材，甚至会影响病人的生命安全。掌握一定的植物分类学知识，在植物研究及安全用药方面会少走弯路，以确保用药安全。

（二）利用植物亲缘关系，探寻新的药用植物资源和紧缺药材代用品

现代研究发现亲缘关系近的植物，除形态相似外，其生理生化特性也有相似之处，所含的化学成分也比较相似。如小檗属植物大多含有小檗碱，萝藦科植物含有强心成分，毛茛科植物大多含有生物碱，人参属植物均含有人参皂苷等。利用分类学所揭示的这些规律，就能帮助我们较快地寻找某种植物药的代用品或新资源。

（三）为药用植物资源调查、开发、保护提供依据

学好植物分类学有利于药用植物资源调查，编写某地区药用植物资源名录，弄清其生态习性，为进一步合理开发、保护药用植物资源提供科学依据。

（四）有助于国际交流

每一种植物，均有一个国际统一的拉丁学名和拉丁文记述，通过学习植物分类课程，了解植物命名，对国内外学术交流和查阅文献资料有很大帮助。

二、植物分类的方法

植物分类学是植物科学中产生最早和最基本的科学。自从人类有了利用植物的活动，也就有了植物分类知识的萌芽。任何科学的发展都受到当时社会生产力的水平、科学技术的发展水平，以及当时社会的伦理道德观念等各方面的影响和制约。回顾植物分类学的发展史，可以大体上把植物分类分成林奈以前（约公元前 300 年—公元 1753 年）和林奈以后（公元 1753 年至今）两个大的时期。林奈以前的时期由于生产力水平很低，科学技术水平也低，而且受到"神创论""不变论"的思想统治，这一时期的植物分类和分类方法基本上为人为的分类方法为主，植物分类发展的第二个时期，即林奈以后的时期，这个时期的最大变化是逐步由人为的分类方法发展到自然的分类方法。

（一）人为的分类方法

人为的分类方法是指根据植物的用途，或仅根据植物的一个或几个明显的形态特征进行分类，而不考虑植物种类彼此间的亲缘关系和在系统发育中的地位。在我国，公元 200 年左右的药书《神农本草经》已记载了植物药 365 种，分为上、中、下三品，上品为营养的和常服的药，共 120 种，中品为一般药，共 120 种，下品为专攻病、毒的药，共 125 种。这是我国最早的本草书。此后各个朝代都有本草书出版，但以明朝李时珍的《本草纲目》最为著名，该书共收集药物 1892 种，将 1195 种植物药分成草部、谷部、菜部、果部和木部，每部又分成若干类，如草部分成山草、芳草和醒草等。这种分类方法主要是从应用角度和植物的生长环境出发，没有考虑到从植物自然形态特征的异同来划分种类，更看不到植物之间的亲缘关系。

代表这一时期分类思想顶峰的为瑞典的林奈，他选择了以植物的生殖器官如雌蕊和雄蕊的数目和形态为特征，即依据雄蕊的特征作为纲的分类标准，依据雌蕊的特征作为目的分类标准，依据果实的特征作为属的分类标准，依据叶子的特征作为种的分类标准。上述的分类方法虽然是人为的，不够科学的，但对人类的生产和生活等实际应用都起了重要作用，并为科学的分类积累了丰富的资料和经验。

（二）自然的分类方法

自然的分类方法就是最接近进化理论，最能反映植物亲缘关系和系统发育的方法。自然分类方法的发展是和达尔文的进化理论分不开的，达尔文（1859）的进化论在《物种起源》上发表了之后，植物学家提出来植物分类要考虑植物之间的亲缘关系：现代的植物都是从共同的祖先演化而来的，彼此间都有或近或远的亲缘关系，关系越近，则相似性越多，它能够较彻底地说明植物界发生发展的本质和进化上的顺序性。现代被子植物的主要分类系统有恩格勒（Engler）分类系统（1897）、哈钦松（Hutchinson）系统（1926）、塔赫他间（Takhtajan）系统（1942）和克朗奎斯特（Cronquist）系统（1958）。我国著名分类学家胡先骕也曾于 1950 年提出了一个被子植物的多元系统。这些系统虽然还只是个初步的，距离建立起一个较完备的自然进化系统相差很远，而且这些系统间还有很多相反的理论和观点，但它们比起人为的分类系统显然是一个质的飞跃。由于植物界经历了几十亿年的发生发展史，许多种类已经绝灭，因此探讨一个符合自然发展的分类系统是非常困难的，这是一项长期的多学科的共同任务。

三、植物分类等级

植物分类等级又称分类单位。分类等级的高低通常是依植物之间形态类似性和构造的简繁程度划分的。近年来，由于化学成分分析和分子生物学技术的发展，植物的特征性成分和 DNA 指纹图谱等，常被分类学家作为修订某些植物类群分类等级的佐证。植物之间的分类等级的异同程度体现了各类植物

之间的相似程度和亲缘关系的远近。

植物分类等级由大至小主要有:界、门、纲、目、科、属、种(表3-1)。门是植物界最大的分类单位,一个门可分若干纲,纲中分目,目中分科,科中分属,依此类推。有时因各等级之间范围过大,再分别加入亚级,如亚门、亚纲、亚科等。有的在亚科下再分有族、亚族等。

表 3-1 植物界分类单位

中 文	英 文	拉 丁 文
界	Kingdom	Regnum
门	Division	Divisio(Phylum)
纲	Class	Classis
目	Order	Ordo
科	Family	Familia
属	Genus	Genus
种	Species	Species

种是生物分类的基本单位。种是具有一定的自然分布区和一定的形态特征和生理特性的生物类群。在同一种中的各个个体具有相同的遗传性状,彼此交配(传粉、受精)可以产生能育的后代。种是生物进化和自然选择的产物,种以下除亚种外,还有变种、变型的等级。

现以甘草为例示其分类等级如下:

界　植物界 Regnum vegtabile
门　　被子植物门 Angiospermae
纲　　　双子叶植物纲 Dicotyledoneae
目　　　　豆目 Leguminosales
科　　　　　豆科 Leguminosae
亚科　　　　　蝶形花亚科 Papilionoideae
属　　　　　　甘草属 *Glycyrrhiza*
种　　　　　　　甘草 *Glycyrrhiza uralensis* Fisch

四、植物的命名

植物种类繁多,各个国家语言和文字不同,各有其习用的植物名称。就是在一个国家内,同一植物在不同地区也可能有不同的名称,如甘薯(*Ipomoea batatas*(L.) Lam),英语称 sweet potato,法语称 patate douce,我国称红薯、白薯、番薯、红苕、地瓜等。与此同物异名相反,还有同名异物现象,如叫"血见愁"的共有 8 个科 10 余种植物。这种名称上的混乱,不仅对于植物分类和开发利用造成混乱,而且对于国际、国内的学术交流造成困难。因此,给每一种生物制定各国统一使用的科学名称十分必要,这种世界公认的科学名称,即学名(scientific name)。

《国际植物命名法规》规定植物学名必须用拉丁文或其他文字拉丁化来书写。命名采用瑞典植物学家林奈(Linnaeus)倡导的"双名法"(binominal nomenclature),即规定每个植物学名是由两个拉丁词所组成。第一个词是"属"名,是学名的主体,必须是名词,用单数第一格,且第一个字母必须大写。第二个词是"种加词",是形容词或者是名词的第二格,第一个字母不大写。如形容词作种加词时必须与属名(名词)同性同数同格。最后还附定名人的姓名或其缩写,且第一个字母必须大写。如:

1. 荔枝　　*Litchi*　　*chinensis*　　Sonn
　　　　　　(属名)　　(种加词)　(定名人姓名缩写)

2. 掌叶大黄　*Rheum*　　*palmatum*　　　L.
　　　　　　(属名)　　(种加词)　　(定名人姓名的缩写)

3. 桔梗　　*Platvcodon*　*grandiflorum*　A. DC.
　　　　　　(属名)　　(种加词)　　(定名人姓名的缩写)

种以下的分类单位,在学名中通常用缩写,如亚种 subsp. 或 ssp.,变种 var.,变型 f. 等表示。如此学名由属名＋种加词＋亚种(变种或变型)加词组成,称为三名法。举例如下:

1. 紫花地丁   *Viola philippicd* Cav. ssp. *munda* W. Beck.

2. 山里红   *Crataegus pinnatifida* Bge. var. *major* N. E. Br.

五、植物界的分门

(一) 植物界的分门

根据各种植物的形态、构造、生活史等特征,一般将植物界分为 16 门,并进一步加以研究比较,反映出植物界各大门之间的系统演化上的相互关系(表 3-2)。

藻类、菌类、地衣类、苔藓植物、蕨类植物用孢子进行繁殖,所以称为孢子植物(spore plant),由于不开花,不结果,所以又称隐花植物,而裸子植物和被子植物是用种子进行繁殖的,所以称种子植物(seed plant),由于开花,所以又称为显花植物。

藻类、菌类、地衣类的植物体在形态上没有根、茎、叶的分化,构造上一般无组织分化,生殖器官是单细胞,合子发育时离开母体,不形成胚,称为低等植物(lower plant)或无胚植物(non-embryophyte);自苔藓植物门开始,包括蕨类植物门、裸子植物门和被子植物门的植物在形态上有根、茎、叶的分化,构造上有组织的分化,生殖器官是多细胞,合子在母体内发育成胚,成为高等植物(higher plant)或有胚植物(embryophyte)。

苔藓植物门与蕨类植物门的雌性生殖器官,均以颈卵器的形式出现,在裸子植物中,也有颈卵器退化的痕迹,因此,这三类植物又合称颈卵器植物(archegoniatae);从蕨类植物门开始,包括裸子植物门和被子植物门,植物体内有维管系统,故又称为维管植物(vasgular plant)。

表 3-2　植物界的分门

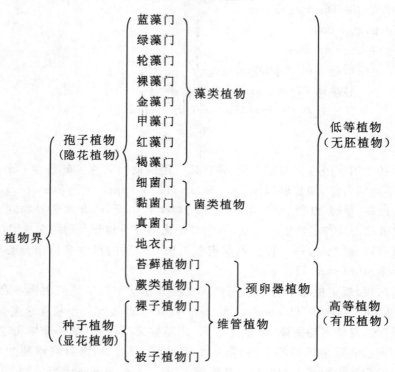

(二) 植物分类检索表的编制和应用

植物分类检索表是鉴定植物种类的有效工具。它是采用二歧归类法的原则编制,即根据植物形态特征(以花和果实的特征为主)进行比较,抓住重要的相同点和不同点对比排列而成的。应用检索表鉴定植物时,首先要搞清楚被鉴定植物的各部特征,尤其是花的构造要仔细地解剖和观察,然后用分门、分纲、分目、分科、分属、分种依次顺序进行检索,直到正确鉴定出来为止。

常见的检索表有分门、分科、分属和分种检索表,某些植物种类较多的科,在科以下还有分亚科和分族检索表,如豆科、菊科。检索表的编排形式有定距式、平行式和连续平行式三种,现以植物分门的分类为例,介绍定距式和平行式两种。

1. 定距式检索表　将相对立的特征,编为同样号码,分开间隔在一定距离处,依次进行检索直到查出所要鉴定的对象为止。

1. 植物体无根、茎、叶的分化,没有胚胎(低等植物)。
　2. 植物体不为藻类和菌类所组成的共生体。
　　3. 植物体内有叶绿素或其他光合色素,为自养生活方式 ……………………… 藻类植物
　　3. 植物体内无叶绿素或其他光合色素,为异养生活方式 ……………………… 菌类植物
　2. 植物体为藻类和菌类所组成的共生体 ………………………………………… 地衣植物
1. 植物体有根、茎、叶的分化,有胚胎(高等植物)。
　　4. 植物体有茎、叶而无真根 ……………………………………………………… 苔藓植物
　　4. 植物体有茎、叶也有真根。
　　　5. 不产生种子,用孢子繁殖 ……………………………………………… 蕨类植物
　　　5. 产生种子,用种子繁殖 ………………………………………………… 种子植物

2. 平行式检索表　将相对立的特征,编为同样号码紧紧并列,而每一条文后还注明下一步依次查阅的号码或所需要鉴定的对象。

1. 植物体无根、茎、叶的分化,没有胚胎(低等植物)。
1. 植物体有根、茎、叶的分化,有胚胎(高等植物)。
2. 植物体为藻类和菌类所组成的共生体 …………………………………………… 地衣植物
2. 植物体不为藻类和菌类所组成的共生体 ………………………………………… 3.
3. 植物体内有叶绿素或其他光合色素,为自养生活方式 ………………………… 藻类植物
3. 植物体内无叶绿素或其他光合色素,为异养生活方式 ………………………… 菌类植物
4. 植物体有茎、叶而无真根 ………………………………………………………… 苔藓植物
4. 植物体有茎、叶也有真根 ………………………………………………………… 5.
5. 不产生种子,用孢子繁殖 ………………………………………………………… 蕨类植物
5. 产生种子,用种子繁殖 …………………………………………………………… 种子植物

任务二　低等植物

一、藻类植物

藻类植物约有 3 万种,广布于全世界,大多数生活于淡水或海水中,少数生活在潮湿的土壤、树皮和花盆壁上。在水中生活的藻类,有的浮游于水中,也有的固着于水底岩石上或附着于其他植物体上。有些海藻可在 100 m 深的海底生活,也有些藻类能在终年积雪的高山上生活,有些蓝藻能在高达 85℃的温泉中生活,有的藻类能与真菌共生成地衣类植物。

藻类植物是植物界中最原始的低等类群,植物体构造简单,没有真正的根、茎、叶的分化,多为单细胞、多细胞群体、丝状体、叶状体和枝状体等,仅少数具有组织分化和类似根、茎、叶的构造。常见的单细胞藻类有小球藻、衣藻、原球藻等;多细胞呈丝状的如水绵、刚毛藻等,多细胞呈叶状的如昆布等,多细胞呈树枝状的如马尾藻、海蒿子、石花菜等。藻类的植物体通常较小,有的只有几微米,在显微镜下才可看出它们的形态构造,也有较大的,如生长在太平洋中的巨藻,长可达 60 m 以上。

藻类植物的细胞内有光合作用色素,还含有其他色素如藻蓝素、藻红素、藻褐素等,因此,不同种类的藻体呈现不同的颜色。由于藻类含有叶绿素等光合色素,能进行光合作用,营自养方式,故称自养植物。各种藻类通过光合作用制造的养分,以及所贮藏的营养物质是不同的,如蓝藻贮存的是蓝藻淀粉、蛋白质粒,绿藻贮存的是淀粉、脂肪,褐藻贮存的是褐藻淀粉、甘露醇,红藻贮存的是红藻淀粉等。

藻类的生殖可分为无性生殖和有性生殖两种。无性生殖产生孢子,产生孢子的一种囊状结构的细胞称孢子囊。孢子不需结合,一个孢子可长成一个新个体。有性生殖产生配子,产生配子的一种囊状结构细胞称配子囊。在一般情况下,配子必须结合成为合子,由合子萌发长成新个体,或由合子产生孢子长成新个体。

根据藻类细胞所含色素、贮藏物的不同,以及植物体的形态构造、繁殖方式,鞭毛的有无、数目、着生位置,细胞壁成分等差异,一般将藻类分为八个门。与药用关系密切的有蓝藻门、绿藻门、红藻门和褐藻门。

【主要药用植物】

葛仙米 *Nostoc commune* Vauch. 蓝藻门念珠藻科,由许多圆球形细胞组成不分枝的单列丝状体,形如念珠状。丝状体外面有胶质鞘,形成片状或团块状的胶质体。在丝状体上相隔一定距离产生一个异形胞,异形胞壁厚,与营养细胞相连内壁呈球状加厚,称为节球。在两个异形胞之间,或由于丝状体中某些细胞的死亡,将丝状体分成许多小段,每小段即形成藻殖段(连锁体)。异形胞和藻殖段的产生,有利于丝状体断裂和繁殖。葛仙米生于湿地或地下水位较高草地上,可供食用和药用,民间习称地木耳,能清热收敛、明目(图3-1)。

蛋白核小球藻 *Chlorella pyrenoidosa* Chick. 绿藻门,为单细胞植物,细胞呈球形或卵圆形,不能自由游泳,能随水浮沉,细胞小,细胞壁薄,细胞质内含有一个近似杯状的色素体(载色体)和一个淀粉核。小球藻只能无性繁殖,繁殖时原生质体在壁内分裂1~4次,产生2~16个不能游动的孢子。这些孢子和母细胞一样,只不过小一些,称为似亲孢子。孢子成熟后,母细胞壁破裂散于水中,长成与母细胞同样大小的小球藻。小球藻分布很广,多生于小河、沟渠、池塘中。藻体富含蛋白质,过去被用于治水肿、贫血(图3-2)。

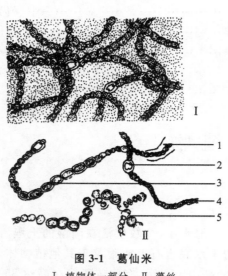

图 3-1 葛仙米

Ⅰ.植物体一部分 Ⅱ.藻丝

1.胶质鞘 2.异型胞 3.厚壁孢子

4.营养细胞 5.厚壁孢子萌发

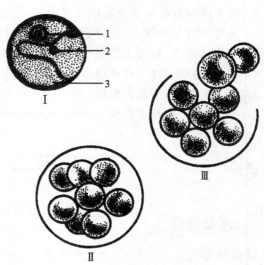

图 3-2 蛋白核小球藻

Ⅰ.蛋白核小球藻的构造(1.淀粉核 2.细胞核 3.载色体)

Ⅱ、Ⅲ.不动孢子的形成和释放

石莼 *Ulva lactuca* L. 绿藻门,由二层细胞构成的膜状体,黄绿色,边缘波状,基部有多细胞的固着器。无性生殖产生具有四条鞭毛的游动孢子;有性生殖产生具有2条鞭毛的配子,配子结合成合子,合子直接萌发成新个体。由合子萌发的植物体,只产生孢子,称孢子体。由孢子萌发的植物体,只产生配子,称配子体。这两种植物体在形态构造上基本相同,只是体内细胞的染色体数目不同而已。由于两种植物体大小一样,所以石莼的生活史是同形世代交替。石莼主要分布于浙江至海南岛沿海,供食用,称"海白菜"。药用能软坚散结,清热祛痰,利水解毒(图3-3)。

石花菜 *Gelidium amansii* Lamouroux. 红藻门,扁平直立,丛生,四至五次羽状分枝,小枝对生或互生(图3-4)。紫红色或棕红色。分布于渤海、黄海、台湾北部。可供提取琼胶(琼脂)用于医药、食品和作

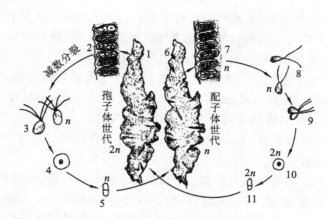

图 3-3 石莼的形态构造和生活史
1.孢子体 2.游动孢子囊的切面 3.游动孢子 4.游动孢子静止期 5.孢子萌发
6.配子体 7.配子囊的切面 8.配子 9.配子结合 10 合子 11.合子萌发

细菌培养基。石花菜亦可食用,入药有清热解毒和缓泻作用。

甘紫菜 *Porphyra tenera* Kjellm.   红藻门,薄叶片状,卵形或不规则圆形,通常高 20～30 cm,宽10～18 cm,基部楔形、圆形或心形,边缘多少具皱褶,紫红色或微带蓝色(图 3-4)。分布于辽东半岛至福建沿海,并有大量栽培。全藻供食用,入药能清热利尿,软坚散结,消痰。

海人藻 *Digenea simplex*(Wulf.)C.Ag.   红藻门,全藻能驱蛔虫、鞭虫、绦虫(图 3-4)。

海带 *Laminaria japonica* Aresch   褐藻门海带科,为多年生的大型褐藻,整个植物体分为三个部分:根状分枝的固着器、基部细长的带柄和叶状带片(图 3-5)。分布于辽宁、河北、山东沿海,现人工养殖已扩展到广东沿海。产量居世界首位。海带除食用外,还可作昆布入药,能消炎、软坚,清热、利尿,降血脂,降血压,还能用于治疗缺碘性甲状腺肿大等病。

图 3-4 常见药用红藻
Ⅰ.石花菜 Ⅱ.甘紫菜 Ⅲ.海人藻

图 3-5 海带孢子体全形

▌知识链接▐

藻类古今的概念

中国古代文献上记载:"藻,水草也,或作藻",中国古代所说的藻类是对水生植物的总称。在中国现代的植物学中,仍然将一些水生高等植物的名称中贯以"藻"字(如金鱼藻、黑藻、茨藻、狐尾藻等),也可能来源于此。另外,人们往往将一些水中或潮湿的地面和墙壁上个体较小、黏滑的绿色植物统称为青苔,实际上这也不是现在所说的苔类,而主要是藻类。

二、菌类植物

菌类与藻类植物一样,没有根、茎、叶的分化。菌类不含光合作用色素,不能进行光合作用,营养方式是异养的,有腐生、寄生、共生等多种,多数种类营腐生生活。凡从活的动植物体上吸取养分的称为寄生;从死的动植物体上或其他无生命的有机物中吸取养分的称为腐生;从活有机体取得养分,同时又提供该活体有利的生活条件,彼此间互相受益,互相依赖的称为共生。

菌类生活方式多样,分布非常广泛。土壤中、水里、空气中、人和动植物体里都有它们的踪迹。菌类包括:细菌门(Bacteriophyta)、黏菌门(Myxomycophyta)、真菌门(Eumycophyta)。

真菌的药用种类较多,本章只介绍与药用关系密切的真菌门。

真菌有细胞壁、细胞核,没有质体,不含叶绿素,不能进行光合作用制造养料,营养方式是异养的。异养方式多样,有寄生、腐生和共生等。

真菌的细胞壁主要由几丁质和纤维素组成。贮藏的营养物质是肝糖、油脂和菌蛋白,而不含淀粉。

真菌除少数种类是单细胞外,绝大多数是由纤细、管状的菌丝构成的。菌丝分枝或不分枝,组成一个菌体的全部菌丝称为菌丝体。真菌的菌丝在正常生活条件下,一般是很疏松的,但在环境条件不良或繁殖的时候,菌丝相互紧密交织在一起形成各种不同的菌丝组织体。常见者如引起木材腐烂的担子菌的菌丝纠结成绳索状,外形似根,称为根状菌索。有些真菌的菌丝密集成颜色深、质地坚硬的核状体,称为菌核,小的形如鼠粪,大的比人头还大,如茯苓。菌核是渡过不良环境的休眠体。很多高等真菌在生殖时期形成有一定形状和结构、能产生孢子的菌丝体,称为子实体,子实体的形态多样,如蘑菇的子实体呈伞状,马勃的子实体近球形。容纳子实体的菌丝褥座状结构,称为子座。子座是真菌从营养阶段到繁殖阶段的一种过渡形式,如冬虫夏草菌从蝙蝠蛾科昆虫的幼虫尸体上长出的棒状物就是子座。子座形成以后,其上产生许多子囊壳即子实体,子囊壳中产生子囊和子囊孢子。

真菌的繁殖方式有营养繁殖、无性生殖和有性生殖三种。营养繁殖有菌丝断裂繁殖、分裂繁殖和芽生孢子繁殖。无性生殖产生各种类型的孢子,如孢囊孢子、分生孢子等。孢囊孢子是在孢子囊内形成的不动孢子。分生孢子是由分生孢子梗的顶端或侧面产生的一种不动孢子。有性生殖方式复杂多样,有同配生殖、异配生殖、接合生殖、卵式生殖。通过有性生殖也产生各种类型的孢子,如子囊孢子、担孢子等。

真菌门是植物界一个很大的类群,通常认为有 12 万~15 万种。我国已知约有 4 万种,已知药用真菌有 272 种。

根据真菌生殖方式的不同,国际上将真菌分为 5 个亚门,即鞭毛菌亚门、接合菌亚门、子囊菌亚门、担子菌亚门、半知菌亚门。本任务主要介绍真菌门中药用价值较广的子囊菌亚门和担子菌亚门。

1. 子囊菌亚门　Ascomycotina　子囊菌亚门是真菌中种类最多的一个亚门,最主要的特征是有性生殖过程中产生子囊和子囊孢子。子囊是一个囊状结构,子囊内产生子囊孢子。具有子囊的子实体称为子囊果。除少数低等子囊菌为单细胞(如酵母菌)外,绝大多数有发达的菌丝,菌丝具有横隔,并紧密结合在一起。大多数子囊菌都产生子实体,子囊包于子实体内。子囊果的形态是子囊菌分类的重要依据。常见的有三种类型(图 3-6):①子囊盘:子囊果盘状、杯状或碗状。子囊盘中有许多子囊和侧丝(不孕菌丝)垂直排列在一起,形成子实层。子实层完全暴露在外面,如盘菌类。②闭囊壳:子囊果完全闭合成球形,无开口,待其破裂后子囊及子囊孢子才能散出,如白粉科的子囊果。③子囊壳:子囊果呈瓶状或囊状,先端开口,这一类子囊果多埋生于子座内,如麦角、冬虫夏草。

【主要药用植物】

麦角菌 *Claviceps purpurea*(Fr.)Tul.　属麦角菌科。常寄生在禾本科、莎草科等植物的子房内,菌核形成时露出子房外,呈紫黑色,质较坚硬,形如动物角状,故称"麦角"。菌核圆柱状至角状,稍弯曲,一般长 1~2 cm,直径 3~4 mm,干后变硬,质脆,表面呈紫黑色或紫棕色,内部近白色,近表面外为暗紫色。麦角含十多种生物碱,主要活性成分为麦角新碱、麦角胺、麦角生碱、麦角毒碱等。麦角胺和麦角毒碱可治偏头痛,麦角制剂已用作子宫收缩及内脏器官出血的止血剂。菌核(麦角)能使子宫收缩。

冬虫夏草 *Cordyceps sinensis*(Berk.)Sacc.　是麦角菌科一种寄生于蝙蝠蛾科昆虫幼虫体上的子囊菌。夏秋季节,子囊孢子成熟后由子囊散出,断裂成若干小段,然后产生芽管(或从分生孢子产生芽管)穿入幼虫(蝙蝠蛾科昆虫)体内,染病幼虫钻入土中,本菌细胞以酵母状出芽法增加体积,直至幼虫死亡,形成菌核。菌核的发育,毁坏了幼虫的内部器官,但其角皮却保持完好。夏季,从幼虫的前端产生出子座,并伸出土层外。子座长 4~11 cm,基部直径 1.5~4 mm,向上渐狭细,头部不膨大或膨大成近圆柱形,褐

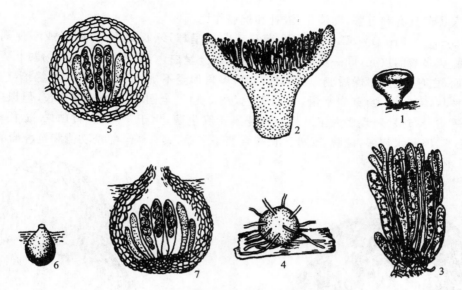

图 3-6 子囊果类型

1.子囊盘 2.子囊盘纵切面放大 3.子囊盘中子实层一部分放大
4.闭囊壳 5.闭囊壳纵切面放大 6.子囊壳 7.子囊壳纵切面放大

色;显微镜下观察,子囊壳近表面生,基部稍陷于子座内,椭圆形至卵圆形,子囊多数生在子囊壳内,细长,每子囊内含有具多数横隔的子囊孢子 2 枚(图 3-7)。主产于我国西南、西北。分布于海拔 3000 m 以上的高山草甸区。子实体、子座、虫体及菌核合称虫草,能补肺益肾,止血化痰。冬虫夏草的药用有效成分为虫草酸,还有蛋白质和脂肪等成分。

据统计虫草属有 130 多种,我国有 20 多种,其中亚香棒虫草 *C. hawkesii* Gray.、蛹草菌 *C. militaris* (L.)Link. 等有与冬虫夏草相似的疗效。蝉花菌 *C. sobolifera* (Hill.)Berk. et Br. 能清热祛风,镇惊明目。

2. 担子菌亚门 Basidiomycotina 担子菌亚门全世界有1100 属 16000 余种,都是由多细胞的菌丝体组成的有机体,菌丝均具横隔膜。担子菌最主要的特征是有性生殖过程中形成担子、担孢子。多数担子菌的菌丝体,可区分为三种类型,由担孢子萌发形成具有单核的菌丝,称为初生菌丝;初生菌丝接合进行质配,核不配合,而保持双核状态,称为次生菌丝,次生菌丝双核时期相当长,这是担子菌的特点之一,主要行营养功能;三生菌丝是组织特化的特殊菌丝,也是双核的,它常集结成特殊形状的子实体。

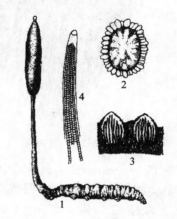

图 3-7 冬虫夏草

1.植物体全形,上部为子座,下部为已死的幼虫
2.子座横切面 3.子囊壳放大 4.子囊及子囊孢子

在形成担子和担孢子的过程中,菌丝顶细胞壁上伸出一个喙状突起,向下弯曲,形成一种特殊的结构,称为锁状连合,在此过程中,细胞内二核经过一系列变化由分裂到融合,形成一个二倍体的核,此核经减数分裂,形成了四个单倍体的子核。这时顶端细胞膨大成为担子,担子上生出 4 个小梗,于是 4 个小核分别移入小梗内,发育成 4 个担孢子。产生担孢子的复杂结构的菌丝体称为担子果,就是担子菌的子实体。其形态、大小、颜色各不相同,如伞状、耳状、菊花状、笋状、球状等。

担子菌除少数种类有有性繁殖外,大多数在自然条件下无性繁殖。其无性繁殖是通过芽殖、菌丝断裂等类型产生的分生孢子。

【主要药用植物】

猴头菌 *Hericium erinaceus* (Bull.)Pers. 属齿菌科。子实体形状似猴子的头,故名猴头,新鲜时白色,干燥后变为淡褐色,块状,基部狭窄;除基部外,表面均密布白色肉刺状菌针。孢子近球形,透明无色,壁表平滑(图 3-8)。主产东北、华北至西南等地,多腐生于栎属、核桃楸等阔叶乔木受伤处或腐木上,现有大规模种植。猴头菌具有利五脏,助消化,滋补和抗癌作用。

茯苓 *Poria cocos*(Fries)Wolf. 属多孔菌科。菌核呈球形、长圆形、卵圆形或不规则状,干燥后坚硬,表面有深褐色、多皱的皮壳,同一块菌核内部,可能部分呈白色,部分呈淡红色,粉粒状;子实体平伏地产生在菌核表面,白色,成熟干燥后变为淡褐色;管口多角形至不规则形,孔壁薄,边缘渐变成齿状。孢子长方形至近圆柱状,有一斜尖,壁表平滑,透明无色(图 3-9)。全国不少省份有分布,但以安徽、云南、湖北、河南、广东等省分布最多,现多人工栽培。茯苓属于腐生菌,生于马尾松、黄山松、赤松等松属植物的根际。菌核(茯苓)能利水渗湿,健脾、安神。茯苓含茯苓多糖,具有调节免疫功能和抗肿瘤的作用。

图 3-8 猴头菌

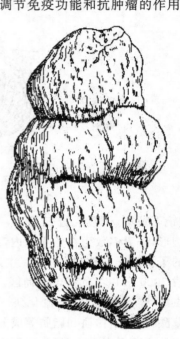

图 3-9 茯苓

猪苓 *Polyporus umbellatus*(Pers.)Fr. 属于多孔菌科。菌核呈长形块状或不规则球形,稍扁,有的分枝如姜状,表面灰黑或黑色,凹凸不平,有皱纹或瘤状突起,干燥后坚而不实,断面呈白色至淡褐色,半木质化,质较轻;子实体从埋于地下的菌核内生出,后长出地面;菌柄往往于基部相连或大量分枝,形成一大丛菌盖,菌盖肉质,干燥后坚硬而脆,圆形,中央呈脐状,表面近白色至淡褐色。担孢子卵圆形,透明无色,壁表平滑(图 3-10)。主产于山西、河北、河南、云南等省。猪苓属于腐生菌,生于枫、槭、柞、桦、柳、椴以及山毛榉科树木的根际,现已人工栽培。菌核(猪苓)能利水渗湿,猪苓多糖有抗癌作用,猪苓还有抗辐射的作用。

灵芝 *Ganoderma lucidum*(Leyss. ex Fr.)Karst. 属多孔菌科。为腐生菌。菌盖木栓质,半圆形或肾形,初生为淡黄色,后呈红褐、红紫或暗紫色,具有一层漆状光泽,有环状棱纹及辐射状皱纹,菌盖下面密布细孔(菌管孔),内生孢子及担孢子。孢子呈卵圆形,壁有两层,内壁褐色,表面布以无数小疣,外壁透明无色;菌柄侧生,极稀偏生,长度通常长于菌盖的长径,紫褐色至黑色,有一层漆状光泽,中空或中实,坚硬(图 3-11)。我国多数省区有分布,生于林内阔叶树的木桩上。现多人工栽培。子实体(灵芝)能滋补,健脑,强壮,消炎,利尿,益胃。子实体含多糖、麦角甾醇、三萜类成分等,入药用于治疗神经衰弱、冠心病、肝炎、白细胞减少症。灵芝孢子粉亦可药用。

担子菌亚门入药的还有:木耳子实体(木耳)能补气益血,润肺止血,活血止痛;云芝 *Coriodus versicolor*(Fr.)Ouel. 子实体入药能清热消炎,云芝多糖有抗癌活性;大马勃 *Calvatia gigantea*(Batsch ex Pers.)Lloyd. 子实体(马勃)能消肿止血,清肺,解毒。

真菌入药,在我国有悠久的历史,随着医药卫生事业的发展,国内外对真菌抗癌药物进行了大量的筛选与研究,发现真菌的抗癌作用机理不同于细胞类毒素药物的直接杀伤作用,而是通过提高机体免疫能力,增加巨噬细胞的吞噬能力,产生对癌细胞的抵抗力,从而达到间接抑制肿瘤的目的。

图 3-10 猪苓

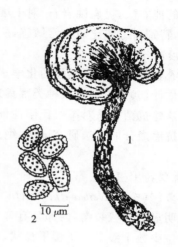

图 3-11 灵芝
1.子实体 2.孢子(放大)

▌知识链接▐

真菌多糖药用价值的研究

真菌多糖是一类天然高分子化合物,是由醛基和酮基通过糖苷键连接起来的高分子聚合物。研究表明,活性多糖作为生物效应调节剂,主要作用于机体的免疫系统,具有抗肿瘤、抗炎、抗凝血、抗病毒、降血脂、降血糖等活性。

多糖的抗肿瘤功能一般表现为多糖能提高机体免疫力或能够激活和提高网状内皮细胞、巨噬细胞的吞噬能力,直接杀灭肿瘤细胞,能促进干扰素和白细胞介素的产生而抑制肿瘤的生长。显著抑制肿瘤生长的多糖有香菇多糖、猪苓多糖、裂褶菌多糖、茯苓多糖、云芝菌丝体多糖等。银耳多糖、灵芝多糖、冬虫夏草多糖、棕色海藻多糖、地衣多糖、假蜜环菌多糖、竹荪多糖等也具有一定的抗肿瘤活性。

多糖的抗感染功能主要是通过提高宿主免疫功能,以及激活或提高网状内皮细胞和巨噬细胞的吞噬能力,而发挥直接杀菌、抗病毒作用的。如银耳胞外多糖可用于治疗慢性活动性和慢性迁延性肝炎,可使 IIBSAG 转阴;海藻多糖能诱导干扰素产生,具有抗流感病毒的作用;酵母葡聚糖能提高对细菌、病毒和真菌的抵抗力。

真菌多糖具有降血脂、降血糖的功能,具有降血脂作用的多糖有海带多糖、褐藻多糖等,具有降血糖作用的多糖有黑木耳多糖、银耳多糖等。

三、地衣类植物

地衣是一类很独特的多年生植物,是一种真菌和一种藻类组织的复合有机体。组成地衣的真菌绝大多数为子囊菌亚门的真菌,少数为担子菌亚门的真菌。组成地衣的藻类是蓝藻和绿藻。蓝藻中常见的如念珠藻属,绿藻如共球藻属、桔色藻属。参与地衣的真菌是地衣的主导部分。地衣中的藻类光合作用制造的营养物质供给整个植物体,菌类则吸收水分和无机盐,为藻类提供进行光合作用的原料。无根、茎、叶的分化,能进行有性生殖和无性生殖。

地衣的形态可分为三种类型:壳状地衣,植物体为具各种颜色的壳状物,菌丝与树干或石壁紧贴,因此不易分离,如茶渍、文字衣;叶状地衣,植物体呈扁平叶片状,有背腹性,以假根或脐固着在基物上,易采下,如石耳、梅花衣;枝状地衣,植物体呈树枝状、丝状,直立或悬垂,仅基部附着在基物上,如石蕊、松萝等。

地衣约有 500 属 2600 种。它们分布极为广泛,从南北两极到赤道,从高山到平原,从森林到荒漠,都有地衣的存在。地衣对营养条件要求不高,能耐干旱,生长在瘠薄的峭壁、岩石、树皮上或沙漠地上。地衣分泌的地衣酸,可腐蚀岩石,对土壤的形成起着开拓先锋的作用。地衣大多数是喜光植物,要求空气清洁新鲜,特别对二氧化硫非常敏感,所以在工业城市附近很少有地衣的生长,因此,地衣可作为鉴别大气污染程度的指示植物。

地衣含有抗菌作用较强的化学成分——地衣酸。地衣酸有多种类型。迄今已知的地衣酸有 300 多种。据估计,50%以上地衣种类都具这类抗菌物质,如松萝酸、地衣硬酸、去甲环萝酸、袋衣酸、小红石蕊酸等。这些抗菌物质对革兰氏阳性细菌多具抗菌活性,对抗结核杆菌有高度活性。近年来,世界上对地衣进行抗癌成分的筛选研究证明,绝大多数地衣种类中所含的地衣多糖、异地衣多糖均具有极高的抗癌活性。

【主要药用植物】

松萝(节松萝)*Usnea diffracta* Vain.　属松萝科。枝状地衣,分枝多呈丝状,下垂,表面淡灰绿色,有多数明显的环状裂沟,内部具有弹性的丝状中轴;外为藻环,常由环状沟纹分离或呈短筒状(图 3-12)。菌层产生少数子囊果。子囊果盘状,褐色,子囊棒状,内生 8 个子囊孢子。分布于全国大部分省区。生于深山老林树干上或岩石上。含有松萝酸、环萝酸、地衣多糖。松萝酸有抗菌作用。全草入药,能止咳平喘,活血通络,清热解毒。在西南地区常作"海风藤"入药。

长松萝(老君须)*U. longissima* Ach.　全株细长不分枝,两侧密生细而短的侧枝(图 3-12)。分布和功效同松萝。

图 3-12　两种松萝

A. 松萝　B. 长松萝

石耳 *Umbilicaria esculenta*（Miyoshi）Minks.　全草(石耳)能清热解毒,止咳祛痰,平喘消炎,利尿,降低血压。

金黄树发(头发七)*Alectoria jubata* Ach.　全草(头发七)能利水消肿,收敛止汗,是抗生素及石蕊试剂的原料。

任务三　高等植物

一、苔藓植物

苔藓植物是绿色自养性的陆生植物,植物体是配子体,它是由孢子萌发成原丝体,再由原丝体发育而成的。苔藓植物一般较小,通常看到的植物体(配子体)大致可分成两种类型:一种是苔类,保持叶状体的形状;另一种是藓类,开始有类似茎、叶的分化。苔藓植物没有真根,只有假根(是表皮突起的单细胞或一列细胞组成的丝状体)。茎内组织分化水平不高,仅有皮部和中轴的分化,没有真正的维管束构造。叶多数是由一层细胞组成,既能进行光合作用,也能直接吸收水分和养料。

苔藓植物在有性生殖时,在配子体上产生多细胞构成的精子器和颈卵器。颈卵器的外形如瓶状,上部细狭称颈部,中间有 1 条沟称颈沟,下部膨大称腹部,腹部中间有 1 个大的细胞称卵细胞。精子器产生精子,精子有两条鞭毛借水游到颈卵器内,与卵结合,卵细胞受精后成为合子,合子在颈卵器内发育成胚。胚依靠配子体的营养发育成孢子体,孢子体不能独立生活,寄生在配子体上。

在苔藓植物的生活史中,从孢子萌发到形成配子体,配子体产生雌雄配子,这一阶段为有性世代,从受精卵发育成胚,由胚发育形成孢子体的阶段称为无性世代。有性世代和无性世代互相交替形成了世代交替。

苔藓植物的配子体世代,在生活史中占优势,能独立生活,孢子体不能独立生活,只能寄生在配子体上,这是苔藓植物与其他高等植物不同的特征之一。

苔藓植物一般生活在阴湿的环境中,是从水生到陆生过渡形式的代表。苔藓植物很早就被应用于医药,现全国已知有 9 科 50 多种可供药用。

【主要药用植物】

地钱 *Marchantia polymorpha* L.　属苔纲地钱科。植物体为绿色扁平二分叉的叶状体,贴地生长,有背腹之分,在背面可见表皮上有许多菱形或六角形的网纹,为气室的界限,每个网纹的中央有 1 个白色小点即为气孔。腹面具紫色鳞片及平滑和带有花纹的两种假根(图 3-13)。分布全国各地,生于阴湿土地和岩石上。全草能清热解毒,祛瘀生肌。

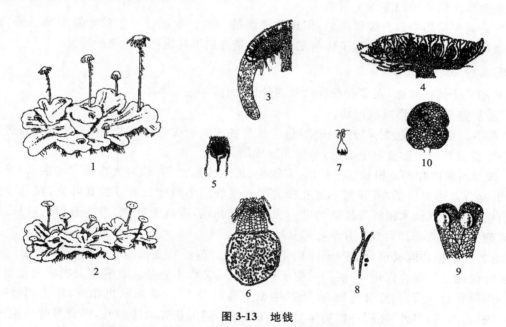

图 3-13　地钱

1.雌株　2.雄株　3.颈卵器托切面　4.精子器托切面　5.孢子体
6.孢子体切面　7.孢子囊破裂　8.孢子弹丝　9.胞芽杯　10.胞芽

大金发藓(土马骔)*Polytrichum commune* L.　属藓纲金发藓科。植物体高 10~30 cm,常丛集成大片群落。幼时深绿色,老时黄褐色。有茎、叶分化。茎直立,下部有多数假根。叶丛生于茎上部,渐下渐稀而小,鳞片状,长披针形,边缘有齿,中肋突出,由几层细胞构成,叶缘由一层细胞构成,叶基部鞘状。颈卵器和精子器分别生于二株植物体茎顶。蒴柄长,孢蒴四棱柱形(图 3-14)。全国均有分布,生于山地及平原。全草入药,能清热解毒,凉血止血。

二、蕨类植物

蕨类植物曾在地球上盛极一时,古生代后期的石炭纪和二叠纪,曾称为蕨类植物时代,当时那些大型

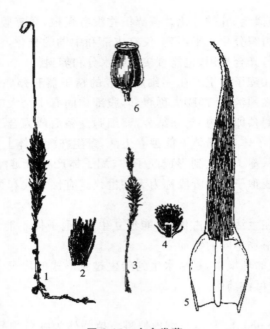

图 3-14 大金发藓
1.雌株 2.雌配子体 3.雄株 4.雄配子体 5.叶腹面观 6.孢蒴

种类,现已绝迹,是构成化石植物的一个重要组成部分,也是煤层的一个重要来源。现有蕨类植物多为陆生、附生,少数为水生或攀援的多年生草本。

蕨类植物是高等植物中具有维管组织,但比较低级的一类。配子体产生颈卵器和精子器,属于颈卵器植物。蕨类植物具有独立生活的孢子体与配子体,这是有别于其他高等植物的特征。

(一)蕨类植物特征

蕨类植物的孢子体较发达,大多有根、茎、叶的分化,为多年生草本。

1. 根 通常为不定根,形成须根状。

2. 茎 茎多为根状茎,直立、斜升或横走,通常被有各式鳞片或毛茸。木质部中主要为管胞和薄壁组织,韧皮部中主要为筛胞和韧皮薄壁细胞,一般无形成层。

3. 叶 蕨类植物的叶多从根状茎上长出,有簇生、近生或远生的,幼时大多数呈卷曲状,是原始的性状。根据叶的起源及形态特征,可分为小型叶和大型叶两种。小型叶没有叶隙和叶柄,仅具 1 条不分枝的叶脉,如石松科、卷柏科、木贼科等植物的叶。大型叶具叶柄,有或无叶隙,有多分枝的叶脉,是进化类型的叶,如真蕨类植物的叶。大型叶有单叶和复叶两类。

蕨类植物的叶根据功能又可分成孢子叶和营养叶两种。孢子叶是指能产生孢子囊和孢子的叶,又称能育叶;营养叶仅能进行光合作用,不能产生孢子囊和孢子,又称不育叶。有些蕨类植物的孢子叶和营养叶不分,既能进行光合作用,制造有机物,又能产生孢子囊和孢子,叶的形状也相同,称为同型叶,如常见的贯众、鳞毛蕨、石韦等;另外,在同一植物体上,具有两种不同形状和功能的叶,即营养叶和孢子叶,称为异型叶,如荚果蕨、槲蕨、紫萁等。

4. 孢子囊 在小型叶类型的蕨类植物中,孢子囊单生于孢子叶的近轴面叶腋或叶的基部,通常很多孢子叶紧密地或疏松地集生于枝的顶端形成球状或穗状,称孢子叶球或孢子叶穗,如石松和木贼等。大型叶的蕨类植物不形成孢子叶穗,孢子囊也不单生于叶腋处,而是由许多孢子囊聚集成不同形状的孢子囊群或孢子囊堆,生于孢子叶的背面或边缘。孢子囊群有圆形、长圆形、肾形、线形等形状,孢子囊群常有膜质盖,称囊群盖。孢子囊壁由单层或多层细胞组成,在细胞壁上有不均匀的增厚形成环带。环带的着生位置有多种形式,如顶生环带、横行中部环带、斜行环带、纵行环带等,这些环带对于孢子的散布有重要作用。

5. 孢子 多数蕨类植物产生的孢子在形态、大小上是相同的,称为孢子同型,少数蕨类如卷柏属和水生真蕨类的孢子大小不同,即有大孢子和小孢子的区别,称为孢子异型。产生大孢子的囊状结构称为大孢子囊,产生小孢子的称为小孢子囊,大孢子萌发后形成雌配子体,小孢子萌发后形成雄配子体。孢子的形状常为两面形、四面形或球状四面形,外壁光滑或有脊及刺状突起或有弹丝。

6. 维管系统 蕨类植物的孢子体内部有了明显的维管组织的分化,形成各种类型的中柱,主要有原生中柱、管状中柱、网状中柱和散状中柱等。其中原生中柱为原始类型,仅由木质部和韧皮部组成,无髓部,无叶隙。原生中柱包括单中柱、星状中柱、编织中柱(图3-15)。管状中柱包括外韧管状中柱、双韧管状中柱。网状中柱、真中柱和散状中柱是进化程度最高的类型,在种子植物中常见。

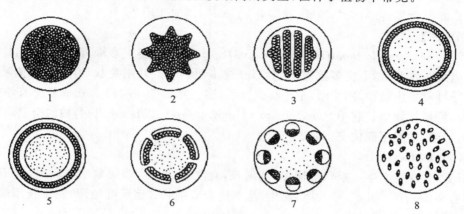

图3-15 蕨类植物中柱类型横剖面简图

1.单中柱 2.星状中柱 3.编织中柱 4.外韧管状中柱 5.双韧管状中柱 6.网状中柱 7.真中柱 8.散状中柱

(二)蕨类植物的配子体

蕨类植物的孢子成熟后散落在适宜的环境里萌发成一片细小的呈各种形状的绿色叶状体,称为原叶体,这就是蕨类植物的配子体,大多数蕨类植物的配子体生于潮湿的地方,具背腹性,能独立生活。当配子体成熟时大多数在同一配子体的腹面产生有性生殖器官,即精子器和颈卵器。精子器内生有鞭毛的精子,颈卵器内有一个卵细胞,精卵成熟后,精子由精子器逸出,以水为媒介进入颈卵器内与卵结合,受精卵发育成胚,由胚发育成孢子体,即常见的蕨类植物体。

(三)蕨类植物的生活史

蕨类植物具有明显的世代交替,从单倍体的孢子开始,到配子体上产生出精子和卵,这一阶段为单倍体的配子体世代(亦称有性世代),从受精卵开始,到孢子体上产生的孢子囊中孢子母细胞在减数分裂之前,这一阶段为二倍体的孢子体世代(亦称无性世代)。这两个世代有规律地交替完成其生活史。

蕨类和苔藓植物生活史最大不同有两点:一为孢子体和配子体都能独立生活;另一为孢子体发达,配子体弱小,所以蕨类植物的生活史是孢子体占优势的异型世代交替。

(四)蕨类植物分类

根据蕨类植物的茎、叶的外部形态及内部构造,孢子囊壁细胞层数及孢子形状,孢子囊的环带有无及其位置,孢子囊群的形状、生长部位及有无囊群盖,叶柄中维管束排列的形式,叶柄基部有无关节,根状茎上有无毛、鳞片等附属结构及形状等特征,通常将蕨类植物门分为5个纲:松叶蕨纲、石松纲、水韭纲、木贼纲、真蕨纲。1978年我国学者秦仁昌把5个纲提升为5个亚门。

1. 石松科 Lycopodiaceae

【形态特征】 陆生或附生。多年生草本。茎直立或匍匐,具根茎及不定根,小枝密生。叶小,螺旋状互生,呈鳞片状或针状,孢子叶穗集生于茎的顶端,孢子同型。

【分布】 广布于世界各地,我国5属14种,已知药用9种。

【主要药用植物】

石松 *Lycopodium japonicum* Thunb. 多年生常绿草本,匍匐茎蔓生,直立茎高15～30 cm,二叉分枝,叶小,线状钻形,螺旋状排列。孢子枝高出营养枝。孢子叶罕生枝顶,形成孢子叶穗,孢子叶穗长2～5 cm,或2～6个着生于孢子枝顶端;孢子囊肾形;孢子黄色,三棱状锥形,外壁有网纹。分布于东北、内蒙古、河南、长江流域以南地区。生于林下阴坡酸性土壤上。全草（伸筋草）能祛风散寒,舒筋活络,孢子可作丸药包衣。

2. 卷柏科 Selaginellaceae

【形态特征】 多年生小型草本。茎腹背扁平。叶小型,鳞片状,同型或异型,交互排列成四行,腹面基部有一叶舌。孢子叶穗呈四棱形,生于枝的顶端。孢子囊异型,单生于叶腋基部,大孢子囊内生1~4个大孢子,小孢子囊内生有多数小孢子。孢子异型。

【分布】 广布于世界各地,为单种属,我国有50多种,现知药用25种。

【主要药用植物】

卷柏(还魂草)*Selaginella tamariscina*(Beauv.)Spring. 多年生常绿直立草本,全株莲座状,干燥时枝叶向顶上卷缩。主茎短,下生多数须根,上部分枝多而丛生。叶鳞片状,有中叶与侧叶之分,覆瓦状排成4列。孢子叶穗着生枝顶,四棱形,孢子囊圆肾形,孢子异型(图3-16)。分布于全国各地。生于向阳山坡或岩石上。同属植物垫状卷柏 *S. pulvinata*(Hook. et Grev.)Maxim. 与卷柏的全草均作中药卷柏入药,生用能活血通经,炒炭用能化瘀止血。

3. 木贼科 Equisetaceae

【形态特征】 多年生草本。根状茎横走,茎细长,直立,节明显,节间常中空,分枝或不分枝,表面粗糙,富含硅质,有多条纵脊。叶小,鳞片状,轮生,基部连合成鞘状。孢子叶盾形,在小枝顶端排成穗状;孢子圆球形,表面着生十字形弹丝4条。

【分布】 分布于热、温、寒三带。我国有木贼属(*Hippochaete*)和问荆属(*Equisetum*)两属,共10余种,现知药用8种。

【主要药用植物】

木贼 *Hippochaete himaie* L.(L) 多年生草本。茎直立,单一不分枝、中空,棱脊20~30条,棱脊上疣状突起2行,极粗糙。叶鞘基部和鞘齿成黑色两圈(图3-17)。孢子叶穗生于茎顶,长圆形,孢子同型。产于东北、华北、西北等地。生于山坡温地或疏密林下。全草入药,能散风热,退目翳。

笔管草 *H. debilis*(Roxb.)Cbing(*Equisetum debile* Roxb.) 与上种主要区别:地上茎有分枝。叶鞘基部有黑色圈,鞘齿非黑色。分布于华南、西南、长江中上游各省区。

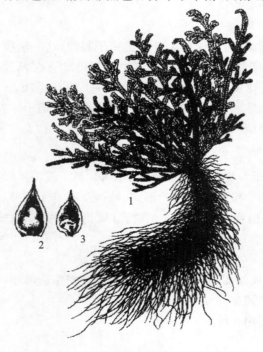

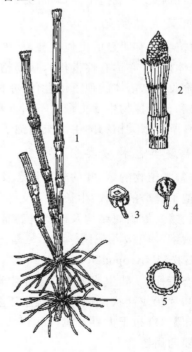

图 3-16　卷柏
1.植物全形　2.大孢子叶和大孢子囊
3.小孢子叶和小孢子囊

图 3-17　木贼
1.植物全形　2.孢子叶穗　3.孢子囊与孢子叶正面观
4.孢子囊与孢子叶背面观　5.茎横切面

节节草 *H. ramosissima* (Desf.)Boerner (*Equisetum ramosissima* Desf.) 地上茎多分枝。叶鞘基部无黑色圈,鞘齿黑色。分布于全国各地。

以上两种的全草供药用,功效同木贼相似。

问荆 *Equisetum arvense* L. 多年生草本,地上茎直立,二型。孢子茎早春先发,常为紫褐色,肉质不分枝。孢子叶穗顶生,孢子叶六角形,盾状着生,下生孢子囊6~8个。孢子茎枯萎后生出营养茎,有棱脊6~15条,分枝轮生,中实。叶退化,下部连合成鞘,鞘齿披针形,黑色(图3-18)。产于东北、华北、西北、西南等地。生于田边、沟边。全草入药,能利尿,止血,清热止咳。

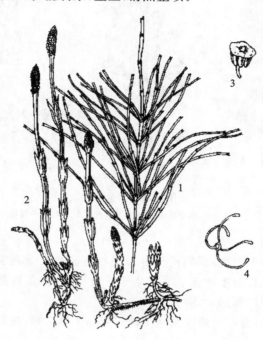

图 3-18 问荆
1.营养茎 2.孢子茎 3.孢子囊与孢子叶正面观 4.孢子,示弹丝松展

石松科、卷柏科和木贼科特征比较见表3-2。

表3-2 石松科、卷柏科和木贼科特征比较

	石松科 Lycopodiaceae	卷柏科 Selaginellaceae	木贼科 Equisetaceae
茎形态	具根茎及不定根,主茎长而匍匐	茎腹背扁平	茎直立,细长,节明显,表面粗糙
叶形态	叶细小,鳞片状或钻形,螺旋状互生	叶鳞片状,交互对生	叶鳞片状,轮生,基部连合成鞘状
孢子	孢子叶穗集生于茎顶,孢子同型	孢子叶穗呈四棱形,生于枝的顶端	孢子叶盾形,在小枝顶端排成穗状
药用植物	石松、垂穗石松等	卷柏、垫状卷柏等	木贼、节节草、问荆等

4. 海金沙科 Lygodiaceae

【形态特征】 陆生缠绕植物。根状茎横走,有毛,无鳞片。原生中柱。叶轴细长,缠绕着生,羽片一至二回,二叉状或一至二回羽状复叶,近二型,不育叶羽片通常生于叶轴下部,能育叶羽片生于上部,孢子囊生于能育叶羽片边缘的小脉顶端,排成两行,呈穗状;孢子囊梨形,横生短柄上。环带顶生。孢子四面形。

【分布】 本科全世界1属45种,分布于热带,少数分布于亚热带及温带。我国1属10种,已知药用的5种。

【主要药用植物】

海金沙 *Lygodium japonicum*(Thunb.)Sw. 缠绕草质藤本。根横走,生有黑褐色节毛。叶二型,能育叶羽片卵状三角形,不育叶羽片三角形,二至三回羽状,小羽片2～3对,孢子囊穗生于孢子叶羽片的边缘,排成流苏状,暗褐色;孢子表面有疣状突起(图3-19)。分布于长江流域及南方各省。多生于山坡林边、灌木丛、草地中。孢子、根状茎、茎藤入药,能清利湿热,通淋止痛。

图3-19 海金沙
1.地下茎 2.不育叶 3.地上茎及孢子叶 4.孢子囊穗

5. 蚌壳蕨科 Dicksoniaceae

【形态特征】 植株高大,主干粗大,或短而平卧。根状茎密被金黄色长柔毛,无鳞片。叶片大,三至四回羽状,革质;叶脉分离;叶柄长而粗。孢子囊群生于叶背面,囊群盖两瓣开裂形似蚌壳状,革质;孢子囊梨形,有柄;环带稍斜生;孢子四面形。

【分布】 本科5属40多种,分布于热带及南半球。我国1属2种,现知药用1种。

【主要药用植物】

金毛狗脊 *Cibotium barometz*(L.)J. Sm. 植株呈树状,高2～3 m,根状茎粗大,木质,密生黄色有光泽的长柔毛,形如金毛狗。叶片三回羽状分裂,末回小羽片狭披针形;侧脉单一,或二分叉。革质,孢子囊群生于小脉顶端,每裂片1～5对,囊群盖二瓣,成熟时似蚌壳状。分布于我国南部及西南部。生于山脚沟边及林下阴湿处酸性土壤中。根状茎能补肝肾,强腰膝,祛风湿。

6. 鳞毛蕨科 Dryopteridaceae

【形态特征】 多年生草本。根状茎短粗,直立或斜生,稀有长而横走的,连同叶柄多被鳞片。网状中柱。叶轴上面有纵沟,叶片一至多回羽状。孢子囊群背生或顶生于小脉,囊群盖盾形或圆形,有时无盖。孢子两面形,表面有疣状突起或有翅。

【分布】 本科20属1700余种,分布于温带及亚热带,我国13属700多种,分布于全国各地,已知药用60种。

【主要药用植物】

粗茎鳞毛蕨(东北贯众、绵马鳞毛蕨)*Dryopteris crassirhizoma* Nakai. 多年生草本。根状茎直立,连同叶柄密生棕色大鳞片。叶簇生,二回羽裂,裂片紧密,短圆形,圆头。叶轴上被有黄褐色鳞片。侧脉羽状分叉,孢子囊群分布于叶片中部以上的羽片上,生于小脉中部以下,每裂片1～4对,囊群盖肾圆形,棕色(图3-20)。分布于东北及河北省。生于林下潮湿处。带叶柄残基的根茎(绵马贯众)能清热解毒,驱虫,其炮制品绵马贯众炭能收涩止血。

7. 水龙骨科 Polypodiaceae

【形态特征】 陆生或附生。根状茎横走,被阔鳞片。网状中柱。叶同型或二型;叶柄与根状茎有关节相连;单叶,全缘或羽状半裂至一回羽状分裂;网状脉。孢子囊群圆形或线形,有时布满叶背,无囊群盖;孢子囊梨形或球状梨形;孢子两面形。

【分布】 本科全世界50属600种,主要分布于热带。我国有27属150种,分布于全国各地。已知药

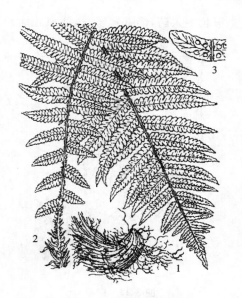

图 3-20 粗茎鳞毛蕨

1.根状茎 2.叶 3.羽片一部分,示孢子囊群

用的有 18 属 86 种。

【主要药用植物】

石韦 *Pyrrosia lingua* (Thunb.)Farwell. 多年生常绿草本,高 10～30 cm。根状茎长而横走,密生褐色针形鳞片。叶远生;叶片披针形,下面密被灰棕色星状毛;叶柄基部有关节。孢子囊群在侧脉间紧密而整齐地排列,初为星状毛包被,成熟时露出,无囊群盖(图 3-21)。分布于长江以南各省,生于岩石或树干上。全草药用,清热止血,利尿通淋。

图 3-21 石韦

8. 槲蕨科 Drynariaceae

【形态特征】 陆生植物。根状茎横走,肉质;密被棕褐色鳞片;鳞片通常大而狭长,基部盾状着生,边缘有睫毛状锯齿。叶常二型,基部不以关节着生于根状茎上;叶片深羽裂或羽状,叶脉粗而明显,一至三回形成大小四方形的网眼。孢子囊群不具囊群盖。孢子囊和孢子同水龙骨科。

【分布】 8 属,除槲蕨属有 20 余种外,其余多为单种的属。分布于亚洲的热带(马来西亚、菲律宾)至澳大利亚。我国有 3 属约 15 种,分布于长江以南。已知药用的有 2 属 7 种。

【主要药用植物】

槲蕨(骨碎补、石岩姜)*Drynaria fortunei* (Kze.)J. Sm. 多年生草本。根状茎肉质横走,密生钻状披针形鳞片,边缘流苏状。叶二型;营养叶棕黄色,革质,卵圆形,羽状浅裂,无柄,覆瓦状叠生在孢子叶柄的基部;孢子叶绿色,长椭圆形,羽状深裂,裂片 7～13 对,基部裂片缩短成耳状;叶柄短,有狭翅。孢子囊群圆形,生于叶背主脉两侧,各成 2～3 行,无囊群盖(图 3-22)。分布于我国中南、西南地区及台湾、福建、浙江等地。附生于岩石上或树上。根状茎入药,能补肾坚骨,活血止痛。

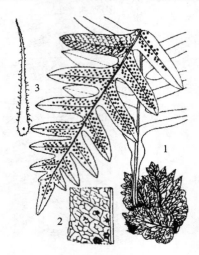

图 3-22 槲蕨
1.植株全形 2.叶片的一部分示叶脉及孢子囊群位置 3.地上茎的鳞片

三、裸子植物

裸子植物保留着颈卵器,是能产生种子的高等植物。配子体寄生在孢子体上,小孢子萌发形成花粉管,由胚珠形成种子,但无子房,也不形成果实,胚珠裸露,因此称为裸子植物。

(一)裸子植物的主要形态特征

(1)植物体(孢子体)发达,多为常绿的高大乔木,稀灌木,或稀为落叶性(如银杏、金钱松);叶针形、条形或鳞片状,有的为扇形或羽状分裂。

(2)维管束具次生构造,为无限外韧型维管束。木质部中的输导组织为管胞(麻黄科、买麻藤科具导管),韧皮部有筛胞,而无筛管及伴胞。

(3)有明显的世代交替,在世代交替中孢子体占优势,配子体退化,构造简单,完全寄生在孢子体上。受精作用不需要在有水的条件下进行。

(4)胚珠裸露,常缺少花被,仅麻黄科、买麻藤科有类似于花被的盖被(假花被);孢子叶大多聚生成球果状,称为孢子叶球,单性,同株或异株;小孢子叶(雄蕊)聚生成小孢子叶球(雄球花);大孢子叶(心皮)丛生或聚生成大孢子叶球(雌球花),每个大孢子叶上或边缘生有裸露的胚珠。大孢子叶常变态为珠鳞(松柏类)、珠座(银杏)、珠托(红豆杉)等。

(5)大多数的裸子植物具多胚现象,这是由于 1 个雌配子体上的几个或多个颈卵器的卵细胞同时受精,形成多胚,或者由于 1 个受精卵在发育过程中,胚原组织分裂为几个胚而形成多胚。受精后胚珠形成种子,子叶 2 至多数。

(二)裸子植物的主要化学成分

裸子植物的化学成分类型很多,主要有黄酮类、生物碱类、萜类、挥发油及树脂等。黄酮类及双黄酮类在裸子植物中普遍存在,是裸子植物的特征性成分,也是活性成分。常见的黄酮类有槲皮素(quercetin)、山柰酚(kaempferol)、芸香苷(rutin)、杨梅树皮素(myrcene)等。生物碱在裸子植物中主要分布在三尖杉科、红豆杉科、罗汉松科、麻黄科及买麻藤科,还含有树脂、挥发油、有机酸等。

(三)裸子植物分类

裸子植物广布世界各地,特别是北半球亚热带高山地区及温带至寒带地区,常形成大面积的森林。我国是裸子植物种类最多、资源最丰富的国家之一,有许多种类是第三纪孑遗植物,如银杏、银杉、水杉、水松等。

现存的裸子植物分为 5 纲 9 目 12 科 71 属约 800 种。我国有 5 纲 8 目 11 科 41 属近 300 种,已知药用的有 100 余种(表 3-4)。

表 3-4 分纲检索表

1. 花无假花被;木质部无导管;乔木和灌木。
  2. 茎不分枝,大型羽状复叶聚生于茎顶 ……………………………………………… 苏铁纲
  2. 茎有分枝,叶为单叶。
   3. 叶为扇形,二叉分枝脉;具游动精子 …………………………………………… 银杏纲
   3. 叶为针状或鳞片状;无游动精子。
    4. 大孢子叶集成球果状;种子有翅或无翅 …………………………………… 松柏纲
    4. 大孢子叶特化为珠托或套被,种子有肉质的假种皮 …………………………… 红豆杉纲
1. 花有假花被;木质部有导管;木质藤本或亚灌木 …………………………………………… 买麻藤纲

1. 苏铁科 Cycadaceae

【本科特征】 常绿木本植物,树干粗短,圆柱状,常不分枝,植物体呈棕榈状。叶大,革质,多为一回羽状复叶,螺旋状排列于树干上部。雌雄异株;雄球花为一木质大球花(小孢子叶球),直立,具柄,单生于茎顶,由多数的鳞片状或盾形的雄蕊(小孢子叶)构成,每个雄蕊下面遍布多数球状的一室花药(小孢子囊),小孢子(花粉粒)发育所产生的精子细胞有多数纤毛;大孢子叶呈叶状或盾状,丛生于茎顶。种子核果状,有 3 层种皮。胚乳丰富。

【分布】 分布于西南、华南、华东等地。已知药用苏铁属 4 种。

【化学成分】 含有氧化偶氮类化合物苏铁苷和大泽未苷等,此外,双黄酮衍生物亦为本科特征性成分。

【主要药用植物】

苏铁(铁树)*Cycas revoluta* Thunb. 常绿乔木,树干圆柱形,粗糙,不分枝,密被宿存的叶基和叶痕。羽状复叶螺旋状排列,聚生于茎顶,基部两侧有刺;小叶片约 100 对,条形,边缘向下反卷。雌雄异株;雄球花圆柱状,上面生有许多鳞片状雄蕊(小孢子叶),每个雄蕊下面着生许多花粉囊(小孢子囊),常 3～4 枚聚生;雌蕊(大孢子叶)密被黄褐色毛茸,上部羽状分裂,下部柄状,柄的两侧各生 1～5 枚近球形的胚珠(大孢子囊)。种子核果状,成熟时橙红色。分布于我国南方,各地常有栽培。

种子及种鳞能理气止痛、益肾固精;叶为收涩药,能收敛、止痛、止痢;根为祛风湿药,能祛风、活络、补肾。

2. 银杏科 Ginkgoaceae

【形态特征】 落叶乔木,枝有顶生营养性长枝和侧生的生殖性短枝。单叶,扇形,具柄,长枝上的叶呈螺旋状散生,短枝上的叶丛生,常具波状缺刻。球花单性异株,生于短枝上,雄球花成荑黄花序状,雄蕊多数,各具 2 个药室,花粉粒萌发时产生 2 个多纤毛的精子;雌球花极为简化,有长柄,柄端生两个杯状心皮,裸生 2 个直立胚珠,常只 1 个发育。种子核果状,外种皮肉质,成熟时橙黄色;中种皮白色、骨质,内种皮棕红色,纸质,可分为上下两半,上半又分为 2 层,这一半纸质种皮是珠心的表皮和珠被分离的部分;胚乳丰富;子叶 2 枚。染色体:$x=12$。

【分布】 本科全世界仅 1 属 1 种。各地普遍栽培,中国特产,主产于辽宁、山东、河南、湖北、四川等省。

【主要药用植物】

银杏(白果、公孙树)*Ginkgo biloba* L. 形态特征与科同。银杏是裸子植物中最古老的"活化石",具有多纤毛的精子,胚珠里有适应精子游动的花粉腔,证明高等植物的祖先是由水生过渡到陆生的原始性状(图 3-23)。

银杏种子(白果)可供食用,种仁能敛肺定喘,止带浊,缩小

图 3-23 银杏

1. 着种子的枝 2. 着雌花的枝 3. 着雄花序的枝
4. 着冬芽的长枝 5. 胚珠生于珠座上

便。叶中提取的总黄酮能扩张动脉血管,改善微循环,用于治疗冠心病。

3. 松科 Pinaceae

【形态特征】 常绿乔木,稀落叶性(如金钱松)。叶在长枝上呈螺旋状排列,在短枝上簇生,针形或条形。雌雄同株;雄球花穗状,雄蕊多数,各具2个药室;花粉粒外壁两侧突出成翼状的气囊;雌球花由多数螺旋状排列在大孢子叶轴上的珠鳞(心皮)组成,珠鳞在结果时称种鳞。每个珠鳞的腹面有两个胚珠,背面有1片苞片,称苞鳞,苞鳞与珠鳞分离。多数种鳞和种子聚成木质球果。种子通常具单翅。具胚乳,有子叶2～15枚。染色体:x为12、13、22。

【分布】 本科全世界10属230余种。广布于全世界。我国有10属约113种,全国各地均有分布。已知药用8属48种。

【主要药用植物】

马尾松 *Pinus massoniana* Lamb. 常绿乔木。树皮下部灰棕色,上部棕红色,小枝轮生。叶在长枝上为鳞片状,在短枝上为针状,2针一束,细长而柔软,长12～20 cm,树脂道4～7个,边生。雄球花生于新枝下部,淡红褐色;雌球花常2个生于新枝顶端。种鳞的鳞盾(种鳞顶端加厚膨大呈盾状的露出部分)菱形,鳞脐(鳞盾的中心凸出部分)微凹,无刺头。球果卵圆形或圆锥状卵形,成熟后栗褐色。种子长卵圆形,具单翅,子叶5～8枚。分布于我国淮河和汉水流域以南各地,西至四川、贵州和云南。生于阳光充足的丘陵山地酸性土壤。树干可割取松脂和提取松节油。节(松节)能祛风燥湿,活络止痛;树皮能收敛生肌;叶能祛风活血,明目安神,解毒,止痒;花粉(松花粉)能收敛,止血;松球果(松塔)可用于风痹、肠燥便秘;松子仁能润肺滑肠;树脂蒸馏提取的挥发油即松节油,可外用于肌肉酸痛、关节痛,又为合成冰片的原料;树脂即松香,能燥湿祛风,生肌止痛。

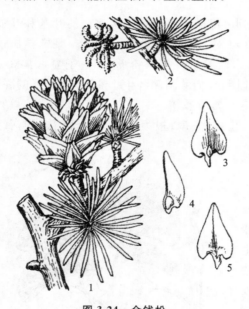

图 3-24 金钱松
1.着球果短枝 2.小孢子叶球枝 3.种鳞背面及苞鳞
4.种鳞腹面 5.种子

油松 *P. tabulaeformis* Carr. 叶2针一束,粗硬,长10～15 cm,树脂道约10个,边生。鳞盾肥厚隆起,鳞脐有刺尖,为我国特有种,分布于我国北部及西部。生于干燥的山坡上。富含树脂,功效与马尾松相同。

金钱松 *Pseudolarix kaempferi* Gord. 落叶乔木。有长枝和短枝之分,长枝上的叶螺旋状散生,短枝上的叶15～30枚簇生,叶片条形或倒披针状条形,辐射平展,秋后呈金黄色,似铜钱。雌雄同株;雄球花数个簇生于短枝顶端;雌球花单生于短枝顶端,苞鳞大于珠鳞。球果当年成熟,成熟时种鳞和种子一起脱落。种子具翅(图3-24)。我国特产,分布于长江流域以南各省区,喜生于温暖、多雨的酸性土山区。

根皮或近根树皮入药称土荆皮(土槿皮),为祛虫药,能杀虫、止痒,用于疥癣瘙痒。

4. 柏科 Cupressaceae

【形态特征】 常绿乔木或灌木,叶交互对生或三叶轮生,常鳞片状或针状或同一树上兼有两型叶。雌雄同株或异株;雄球花单生于枝顶,椭圆状球形,雄蕊交互对生,每雄蕊具2～6个花药;雌球花球形,有数对交互对生珠鳞,珠鳞与苞鳞结合,各具1至多数胚珠。珠鳞镊合状或覆瓦状排列。球果木质或革质,有时浆果状。种子具胚乳,子叶2枚。

【分布】 本科全世界22属约150种,分布于南北两半球。我国有8属29种,分布于南北各地。已知药用有6属20种。

【主要药用植物】

侧柏 *Platycladus orientalis* (L.)Franco 常绿乔木,小枝扁平,排成一平面,直展。叶全为鳞片叶,交互对生,贴生于小枝上。球花单性同株。球果单生枝顶,卵状矩圆形;种鳞4对,扁平,呈覆瓦状排列,有反曲的尖头,熟时开裂,中部种鳞各有种子1～2枚。种子卵形,无翅(图3-25)。分布几遍全国。各地常有栽培,为我国特产树种。枝叶(侧柏叶)能凉血、止血。种子(柏子仁)能养心安神、润燥通便。

图 3-25　侧柏

1.着花的枝　2.着果的枝　3.小枝　4.雄球花　5.雄蕊内面及外面　6.雌球花　7.雌蕊的内面　8.球果　9.种子

5. 红豆杉科 Taxaceae

【形态特征】　常绿乔木或灌木。叶披针形或针形,呈螺旋状排列或交互对生,基部扭转成 2 列,下面沿中脉两侧各具 1 条气孔带。球花单性异株,稀同株;雄球花常单生或成穗状花序状,雄蕊多数,具 3～9 个花药,花粉粒无气囊;雌球花单生或成对,胚珠 1 枚,生于苞腋,基部具盘状或漏斗状珠托。种子浆果状或核果状,包被于肉质的假种皮中。染色体:x 为 11、12。

【分布】　本科全世界 5 属 23 种,主要分布于北半球。我国有 4 属 12 种。已知药用 3 属 10 种。

【主要药用植物】

榧树 *Torreya grandis* Fort. ex Lindl.　常绿乔木,树皮条状纵裂。小枝近对生或轮生。叶螺旋状着生,扭曲成 2 列,条形,坚硬革质,先端有刺状短尖,上面深绿色,无明显中脉,下面淡绿色,有 2 条粉白色气孔带。雌雄异株;雄球花单生叶腋,圆柱状,雄蕊多数,各有 4 个药室;雌球花成对生于叶腋。种子椭圆形或卵形,成熟时核果状,由珠托发育的假种皮所包被,淡紫红色,肉质(图 3-26)。分布于江苏、浙江、安徽南部、福建西北部、江西及湖南等省,为我国特有树种,常见栽培。种子(香榧子)可食,能杀虫消积,润燥通便。

红豆杉(紫杉、赤柏松)*Taxus Chinensis* (Piger)Rehd.　常绿乔木,高达 30 m,干径达 1 m,树皮裂成条片状剥落。叶条形,长 10～30 mm,宽 2～4 mm,略微弯曲或直,基部扭转为 2 列,叶缘微反曲,叶端具微凸尖头,叶背有 2 条宽黄绿色或灰绿色气孔带,中脉上密生有细小凸点。雌雄异株,雄球花单生于叶腋,雌球花的胚珠单生于花轴上部侧生短轴的顶端。种子扁卵圆形,上部渐窄,有 2 棱,种脐卵圆形,生于杯状红色肉质假种皮中(图 3-27)。中国特有种,分布于甘肃、陕西、重庆、四川、贵州、云南、湖北、湖南、广西、安徽,生于海拔 1000～1500 m 石山杂木林中。种子(血榧)用于小儿疳积、蛔虫病;叶用于治疗疥癣。

红豆杉属植物是世界上公认的濒临灭绝的天然珍稀抗癌植物。在其根、皮、茎、叶中已分离出数十种紫杉烷型二萜及二萜生物碱类化合物,大多具有抗癌活性,其中以紫杉醇的抗癌活性最强。紫杉醇代表了一种全新的抗癌机制,它的诞生是天然抗癌药研究领域的一次重大发现。紫杉醇及其结构类似物的研

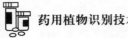

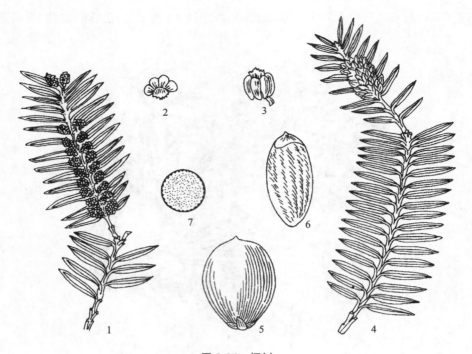

图 3-26　榧树
1.雄球花枝　2、3.雄蕊　4.雌球花枝　5.种子
6.去假种皮的种子　7.去假种皮与外种皮的种子横切面

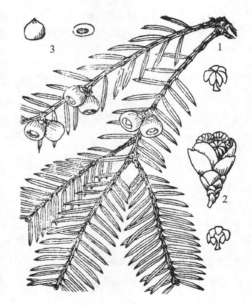

图 3-27　红豆杉
1.具种子的枝　2.雄球花　3.种子

究也使红豆杉属植物成为当今天然抗癌药研究领域的又一热点。

　　同属中具有抗癌作用的还有:南方红豆杉 *T. chinensis* var. *mairei*（Lemée et Lévl.）S. Y. Hu ex Liu，分布于长江流域、南岭山脉山区及河南、陕西（秦岭）、甘肃、台湾等的山地或溪谷;东北红豆杉 *T. cuspidata* Sieb. et Zucc. ,分布于吉林、辽宁东部长白山区林中;西藏红豆杉 *T. wallichiana* Zucc. ,分布于西藏南部;云南红豆杉 *T. yunnanesis* Cheng et L. K. Fu,分布于云南、四川、西藏等地。

　　松科、柏科和红豆杉科特征比较见表 3-3。

表 3-3　松科、柏科和红豆杉科特征比较

	松科 Pinaceae	柏科 Cupressaceae	红豆杉科 Taxaceae
叶形态	叶针形或条形,螺旋排列或簇生	叶常为鳞片状或针状,交互对生或三叶轮生	叶披针形或针形,螺旋状排列或交互对生,基部扭转成二列
珠鳞与苞鳞形态	珠鳞与苞鳞分离	珠鳞与苞鳞完全愈合	—
球果	球果木质	球果木质或革质	—
种子	种子具翅	种子无翅	种子浆果状或核果状,包于杯状肉质假种皮中
药植	马尾松、油松、金钱松等	侧柏、圆柏等	东北红豆杉、榧树等

6. 麻黄科 Ephedraceae

【形态特征】 小灌木或亚灌木。小枝对生或轮生,节明显,节间具纵沟。茎木质部内有导管。叶小,鳞片状,基部鞘状,对生或轮生于节上。孢子叶球(花)单性异株。雄球花由数对苞片组合而成,每苞中有雄花1朵,每花有2～8枚雄蕊,花丝合成一束;雄花外包有假花被,2～4裂;雌球花由多数苞片组成,仅顶端的1～3枚苞片内生有雌花,雌花具顶端开口的囊状假花被,包于胚珠外,胚珠1,具1层珠被,珠被上部延长成珠被(孔)管,自假花被开口处伸出。种子浆果状,成熟时,假花被发育成革质假种皮;外层苞片增厚成肉质状,红色,含黏液和糖质,俗称"麻黄果"。

【分布】 仅1属约40种,主要分布于亚洲、美洲、欧洲东南部及非洲北部等干旱、荒漠地区。我国有12种4变种,分布于西北、华北、西南等地区。已知药用15种。

【主要药用植物】

草麻黄 *Ephedra sinaca* Stapf. 亚灌木,高30～60 cm。木质茎短,常似根状茎,匍匐地上或横卧土中;草质茎绿色,小枝对生或轮生,节明显,节间长2～6 cm,直径约2 mm。叶鳞片状,膜质,基部鞘状,下部1/3～2/3合生,上部2裂,裂片锐三角形,常向外反曲。雄球花常聚集成复穗状,生于枝端,具苞片4对;雌球花单生枝顶,有苞片4～5对,最上1对苞片各有1朵雌花,珠被(孔)管直立,成熟时苞片增厚成肉质,红色,浆果状,内有种子2枚(图3-28)。分布于东北、内蒙古、河北、山西、陕西等省区。生于砂质干燥地带,常见于山坡、河床和干草原,有固沙作用。

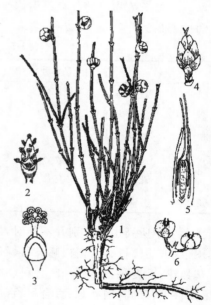

图3-28　草麻黄
1.雌株　2.雄球花　3.雄花　4.雌球花
5.胚珠纵切　6.种子及苞片

同属植物还有木贼麻黄 *E. equisetina* Bge.、中麻黄 *E. intermedia* Schrenk et C. A. Mey(表3-4)。以上三者草质茎均作麻黄入药,能发汗散寒,宣肺平喘,利水消肿,亦可作提取麻黄碱原料。根能止汗。其中木贼麻黄中麻黄碱的含量最高。

表 3-4　三种麻黄植物特征及分布地域比较

	草 麻 黄	中 麻 黄	木 贼 麻 黄
植株	草本状灌木,高20～40 cm	40～80 cm	100 cm,木质茎粗,直立
叶	基部1/3～2/3合生,上部分离部分为锐三角形	基部2/3合生,上部分离部分为钝三角形或窄三角披针形	基部约3/4合生,上部分离裂片为短三角形,先端钝
雄球花	3～5个聚成复穗状,顶生	数个簇生于节上	单生或3～4个簇生于节上

续表

	草 麻 黄	中 麻 黄	木 贼 麻 黄
雌球花	单生,在幼枝上顶生,在老枝上腋生	3个轮生或2个对生于节上,珠被管较长,伸于苞片之外,常呈螺旋状弯曲	2个对生于节上
种子数	2	3	1
分布	蒙、冀、晋	甘、青、新、蒙	冀、晋、蒙、甘和新等

四、被子植物

被子植物是现今植物界中进化程度最高、种类最多、分布最广和生长最茂盛的类群。已知全世界被子植物共有25万种,占植物界总数的一半以上。我国被子植物已知3万余种,药用被子植物有213科1957属10027种(含种下分类等级),占我国药用植物总数的90%,中药资源总数的78.5%,可见药用种类非常丰富。

被子植物和裸子植物相比,器官更加复杂。孢子体高度发达,配子体极度退化,有草本、灌木和乔木;有高度发达的输导组织,木质部中有导管,韧皮部中有伴胞;有真正的花,花通常由花被(花萼和花冠)、雄蕊群和雌蕊群组成;胚珠生于密闭的子房内;具有双受精现象;受精后,子房发育成果实,胚珠发育成种子,种子有果皮包被,被子植物即由此而得名。

本教材被子植物门的分类采用修改了的恩格勒系统,分为双子叶植物纲和单子叶植物纲,它们的主要区别见表3-5。

表3-5 双子叶植物纲与单子叶植物纲的区别

	双子叶植物纲	单子叶植物纲
根	直根系	须根系
茎	维管束环列,具形成层	维管束散生,无形成层
叶	具网状脉	具平行脉
花	通常为5或4基数 花粉粒具3个萌发孔	3基数 花粉粒具1个萌发孔
胚	具2枚子叶	具1枚子叶

在上表中所列主要区别并不绝对,另有少数例外,如:双子叶植物纲的毛茛科、车前科、菊科等有的植物具须根系;胡椒科、毛茛科、睡莲科、石竹科等具有散生维管束;樟科、小檗科、木兰科、毛茛科有的植物具3基数花;毛茛科、小檗科、睡莲科、伞形科等有的植物有1枚子叶;单子叶植物纲中的天南星科、百合科、薯蓣科等有的具网状脉;百合科、百部科、眼子菜科等有的具4基数花。

(一)双子叶植物纲

双子叶植物纲分离瓣花亚纲(原始花被亚纲)和合瓣花亚纲(后生花被亚纲)两个亚纲。

Ⅰ.离瓣花亚纲

离瓣花亚纲又称原始花被亚纲,是比较原始的被子植物。花无花被,具单被或重被,花瓣通常分离。

1.三白草科 Saururaceae ♀ * P_0 A_{3-8} $\underline{G}_{(3-4;1;2-4,(3-4;1;\infty)}$

【形态特征】 多年生草本。单叶互生;托叶与叶柄合生或缺。花成穗状或总状花序,在花序基部常有总苞片;花小,两性,无花被;雄蕊3~8;心皮3~4,离生或合生,如为心皮合生时,则子房1室成侧膜胎座。蒴果或浆果。

【分布】 本科约4属7种,分布于东亚和北美。我国约有3属5种,分布于我国东南至西南部;全部可供药用。

【化学成分】 含挥发油,其成分为癸酰乙醛、月桂醛、甲基正壬基甲酮、黄酮类等。

【显微特征】 常有分泌组织、油细胞、腺毛、分泌道。

【主要药用植物】

蕺菜 *Houttuynia cordata* Thunb. 多年生草本,全草有鱼腥气,故又名鱼腥草。根状茎白色。叶互生,心形,有细腺点,下面常带紫色;托叶膜质条形,下部与叶柄合生成鞘。穗状花序顶生,总苞片 4,白色花瓣状;花小,两性,无花被;雄蕊 3,花丝下部与子房合生;雌蕊具 3 枚心皮,下部合生,子房上位。蒴果,顶端开裂(图 3-29)。分布于长江流域各省。生于沟边、湿地和水旁。全草入药(鱼腥草)能清热解毒,消痈排脓,利尿通淋。

三白草 *Saururus chinensis*(Lour.) Baill. 多年生草本,根茎较粗。茎直立,下部匍匐状。叶互生,纸质,叶柄基部与托叶合生为鞘状;叶片卵形或卵状披针形。分布于长江以南各省区。全草能清热利水,解毒消肿。

图 3-29 蕺菜
1.植株 2.花 3.果实 4.种子

2. 桑科 Moraceae ♂ $P_{4-6}A_{4-6}$;♀ $P_{4-6}\underline{G}_{(2,1;1)}$

【形态特征】 木本,稀草本和藤本,常有乳汁。叶多互生,稀对生,托叶早落。花小,单性,雌雄同株或异株;常集成头状花序、穗状花序、荑葇花序或隐头花序,单被花,花被片通常 4～6;雄蕊与花被片同数对生。子房上位,2 个心皮合生,通常 1 室,每室有 1 枚胚珠。常为聚花果,由瘦果、坚果组成。

【分布】 本科约有 53 属 1400 种,分布于热带和亚热带。我国有 12 属 153 种,分布于全国各省区,长江以南为多。已知药用的有 15 属约 80 种。

【化学成分】 含黄酮类、酚类、强心苷类、生物碱类、昆虫变态激素类。

【显微特征】 内皮层或韧皮部有乳汁管,叶内常有钟乳体。

【主要药用植物】

桑 *Morus alba* L. 落叶小乔木或灌木。有乳汁。根褐黄色。单叶互生,卵形,有时分裂。花单性,雌雄异株。荑葇花序腋生,雄花花被片 4,雄蕊与花被片对生,中央有不育雌蕊;雌花雌蕊由 2 个心皮合生,1 室,1 枚胚珠。聚花果(桑椹)由多数外包肉质花被的小瘦果组成,熟时黑紫色(图 3-30)。产全国各地,野生或栽培。根皮(桑白皮)能泻肺平喘,利水消肿;叶(桑叶)能疏散风热,清肺润燥,清肝明目;嫩枝(桑枝)能祛风湿,利关节;果穗(桑椹)能滋阴养血,生津润肠。

薜荔 *Ficus pumila* L. 常绿攀缘灌木。具白色乳汁。叶二型:生隐头花序的枝上的叶较大近革质,背面网状脉凸起成蜂窝状;不生隐头花序的枝上的叶小且较薄。隐头花序单生叶腋,雄花序较小,雌花序较大;雄花序中生有雄花和瘿花,雄花有雄蕊 2 枚。分布于华东、华南和西南。生于丘陵地区。隐头果能补肾固精,清热利湿,活血通经。茎叶能祛风除湿,活血通络,解毒消肿。

图 3-30 桑
1.雌花枝 2.雄花枝 3.雄花 4.雌花

大麻 *Cannabis sativa* L. 一年生高大草本。皮层富含纤维。叶互生或下部对生,掌状全裂,裂片 3～9,披针形。花单性,雌雄异株;雄花集成圆锥花序,花被片 5,雄蕊 5;雌花丛生叶腋,每花有 1 枚苞片,卵形,花被片 1,小形,膜质;子房上位,花柱 2。瘦果扁卵形,为宿存苞片所包被,有细网纹(图 3-31)。各地常有栽培。果实(火麻仁)能润燥滑肠,利水通淋,活血。

本科常见的药用植物还有:啤酒花(忽布)*Humulus lupulus* L.,新疆北部有野生,东北、华北、华东有栽培,未成熟的带花果穗能健胃消食,安神利尿;构树 *Broussonetia papyrifera*(L.)Vent.,分布于黄河、长江、珠江流域各省区,果实(楮实子)能滋阴益肾,清肝明目,健脾利水;葎草 *Humulus scandens*(Lour.)Merr.,分布于全国各地,全草能清热解毒、利尿通淋;无花果 *Ficus carica* L.,原产地中海和西南亚,我国各地有栽培,隐头果能清热生津,健脾开胃,解毒消肿。

图 3-31　大麻

3. 马兜铃科 Aristolochiaceae ☿ ＊ ↑P$_{(3)}$A$_{6-12}$$\overline{\underline{G}}$$_{(4-6;4-6;∞)}$ $\overline{\underline{G}}$$_{(4-6;4-6;∞)}$

【形态特征】　多年生草本或藤本。单叶互生,叶基部常心形,全缘。花两性,辐射对称或两侧对称,花单被,常为花瓣状,多合生成管状,顶端 3 裂或向一方扩大,雄蕊 6～12,花丝短,分离或与花柱合生;雌蕊心皮 4～6,合生;子房下位或半下位,4～6 室;胚珠多数。蒴果。

【分布】　本科约有 8 属 600 种,分布于热带和温带。我国有 4 属 70 种,分布于全国各地。几乎全部可供药用。

【化学成分】　含挥发油类、生物碱类和特有的马兜铃酸等,马兜铃酸是本科特征性成分。

【主要药用植物】

北细辛(辽细辛)*Asarum heterotropoides* Fr. Schmidt var. *mandshuricum* (Maxim.)Kitag.　多年生草本。根状茎横走,生有多数细长根,有浓烈辛香气味。叶 1～2 片,基生,有长柄,叶片肾状心形,全缘,表面沿脉上有疏毛,背面全被短毛。花单生;花被钟形或壶形,紫棕色,顶端 3 裂,裂片向外反折;雄蕊 12;子房半下位,花柱 6,蒴果肉质浆果状,半球形(图 3-32)。分布于东北各省。生于林下阴湿处。全草(细辛,辽细辛)能祛风散寒,通窍止痛,温肺祛痰。

细辛(华细辛)*A. sieboldii* Miq.　与上种主要区别为花被裂片直立或平展,开花时不反折,叶背无毛或仅脉上有毛。分布于华东及河南、湖北、陕西、四川等省。生活环境、入药部位、功效均同北细辛。

马兜铃 *Aristolochia debilis* Sieb. et Zucc.　多年生缠绕性草本。根圆柱状,土黄色。叶互生,三角状狭卵形,基部心形。花被管弯曲呈喇叭状,暗紫色,基部膨大成球状,上部逐渐扩大成一偏斜的舌片;雄蕊 6,子房下位,6 室。蒴果近球形,成熟时自基部向上开裂,细长果柄裂成 6 条(图 3-33)。分布于黄河以南至广西。生于阴湿处及山坡灌丛。根(青木香)能平肝止痛,行气消肿。茎(天仙藤)能行气活血,利水消肿。果实(马兜铃)能清肺化痰,止渴平喘。

北马兜铃 *A. contorta* Bge.　与上种主要区别为花 3～10 朵簇生于叶腋,花被侧片顶端有线状尾尖,叶片宽卵状心形。分布于我国北方。生活环境、药用部位、功效均同马兜铃。

本科常见的药用植物还有:绵毛马兜铃 *Aristolochia mollissima* Hance,分布于山西、陕西、山东、江苏、安徽、浙江、江西、河南、湖北、湖南、贵州等地,全草(寻骨风)为祛风湿药,能祛风除湿、活血通络、止痛;杜衡 *Asarum forbesii* Maxim.,分布于江苏、安徽、河南、浙江、江西、湖北、四川等地,全草(杜衡)能祛风散寒、消痰行水、活血止痛;木通马兜铃 *A. mandshuriensis* Kom.,分布于东北及山西、陕西、甘肃等地,茎藤(关木通)能清心火,利小便,通经下乳,用量过大易中毒而引起肾功能衰竭。

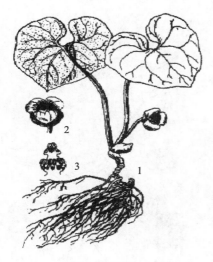

图 3-32 北细辛
1.植株 2.花 3.合蕊柱

图 3-33 马兜铃
1.根 2.花枝 3.果

4. 蓼科 Polygonaceae

$$\text{♀} * P_{3-6,(3-6)} A_{3-9} \underline{G}_{(2-4;1;1)}$$

【形态特征】 多为草本,节常膨大。单叶互生,全缘,有明显的托叶鞘。花多两性,排成穗状、头状或圆锥状花序;单被花,花被片 3～6,分离或连合,常花瓣状,宿存;雄蕊常 6～9;子房上位,2～3 个心皮合生成 1 室,1 枚胚珠。瘦果或小坚果包于宿存花被内,多有翅。

【分布】 本科约 50 属 1150 种,分布于北温带。我国 13 属 235 种,分布全国;已知药用的有 10 属 136 种。

【化学成分】 常含蒽醌类(如大黄素、大黄酚、大黄酸等)、黄酮类(如芸香苷、槲皮苷等)、鞣质类(如没食子酸、并没食子酸等)、苷类(如土大黄苷、虎杖苷等)成分。

【主要药用植物】

掌叶大黄 *Rheum palmatum* L. 多年生高大草本。根和根状茎粗壮,肉质,断面黄色。基生叶有长柄,叶片掌状深裂;茎生叶较小,柄短;托叶鞘长筒状。圆锥花序大型,顶生;花小,紫红色;花被片 6,2 轮;雄蕊 9;花柱 3。瘦果具三棱翅,暗紫色(图 3-34)。分布于陕西、甘肃、四川西部、青海和西藏等省区。生于高寒山区,多有栽培。根状茎(大黄)能泻热通肠,凉血解毒,逐瘀通经。

药用大黄 *Rheum officinale* Baill. 与上种的主要区别为基生叶掌状浅裂,边缘有粗锯齿(图 3-34)。分布于湖北、四川、贵州、云南、陕西等省。功效同掌叶大黄。

图 3-34 大黄
a.药用大黄 b.唐古特大黄 c.掌叶大黄
1.花 2.雌蕊 3.果实

何首乌 *Polygonum multiflorum* Thunb. 多年生缠绕草本。块根长椭圆形或不规则块状,外表暗褐色,断面具"云锦花纹"。叶卵状心形,有长柄,托叶鞘短筒状,两面光滑。圆锥花序大型,分枝极多;花小,白色,花被 5;雄蕊 8。瘦果具 3 棱(图 3-35)。分布于全国各地,生于灌丛中,山坡阴处或石隙中。块根入药,能解毒消痈,润肠通便。制首乌能补肝肾,益精血,乌须发,强筋骨;茎藤(夜交藤,首乌藤)能养血安神,祛风通络。

虎杖 *P. cuspidatum* S. et Z. 多年生粗壮草本。根及根状茎粗大,棕黄色。茎中空,散生紫红色斑点。叶阔卵形,托叶鞘短筒状。花单性异株,圆锥花序;花被片 5,白色或绿白色,2 轮,外轮 3 片在果期增大,背部呈翅状。雄蕊 8,花柱 3。瘦果卵圆形,有三棱,包于宿存花被内(图 3-36)。分布于我国除东北以外的各省区。生于山谷溪边。根和根状茎能祛风利湿,散瘀定痛,止咳化痰。

本科常见的药用植物还有:拳参 *P. bistorta* L.,分布于东北、华北、华东、华中等地,根状茎能清热解

图 3-35 何首乌

1.块根 2.花枝 3.花 4.花展开示雄蕊
5.雌蕊 6.瘦果 7.成熟果实附有具翅的花被

图 3-36 虎杖

毒,消肿止血;蓼蓝 *P. tinctorium* Ait.,分布于辽宁、黄河流域及以南各省区,叶为"大青叶"入药(我国北方习用),能清热解毒、凉血消斑,叶可加工制青黛;萹蓄 *Polygonum aviculare* L.,分布于全国各地,全草能利尿通淋,杀虫止痒;红蓼 *P. orientale* L.,分布于全国各省区,果实(水红花子)能散瘀消癥,消积止痛;野荞麦 *Fagopyrum cymosum* (Trev.)Meisn.,分布于华中、华东、华南、西南等地区,根(金荞麦)能清热解毒,活血消痈,祛风除湿;酸模 *Rumex acetosa* L.,分布于我国大部分地区,生于路旁、山坡及湿地,根能清热,利尿,凉血,杀虫。

5. 苋科 Amaranthaceae　　　　　　　　　　　　　　　　　　　　$\hat{\male\female} * P_{3-5} A_{3-5} \underline{G}_{(2-3;1;1-\infty)}$

【形态特征】　多为草本。单叶对生或互生。花小,常两性,排成穗状、头状或圆锥花序;花单被,花被片 3~5,常为干膜质;每花下常有 1 枚干膜质苞片和两枚小苞片;雄蕊多为 5,常与花被片对生;子房上位,2~3 个心皮合生,1 室,胚珠 1 枚。胞果,稀浆果或坚果。

【分布】　本科约 65 属 900 种,广布于热带和温带地区。我国有 13 属 39 种,分布于全国各地。已知药用的有 9 属 28 种。

【化学成分】　含三萜皂苷类、甾类、黄酮类、生物碱类等。

【主要药用植物】

牛膝 *Achyranthes bidentata* Bl.　多年生草本。根长圆柱形,肉质,土黄色。茎四棱方形,节膨大。叶对生,叶片椭圆形至椭圆状披针形,全缘。穗状花序,顶生或腋生;花开后,向下倾贴近花序梗;小苞片刺状;花被片 5;雄蕊 5,退化雄蕊顶端齿形或浅波状;胞果长圆形(图 3-37)。生于山林和路旁,多为栽培,主产河南。根(怀牛膝)能补肝肾,强筋骨,逐瘀通经。

川牛膝 *Cyathula officinalis* Kuan　多年生草本。根圆柱形,近白色。茎多分枝,被糙毛。叶对生,叶片椭圆形或长椭圆形,两面被毛。花小,绿白色,密集成圆头状;苞腋有花数朵,两性花居中,花被 5,雄蕊 5,退化雄蕊先端齿裂,花丝基部合生成杯状;不育花居两侧,花被片多退化成钩状芒刺;子房 1 室,胚珠 1;胞果长椭圆形(图 3-38)。分布于四川、贵州及云南等省。生于林缘或山坡草丛中,多为栽培。根能活血祛瘀、祛风利湿。

青葙 *Celosia argentea* L.　一年生草本。全株无毛。叶互生,叶片长圆状披针形或披针形。穗状花序圆锥状或塔状;花着生甚密,初为淡红色,后变为银白色;花被片白色或粉白色,干膜质。胞果卵圆形。种子扁圆形,黑色,光亮。全国各地均有野生或栽培。种子(青葙子)能祛风热、清肝火、明目退翳。

本科常见的药用植物还有:鸡冠花 *Celosia cristata* L.,各地多栽培,花序能凉血、止血、止泻;土牛膝 *Achyranthes aspera* L.,分布于华南、华东以及四川、云南等省区,根能清热解毒,利尿。

图 3-37 牛膝
1. 花枝 2. 花梗示下折苞片 3. 花
4. 小苞片 5. 去花被的花 6. 雌蕊

图 3-38 川牛膝
1. 根 2. 花枝 3. 花 4. 苞片

6. 石竹科 Garyophyllaceae

$$ ⚥ * K_{4-5,(4-5)} C_{4-5} A_{8-10} \underline{G}_{(2-5;1;\infty)} $$

【形态特征】 草木，节常膨大。单叶对生，全缘，常于基部连合。多聚伞花序；花两性，辐射对称；萼片 4～5，分离或连合，宿存；花瓣 4～5，常具爪；雄蕊常为花瓣的倍数，8～10 枚，子房上位，具 2～5 个心皮，合生，1 室；特立中央胎座，胚珠多数。蒴果齿裂或瓣裂，稀浆果。

【分布】 本科约 75 属 2000 种，广布全球，尤以北温带为多。我国 30 属约 388 种。分布于全国各省区。已知药用的有 21 属 106 种。

【化学成分】 普遍含有皂苷类、黄酮类等成分。

【主要药用植物】

瞿麦 *Dianthus superbus* L. 多年生草本。茎上部分枝。叶对生，披针形或条状披针形。顶生聚伞花序；花萼下有小苞片 4～6，卵形；萼筒先端 5 裂；花瓣 5，淡红色，有长爪，顶端深裂成丝状（流苏状）；雄蕊 10。蒴果长筒形，先端 4 齿裂，外被宿萼（图 3-39）。我国各地有野生或栽培。生于山野、草丛中。全草能清热利尿，破血通经。

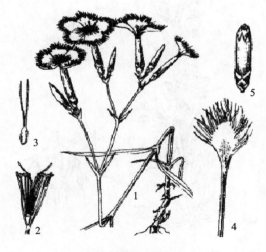

图 3-39 瞿麦
1. 植株 2. 雄蕊与雌蕊 3. 雌蕊 4. 花瓣 5. 蒴果及宿存萼片、苞片

石竹 *Dianthus chinensis* L. 与上种主要区别为花瓣先端齿裂，分布于长江流域以及长江以北地区。功效与瞿麦相同。

孩儿参（异叶假繁缕）*Pseudostellaria heterophylla*（Miq.）Pax 多年生草本。块根纺锤形，淡黄色。

图 3-40 孩儿参

叶对生,下部叶匙形,上部叶长卵形或菱状卵形,茎顶端两对叶片较大,排成十字形。花二型:茎下部腋生小形闭锁花(即闭花受精花),萼片 4,紫色,闭合,无花瓣,雄蕊 2;茎上端的普通花较大,1～3 朵,腋生,萼片 5,花瓣 5,白色,雄蕊 10,花柱 3(图 3-40)。蒴果近球形。分布于长江以北和华中等地区。生于山坡林下阴湿处。多栽培。块根(太子参)能益气健脾,生津润肺。

本科常见的药用植物还有:麦蓝菜 *Vaccaria segetalis*(Neck.)Garcke,除华南外,分布于全国各省区,种子(王不留行)能活血通经,下乳消肿。

7. 毛茛科 Ranunculaceae

$$\male\female * \uparrow K_{3-\infty} C_{3-\infty,0} A_\infty \underline{G}_{1-\infty;1;1-\infty}$$

【形态特征】 草本或藤本。单叶或复叶,多互生或基生,少对生。花多两性,辐射对称或两侧对称;花单生或呈总状、聚伞、圆锥花序;萼片 3 至多数,绿色或呈花瓣状,稀基部延长成距;花瓣 3 至多数或缺;雄蕊和心皮常多数,离生,螺旋状排列在多少隆起的花托上,子房上位,1 室,胚珠 1 至多数。聚合蓇葖果或聚合瘦果,稀为浆果。

【形态特征】 本科约 50 属 2000 种,主要分布于北温带。我国有 42 属 800 种,各省均有分布。已知药用的有 30 属约 500 种。

【分布】 多含黄酮类、皂苷类、强心苷类、生物碱类(如乌头碱、小檗碱、唐松草碱等)、香豆素类等。

【主要药用植物】

乌头 *Aconitum carmichaeli* Debx. 多年生草本。主根纺锤形或倒圆锥形,周围常生数个圆锥形侧根,棕黑色。叶互生,3 深裂,裂片再行分裂。总状花序狭长,花序轴密生反曲柔毛;萼片 5,蓝紫色,上萼片盔帽状;花瓣 2,变态成蜜腺叶;有长爪;雄蕊多数;心皮 3～5,离生(图 3-41)。聚合蓇葖果。分布于长江中下游,北达山东东部,南达广西北部。生于山地草坡、灌丛中。四川、陕西大量栽培,栽培种其主根(川乌)作药用,有大毒,能祛风除湿,温经止痛;侧根(附子)能回阳救逆,温中散寒,止痛;野生种块根(草乌)作药用,有大毒,能祛风除湿,温经散寒,消肿止痛。一般经炮制药用。

图 3-41 乌头
1.花枝 2.块根 3.花

北乌头 *A. kusnezoffii* Reichb. 与乌头同属。叶 3 全裂,中裂片菱形,近羽状分裂。花序无毛。分布于东北、华北。块根作草乌入药,功效同川乌。叶(草乌叶)能清热,解毒,止痛。

黄连 *Coptis chinensis* Franch. 多年生草本。根状茎常分枝成簇,生多数须根,均黄色。叶基生,3

全裂,中央裂片具柄,各裂片再作羽状深裂,边缘具锐锯齿。聚伞花序有花 3～8 朵,黄绿色;萼片 5,狭卵形,花瓣线形;雄蕊多数;心皮 8～12,离生(图 3-42)。蓇葖果具柄。主产于四川,此外云南、湖北及陕西等省亦有分布。生于海拔 500～2000 m 高山林下阴湿处,多栽培。根状茎(味连)能清热燥湿,泻火解毒。

图 3-42 黄连

1.植株 2.萼片 3.花瓣 三角叶黄连 4.叶 5.萼片 6.花瓣(云南黄连)
7.叶 8.萼片 9.花瓣(峨眉野连) 10.叶 11.萼片 12.花瓣 13.雄蕊

三角叶黄连(雅连)*C. deltoidea* C. Y. Cheng et Hsiao. 与黄连同属。特产于四川峨嵋、洪雅一带。

云南黄连(云连)*C. teeta* Wall. 主产于云南西北部、西藏东南部。功效与黄连相同。

白头翁 *Pulsatilla chinensis*(Bge.)Regel 多年生草本,全株密生白色长柔毛。根圆锥形,外皮黄褐色,常有裂隙。叶基生,3 全裂,裂片再 3 裂,革质。花茎(花葶)由叶丛抽出,顶生 1 花;萼片 6,紫色;无花瓣;雄蕊、雌蕊均多数。瘦果密集成头状,宿存花柱羽毛状,下垂如白发。分布于东北、华北及长江以北地区。生于山坡草地或平原。根能清热解毒,凉血止痢。

威灵仙 *Clematis chinensis* Osbeck 藤本。根须状丛生于根状茎上;茎具条纹,茎、叶干后变黑色。叶对生,羽状复叶,小叶通常 5 片,狭卵形,叶柄卷曲。圆锥花序;萼片 4,白色;外面边缘密生短柔毛。无花瓣;雄蕊多数;心皮多数,离生。聚合瘦果,宿存花柱羽毛状。分布于长江中下游及以南各省区。生于山区林缘或灌丛中。根及根状茎能祛风除湿,通络止痛。

毛茛 *Ranunculus japonicus* Thunb. 多年生草本,全株有粗毛。叶片五角形,3 深裂,裂片再 3 浅裂。聚伞花序顶生;花瓣黄色带蜡样光泽,基部有蜜槽;雄蕊和雌蕊均多数,离生。聚合瘦果近球形。全国广有分布。生于沟边或水田边。全草有毒,能利湿、消肿、止痛、退翳、杀虫,一般外用作发泡药。

本科常见药用植物还有:天葵 *Semiaquilegia adoxoides*(DC.)Mak.,分布于长江中下游各省,北达陕西南部,南达广东北部,块根(天葵子)能清热解毒,消肿散结;升麻 *Cimicifuga foetida* L.,主要分布于四川、青海等省,根状茎能发表透疹,清热解毒,升举阳气。

8. 小檗科 Berberidaceae ☿ $* K_{3+3,\infty} C_{3+3,\infty} A_{3-9} \underline{G}_{1:1:1-\infty}$

【形态特征】 灌木或草本。单叶或复叶,互生。花两性,辐射对称,单生、簇生或排成总状、穗状花序等;萼片与花瓣相似,各 2～4 轮,每轮常 3 片,花瓣常具有蜜腺;雄蕊 3～9 枚,常与花瓣对生,花药常瓣裂或纵裂;子房上位,常由 1 枚心皮组成,1 室;柱头极短或缺,通常盾形;胚珠 1 至多数。浆果、蓇葖果或蒴果。

【分布】 本科约 17 属 650 余种,分布于北温带和热带高山上。我国有 11 属 320 余种,南北各地均有分布。已知药用的有 11 属 140 余种。

【化学成分】 多含生物碱类(如小檗碱、掌叶防己碱、木兰花碱等)、苷类等。

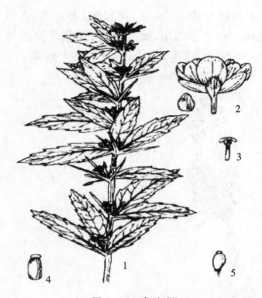

图 3-43 豪猪刺
1.花枝 2.花和小苞片
3.雄蕊 4.雌蕊 5.果实

【主要药用植物】

豪猪刺(三颗针)*Berberis julianae* Schneid. 常绿灌木。根、茎断面呈黄色。叶刺三叉状,粗壮坚硬;叶常 5 片丛生于刺腋内,卵状披针形,边缘有刺状锯齿,花黄色,簇生叶腋;小苞片 3;萼片、花瓣、雄蕊均 6 枚。花瓣顶端微凹,基部有 2 个蜜腺。浆果熟时黑色,有白粉(图 3-43)。分布于长江中、上游到贵州等省。生于海拔 1000 m 以上山地。根、茎能清热燥湿,泻火解毒,为提取小檗碱的资源植物。

箭叶淫羊藿(三枝九叶草)*Epimedium sagittatum*(Sieb. et Zucc.)Maxim. 多年生草本。根状茎结节状,质硬。基生叶 1～3 片,三出复叶,小叶长卵形,两侧小叶基部呈箭状心形,显著不对称,叶革质。圆锥花序或总状花序;花多数;萼片 4,2 轮,外轮早落,内轮花瓣状,白色;花瓣 4,黄色,有短距;雄蕊 4;心皮 1。蓇葖果卵形,有喙(图 3-44)。分布于长江流域至西南各省。生于山坡林下及路旁溪边等潮湿处。地上部分能补肾壮阳,强筋健骨,祛风除湿。

同属植物巫山淫羊藿 *E. wushanense* T. S. Ying、柔毛淫羊藿 *E. pubescens* Maxim.、淫羊藿 *E. brevicornum* Maxim 和朝鲜淫羊藿 *E. koreanum* Nakai 的地上部分亦作药材淫羊藿入药。

阔叶十大功劳 *Mahonia bealei*(Fort.)Carr. 常绿灌木。奇数羽状复叶,互生,小叶 7～15 片,厚革质,卵形,叶缘有刺齿。顶生总状花序;花黄褐色。萼片 9,3 轮,花瓣状;花瓣 6,雄蕊 6;浆果暗蓝色,有白粉(图 3-45)。分布于长江流域及陕西、河南、福建等省。生于山坡林下,各地常栽培。根茎(功劳木)和叶(十大功劳叶)能清热,燥湿,解毒。

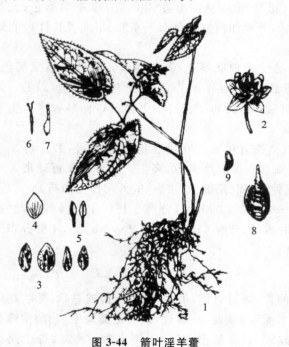

图 3-44 箭叶淫羊藿
1.植株 2.花 3.外轮苞片 4.内轮苞片 5.雄蕊
6.雄蕊,示瓣裂 7.雌蕊 8.果实 9.种子

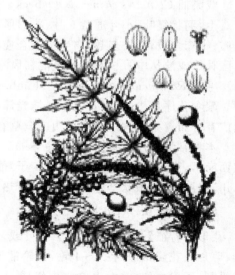

图 3-45 阔叶十大功劳

本科常见的药用植物还有:六角莲 *Dysosma pleiantha*(Hance)Woodson,分布于华东、湖北、广西等省区,根状茎能清热解毒,活血化瘀;黄芦木 *Berbris amurensis* Rupr.,分布于东北、华北等地区,根、茎药

用,功效同豪猪刺;南天竹 *Nandia domestica* Thunb.,各地常有栽培,茎能清热除湿,通经活络,果实(南天竹子)能敛肺、止咳、平喘,根、茎、叶能清热利湿,解毒。

9. 防己科 Menispermaceae $\male * \text{K}_{3+3} \text{C}_{3+3} \text{A}_{3-6,\infty}; \female * \text{K}_{3+3} \text{C}_{3+3} \underline{\text{G}}_{3-6;1;1}$

【形态特征】 多年生草质或木质藤本。单叶互生,叶片有时盾状;无托叶。花单性异株;聚散花序或圆锥花序;萼片与花瓣均6枚,2轮,花瓣常小于萼片;雄蕊常6枚,分离或合生;子房上位,通常3枚心皮,离生,每室胚珠2,仅1枚发育。核果。

【分布】 本科约65属350种,分布于热带和亚热带。我国19属78种,主要分布长江流域以其以南各省区;已知药用15属67种。

【化学成分】 本科植物主要含有双苄基异喹啉生物碱、原小檗碱型生物碱和阿朴啡型生物碱,如汉防己碱、异汉防己碱、小檗碱、药根碱、木兰花碱、千金藤碱。

【主要药用植物】

粉防己(石蟾蜍)*Stephania tetrandra* S. Moore 草质藤本。根圆柱形。叶三角状阔卵形,叶柄质状着生。聚散花序集成头状;雄花的萼片通常4,花瓣4,淡绿色,花丝愈合成柱状;雌花的萼片和花瓣均4,心皮1,花柱3;核果球形,红色,核呈马蹄形,有小瘤状突起及横槽纹(图3-46)。分布于我国东南及南部,生于山坡、林缘、草丛等处。根(防己、粉防己)为祛风清热药,能利水消肿,祛风止痛。

蝙蝠葛 *Menispemaum dauricum* DC. 草质落叶藤本。根状茎细长。叶圆肾形或卵圆形,全缘或5~7浅裂,掌状脉;叶柄盾状着生。圆锥花序;萼片6;花瓣6~9;雄蕊10~20;雌蕊具3枚心皮,分离(图3-47)。核果黑紫色,核呈马蹄形。分布于东北、华北和华东地区,生于沟谷、灌丛。根状茎(北豆根)能经热解毒、祛风止痛。

图 3-46 粉防己
1.根 2.雄花枝 3.果枝 4.雄花序 5.雄花

图 3-47 蝙蝠葛

青牛胆 *Tinospora sagittata* (Olive.)Gagnep. 草质藤本。具连珠状块根。叶卵状箭形,叶基耳形,背面背疏毛。圆锥花序;花瓣6;肉质,常有爪。核果红色,近球形。分布于华中、华南、西南及陕西、福建等地。块根(金果榄)能清热解毒、利咽、止痛。

本科常见的药用植物还有:木防己 *Mocculus orbiculatus* (L.)DC.,分布于我国大部分地区,生于灌丛、林缘等处,根能祛风止痛,利水消肿;青藤 *Sinomenium acutum* (thunb.) Rehd. et wils.,分布于长江流域及以南地区,茎藤能祛风通络,除湿止痛;锡生藤 *Cissamplos pareira* L. var. *hirsuta* (Buch. ex DC.) forman,分布于广西、贵州、云南,全株(亚乎奴)能活血止痛,止血生肌;金线吊乌龟 *Stephania cephania* Hayata.,分布于江苏、安徽、福建、广东、广西、贵州等地,块根能清热解毒、祛风止痛、凉血止血。

10. 木兰科 Magnoliaceae

$\male\female * P_{6-12} A_\infty \underline{G}_{\infty;1;1-2}$

【形态特征】 木本,具油细胞,有香气。单叶互生,多全缘;托叶有或无,有托叶的,包被幼芽,早落,在节上留下环状托叶痕。花常单生,两性,稀单性,辐射对称;花被片常 3 基数,排成数轮,每轮 3 片;雄蕊和雌蕊均多数,分离,螺旋状或轮状排列于伸长或隆起的花托上;每心皮含胚珠 1～2 个。聚合蓇葖果或聚合浆果。

【分布】 本科约 18 属 330 种,分布于美洲和亚洲的热带和亚热带地区。我国约有 14 属 160 种,分布于西南和南部各地。已知药用的有 8 属约 90 种。

【化学成分】 本科主要含有挥发油、生物碱类(如木兰碱等)、木脂素类(如厚朴酚)。

【主要药用植物】

厚朴 *Magnolia officinalis* Rehd. et Wils. 落叶乔木。树皮棕褐色,具椭圆形皮孔。叶大,倒卵形,革质,集生于小枝顶端。花大型,白色,花被片 9～12 或更多。聚合蓇葖果长圆状卵形,木质(图 3-48)。分布于长江流域和陕西、甘肃东南部,生于土壤肥沃及温暖的坡地。茎皮和根皮能燥湿消痰,下气除满。花蕾(厚朴花)能行气宽中,开郁化湿。

凹叶厚朴(庐山厚朴)*Magnolia biloba* (Rehd. et Wils.)Cheng 与上种主要区别为叶先端凹陷成 2个钝圆浅裂(图 3-49),分布于福建、浙江、安徽、江西和湖南等省,有栽培。功效与厚朴相同。

图 3-48 厚朴

图 3-49 凹叶厚朴

望春花 *Magnolia biondii* Pamp. 落叶乔木。树皮灰色或暗绿色。小枝无毛或近梢处有毛;单叶互生;叶片长圆状披针形或卵状披针形,全缘,两面均无毛;花先叶开放,单生枝顶;花萼 3,近线形;花瓣 6,2轮,匙形,白色,外面基部常带紫红色;雄蕊多数,花丝胞厚;心皮多数,分离。聚合果圆柱形,稍扭曲;种子深红色。分布于河南、安徽、甘肃、四川、陕西等省,生长在向阳山坡或路旁。花蕾(辛夷)能散风寒,通鼻窍。

玉兰 *Magnolia denudata* Desr. 与上种的主要区别为叶倒卵形至倒卵状长圆形,叶面有光泽,叶背被柔毛;花被片 9,白色,萼片与花瓣无明显区别,倒卵形或倒卵状矩圆形。分布于河北、河南、江西、浙江、湖南、云南等省区。花蕾亦作"辛夷"入药。

八角 *Illicium verum* Hook. f. 常绿乔木。叶椭圆形或长椭圆状披针形,有透明油点。花单生于叶腋;花被片 7～12;雄蕊 10～20;心皮 8～9,轮状排列。聚合果由 8～9 个蓇葖果组成,呈八角形,顶端钝,稍弯(图 3-50)。分布于华南、西南等地区。生于温暖湿润的山谷中。果实(八角茴香、八角)能温阳散寒,理气止痛。

五味子 *Schisandra chinensis* (Turca.)Baill. 落叶木质藤本。叶纸质或近膜质,阔椭圆形或倒卵形,边缘疏生有腺齿的细齿。雌雄异株;花被片 6～9,乳白色红色;雄蕊 5;雌蕊 17～40(图 3-51)。聚合浆果

图 3-50 八角

1.果枝 2.花 3.雄蕊 4.雌蕊 5.果实

图 3-51 五味子

排成长穗状,红色。分布于东北、华北、华中及四川等地。生于山林中。果实(北五味子)能敛肺、滋肾、生津、收涩。

本科常见的药用植物还有:华中五味子 *Schisandra sphenanthera* Rehd. et Wils.,分布于河南、安徽、湖北等省,果(南五味子)功效同五味子;木莲 *Manglietia fordiana* (Hemsl.) Oliv.,分布于长江流域以南,果实(木莲果)能通便、止咳。

11. 樟科 Lauraceae $\male \female * P_{(6-9)} A_{3-12} \underline{G}_{(3;1;1)}$

【形态特征】 多为常绿乔木,具油细胞,有香气。单叶,多互生,全缘,革质,羽状脉或三出脉,无托叶。花小,常两性,3 基数,多为单被,2 轮排列;雄蕊 3～12,通常 9,排成 3～4 轮,第 4 轮雄蕊常退化,花丝基部常具 2 个腺体;子房上位,3 个心皮合生,1 室,1 枚顶生胚珠。核果或呈浆果状,有时有宿存的花被包围基部;种子 1 粒。

【分布】 本科约 40 多属 2000 余种,分布于热带及亚热带地区。我国有 20 属 400 多种,主要分布于长江以南各省区。已知药用 120 余种。

【化学成分】 本科植物常含有生物碱类(主要为异喹啉类生物碱)、挥发油类(如樟脑、桂皮醛、桉叶素等)。

【主要药用植物】

肉桂 *Cinnamomum cassia* Presl. 常绿乔木,具香气。树皮灰褐色,幼枝略呈四棱形。叶互生,长椭圆形,革质,全缘,具离基三出脉。圆锥花序腋生或顶生;花小,黄绿色,花被 6;能育雄蕊 9,3 轮。子房上位,1 室,1 枚胚珠。核果浆果状,紫黑色,宿存的花被管(果托)浅杯状(图 3-52)。分布于广东、广西、福建和云南。多为栽培。树皮(肉桂)能温肾壮阳、散寒止痛,嫩枝(桂枝)能解表散寒、温经通络。

本科常见的药用植物还有:乌药 *Lindera aggregata* (Sims) Dosterm.,分布于长江以南及西南各省区,根(乌药)能行气止痛、温肾化痰;樟(香樟)*C. camphora* (L.) Presl.,分布于长江流域以南及西南各省区,根、木材及叶的挥发油主含樟脑,内服能开窍避秽,外用能除湿杀虫、温散止痛(图 3-53)。

12. 罂粟科 Papaveraceae $\male \female * \uparrow K_2 C_{4-6} A_\infty,_{4-6} \underline{G}_{(2-\infty;1;\infty)}$

【形态特征】 草本,多含乳汁或有色汁液。基生叶具长柄,茎生叶多互生,无托叶。花单生或成总状、聚伞、圆锥花序;花辐射对称或两侧对称;萼片常 2,早落;花瓣 4～6,离生;子房上位,心皮 2 至多,合生,1 室,侧膜 3 胎座,胚珠多数。蒴果孔裂或瓣裂;种子细小。

【分布】 本科约 42 属 600 种,主要分布于北温带。我国 19 属约 280 种,南北均有分布,已知药用的有 15 属 130 种。

图 3-52 肉桂
1.花枝 2.花 3.果序

图 3-53 樟
1.果枝 2.花纵剖,示雄蕊和雌蕊 3.雄蕊

【化学成分】 本科植物多含有生物碱类,如罂粟碱、吗啡、白屈菜碱、可待因、延胡索乙素等。

【主要药用植物】

罂粟 *Papaver somniferum* L. 一年生或二年生草本,全株粉绿色,具白色乳汁。叶互生,长椭圆形,基部抱茎,边缘具缺刻。花大,单生于花茎顶;萼片2,早落;花瓣4,有白、红、淡紫等色;雄蕊多数,离生;子房多心皮合生;1室,侧膜胎座,柱头具8～12个辐射状分枝。蒴果近球形,孔裂。多栽培。果壳(罂粟壳)能敛肺止咳,涩肠止泻,止痛。从未熟果实中割取的乳汁(阿片)为镇痛、止咳、止泻药。

白屈菜 *Chelidonium majus* L. 多年生草本,具黄色汁液。叶互生,羽状全裂,叶背被白粉和短柔毛。花瓣4,黄色;雄蕊多数。蒴果条状圆柱形。分布于东北、华北、新疆及四川等省区。生于山坡或山谷林边草地。全草有毒,能镇痛、止咳、利尿、解毒。

延胡索 *Corydalis turtschaninovii* Bess. f. *yanhusu* Y. H. Chow et C. C. Hsu 多年生草本。块茎球形。叶二回三出全裂,末回裂片披针形。总状花序顶生;苞片全缘或有少数牙齿;花萼2,极小,早落;花瓣4,紫红色,上面1片基部有长距;雄蕊6,成2束;子房上位,心皮2,1室,侧膜胎座(图3-54)。蒴果条形。分布于安徽、浙江、江苏等地。生于丘陵林荫下,各地有栽培。块茎(元胡、延胡索)能行气止痛,活血散瘀。

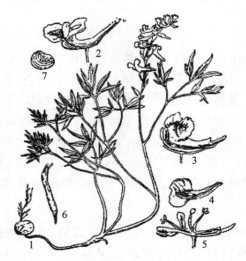

图 3-54 延胡索
1.植株 2.花 3.花冠的上瓣及内瓣 4.花冠的下瓣 5.雄蕊及雌蕊 6.果实 7.种子

13. 十字花科 Cruciferae, Brassicaceae ⚥ * $K_{2+2} C_4 A_{2+4} \underline{G}_{(2;1-2;1-\infty)}$

【形态特征】 草本。单叶互生,无托叶。花两性,辐射对称,多排成总状或圆锥花序;萼片4,2轮;花瓣4,排成十字形;雄蕊6,4长2短,为四强雄蕊,稀4或2,常在雄蕊旁生有4个蜜腺;子房上位,2枚心皮合生,由假隔膜隔或2室,侧膜胎座,每室胚珠1至多数。长角果或短角果。

【分布】 本科约350属3200种,广布于全球,以北温带为多。我国约96属425种,分布于我国各省区,已知药用的有30属103种。

【化学成分】 本科植物多含硫苷类、吲哚苷类、强心苷类、脂肪油等。

【主要药用植物】

菘蓝 *Isatis indigotica* Fort. 一至二年生草本。主根圆柱形,灰黄色。全株灰绿色。主根深长,圆柱形,灰黄色。基生叶有柄,宽椭圆形;茎生叶较小,圆状披针形,基部垂耳圆形,半抱茎。圆锥花序;花黄色,花梗细,下垂。短角果扁平,顶端钝圆或截形,边缘有翅,紫色,内合1粒种子(图3-55)。各地均有栽培。根(板蓝根)能清热解毒,凉血利咽;叶(大青叶)能清热解毒,凉血消斑;茎叶加工品(青黛)能清热解毒,凉血,定惊。

欧菘蓝 *Isatis tinctoria* L. 与上种主要区别为茎、叶被长柔毛;茎生叶基部垂耳箭形。原产欧洲,华北各省有栽培。药用功效与菘蓝相同。

独行菜 *Lepidium apetalum* Willd. 一至二年生草本。茎直立,有分枝,茎枝上有乳头状短毛。基生叶窄匙形,一回羽状浅裂或深裂;茎上部叶线形,有疏齿或全缘。花小,白色;总状花序顶生;萼片早落,卵形,外被柔毛;花瓣条形,呈退化状;雄蕊2(图3-56)。短角果近圆形。分布于东北、华北、西南、西北等地。种子(葶苈子)能宣肺平喘,强心利尿。

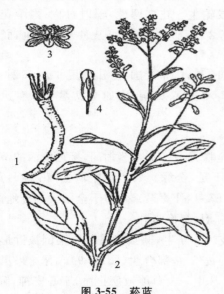

图3-55 菘蓝
1. 根 2. 花果枝 3. 花 4. 果实

图3-56 独行菜
1. 花果枝 2. 果实

白芥 *Brassica alba* (L.)Boiss. 一至二年生草本。全体被白色粗毛。茎基部的叶具长柄,琴状深裂或近全裂。总状花序顶生;花黄色。长角果圆柱形,密被白色长毛,先端具扁长的喙。种子近球形,黄白色。种子(白芥子)能温肺豁痰利气,散结通络止痛。

荠菜 *Capsella bursa-pastoris* (L.)Medic. 一或二年生草本。基生叶羽状分裂,茎生叶抱茎,两侧呈耳形。总状花序顶生或腋生;花白色。短角果倒三角形(图3-57)。全草能凉肝止血,平肝明目,清热利湿。

本科常见的药用植物还有:播娘蒿 *Descurainia Sophia* (L.)Schur,分布于华北、华东、西北及四川等地,与荠菜的种子均作"葶苈子"药用,能泻肺平喘,行水消肿;萝卜 *Raphanus sativus* L.,各地均栽培,种子(莱菔子)能消食除胀,降气化痰。

图 3-57 荠菜
1. 植物全形　2. 花　3. 雄蕊、雌蕊及腺体　4. 短角果　5. 放大的星状毛

14. 景天科 Crassulaceae　　　　　　　$\underset{\male}{\female} * K_{4-5,(4-5)} C_{4-5,(4-5)} A_{4-5,8-10} \underline{G}_{(4-5;1;\infty)}$

【形态特征】　多年生肉质草本或灌木。单叶,互生、对生或轮生。花多两性,辐射对称;聚伞花序或单生;萼片与花瓣均 4～5,分生或合生;雄蕊与花瓣同数或为其 2 倍;子房上位,心皮 4～5,离生,胚珠多数,每一心皮基部有 1 个鳞片状腺体。蓇葖果。

【分布】　本科约 35 属 1600 种,广布全球。我国约 10 属 260 种,广布全国,已知药用 8 属 68 种。

【化学成分】　本科植物主要含有苷类(如红景天苷、垂盆草苷等)、黄酮类(如槲皮素等)、有机酸类(如阿魏酸、丁香酸等)。

【主要药用植物】

垂盆草 *Sedum sarmentosum* Bunge.　多年生肉质草本。全株无毛。不育茎匍匐,接近地面的节易生根。叶常 3 片轮生;叶片倒披针形至长圆形,先端近急尖,基部下延,全缘。聚伞花序顶生,花瓣 5,黄色;雄蕊 10,2 轮;鳞片 5,楔状四方形;心皮 5,长圆形,略叉开(图 3-58)。蓇葖果。分布于全国大部分地区,生于山坡、石隙、沟旁及路边湿润处。全草为利湿退黄药,能清热利湿,解毒消肿。

景天三七 *S. aizoon* L.　多年生肉质草本。茎直立,不分枝。叶互生,椭圆状披针形至倒披针形。聚伞花序;花黄色;萼片 5,条形;花瓣 5,椭圆状披针形;雄蕊 10;心皮 5,基部合生(图 3-59)。蓇葖果星芒状排列。分布于东北、西北至长江流域,生于山坡阴湿岩石上或草丛中。全草能散瘀止血,宁心安神,解毒。

本科常见的药用植物还有:库页红景天(高山红景天)*Rhodiola sachalinenisis* A. Bor.,分布于黑龙江、吉林等地,生于海拔 1600～2500 m 的山坡、草地、林下等地,全草(红景天)能补气益肺、益智养心、收敛止血、散瘀消肿;同属狭叶红景天 *R. kirilowii*(*Regel.*)Regil.、唐古特红景天 *R. algida*(Lédeb.)Fisch. et Mey. Var. *tangutica*(Maxim.)S. H. Fu 的全草亦作药材红景天入药;瓦松 *Orostachys unbriatus*(Turcz.)Berger.,分布于东北、华北、西北、华东等地,全草有毒,能凉血止血、清热解毒、收湿敛疮。

15. 杜仲科 Eucommiaceae　　　　　　　$\male P_0 A_{4-10}; \female P_0 \underline{G}_{(2;1;2)}$

【形态特征】　落叶乔木,枝、叶折断后有银白色胶丝相连;小枝有片状髓。叶互生,无托叶。花单性,雌雄异株;无花被;雄花簇生,有花梗,具苞片;雄蕊 4～10,花药线形,花丝极短;雌花单生于小枝下部,具短梗;子房上位,2 枚心皮合生,只有 1 枚心皮发育,1 室,胚珠 2,花柱二叉状。翅果,扁平,长椭圆形;内含 1 粒种子。

【分布】　本科 1 属 1 种,是我国特产植物,分布在长江中游各省,各地有栽培。

图 3-58　垂盆草

1~7 为凹叶景天　1.全株　2.叶片　3.花　4.萼片　5.花瓣和雄蕊　6.心皮　7.鳞片

8~13 为垂盆草　8.全株　9.花　10.萼片　11.花瓣和雄蕊　12.心皮　13.鳞片

图 3-59　景天三七

【化学成分】　本科植物主要含杜仲胶、木脂素类、环烯醚萜类、三萜类等。

【主要药用植物】

杜仲 *Eucommia ulmoides* Lliv.　形态特征与科相同,分布于长江中下游各地,各地有栽培(图 3-60)。树皮能补肝肾,强筋骨,安胎。

16. 蔷薇科 Rosaceae

$$\male\female * K_5 C_5 A_{4-\infty} \underline{G}_{1-\infty;1;1-\infty} \overline{G}_{(2-5;2-5;2)}$$

【形态特征】　草本、灌木或乔木,常具刺。单叶或复叶,多互生,通常有托叶。花两性,辐射对称;单生或排成伞房、圆锥花序,花托杯状、壶状或凸起;花被与雄蕊常合成杯状、坛状或壶状的托杯(又称被丝托),萼片、花瓣和雄蕊均着生在花托托杯的边缘。萼片、花瓣常5;雄蕊通常多数,心皮1至多数,离生或合生;子房上位至下位,每室含1至多数胚珠。蓇葖果、瘦果、梨果或核果。

图 3-60　杜仲
1.着雄花的枝　2.着果的枝　3.雄花　4.雌花及苞片　5.种子

【分布】　本科约有 124 属 3300 种,广布全球。我国有 51 属 1100 余种,分布于全国各地,已知药用的有 48 属 400 余种。

【化学成分】　本科植物主要含氰苷类(如苦杏仁苷等)、多元酚类、黄酮类、二萜生物碱类、有机酸类等。

本科分为四个亚科(表 3-6)。

亚科检索表

1. 果实为开裂的蓇葖果或蒴果;心皮 1～5,常离生;多无托叶 ································· 绣线菊亚科
1. 果实不开裂;有托叶。
　2. 子房上位,稀下位。
　　3. 心皮常多数,聚合瘦果或聚合小核果;萼宿存 ································· 蔷薇亚科
　　3. 心皮 1;核果;萼常脱落 ································· 梅亚科
　2. 子房下位,心皮 2～5,多少连合并与萼筒结合;梨果 ································· 苹果亚科

表 3-6　蔷薇科四个亚科的主要特征

	绣线菊亚科 Spiraeoideae	蔷薇亚科 Rosoideae	苹果亚科 Maloideae	梅亚科 Prunoideae
托杯	托杯凸起	心皮与托杯不愈合,托杯凸起或呈壶状	心皮与托杯愈合,呈壶状	心皮与托杯不愈合,呈杯状
子房	子房上位	子房上位(周位花)	子房下位	子房上位
心皮	1～5 枚	多数	2～5 枚	1 枚
果实	蓇葖果	聚合瘦果或聚合小核果	梨果	核果
药用植物	绣线菊 珍珠梅	龙牙草 金樱子	山楂 木瓜	杏、桃 梅、郁李

（1）绣线菊亚科 Spiraeoideae

【主要药用植物】

柳叶绣线菊 *Spiraea salicifolia* L.　又名绣线菊。灌木。叶互生,长圆状披针形或披针形,边缘具锯齿。花粉红色,圆锥花序顶生。蓇葖果,具宿存萼(图 3-61)。分布于东北、华北等地。生于河边、沟边

或湿草原中。全株能通经活血,通便,利水。

图 3-61　柳叶绣线菊
1.花枝　2.花纵剖面　3.果实

　　狭叶绣线菊 *S. japonica* L. f. var. *acuminata* Fr.　　与柳叶绣线菊同属。分布于陕西、甘肃、湖北、四川、云南等地。生于林边、路旁。功效同柳叶绣线菊。

　　(2)蔷薇亚科 Rosoideae

【主要药用植物】

　　金樱子 *Rosa laevigata* Michx.　　常绿攀缘有刺灌木。羽状复叶,小叶 3,稀 5 片,椭圆状卵形,叶片近革质。花大,白色,单生于侧枝顶端。蔷薇果熟时红色,倒卵形,外有刺毛(图 3-62)。分布于华中、华东、华南各省区。生于向阳山野。果能涩精益肾,固肠止泻。

图 3-62　金樱子
1.果枝　2.花枝　3.花的纵剖面　4.雄蕊　5.雌蕊

　　龙牙草 *Agrimonia pilosa* Ledeb.　　多年生草本,全体密生长柔毛。单数羽状复叶,小叶 5～7,小叶间杂有小型小叶片,小叶椭圆状卵形或倒卵形,边缘有锯齿。圆锥花序顶生;萼筒顶端 5 裂,口部内缘有一圈钩状刚毛;花瓣 5,黄色;雄蕊 10;子房上位,心皮 2(图 3-63)。瘦果。萼宿存。分布于全国各地。生于山坡、路旁、草地。全草(仙鹤草)能止血,补虚,泻火,止痛。根芽(鹤草芽)含鹤草酚,能驱除绦虫,消肿解毒。

图 3-63 龙牙草

地榆 *Sanguisorba officeinalis* L. 多年生草本。根多数,粗壮,表面暗棕红色。茎带紫红色。单数羽状复叶,小叶 5～19 片,卵圆形或长圆形,边缘具粗锯齿。穗状花序椭圆形;花小,萼裂片 4,紫红色;无花瓣;雄蕊 4,花药黑紫色;子房上位。瘦果褐色,包藏在宿萼内。全国大部分地区有分布。生于山坡、草地。根能凉血止血,清热解毒,消肿敛疮。

同属变种长叶地榆 *S. officeinalis* L. var. *longifoliq* (Bert.)Yu et Li 的根,也作地榆药用。

本亚科常见的药用植物还有:委陵菜 *Potentilla chinensis* Ser. 和翻白草 *P. discolor* Bge.,分布于全国各省区,全草或根均能清热解毒,止血,止痢;华东覆盆子 *Rubus chingii* Hu,分布于安徽、江苏、浙江、江西、福建等省,聚合果(覆盆子)能益肾,固精,缩尿;玫瑰 *Rosa rugosa* Thunb.,各地均有栽培,花能行气解郁,和血,止痛。

(3) 梅亚科 Prunoideae

【主要药用植物】

图 3-64 杏
1.花枝 2.果枝 3.花 4.花部纵切(示杯状花托)

杏 *Prunus Armeniaca* L. 落叶小乔木。小枝浅红棕色,有光泽。单叶互生,叶卵形至近圆形,边缘有细钝锯齿;叶柄近顶端有 2 个腺体。花单生枝顶,先叶开放;萼片 5;花瓣 5,白色或带红色;雄蕊多数;心皮 1。核果,球形,黄红色,核表面平滑;种子 1,扁心形,圆端合点处向上分布多数维管束(图3-64)。产于我国北部,均系栽培。种子(苦杏仁)能降气化痰,止咳平喘,润肠通便。

梅 *P. mume* Sieb. 与上种主要区别为小枝绿色,叶先端尾状长渐尖,果核表面有凹点。分布于全国各地,多系栽培。近成熟果实(乌梅)能敛肺,涩肠,生津,安蛔。

本亚科常见的药用植物还有:山杏(野杏)*P. armeniaca* Lam. var. *ansu*(Maxim.)Yu et Lu、西伯利亚杏 *A. sibirica*(L.)Lam. 和东北杏 *A. mandshurica*(Maxim.)Skv. 的种子亦作苦杏仁入药;桃 *P. persica*(L.)Batsh.,全国广为栽培,种子(桃仁)能活血祛瘀,润肠通便。

（4）苹果亚科 Pomoideae

【主要药用植物】

山里红 *Crataegus pinnatifida* Bge. var. *major* N. E. Br.　落叶小乔木。分枝多，无刺或少数短刺。叶宽卵形，5～9 羽裂，边缘有重锯齿；托叶镰形。伞房花序；萼齿裂；花瓣 5，白色或带红色。梨果近球形，直径可达 2.5 cm，熟时深亮红色，密布灰白色小点。华北、东北普遍栽培。果实（北山楂）能消食健胃，行气散瘀。

山楂 *C. pinnatifida* Bge.　多为栽培。果实亦称北山楂，功效同山里红（图 3-65）。

野山楂 *C. cuneata* Sieb. et Zucc.　与上种主要区别：落叶灌木，刺较多；叶顶端常 3 裂。果较小，直径 1～1.2 cm，红色或黄色。分布于长江流域及江南地区，北至河南、陕西。果实（南山楂）功效同山里红。

贴梗海棠 *Chaenomeles speciosa*（Sweet）Nakai　落叶灌木，枝有刺。叶卵形至长椭圆形；托叶较大，肾形或半圆形。花先叶开放，猩红色或淡红色，花 3～5 朵簇生；萼筒钟状；花瓣红色，少数淡红色或白色；子房下位。梨果卵形或球形，木质，黄绿色，有芳香。产于华东、华中、西南等地。多栽培。成熟果实（皱皮木瓜）能舒筋活络，和胃化湿。

图 3-65　山楂
1. 果枝　2. 花　3. 种子纵切　4. 种子横切

光皮木瓜 *C. sinensis*（Thouin）Koehne.　分布于长江流域及以南地区，果实（光皮木瓜、蓑楂）入药，功效同贴梗木瓜。

本亚科常见的药用植物还有：枇杷 *Eriobotrya japonica*（Thunb.）Lindl.，分布于长江以南各省，多为栽培，叶（枇杷叶）能清肺止咳，和胃降逆，止渴。

17. 豆科 Leguminosae，Fabaceae　　　　　　$\male\female * K_{5,(5)} C_5 A_{(9)+1,10,\infty} \underline{G}_{(1;1;1-\infty)}$

【形态特征】　草本或木本。多为复叶，互生，有托叶。花序各种；花两性，萼片 5，辐射对称或两侧对称；多少连合；花瓣 5，多为蝶形花，少数假蝶形或辐射对称；雄蕊 10，二体，少数下部合生或分离，稀多数；子房上位，心皮 1，1 室，胚珠 1 至多数；边缘胎座。荚果。

【分布】　本科约 650 属 18000 种，广布全球。我国有 169 属约 1539 种，分布全国，已知药用的有 109 属 600 余种。

【化学成分】　本科植物主要含有黄酮类、生物碱类、蒽醌类、三萜皂苷类等。

本科分为三个亚科。

亚科检索表

1. 花辐射对称；花瓣镊合状排列；雄蕊多数或定数（4～10）　……………………………… 含羞草亚科

1. 花两侧对称；花瓣覆瓦状排列；雄蕊一般 10 枚。

　2. 花冠假蝶形，旗瓣位于最内方，雄蕊分离不为二体 ……………………………………… 云实亚科

　2. 花冠蝶形，旗瓣位于最外方，雄蕊 10，通常二体 ……………………………………… 蝶形花亚科

（1）含羞草亚科 Mimosoideae

【主要药用植物】

合欢（马缨花）*Albixia julibrissin* Durazz.　落叶乔木，树皮灰褐色，有密生椭圆形横向皮孔。二回偶数羽状复叶，小叶镰刀状，主脉偏于一侧。头状花序呈伞房排列，花淡红色，辐射对称，花萼钟状，5 裂；花冠漏斗状；雄蕊多数，花丝细长，淡红色基部连合。荚果条形，扁平（图 3-66）。分布全国。野生或栽培。树皮（合欢皮）能解郁安神，活血消肿。花（合欢花）能解郁安神。

本亚科常用药用植物还有：儿茶 *Acacia catechu*（L. f.）Willd.，浙江、台湾、广东、广西、云南有栽培，心材或去皮枝干煎制的浸膏（孩儿茶）为活血疗伤药，能收湿敛疮、止血定痛、清热化痰；含羞草 *Mimosa*

图 3-66　合欢

1.花枝　2.果枝　3.小叶　4.花萼　5.花冠　6.雄蕊和雌蕊　7.花粉囊　8.种子

pudica L.，分布于华东、华南与西南，全草能安神、散瘀止痛。

（2）云实亚科（苏木亚科）Caesalpinoideae

【主要药用植物】

决明 *Cassia obtusifolia* L.　一年生半灌木状草本。叶互生；偶数羽状复叶，小叶 6 枚，叶片倒卵形或倒卵状长圆形。花成对腋生；萼片 5，分离；花瓣黄色，最下面的两片较长；发育雄蕊 7。荚果细长，近四棱形。种子多数，菱状方形，淡褐色或绿棕色，光亮（图 3-67）。分布全国，多栽培。种子（决明子）能清肝明目，利水通便。

同属植物小决明 *C. tora* L. 的种子亦作决明子入药。

紫荆 *Cercis chinensis* Bge.　落叶乔木或灌木。叶互生，心形。春季花先叶开放；花冠紫红色，假蝶形；雄蕊 10，分离。荚果条形扁平。树皮（紫荆）能行气活血，消肿止痛，祛瘀解毒。

皂荚 *Gleditsia sinensis* Lam.　乔木，有分枝的棘刺。羽状复叶，小叶 6～14 枚，卵状矩圆形。总状花序；花杂性，萼片 4，花瓣 4，黄白色。雄蕊 6～8，荚果扁条形，成熟后呈红棕色至黑棕色，被白色粉霜。果实（皂角）能润燥，通便，消肿。刺（皂角刺）能消肿脱毒，排脓，杀虫。

图 3-67　决明

畸形果实（猪牙皂）能开窍，祛痰，解毒。

本亚科常见的药用植物还有：苏木 *Caesalpinia sappan* L.，分布于华南及云南、福建、广东、海南、贵州、台湾等省区，心材能活血祛瘀，消肿定痛。

（3）蝶形花亚科 Papilionoideae

【主要药用植物】

膜荚黄芪 *Astragalus membranaceus*（Fisch）Bge.　多年生草本。主根长圆柱形，外皮土黄色。羽状复叶，小叶 9～25，椭圆形或长卵形，两面有白色长柔毛。总状花序腋生；花萼 5 裂齿；花冠蝶形，黄白色；雄蕊 10，二体；子房被柔毛。荚果膜质，膨胀，卵状长圆形，有长柄，被黑色短柔毛（图 3-68）。分布于东北、华北、西北及四川、西藏等省区。生于向阳山坡、草丛或灌丛中。根（黄芪）能补气固表，利水托毒，排脓，敛疮生肌。

蒙古黄芪 *A. membranaceus*（Fisch.）Bge. var. *Mongolicus*（Bge.）Hsiao.　与膜荚黄芪同属。小叶 12～18 对，花黄色，子房及荚果无毛。分布于内蒙古、吉林、河北、山西等省区。根与膜荚黄芪同等药用。

槐树 *Sophora japonica* L.　落叶乔木。奇数羽状复叶，小叶 7～15，卵状长圆形。圆锥花序顶生；萼钟状；花冠乳白色；雄蕊 10，分离，不等长。荚果肉质，串珠状，黄绿色，无毛，不裂，种子间极细缩，种子 1～

图 3-68 膜荚黄芪

6 枚。我国南北各地普遍栽培。花（槐花）和花蕾（槐米）能凉血止血，清肝泻火。槐花还是提取芦丁的原料。果实（槐角）能清热泻火，凉血止血。

甘草 *Glycyrrhiza uralensis* Fisch. 多年生草本。根和根状茎粗壮，表面多为红棕色至暗棕色。全体密生短毛和刺毛状腺体。奇数羽状复叶，小叶 7～17。卵形或宽卵形。总状花序腋生，花冠蝶形，蓝紫色；雄蕊 10，二体。荚果呈镰刀状弯曲，密被刺状腺毛及短毛（图 3-69）。分布于我国华北、东北、西北等地区。生于向阳干燥的钙质草原及河岸沙质土上。根状茎及根能补脾益气，清热解毒，祛痰止咳，缓急止痛，调合诸药。

苦参 *Sophora flavescens* Ait. 落叶半灌木。根圆柱形，外皮黄色。奇数羽状复叶；小叶 11～25 片，披针形至线状披针形；托叶线形。总状花序顶生；花冠淡黄白色；雄蕊 10，分离。荚果条形，先端有长喙，呈不明显的串珠状，疏生短柔毛（图 3-70）。

图 3-69 甘草

图 3-70 苦参

本亚科常见的药用植物还有：野葛 *Pueraria lobata* （Willd.）Ohwi，除新疆、西藏、东北外，分布于其他各省区，块根（葛根）能解肌退热，生津，透疹，升阳止泻；扁茎黄芪 *Astragalus complanatus* R. Br.，分布于陕西、河北、山西、内蒙古、辽宁等省区,种子(沙苑子)能益肾固精,补肝明目;密花豆 *Spatholobus suberectus* Dunn. ,分布于云南及华南等地,藤茎作"鸡血藤"药用,能补血,活血,通络;香花崖豆藤(丰城鸡血藤)*Millettia dielsiana* Harms ex Diels,分布于华中、华南、西南等地,藤茎在部分地区亦作"鸡血藤"药用。

18. 芸香科 Rutaceae ♀ * $K_{3-5}C_{3-5}A_{3-\infty}\underline{G}_{(2-\infty;2-\infty;1-2)}$

【形态特征】 多为木本,稀草本,有时具刺;叶、花、果常有透明的油腺点,含挥发油。多为复叶或单身复叶,常互生。花多两性,辐射对称,单生或排成聚伞、圆锥花序;萼片3~5,合生;花瓣3~5;雄蕊常与花瓣同数或为其倍数,着生在花盘基部;子房上位,心皮2至多数,合生或离生;每室胚珠1~2个。柑果、蒴果、核果或蓇葖果。

【分布】 本科约150属1700种,分布于热带和温带。我国有28属约150种,分布全国,已知药用的有23属105种。

【化学成分】 本科植物主要含挥发油类、生物碱类、黄酮类、香豆素等。

【主要药用植物】

橘 *Citrus reticulata* Blanco 常绿小乔木或灌木,常具枝刺。叶互生,革质,卵状披针形,单身复叶,叶翼不明显。萼片5;花瓣5,黄白色;雄蕊15~30,花丝常3~5枝连合成组。心皮7~15。柑果扁球形,橙黄色或橙红色,囊瓣7~12,种子卵圆形(图3-71)。长江以南各省广泛栽培。成熟果皮(陈皮)能理气健脾,燥湿化痰。中果皮及内果皮间维管束群(橘络)能通络理气,化痰;种子(橘核)能理气散结,止痛;叶(橘叶)能行气,散结;幼果或未成熟果皮(青皮)能疏肝破气,消积化滞。

酸橙 *C. aurantium* L. 与上种的主要区别为小枝三棱形,叶柄有明显叶翼,柑果近球形,橙黄色,果皮粗糙。主产四川、江西等各省区,多为栽培。未成熟横切两半的果实(枳壳)能理气宽中,行滞消胀。幼果(枳实)能破气消积,化痰除痞。

黄檗 *Phellodendron amurense* Rupr. 落叶乔木,树皮淡黄褐色,木栓层发达,有纵沟裂,内皮鲜黄色。叶对生,奇数羽状复叶,小叶5~15。披针形至卵状长椭圆形,边缘有细钝齿,齿缝有腺点。雌雄异株;圆锥花序;萼片5;花瓣5,黄绿色;雄花有雄蕊5;雌花退化雄蕊鳞片状(图3-72)。浆果状核果,球形,紫黑色,内有种子2~5粒。分布于华北、东北。生于山区杂木林中。有栽培。除去栓皮的树皮(关黄柏)能清热燥湿,泻火除蒸,解毒疗疮。

图 3-71 橘
1.花枝 2.果实 3.果实横切

图 3-72 黄檗

黄皮树 *P. chinense* Schneid. 与上种同属,与其主要区别为树皮的木栓层薄,小叶7~15片,下面密被长柔毛。分布于四川、贵州、云南、陕西、湖北等省。树皮(川黄柏)功效同黄柏。

吴茱萸 *Evodia rutaecarpa* (Juss.)Benth. 落叶小乔木。幼枝、叶轴及花序均被黄褐色长柔毛。有特殊气味。叶对生；羽状复叶具小叶5～9枚，叶两面被白色长柔毛，有透明腺点。雌雄异株，聚伞状圆锥花序顶生。花萼5，花瓣5，白色。蓇葖果扁球形开裂时成蓇葖果状，紫红色。分布于长江流域及南方各省区。生于山区疏林或林缘，现多栽培。未成熟果实药用能散寒止痛，疏肝下气，温中燥湿。

本科常见的药用植物还有：枳(枸桔)*Poncirus trifoliatea* (L.)Raf.，分布于我国中部、南部及长江以北地区，未成熟果实亦作枳壳(绿衣枳壳)药用；香橼 *Citrus wilsonii* Tanaka，分布于长江中下游地区，果实(香橼)能疏肝理气，和胃止痛；花椒(川椒、蜀椒)*Zanthoxylum bungeanum* Maxim.，除新疆及东北外，几乎遍及全国，果皮(花椒)能温中止痛，除湿止泻，杀虫止痒，种子(椒目)能利水消肿，祛痰平喘；白鲜 *Dictamnus dasycarps* Turca.，分布于东北至西北，根皮(白鲜皮)能清热燥湿，祛风止痒，解毒。

19. 远志科 Polygalaceae

$\stackrel{\male\female}{} \ \ast \ \uparrow K_5 C_{3,5} A_{(4-8)} \underline{G}_{(1-3;1-3;1-\infty)}$

【形态特征】 草本或木本。单叶；常互生，全缘；无托叶。花两性，两侧对称；总状或穗状花序；萼片5，不等长，内面2片常呈花瓣状；花瓣3或5，不等大，下面一片呈龙骨状，顶端常具鸡冠状附属物；雄蕊4～8，花丝合生成鞘，花药顶端开裂；子房上位，1～3枚心皮合生成1～3室，每室胚珠1。蒴果，坚果或核果。

【分布】 本科约13属近1000种；广布全球。我国4属51种，分布全国，西南与华南最多，已知药用3属27种3变种。

【化学成分】 本科植物主要含皂苷类(如远志皂苷元、远志皂苷、瓜子金皂苷等)、醇类(如远志醇等)、生物碱类(如远志碱)。

【主要药用植物】

远志 *Polygala tenuifolia* Willd. 多年生草本。根圆柱形，长而微弯。单叶互生；叶线形，全缘。总状花序；花萼5,2枚呈花瓣状，绿白色；花瓣3,淡紫色，龙骨状花瓣先端着生流苏状附属物；雄蕊8，花丝基部合生。蒴果，扁平，圆状倒心形(图3-73)。分布于东北、华北、西北及山东、江苏、安徽和江西等地；生于向阳山坡或路旁。根为养心安神药，能宁心安神、祛痰开窍、解毒消肿。

同属植物西伯利亚远志 *P. sibirica* L. 的根亦作药材远志入药。

本科常见的药用植物还有：瓜子金 *P. japonica* Houtt.，分布于东北、华北、西北、华东、中南、西南等地，根及全草能祛痰止咳、散瘀止血、宁心安神；华南远志 *P. glomerata* Lour.，分布于福建、湖北及华南、西南等地，带根全草(大金牛草)能祛痰、消积、散瘀、解毒；荷包山桂花 *Polyagala arillata* Buch.-Ham.，分布于西南及陕西、安徽、浙江、江西、福建、湖北、广东、广西等地，根(鸡根)能祛痰除湿、补虚健脾、宁心活血；黄花倒水莲 *P. fallax* Hemsl.，分布于江西、福建、湖南、广东、广西、四川等地，根或茎叶能补虚健脾、散瘀通络。

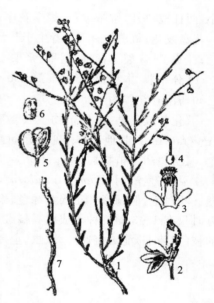

图3-73 远志
1.果枝 2.花 3.花冠剖开(示雄蕊)
4.雌蕊 5.果实 6.种子 7.根

20. 大戟科 Euphorbiaceac

$\male \ast K_{0-5} C_{0-5} A_{1-\infty}; \ \female \ast K_{0-5} C_{0-5} \underline{G}_{(3;3;1-2)}$

【形态特征】 草本、灌木或乔木；常含有乳汁。单叶，互生，叶基部常具腺体，有托叶。花辐射对称，通常单性，同株或异株，常为聚伞、总状、穗状、圆锥花序，或杯状聚伞花序；花被常为单层，萼状，有时缺或花萼与花瓣并存；雄蕊1至多数，花丝分离或连合；雌蕊常由3个心皮合生；子房上位，3室，中轴胎座。蒴果，稀为浆果或核果。显微特征：常具有节乳汁管。

【分布】 本科约300属8000余种，广布于全世界。我国66属约364种，分布于全国各地，已知药用的有39属160种。

【化学成分】 本科植物主要含生物碱类(如一叶萩碱等)、萜类、氰苷、脂肪油、蛋白质等。

【主要药用植物】

大戟 *Euphorbia pekinensis* Rupr. 多年生草本，全株含乳汁。根圆锥形。茎直立，上部分枝被短柔毛；叶互生，长圆形至披针形。杯状聚伞花序，总苞钟状，顶端4裂，腺体4,总苞内面有多数雄花，每雄花

图 3-74 大戟

仅具 1 枚雄蕊,花丝与花柄间有 1 个关节,花序中央有 1 朵雌花具长柄,伸出总苞外而下垂,子房上位,3 个心皮合生,3 室,每室 1 粒胚珠。蒴果三棱状球形,表面具疣状突起(图 3-74)。分布于全国各地。生于路旁、山坡及原野湿润处。根(京大戟)有毒,能泻水逐饮。

铁苋菜 *Acalypha australis* L.　一年生草本。叶互生,卵状菱形。花单性同株,无花瓣;穗状花序腋生,雄花生花序上端,花萼 4,雄蕊 8;雌花萼片 3,子房 3 室,生在花序下部并藏于蚌形叶状苞片内。蒴果。分布于全国各地。生于河岸、田野、路边、山坡林下。全草能清热解毒,止血,止痢。

本科常见的药用植物还有:续随子 *Euphorbia lathyris* L.,原产欧洲,我国有栽培,种子(千金子)有毒,能逐水消肿,破血消癥;地锦 *E. humifusa* Willd.,分布于我国大部分地区,全草(地锦草)能清热解毒,凉血止血;巴豆 *Croton tiglium* L.,分布于南方及西南地区,种子有大毒,外用能蚀疮,制霜用能峻下积滞,逐水消肿。

21. 卫矛科 Celastraceae　　♀ * $K_{(4-5)} C_{4-5} A_{4-5} \underline{G}_{(2-5;2-5;2)}$

【形态特征】　乔木、灌木或藤木。单叶,对生或互生;托叶小,早落。花小,两性或单性,常带绿色;聚伞花序顶生或腋生,稀总状,有时单生;辐射对称;萼片 4~5,宿存;花瓣 4~5,花盘发达;雄蕊 4~5,常着生于花盘上;1~5 枚心皮合生,子房上位,1~5 室,通常每室胚珠 2;花柱短或无;柱头 2~5 裂。蒴果、翅果、浆果或核果。种子常具红色或橙红色的假种皮。

【分布】　本科植物约 55 属 850 余种,分布于热带和温带。我国有 12 属 200 余种,分布于全国各地,已知药用有 9 属约 100 种。

【化学成分】　本科植物主要含有倍半萜醇和倍半萜酯生物碱,如雷公藤碱(wilfordine)、美登木碱(maytansine),其他还有强心苷和黄酮类化合物。

【主要药用植物】

卫矛(鬼箭羽)*Euonymus alatus*(Thunb.)Sieb.　落叶灌木。小枝常呈四棱形,有 2~4 条木栓质阔翅。叶对生,椭圆形。花淡黄绿色,聚伞花序;花被 4 数;花盘肥厚方形;雄蕊具短花丝。蒴果,常 4 瓣裂,有时只有 1~3 瓣。种子成熟具橘红色假种皮(图 3-75)。分布于我国南北各地。生于山坡丛林中。带翅的枝(鬼箭羽)能破血通经,杀虫,止痒。

图 3-75 卫矛
1.花枝　2.花的正面观　3.果枝　4.果实　5.种子

雷公藤 *Tripterygium wilfordii* Hook. f.　落叶藤状灌木。小枝有 4~6 条细棱,密生锈色短毛及瘤状皮孔。叶互生,椭圆形。花白绿色,圆锥状聚伞花序顶生或腋生,花序梗及小花梗被锈色短毛;花萼浅 5

裂;花瓣5;雄蕊5,着生于花盘边缘凹处。蒴果具3个膜质翅,矩圆形。分布于长江流域至西南地区。生于山地林内阴湿处。根(雷公藤)含雷公藤素,有大毒,主治类风湿关节炎。

本科常见药用植物还有:南蛇藤 *Celastru sorbiculatus* Thunb.,分布于我国南北各地,根、茎、叶能行气活血,祛风除湿,消肿解毒;美登木 *Maytenus hookeri* Loes.,分布于云南南部,根、茎、果含有美登木碱,具有抗癌作用。

22. 鼠李科 Rhamnaceae

$$\male\female * K_{(4-5)} C_{(4-5)} A_{4-5} \underline{G}_{(2-4;2-4;1)}$$

【形态特征】 多为乔木或灌木。直立或攀缘,常有刺。单叶互生;托叶小或变成刺。花小,常两性;聚伞、圆锥花序或簇生;辐射对称;萼片、花瓣及雄蕊均4~5数,有时花瓣缺;雄蕊与花瓣对生,花盘肉质;雌蕊由2~4个心皮合生,子房上位,或一部分埋藏在花盘内,2~4室,每室胚珠1枚;花柱2~4裂。核果、翅果、坚果或蒴果。

【分布】 本科植物有58属约900种,分布于温带和热带。我国有15属约130种,分布于南北各地,已知药用有12属76种。

【化学成分】 本科植物含有蒽醌类化合物(如大黄素(emodin)、大黄酚(chrysophanol))、三萜皂苷(如酸枣仁皂苷(jujubosides))、生物碱等。

【主要药用植物】

枣 *Ziziphus jujuba* Mill. 落叶小乔木或灌木。小枝有2个托叶刺,长刺粗直,短刺钩状。单叶互生;叶片卵形,基生三出脉,边缘有细锯齿。花小,黄绿色,聚伞花序腋生;花盘圆形。核果矩圆形,熟时深红色,具光泽,味甜;核两端锐尖(图3-76)。全国各地有栽培。果实(大枣)能补中益气,养血安神。

图 3-76 枣
1.花枝 2.花 3.果实

酸枣 *Z. jujuba* Mill. var. *spinosa*(Bge.)Hu ex H. F. Chow 常为灌木。叶较小,叶片椭圆形。花小,2~3朵簇生于叶腋。核果较小,近球形或短矩圆形;果皮薄,味酸;核两端钝。分布于长江以北除黑龙江、吉林、新疆以外的广大地区。生于向阳或干燥的山坡、丘陵、平原。种(酸枣仁)能补肝肾,养心安神,敛汗生津。

枳椇(拐枣) *Hovenia dulcis* Thunb. 落叶乔木。单叶互生;叶柄红褐色,叶片基出三出脉。复聚伞花序顶生或腋生;花5数;子房上位,花柱3。果实近球形;果柄肥厚扭曲,肉质,红褐色,味甜。种子扁圆形。分布于华北、东北、华东、中南、西北、西南各地。生于阳光充足的沟边、路边或山谷中。果梗连同果实能健脾补血;种子能止渴除烦,解酒。

本科常见药用植物还有:铁包金 *Berchemia lineata*(L.)DC.,分布于福建、台湾、广东、广西等地,根能止咳化痰,散瘀;鼠李 *Rhamnus dahurica* Pall.,分布于东北、华北及宁夏等地,树皮能清热通便,果能消炎,止咳。

23. 堇菜科 Violaceae

$$\male\female * \uparrow K_{5,(5)} C_5 A_5 \underline{G}_{(3;1;\infty)}$$

【形态特征】 多草本,稀为乔木。单叶互生或基生,稀对生;全缘或有时分裂;有托叶。花两性;辐射对称或两侧对称;单生或排成圆锥花序,有小苞片;萼片5,通常宿存;花瓣5,下面一枚常扩大,基部囊状或有距;雄蕊5,下面2枚有腺状附属体突出于距内;花药多少靠合,环生于雌蕊周围,药隔顶端有膜状附属物;通常由3个心皮合生,子房上位,1室;胚珠多数,侧膜胎座。蒴果或浆果。

【分布】 本科植物约22属900种,广泛分布于全世界,但主要分布在温带、亚热带与热带高海拔山区。我国有4属130种,南北均有分布,已知药用1属约50种。

【化学成分】 本科植物主要含黄酮类化合物,如堇菜花苷(violanin)、槲皮素等。

【主要药用植物】

光瓣堇菜 *Viola yedoensis* Makino 多年生草本。无地上茎,地下茎很短。主根较粗。叶基生;狭披针形或卵状披针形,边缘具圆齿;叶柄具狭翅;托叶钻状三角形,有睫毛。花两侧对称,具长柄,中部有2

枚苞片;萼片5;花瓣5,紫堇色;下面一片有细管状的距,末端略向上弯,侧瓣无毛;子房上位,1室,花柱棍棒状。蒴果长圆形(图3-77)。生长于田埂、路旁和圃地中。分布于东北、华北、中南、华东等地。生于较湿润的路边、草丛中。全草(紫花地丁)能清热解毒、凉血消肿。

图 3-77 光瓣堇菜
1.植株 2.花 3.花展开 4.花除去花萼花瓣 5.不育雄蕊 6.雄蕊 7.雌蕊

东北堇菜 *Viola mandshuriea* W. Peek. 多年生草本。地下茎短,垂直。基生叶少数至多数;叶片卵状披针形或卵状长圆形,先端钝;托叶革质,外侧的托叶呈褐色或白色,内侧的托叶呈淡紫色、淡褐色或绿白色,全缘,稍有细齿。花两侧对称;有长梗;萼片5;花瓣5,紫堇色或蓝紫色,距粗管状,稍上弯。蒴果长圆形,末端尖,无毛。分布于全国大部分省区。可作"紫花地丁"入药。

本科常见药用植物还有:心叶堇菜 *V. cordifolia* W. Beck,分布于长江流域及南部各省区;长萼堇菜 *V. inconspicua* Bl. ,分布于长江流域及其以南各地;野堇菜 *V. philippica* Cav. ssp. *munda* W. Beck. ,分布于我国中部及南部。以上三种全草亦作紫花地丁供药用。蔓茎堇菜(匍匐堇)*V. diffusa* Ging. ,分布于我国中部及南部,全株可清热解毒,消肿排脓。

24. 五加科 Araliaceae　　　　　　　　　　　　　　$\male\female * K_5 C_{5-10} A_{5-10} \overline{G}_{(2-15;2-15;1)}$

【形态特征】 多为木本,稀多年生草本;茎常有刺。常为单叶、羽状或掌状复叶,多互生。花小,辐射对称,两性或杂性;伞形花序或集成头状花序,常排成圆锥状花序;萼齿5,花瓣5,雄蕊着生于花盘的边缘,花盘生于子房顶部,子房下位,由2~15个心皮合生,通常2~5室,每室胚珠1粒。浆果或核果。

【分布】 本科约80属900种,广布于热带和温带。我国有23属172种,除新疆外,全国均有分布,已知药用的有19属112种。

【化学成分】 本科植物主要含有三萜皂苷(如人参皂苷、楤木皂苷等)、黄酮、香豆素、二萜类、酚类化合物等。

【主要药用植物】

人参 *Panax ginseng* C. A. Mey. 多年生草本。主根圆柱形或纺锤形,上部有环纹,下面常有分枝及细根,细根上有小疣状突起(珍珠点),顶端根状茎结节状(芦头),上有茎痕(芦碗),其上常生有不定根(艼)。茎单一,掌状复叶轮生茎端,一年生者具1枚3小叶的复叶,二年生者具1枚5小叶的复叶,以后逐年增加1枚5小叶复叶,最多可达6枚复叶,小叶椭圆形,中央的一片较大。上面脉上疏生刚毛,下面无毛。伞形花序单个顶生;花小,淡黄绿色;萼片、花瓣、雄蕊均为5数;子房下位,2室,花柱2。浆果状核果,红色扁球形(图3-78)。分布于东北,现多栽培。根能大补元气,复脉固脱,补脾益肺,生津,安神。叶能清肺,生津,止渴。花有兴奋功效。

西洋参 *P. quinquefolium* L. 形态和人参相似,但本种的总花梗与叶柄近等长或稍长,小叶片上面脉上几无刚毛,边缘的锯齿不规则且较粗大而容易区别。原产加拿大和美国,全国部分省区引种栽培。

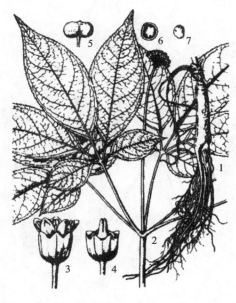

图 3-78 人参

1.根 2.花枝 3.花 4.去花瓣及雄蕊后(示花柱与花盘) 5.果实 6.种子 7.胚体

根能补气养阴,清热生津。

三七(田七)*P. notoginseng*(Burk.)F. H. Chen 多年生草本。主根倒圆锥形或短圆柱形,常有瘤状突起的分枝。掌状复叶,3～7 枚轮生于茎顶;小叶 3～7 枚,常 5 枚,中央 1 枚较大,长椭圆形至卵状长椭圆形,两面脉上密生刚毛。伞形花序顶生;花萼、花瓣、雄蕊 5 数;子房下位,2～3 室(图 3-79)。浆果状核果,熟时红色。分布于云南、广西、四川等地,多栽培。根能散瘀止血,消肿定痛。

图 3-79 三七

1.植株 2.根茎及根 3.花 4.雄蕊 5.花萼与花柱

刺五加 *Acanthopanax semicosus*(Rupr. et Maxim.)Harms. 落叶灌木小枝密生针刺。根状茎结节状弯曲,多分枝。根圆柱形。掌状复叶,小叶 5 枚,倒卵形,叶背沿脉密生黄褐色毛。伞形花序单生或 2～4 个丛生茎顶;花瓣黄绿色;花柱 5,合生成柱状;子房下位。浆果状核果,球形,有 5 棱,黑色(图 3-80)。分布于东北、华北及陕西、四川等地。生于林缘、灌丛中。根及根状茎或茎能益气健脾,补肾安神。

通脱木 *Tetrapanax papyrifera*(Hook.)K. Koch 灌木。小枝、花序均密生黄色星状厚毛茸。茎具大形髓部,白色,中央呈片状横隔。叶大,集生于茎顶,叶片掌状 5～11 裂。伞形花序集成圆锥花序状;花

图 3-80 刺五加

瓣、雄蕊常 4 数;子房下位,2 室。分布于长江以南各省区和陕西。茎髓(通草)能清热解毒,消肿,通乳。

　　本科常见的药用植物还有:细柱五加 Acanthopanax gracilistlus W. W. Smith.,分布于南方各省,根皮(五加皮)能祛风湿,补肝肾,强筋骨;红毛五加 A. giralidii Harms,分布于西北及四川、湖北等地,茎皮可作"红毛五加皮"药用;刺楸 Kalopanax septemLobus (Thunb.)Koidz.,分布于南北各省区,茎皮(川桐皮)能祛风湿,通络,止痛;楤木 Aralia chinensis L.,分布于华北、华东、中南和西南,根及树皮能祛风除湿,活血。

25. 伞形科 Umbelliferae

$$\male\female \ast K_{(5),0} C_5 A_5 \overline{G}_{(2;2;1)}$$

　　【形态特征】　草本,常含挥发油而具香气;茎常中空,有纵棱。叶互生,多为一至多回三出复叶或羽状分裂;叶柄基部膨大成鞘状。花小,两性,辐射对称,复伞形或伞形花序,或伞形花序组成头状花序,各级花序基部常有总苞或小总苞;花萼 5 齿裂,极小;花瓣 5,先端常内卷;雄蕊 5,与花瓣互生,着生于上位花盘(花柱基)的周围;子房下位,心皮 2,2 室,每室具 1 粒胚珠,花柱 2。双悬果。

　　【分布】　本科约 275 属 2900 种,主要分布在北温带。我国约 95 属 540 种,全国各地均产,已知药用的有 55 属 234 种。

　　【化学成分】　本科植物主要含有挥发油(具芳香气味)、香豆素类、黄酮类、三萜皂苷、生物碱、聚炔类等。

　　【主要药用植物】

　　当归 Angelica sinensis (Oliv.) Diels　多年生草本。主根粗短,下部有数个分枝,根头部有环纹,具特异香气。叶二至三回三出复叶或羽状全裂,最终裂片卵形或狭卵形,3 浅裂,有尖齿。复伞形花序;苞片无或 2 枚;伞辐 10～14,不等长;小总苞片 2～4;萼齿不明显;花瓣 5,绿白色;雄蕊 5;子房下位。双悬果椭圆形,分果有 5 棱,侧棱延展成薄翅(图 3-81)。分布于西北、西南地区。多为栽培。根(当归)能补血活血,调经止痛,润肠通便。

　　柴胡 Bupleurm chinense DC.　多年生草本。主根较粗,少有分枝,黑褐色,质硬。茎多丛生,上部多分枝,稍成"之"字形弯曲。基生叶早枯,中部叶倒披针形或披针形,全缘,具平行叶脉 7～9 条。复伞形花序;伞辐 3～8;小总苞片 5,披针形;花黄色。双悬果宽椭圆形,两侧略扁,棱狭翅状(图 3-82)。分布于东北、华北、华东、中南、西南等地。生于向阳山坡。根(北柴胡)能发表退热,舒肝解郁,升阳。

　　同属植物狭叶柴胡 B. scorzonerifolium Willd. 的根(南柴胡)也作柴胡入药。

　　川芎 Ligusticum chuanxiong Hort.　多年生草本。根状茎呈不规则的结节状拳形团块,黄棕色。地上茎丛生,茎基部的节膨大成盘状,生有芽。叶为二至三回羽状复叶,小叶 3～5 对,不整齐羽状分裂。复

图 3-81 当归

图 3-82 柴胡

伞形花序;花白色。双悬果卵形(图 3-83)。分布于西南地区。多栽培。根茎(川芎)能活血行气,祛风止痛。

前胡(紫花前胡)*Peucedanum decursivum*(Miq.)Maxim. 多年生草本,高达 2 m。根粗,圆锥状,下部有分枝。茎单生,紫色。基生叶和下部叶一至二回羽状全裂,叶轴翅状;上部叶逐渐退化成紫色兜状叶鞘。复伞形花序;伞辐 10~20;总苞片 1~2;小总苞片数枚;花深紫色。双悬果椭圆形,扁平。生于山地林下。分布于浙江、江西、湖南等省。根(前胡)能化痰止咳,发散风热。

同属白花前胡 *P. praeruptorum* Dunn. 的根亦作前胡入药,功效同前胡。

防风 *Saposhnikovia diaricata*(Turez.)Schischk. 多年生草本。根长圆锥形,根头密被褐色纤维状的叶柄残基,并有细密环纹。茎二叉状分枝。基生叶二至三回羽状全裂,最终裂片条形至倒披针形。复伞形花序;伞辐 5~9;无总苞或仅 1 片;小总苞片 4~5;花白色。双悬果矩圆状宽卵形,幼时具瘤状凸起(图 3-84)。分布于东北、华东等地。生于草原或山坡。根(防风)能解表祛风,止痛。

图 3-83 川芎

图 3-84 防风

白芷(兴安白芷)*Angelica dahurica*(Fisch. ex Hoffm.)Benth. et Hook. f. 多年生高大草本。根长

圆锥形,黄褐色。茎极粗壮,茎及叶鞘暗紫色。茎中部叶二至三回羽状分裂,最终裂片卵形至长卵形,基部下延成翅;上部叶简化成囊状叶鞘。总苞片缺或 1~2 片,鞘状;花白色。双悬果椭圆形或近圆形(图 3-85)。分布于东北、华北。多为栽培。生于沙质土及石砾质土壤上。根(白芷)能祛风、活血、消肿、止痛。

杭白芷 *A. dahurica* (Fisch. ex Hoffm.)Benth. et Hook. f. var. *Formosana* (Boiss.)Shan et Yuan 与白芷同属。植株较矮,茎基及叶鞘黄绿色。叶三出式二回羽状分裂;最终裂片卵形至长卵形。小花黄绿色。双悬果长圆形至近圆形。产于福建、台湾、浙江、四川等地。多有栽培。根亦作白芷药用。

珊瑚菜 *Glehnia littoralis* F. Schmidt et. Miq. 多年生草本,全体有灰褐色毛茸。根细长圆柱形,很少分枝。基生叶三出或羽状分裂或二至三回羽状深裂。复伞形花序顶生;伞辐 10~14;总苞有或无;小总苞片 8~12;花白色。双悬果椭圆形,果棱具木栓质翅,有棕色毛茸(图 3-86)。分布于沿海各省。生于海滨沙滩或栽培于沙质土壤。根(北沙参)能养阴清肺,益胃生津。

图 3-85 白芷

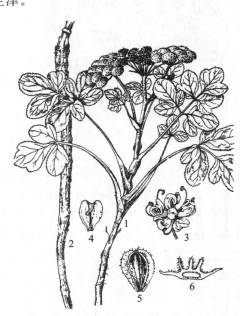

图 3-86 珊瑚菜
1.植株 2.根 3.花 4.花瓣 5.果实 6.分生果横剖面

本科常见的药用植物还有:野胡萝卜 *Daucus carota* L. ,全国各地均产,果实(南鹤虱)有小毒,能杀虫消积;毛当归 *Angelica pubescens* Maxim. ,分布于安徽、浙江、湖北、广西、新疆等省区,根(独活)能祛风除湿,通痹止痛;明党参 *Changium smyrnioides* Wolff,分布于长江流域各省,根(明党参)能润肺化痰,养阴和胃,平肝,解毒;羌活 *Notopterygium incisum* Ting et H. T. Chang,分布于青海、甘肃、四川、云南等省高寒地区,根茎及根(羌活)能散寒,祛风,除湿,止痛;藁本(西芎)*Ligusticum sinense* Oliv. ,分布于华中、西北、西南等地,根(藁本)能祛风散寒,除湿,止痛;蛇床 *Cnidium monnieri* (L.) Cuss. ,分布于全国各地,果实(蛇床子)能温肾壮阳,燥湿,祛风,杀虫;茴香 *Foeniculum vulgare* Mill. ,各地均有栽培,果实(小茴香)能散寒止痛,理气和胃。

Ⅱ. 合瓣花亚纲

合瓣花亚纲又称后生花亚纲,主要特征为:花瓣多少连合成合瓣花冠。花冠形成各种形状,如漏斗状、钟状、唇状、管状、舌状等,增强了对虫媒传粉的适应和对雄蕊及雌蕊的保护,因而认为是较进化的植物类群。

26. 木犀科 Oleaceae

$\male\female$ * $K_{(4)}$ $C_{(4),0}$ A_2 $\underline{G}_{(2:2:2)}$

【形态特征】 灌木、乔木或藤状灌木。叶对生,稀互生,单叶、三出复叶或羽状复叶,无托叶。花两性,辐射对称,呈圆锥、聚伞花序或簇生;花萼、花冠常 4 裂,雄蕊常 2 枚,着生于花冠上;子房上位,2 室,每室 2 粒胚珠,花柱单生,柱头单一或二尖裂。浆果、核果、蒴果或翅果。

【分布】 本科约 29 属 600 种，广布于温带和亚热带地区。中国有 12 属 200 余种，各地均有分布，现知药用 8 属 80 余种。

【化学成分】 主要有秦皮苷（fraxin）等香豆素类、连翘苷（phillyrin）等木脂素类、连翘酚（forsythol）等酚类化合物。

【主要药用植物】

女贞 *Ligustrum lucidum* Ait. 常绿乔木，枝圆柱形。单叶对生，革质，全缘。花小，圆锥花序顶生；核果近肾形，深蓝黑色，成熟时红黑色，被白粉（图 3-87）。分布于长江流域及以南地区。果实（女贞子）能补肾滋阴，养肝明目；叶治口腔炎。

图 3-87 女贞
1.花枝 2.果枝 3.花

连翘 *Forsythia suspense* (Thunb.)Vahl. 落叶灌木，小枝具四棱，节间中空。单叶或羽状三出复叶对生，叶片及叶柄均无毛。花单生或 2 至数朵簇生于叶腋，春季先叶开放；花冠黄色，冠管内有橘红色条纹。雄蕊 2 枚，蒴果表面具瘤状皮孔，种子有翅。产于东北、华北及中南等地，野生或栽培。果实（连翘）能清热解毒，消肿散结。

本科常见药用植物还有：苦枥白蜡树 *Frasinus rhynchophylla* Hance. 及同属植物白蜡树 *F. chinrnsis* Roxb.、尖叶白蜡树 *F. szaboana* Lingelsh. 或宿柱白蜡树 *F. stylosa* Lingelsh.，产区较为广泛，枝皮或干皮（秦皮）能清热燥湿，收涩止痢，止带，明目。

27. 马钱科 Loganiaceae ♀ * $K_{(4\sim5)}$ $C_{(4\sim5),0}$ $A_{4\sim5}$ $\underline{G}_{(2;2;2\sim\infty)}$

【形态特征】 乔木、灌木或藤本，稀草本。单叶对生，少互生或轮生，托叶极度退化。花两性，辐射对称，呈聚伞、总状、头状或穗状花序，少单生；花萼、花冠均 4～5 裂；雄蕊着生在花冠管或花冠喉部，与花冠裂片同数而互生；子房上位，常 2 室，每室胚珠 2 至多个；花柱单生，2 裂。蒴果、浆果或核果。种子有时具翅。

【分布】 本科近 35 属 750 种，主要分布在热带、亚热带地区。中国有 9 属 63 种，产于西南及东南地区，现知药用 7 属近 27 种。

【化学成分】 本科不少植物有毒，毒性成分为吲哚类生物碱，如马钱子碱（brucine）、钩吻碱（gelsemine），此外还有刺槐素（acacetin）、密蒙花苷（linarin）等黄酮类及番木鳖苷（loganin）等环烯醚萜苷类。

【主要药用植物】

马钱 *Strychnos nux-vomica* Linn. 乔木。单叶对生，叶片革质，近圆形、宽椭圆形，基出脉 3～5，具网状横脉；圆锥状聚伞花序腋生。花 5 基数；花萼外密被短柔毛；花冠白色，花冠裂片比花冠管短；雄蕊着生于花冠管喉部，花丝极短；子房上位，柱头两裂。种子扁圆盘状，被密集银色毛茸（图 3-88）。原产东南亚，现广东、海南、云南、福建有栽培。分布于山林中。种子（马钱子）有大毒，能通络止痛，散结消肿。

密蒙花 *Buddleja officinalis* Maxim. 灌木，小枝稍四棱，全株密被灰白色星状短毛茸。单叶对生，

图 3-88 马钱
1.枝条 2.花 3.展开花冠,示雄蕊和雌蕊 4.果实

托叶在两叶柄基部之间缢缩成一横线。顶生聚伞圆锥花序;花萼钟状;花冠紫堇色,花冠裂片内面无毛;雄蕊着生于花冠管内壁中部,花丝极短;蒴果 2 瓣裂,基部有宿存花被;种子两端具翅。主要产于湖北和四川等省区。生长于山坡灌丛中或林缘向阳地带。花蕾和花序(密蒙花)能清热泻火,养肝明目,退翳。

本科常见药用植物还有:钩吻(断肠草)*Gelsemium elegans* (Gardn. et Champ.)Benth.,主要分布于我国东南部,全株或根有大毒,能散瘀止痛、杀虫止痒。

28. 龙胆科 Gentianaceae ☿ ＊K$_{(4\sim5)}$ C$_{(4\sim5)}$ A$_{4\sim5}$ G$_{(2;1;\infty)}$

【形态特征】 草本,茎直立或攀援,稀灌木。单叶对生,全缘,无托叶。花两性,辐射对称,多聚伞花序,稀单生;萼筒管状,常 4～5 裂;花冠漏斗状、辐状或管状,常 4～5 裂,多旋转状排列,有时有距;雄蕊与花冠裂片同数而互生,着生花冠管上;子房上位,常 2 个心皮合生为 1 室,侧膜胎座,胚珠多数。蒴果常 2 瓣裂。

【分布】 本科约 80 属 900 余种,全世界广布,主要产于北温带和寒温带。中国有 22 属 400 余种,各地均有分布,以西南种类较丰富,现知药用 15 属 109 种。

【化学成分】 特征性化学成分为裂环烯醚萜类和山酮苷类化合物,如龙胆苦苷(gentiopicroside)、獐牙菜苦苷(swertiamarin),为苦味成分。

【主要药用植物】

龙胆 *Gentiana manshurica* Kitag. 多年生草本。根细长,簇生,味苦。叶对生,全缘,主脉 3～5 条。花蓝紫色,长钟形。蒴果长圆形。种子两端具翅(图 3-89)。分布于除西北及西藏以外的大部分地区。根能清热燥湿,泻肝胆火。同属植物条叶龙胆 *G. scabra* Bge.、三花龙胆 *G. triflora* Pall. 或滇龙胆 *G. rigescens* Franch. 的干燥根和根茎亦作药材龙胆入药(图 3-89)。

秦艽 *Gentiana macrophylla* Pall. 多年生草本,基部被残存的纤维状叶鞘。基生叶莲座状,叶脉5～7 条,茎生叶对生,叶脉 3～5 条,明显。聚伞花序顶生或腋生;花萼筒一侧开裂呈佛焰苞状,花冠蓝色或蓝紫色;雄蕊 5 枚,着生于冠筒中下部。蒴果,种子表面具细网纹。产于西北及东北等地区。生于河滩、路旁,根(秦艽)能祛风湿,清湿热,止痹痛,退虚热。同属植物麻花秦艽 *G. straminea* Maxim.、粗茎秦艽 *G. crassicaulis* Duthie ex Burk. 或小秦艽 *G. dahurica* Fisch. 的干燥根亦可入药,功效同秦艽。

本科常见药用植物还有:青叶胆 *S. mileensis* T. N. Ho et W. L. Shi,全草入药能清肝利胆,清热利湿。

29. 夹竹桃科 Apocynaceae ☿ ＊K$_{(5)}$ C$_{(5)}$ A$_5$ G$_{(2;1\sim2;1\sim\infty)}$

【形态特征】 乔木、灌木、草本或藤本,具白色乳汁或水液。单叶,常对生或轮生,全缘,常无托叶。

图 3-89 龙胆和条叶龙胆
龙胆 1.植株上部 2.根 3.花萼 4.花冠
条叶龙胆 5.花枝上部

花两性,辐射对称,单生或聚伞花序及圆锥花序;萼 5 裂,下部钟状或筒状,基部内面常有腺体;花冠常 5 裂,高脚碟状、漏斗状、钟状或坛状,裂片旋转呈覆瓦状排列,花冠喉部常有附属体或副花冠;雄蕊 5,着生花冠管上或花冠喉部;常有花盘;子房常上位,心皮 2,离生或合生,1~2 室,中轴或侧膜胎座。蓇葖果,少为核果状、浆果状。种子一端常被毛。

【分布】 本科 250 属 2000 余种,主要分布于热带及亚热带地区。中国约 46 属 176 种,主要分布于南部各省区,现知药用 35 属 95 种。

【化学成分】 特征性活性成分为吲哚类生物碱,如利血平(reserpine)、长春花碱(vinblastine),另含强心苷,如羊角拗苷(divaricoside)、毒毛旋花子苷(strophanthin)。

【主要药用植物】
络石 *Trachelospermum jasminoides* (Lindl.)Lem.
木质藤本,具乳汁。叶椭圆形或宽倒卵形,叶柄内和叶腋间腺体钻形。二歧聚伞花序腋生或顶生,花白色,芳香;花萼基部具 10 枚鳞片状腺体;雄蕊腹部与柱头黏生;花盘环状 5 裂;蓇葖果 2,叉开无毛;种子顶端具白色绢质种毛(图3-90)。产于除新疆、青海、西藏及东北地区外的各省区。生于山野、溪边、路旁、林缘等地。藤茎(络石藤)能祛风通络,凉血消肿。

罗布麻 *Apocynum venetum* Linn. 半灌木,具乳汁。单叶对生。圆锥状聚伞花序,顶生或腋生。花萼 5 深裂,裂片两面被短柔毛;花冠钟形,花冠裂片内外均具 3 条明显紫红色的脉纹;雄蕊着生在花冠管基部,与副花冠裂片互生,花丝短,密被白毛茸;心皮 2,离生,被白色毛茸。蓇葖果 2,种子顶端具一簇白色绢质的种毛。产于东北、西北、华北及华东等省区。野生于盐碱荒地和沙漠边缘及戈壁荒滩。现已栽培。叶(罗布麻叶)能平肝安神,清热利水。

图 3-90 络石
1.花枝 2.果枝 3.花 4.种子

本科常见药用植物还有：萝芙木 *Rauvolfia verticillata* (Lour.) Baill.，分布于西南、华南等地，植株含利血平等吲哚类生物碱，为提取"降压灵"和"利血平"的原料；长春花 *Catharanthus roseus* (L.) G. Don.，原产非洲东部，现中南、华东、西南等地有栽培，植株含长春花碱等多种生物碱，能抗癌、抗病毒、降血糖等。

30. 萝藦科 Asclepiadaceae

$$\male\female \ast K_{(5)} \ C_{(5)} \ A_5 \ \underline{G}_{2;1;\infty}$$

【形态特征】 多年生草本、灌木或藤本，具乳汁。单叶对生，少轮生，全缘，叶柄顶端常具有丛生腺体，常无托叶。花两性，辐射对称，5基数；聚伞花序呈伞形、伞房状或总状排列；花萼筒短；花冠辐状或坛状，裂片覆瓦状或镊合状排列；常具由5枚离生或基部合生裂片或鳞片所组成的副花冠，生于花冠管或雄蕊背部或合蕊冠上；雄蕊5，与雌蕊贴生成合蕊柱；花药合生，贴于柱头基部的膨大处，花丝合生为筒状包围雌蕊，内有蜜腺，称合蕊冠，或花丝离生。花粉粒常聚合成花粉块，每花药具花粉块2个或4个（但原始类群四合花粉呈颗粒状），承载于匙形的载粉器中；子房上位，心皮2，离生；花柱2，顶部合生。蓇葖果双生或一个不发育。种子多数，顶端具丝状绢质白色种毛。

【分布】 本科约180属2200余种，广布于热带、亚热带，少数温带地区也有分布。中国产45属176种，以西南及东南部较为丰富，现知药用33属95种。

【化学成分】 本科化学成分多样，如 C_{21} 甾体苷（如白前苷、白首乌苷）、强心苷（如马利筋苷 (asclepin)）、酚类（丹酚酸）、生物碱（娃儿藤碱 (tylocrebrine)）等。

【主要药用植物】

徐长卿 *C. paniculatum* (Bge.) Kitag. 多年生直立草本，根须状。单叶对生，披针形，叶缘被边毛。圆锥状聚伞花序生于顶端叶腋。花冠黄绿色，副花冠5裂，每室1个花粉块，离生心皮2，柱头五角形。蓇葖果单生，种毛白色（图3-91）。各地均有分布，常生于向阳山坡草丛。根和根茎（徐长卿）能祛风化湿，止痛。

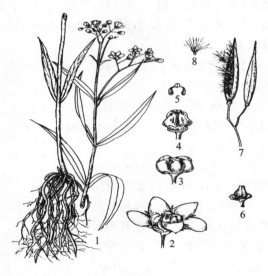

图 3-91 徐长卿
1.植株 2.花 3.副花冠 4.合蕊冠 5.花粉块 6.雌蕊 7.果实 8.种子

白薇 *Cynanchum atratum* Bunge 多年生草本，直立，有乳汁。根须状，有香气。叶两面均被白色毛茸。聚伞花序伞形状；花深紫色；花萼和花冠外面均被毛；副花冠5裂，裂片盾状，花药顶端具1个圆形的膜片；每室1个花粉块。蓇葖果单生，种子一端有白色长毛。产于全国各省区。生长于河边、荒地草丛。根和根茎（白薇）能清热凉血，利尿通淋，解毒疗疮。同属植物蔓生白薇 *C. versicolor* Bunge 的根和根茎亦作药材白薇入药，其特点是不具乳汁，茎上部缠绕。

本科常见药用植物还有：柳叶白前 *C. stauntonii* (Decne.) Schltr. ex Levl.，产于西北及长江中下游地区等，根茎和根（白前）能降气，消痰止咳；同属植物芜花叶白前 *C. glaucescens* (Dnecne.) Hand.-Mazz. 的根茎和根亦可作白前入药。

31. 旋花科 Convolvulaceae

$\mathbf{\phi} * K_5 C_{(5)} A_5 \underline{G}_{(2;1\sim4;1\sim2)}$

【形态特征】 多缠绕性草质藤本,常具乳汁,具双韧维管束。单叶互生,无托叶。花两性,辐射对称,单生叶腋或为聚伞花序;萼片5,常宿存;花冠常呈漏斗状;雄蕊5,着生于花冠管上,与花冠裂片互生;子房上位,2个心皮合生,常2室,基部花盘呈环状或杯状。蒴果或浆果。

【分布】 本科约56属1800余种,主产于热带和亚热带地区。中国约22属128种,全国广布,现知药用16属54种。

【化学成分】 主含莨菪烷类生物碱(如丁公藤甲素等)、黄酮类(如槲皮素)、香豆素类(如东莨菪苷(scopolin))。

【主要药用植物】

裂叶牵牛 *Pharbitis nil* (Linn.) Choisy 一年生缠绕草本,全体被粗毛。单叶互生,阔卵形,基部心形,常3裂。花单生或常2朵着生于花梗顶端;花冠漏斗状,蓝紫色或紫红色;雄蕊及花柱内藏;花丝基部被柔毛;子房无毛。蒴果3瓣裂。种子被褐色短毛茸(图3-92)。除西北和东北外,全国大部均有分布。生于山坡灌丛、山地路边,或为栽培。种子(牵牛子)能泻水通便,消痰涤饮,杀虫攻积。同属植物圆叶牵牛 *P. purpurea* (Linn.) Voigt 的干燥成熟种子亦作药材牵牛子入药,其特点是叶常全缘,偶有3裂。

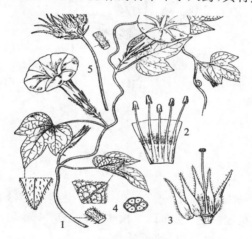

图3-92 裂叶牵牛
1.花枝 2.雄蕊 3.萼片展开,示雌蕊 4.子房横切面 5.花序

菟丝子 *Cuscuta chinensis* Lam. 一年生寄生草本。茎缠绕,黄色,无叶。侧生小伞形花序,苞片及小苞片鳞片状;花萼杯状,花冠白色,裂片向外反折,宿存;雄蕊5,着生于花冠喉部;2个心皮合生,蒴果,成熟时盖裂。常寄生于豆科、菊科、蒺藜科等植物上。主产于北部地区。生于山坡向阳处、路边灌丛。种子(菟丝子)能补益肝肾,固精缩尿,安胎,止泻。同属植物南方菟丝子 *C. australis* R. Br. 的干燥成熟种子亦作菟丝子入药,其特点是蒴果下半部被宿存花冠所包,成熟时不规则开裂,非盖裂。

本科常见药用植物还有:丁公藤 *Erycibe obtusifolia* Benth. 或光叶丁公藤 *E. schmidtii* Craib,茎(丁公藤)能祛风除湿,消肿止痛。

32. 紫草科 Boraginaceae

$\mathbf{\phi} * K_{5,(5)} C_{(5)} A_5 \underline{G}_{(2;2\sim4;2\sim1)}$

【形态特征】 多为草本,常具粗毛。单叶互生,有时茎下部叶对生,常全缘,无托叶。花两性,辐射对称,常为单歧聚伞花序或蝎尾状聚伞花序;花萼5;花冠辐状、漏斗形或钟形,常5裂,喉部常有附属物;雄蕊5,与花冠裂片互生,生于花冠管上;子房上位,心皮2,2室,每室2枚胚珠或子房4深裂而成4室,每室1粒胚珠;花柱顶生或生于4裂子房的基部。果实常为4个小坚果或核果。

【分布】 本科约100属2000余种,分布于温带和热带地区。中国约46属210种,以西部地区种类较多,现知药用21属62种。

【化学成分】 本科主含多种萘醌类化合物,如紫草素(shikonin)、乙酰紫草素(acetyl shikonin)。

【主要药用植物】

新疆紫草 *Arnebia euchroma* (Royle) Johnst. 多年生草本，全体被硬毛。根粗壮，外皮紫色。叶无柄；基生叶基部扩展成鞘状；蝎尾状聚伞花序；花冠管状钟形，深紫色；雄蕊着生于花冠管中部（长柱花）或喉部（短柱花）；花柱长达喉部（长柱花）或仅达花筒中部（短柱花）。小坚果，具粗网纹和少数疣状突起（图3-93）。产于新疆及西藏。生于高海拔山坡、草地等处。根（紫草、软紫草）能清热凉血，活血解毒，透疹消斑。同属植物内蒙紫草 *A. guttata* Bunge 的根亦作紫草入药，其特点是叶呈匙状线形至线形，花冠黄色。

图 3-93 新疆紫草

1. 植株 2. 花枝 3. 雌蕊 4. 雄蕊

紫草 *Lithospermum erythrorhizon* Sieb. et Zucc. 多年生草本，具贴伏糙毛。主根粗大，圆锥形，干时紫色。单叶互生。聚伞花序，花冠白色，喉部具5枚鳞片。子房4深裂，花柱基底着生（图3-94）。小坚果卵形。广布各地。根（硬紫草）能凉血活血，解毒透疹。

图 3-94 紫草

1. 根 2. 花枝 3. 花 4. 花冠展开，示雄蕊

33. 马鞭草科 Verbenaceae $\quad\quad\quad ☿ \uparrow K_{(4\sim5)} C_{(4\sim5)} A_4 \underline{G}_{(2;4;1\sim2)}$

【形态特征】 木本,稀草本,特殊气味明显。单叶或复叶,对生,偶轮生,无托叶。花两性,常两侧对称;穗状或聚伞花序,或再由聚伞花序构成头状、伞房状或圆锥状花序;花萼均 4～5 裂,宿存;花冠 4～5 裂,二唇形或不等;雄蕊 4 或 2,常 2 强,着生于花冠管上;子房上位,全缘或 4 裂,心皮 2,2 或 4 室,每室 1～2 粒胚珠,花柱顶生;核果,或呈蒴果状而分裂为 2～4 个果瓣。

【分布】 本科 90 余属 2000 余种,主要分布于热带和亚热带。我国 21 属约 182 种,全国各地均有分布,以长江以南种类较为丰富,现知药用 15 属 101 种。

【主要药用植物】

马鞭草 *Verbena officinalis* Linn. 多年生草本,茎四棱形,节和棱上有硬毛。基生叶边缘常有粗锯齿和缺刻,茎生叶多数 3 深裂,两面均有硬毛。穗状花序顶生和腋生,花萼管状,被硬毛;花冠淡紫色至蓝色,5 裂;雄蕊 4,2 强。蒴果,成熟时 4 瓣裂(图 3-95)。产于全国各地。生于低至高海拔的路边、山坡、溪边或林旁。地上部分(马鞭草)能活血散瘀,解毒,利水,退黄,截疟。

图 3-95 马鞭草
1.开花植株 2.花 3.花冠剖面,示雄蕊 4.花萼剖面,示雌蕊 5.果实 6.种子

杜虹花(紫珠草) *Callicarpa formosana* Rolfe 灌木,小枝、叶、花萼、花序均密被灰黄色星状毛和分枝毛。叶脉在背面隆起;聚伞花序常 4～5 次分歧;花萼杯状,花冠紫色或淡紫色;雄蕊 4,果实近球形。产于江西、浙江、台湾等地。生于平地、山坡灌丛。叶(紫珠叶)能凉血止血,散瘀,解毒,消肿。同属植物大叶紫珠 *C. macrophylla* Vahl 的干燥叶或带叶嫩枝入药,能散瘀止血,消肿止痛。其特点是叶大,长 10～23 cm,宽 5～11 cm,聚伞花序 5～7 次分歧。

本科其他药用植物还有:蔓荆 *Vitex trifolia* Linn.,主产于福建、台湾、广东,果实(蔓荆子)能疏散风热,清利头目;其变种单叶蔓荆 *V. trifolia* Linn. var. *simplicifolia* Cham. 产于东北、华北、中南及沿海地区,其果实亦可做蔓荆子入药。

34. 唇形科 Labiatae (Lemiaceae) $\quad\quad ☿ \uparrow K_{(5)} C_{(5)} A_{4,2} \underline{G}_{(2;4;1)}$

【形态特征】 常为草本,含挥发性芳香油。茎常 4 棱(即方茎)。常单叶,对生或轮生;无托叶。花两性,两侧对称,呈轮状聚伞花序,常再组成穗状或总状花序;花萼 5 裂,或二唇形宿存;花冠 5 裂,唇形,上唇 2 裂,下唇 3 裂,稀单唇形、假单唇形;雄蕊 4,2 强,稀 2 枚。花盘下位,肉质、全缘或 2～4 裂;子房上位,心皮 2,常深裂成假 4 室,每室有 1 个倒生胚珠;花柱常生于子房裂隙的基部。果实由 4 枚小坚果组成。

【分布】 本科约 220 属 3500 种,广布于全世界。中国约 97 属 800 余种,现知药用 75 属 430 余种。

【化学成分】 本科主要成分为挥发油,另外含少量生物碱等。

药用植物识别技术 ····················· ■ • 98 •

【主要药用植物】

黄芩 *Scutellaria baicalensis* Georgi　多年生草本。肉质根茎,黄色,茎钝四棱形。叶坚纸质,披针形至线状披针形,密被下陷的腺点。轮伞花序顶生排成总状、圆锥花序。花萼外面密被微柔毛。花冠紫色、紫红色至蓝色,外面密被具腺短柔毛,二唇形。雄蕊 4,子房上位,2 枚心皮合生。小坚果卵球形,具瘤(图 3-96)。产于北方地区,江苏有栽培。生于草坡地、荒地向阳地带。根(黄芩)能清热燥湿,泻火解毒,止血,安胎。

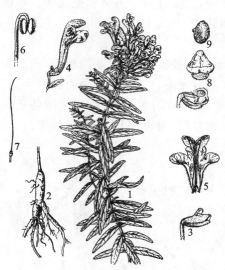

图 3-96　黄芩
1.花枝　2.根　3.花萼侧面观　4.花冠侧面观和苞片　5.花冠展开,示雄蕊
6.雄蕊　7.雌蕊　8.果实花萼　9.果实

薄荷 Mentha *haplocalyx* Briq.　多年生草本,具清凉浓香气。茎直立,锐四棱形。叶片长圆状披针形,密集腺鳞及非腺毛,侧脉 5～6 对。轮伞花序腋生;花萼管状钟形,10 脉。花冠淡紫色,4 裂,上裂片先端 2 裂,较大,其余 3 裂片近等大。雄蕊 4,前对较长,花柱先端近相等,2 浅裂。小坚果卵珠形,具小腺窝(图 3-97)。产于南北各地。生于水旁潮湿地,地上部分(薄荷)能疏散风热,清利头目。

图 3-97　薄荷
1.茎基及根　2.茎上部　3.花,示二强雄蕊　4.果实及种子

丹参 *Salvia miltiorrhiza* Bge.　多年生草本。根肥厚,肉质,外面朱红色,内面白色。茎四棱形,具槽,密被长柔毛。叶常奇数羽状复叶,密被长柔毛,小叶 3～5(7)枚,卵圆形。轮伞花序组成具长梗的顶生

或腋生总状花序;花萼钟形,紫色。花冠紫蓝色,外被具腺短柔毛,二唇形,下唇短于上唇,3裂。能育雄蕊2,伸至上唇片,药隔长,中部关节处略被小疏柔毛,上臂非常长,下臂短而粗,药室不育。退化雄蕊线形。小坚果黑色(图3-98)。产于全国大部分地区。生于山坡、林下草丛或溪谷旁,植株含丹参酮,为妇科要药。根和根茎(丹参)能活血祛瘀,通经止痛,清心除烦,凉血消痈。

图3-98 丹参
1.花枝 2.花冠展开,示雄蕊和雌蕊 3.根

　　本科常见药用植物还有:益母草 *Leonurus japonicus* Houtt.,产于全国各地,地上部分(益母草)能活血调经,利尿消肿,为妇科要药,果实(茺蔚子)能活血调经,清肝明目;紫苏 *Perilla frutescens* (Linn.) Britt.,全国各地均有栽培,果实(紫苏子)能降气化痰,止咳平喘,润肠通便,叶(或带叶嫩枝)(紫苏叶)能解表散寒,行气和胃,解鱼虾毒,茎(紫苏梗)能理气宽中,止痛安胎;石香薷 *Mosla chinensis* Maxim.,主产于长江以南各省区,地上部分(香薷)能发汗解表,化湿和中;夏枯草 *Prunella vulguris* L.,产于全国大部分地区,果穗(夏枯草)能清肝泻火,明目,散结消肿;广藿香 *Pogostemon cablin* (Blanco.) Benth.,台湾、广东、海南、广西等地栽培,地上部分(广藿香)能芳香化浊,和中止呕,发表解暑;荆芥 *Schizonepeta tenuifolia* (Benth.) Briq.,产于全国大部地区,地上部分(荆芥)能解表散风,透疹消疮,花穗(荆芥穗)作用与荆芥相似。

35. 茄科 Solanaceae

$$☿ * K_5 C_{(5)} A_5 \underline{G}_{(2:2:\infty)}$$

　　【形态特征】　多为草本或灌木,具双韧维管束。单叶互生,茎顶部有时呈大小叶对生状,稀复叶。花两性,常辐射对称,单生或成聚伞花序;花萼常5裂,宿存,常随果实增大;花冠常5裂,轮状;雄蕊5,常与花冠裂片同数而互生;花药2室,纵裂或孔裂;子房上位,由2枚心皮合生为2室,中轴胎座,胚珠多数。浆果或蒴果。种子盘形或肾形。

　　【分布】　本科约80属3000余种,广布于温带和热带地区。中国26属约107种,现知药用25属83种。

　　【化学成分】　本科特征性成分为托品类如东莨菪碱(scopolamine)、阿托品(atropine)等生物碱,具有抗胆碱作用,以及甾体类如龙葵碱(solanine)、辣椒胺(olanocapsine)等甾体类生物碱,具有抗菌作用。

　　【主要药用植物】

　　宁夏枸杞 *Lycium barbarum* L.　有刺灌木,茎有纵棱。单叶互生或簇生,披针状或长椭圆状披针状。

花1～6朵簇生于叶腋；花萼钟状，常2中裂；花冠漏斗状，紫色，花冠管明显长于花冠裂片；浆果成熟时红色。种子较小，长约2 mm（图3-99）。主产于宁夏，以中宁县质量为优。生于潮湿沟边及山坡向阳地带。果实（枸杞子）能滋补肝肾，益精明目。根皮（地骨皮）能凉血除蒸，清肺降火。同属植物枸杞 L. chinense Mill. 的根皮亦可作地骨皮入药。其特征是枝条柔弱，叶常卵形；花萼常3裂或不规则4～5齿裂；花冠管短或等于花冠裂片，裂片边缘有缘毛。

图3-99 宁夏枸杞

1.果枝　2.花　3.花冠展开，示雄蕊　4.雄蕊　5.雌蕊

白花曼陀罗 Datura metel L.　一年生草木。叶卵形或广卵形。花单生，花萼筒状，果时宿存部分增大成浅盘状，花冠长漏斗状，白色，子房疏生短刺毛，蒴果近球状或扁球状，疏生粗短刺（图3-100）。产于长江以南等地区，常生于向阳的山坡草地或住宅旁。全株和种子有毒。花（洋金花）能平喘止咳，解痉定痛。

图3-100 白花曼陀罗

1.花枝　2.果枝　3.花冠展开，示雄蕊　4.雌蕊　5.果实纵剖面

本科常见药用植物还有：辣椒 Capsicum annuum L. 或其栽培变种，果实能温中散寒，开胃消食；颠茄 Atropa belladonna L.，产于全国各地，干燥全草（颠茄草）为抗胆碱药；莨菪 Hyoscyamus ninger L.，产于我国华北、西北及西南地区，种子（天仙子）能解痉止痛，平喘，安神；漏斗泡囊草 Physochluina *infundibularis* Kuang,产于陕西秦岭中部到东部、河南西南部、山西南部,为提取莨菪烷类生物碱的原料,根(华山参)能温肺祛痰,平喘止咳,安神镇惊。

36. 玄参科 Scrophulariaceae   ⚥ * ↑ K $_{(4\sim5)}$ C $_{(4\sim5)}$ A $_{4,2}$ $\underline{G}_{(2:2;\infty)}$

【形态特征】 多草本,稀木本,并常具星状毛。叶常对生,稀互生和轮生;无托叶。花两性,常两侧对称,稀辐射对称,排列成各种花序;萼片4～5,分离或结合,宿存;花冠合瓣,常为二唇形,裂片常4～5;雄蕊4,2强,稀2或5,着生于花冠管。花盘环状或1侧退化;子房上位,心皮2,2室,中轴胎座,胚珠多数。蒴果,2或4瓣裂或偶顶端孔裂,稀为浆果,花柱常宿存。种子多数。

【分布】 本科200余属约3500种,广布于世界各地。中国约60属680种,主产于西南地区,现知药用45属328种。

【化学成分】 本科主要成分为环烯醚萜苷类化合物,另含少量强心苷、黄酮及生物碱等。

【主要药用植物】

地黄 *Rehmannia glutinosa* (Gaert.)Libosch. ex Fisch. et Mey.   多年生草本,全体密被灰白色长柔毛和腺毛。根茎肉质,鲜时黄色。茎紫红色。叶常在茎基部集成莲座状或互生。总状花序顶生,花萼、花冠5裂,花紫红色;雄蕊4,蒴果卵形至长卵形(图3-101)。产于长江以北大部分地区,栽培者主产于河南等地,生于荒山坡、路旁。新鲜或干燥块根可入药,鲜地黄能清热生津,凉血止血,生地黄能清热凉血,养阴生津。

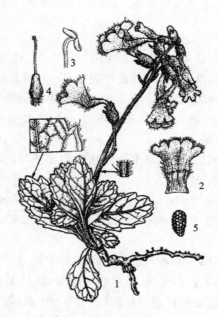

图 3-101 地黄
1.开花植株　2.花冠展开,示雄蕊　3.雄蕊　4.雌蕊　5.种子

玄参 *Scrophularia ningpoensis* Hemsl.　高大草本。根肥大呈纺锤状。茎四棱形,常分枝。叶多对生,常卵形。聚伞圆锥花序顶生或腋生,花褐紫色,花萼、花冠5裂,雄蕊4,2强,退化雄蕊大而近于圆形;蒴果,具短喙(图3-102)。产于长江流域及四川、贵州、福建等省,生于溪旁、丛林及草丛,常栽培。根(玄参)能清热凉血,滋阴降火,解毒散结。

阴行草 *Siphonostegia chinensis* Benth.　一年生草本,密被锈色短毛。茎中空,基部常有膜质鳞片。叶对生,密被短毛,二回羽状深裂至全裂。花对生于茎枝上部,总状花序;苞片叶状,花萼5裂,密被短毛;花冠上唇红紫色,下唇黄色,密被毛。雄蕊2强,蒴果被包于宿存的萼内,种子多数。产于全国各地,生于山坡与草地。全草(北刘寄奴)能活血祛瘀,通经止痛,凉血,止血,清热利湿。

本科常见药用植物还有:胡黄连 *Picrorhiza scrophulariiflora* Pennell,产于西藏南部、云南西北部、四川西部,根茎(胡黄连)能退虚热,除疳热,清湿热;苦玄参 *Picria fel-terrae* Lour.,分布于广东、广西、贵州和云南南部,全草(苦玄参)能清热解毒,消肿止痛。

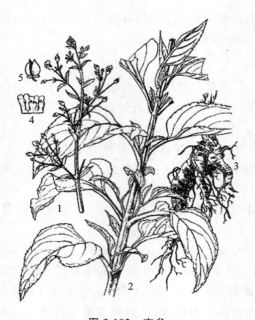

图 3-102 玄参

1.花枝 2.植株 3.根 4.花冠展开,示雄蕊 5.果实

37. 茜草科 Rubiaceae

☿ * K$_{(4\sim6)}$ C$_{(4\sim6)}$ A$_{4\sim6}$ $\overline{G}_{(2:2:1\sim\infty)}$

【形态特征】 乔木、灌木或草本。单叶,对生或轮生,常全缘;有托叶,有时托叶呈叶状。花两性,辐射对称,单生或二歧聚伞花序组成圆锥状或头状;花萼裂片 4~5,覆瓦状排列,有时其中 1 片扩大成叶状;花冠合瓣,筒状、漏斗状、高脚碟状或辐状,裂片常 4~6,镊合状或旋转状排列,偶覆瓦状排列。雄蕊与花冠裂片同数而互生,着生于花冠管上,花盘各式;子房下位,2 枚心皮合生,常 2 室,胚珠 1 至多数;花柱丝状;柱头头状或分歧。蒴果、核果或浆果。

【分布】 本科约 500 属 5000 种以上,广布于全球热带和亚热带,少数产于温带。中国 98 属 676 种,多数产于西南和东南,现知药用 5 属 218 种。

【化学成分】 本科植物主要活性成分为生物碱类(如奎宁(quinine)、奎尼丁(quinidine)、钩藤碱(rhynchophylline))、环烯醚萜苷(如栀子苷(geniposide))、蒽醌类(如茜根素(munjistin)、紫黄茜素(purpurin))。

【主要药用植物】

栀子 Gardenia jasminoides Ellis 灌木,枝圆柱形。叶对生,少 3 枚轮生,常为长圆状披针形,侧脉 8~15 对,托叶膜质。花芳香,常单朵生于枝顶;萼片裂片常 6,披针形,宿存;花冠白色或乳黄色,高脚碟状,常 6 裂。子房黄色,果卵形,黄色或橙红色,有翅状纵棱 5~9 条(图 3-103)。主产于我国南部地区,生于中低海拔旷野、丘陵山谷、灌丛或林中。果实(栀子)能泻火除烦,清热利湿,凉血解毒。

钩藤 Uncaria rhynchophylla (Miq.)Miq. ex Havil. 藤本,嫩枝方柱形。叶纸质,椭圆形,无毛,侧脉 4~8 对,托叶狭三角形,深 2 裂。头状花序单生叶腋,花近无梗;花萼管疏被毛,萼裂片近三角形,疏被短柔毛,花冠裂片卵圆形,小蒴果被短柔毛(图 3-104)。产于广东、广西、云南、贵州、福建、湖南、湖北及江西,常生于山谷溪边的疏林或灌丛中。干燥带钩茎枝(钩藤)能息风定惊,清热平肝,所含钩藤碱能降血压。同属植物大叶钩藤 U. macrophyllu Wall. 、毛钩藤 U. hirsuta Havil. 、华钩藤 U. sinesis(Oliv.)Havil、无柄果钩藤 U. sessilifructus Roxb. 4 种植物带钩茎枝也作钩藤入药。

本科常见药用植物还有:巴戟天 Morinda officinalis How,产于福建、广东、海南、广西等省区的热带和亚热带地区,根能补肾阳、强筋骨、祛风湿;红大戟 Knoxia valerianoides Thorel ex Pitard,产于福建、云南和华南等地区,块根能泻水逐饮,消肿散结;茜草 Rubia cordifolia Linn. ,产于东北、华北、西北、四川及西藏,根和根茎能凉血祛瘀,止血通经。

38. 忍冬科 Caprifoliaceae

☿ * ↑ K$_{(4\sim5)}$ C$_{(4\sim5)}$ A$_{4\sim5}$ $\overline{G}_{(2\sim5:1\sim5:1\sim\infty)}$

【形态特征】 木本,少草本。叶对生,常单叶,少奇数羽状复叶,常无托叶。花两性,整齐或不整齐,

图 3-103　栀子

1. 花枝　2. 果枝　3. 花纵剖,示雄蕊、雌蕊

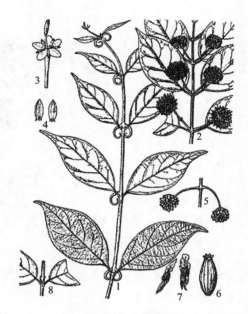

图 3-104　钩藤

1. 带钩茎枝　2. 花枝　3. 花　4. 雄蕊
5. 成熟果序　6. 小蒴果　7. 种子　8. 节上托叶

聚伞花序或进一步构成各式花序,少数朵簇生,稀单生;花萼裂片 4~5;花冠合瓣,花冠管长或短,裂片 4~5,有时二唇形,常呈覆瓦状排列;雄蕊与花冠裂片同数而互生,着生于花冠管上。子房下位,2~5 枚心皮合生,1~5 室,每室常具 1 粒胚珠。浆果、蒴果或核果。

【分布】　本科约 15 属 450 余种,主产于北半球。我国有 12 属 260 余种,分布于全国各地,药用 9 属100 余种。

【化学成分】　本科主要特征性成分有酚类(如绿原酸(chlorogenic acid)、异绿原酸(isochlorogenic acid))、黄酮类、忍冬苷(lonicein)等。

【主要药用植物】

忍冬 *Lonicera japonica* Thunb.　常绿藤本,茎向右缠绕。叶纸质,卵形至矩圆状卵形,叶柄密被短柔毛。花双生于叶腋,花冠白色,凋落前变为黄色,又名“金银花”。具大型的叶状苞片。冠筒稍长于唇瓣,雄蕊和花柱均高出花冠(图 3-105)。产于全国大部地区,生于山坡灌丛或疏林中、路旁及村边,含木犀草素(luteolin)、忍冬苷(lonicerin)等成分。花蕾或花(金银花)能清热解毒,疏散风热;茎枝(忍冬藤)能清热解毒,疏风通络。同属植物灰毡毛忍冬 *L. macranthoides* Hand.-Mazz.、红腺忍冬 *L. hypoglauca* Miq.、华南忍冬 *L. confusa* DC.、黄褐毛忍冬 *L. fulvoto-mentosa* Hsu et S. C. Cheng 的花蕾或花(山银花)能清热解毒,疏散风热。

本科常见药用植物还有:陆英 *Sambucus chinensis* Lindl.,主要产于中国长江中下游地区,全草能散瘀消肿、祛风活络,续骨止痛;荚蒾 *Viburnum dilatatum* Thunb.,产于陕西、河北、河南以及长江流域以南,根能祛瘀消肿,茎、叶能清热解毒,疏风解表。

39. 败酱科 Valerianaceae　　　　　　　　$\male\female \uparrow K_{5\sim15,0} C_{(3\sim5)} A_{3\sim4} \overline{G}_{(3;3;1)}$

【形态特征】　多年生草本,全体常具强烈气味。叶对生或基生,多为羽状分裂,无托叶。花小,多两性,少杂性或单性,稍两侧对称;呈聚伞花序组成头状、圆锥状或伞房状;萼各式;花冠筒状,3~5 裂,基部常有突起的囊或距;雄蕊 3 或 4 枚,有时退化为 1 或 2 枚,贴生于花冠管上;子房下位,3 个心皮合生,3 室,仅 1 室发育,胚珠 1;瘦果,有时顶端宿存花萼成冠毛状,或与增大的苞片相连而成翅果状。

【分布】　本科 13 属 400 余种,主产于北温带。中国 4 属 30 余种,各地均有分布,现知药用 3 属24 种。

【化学成分】　本科植物主要含挥发油(为多种倍半萜类,如甘松醇、缬草酮)、三萜皂苷(如败酱皂苷(scabiosides),能镇静安神)、黄酮类、生物碱类。

图 3-105 忍冬
1.带花植株 2.果枝 3.花冠,示雄蕊 4.雌蕊

【主要药用植物】

匙叶甘松 *Nardostachys jatamansi* (D. Don)DC 多年生草本。主根粗长,密被叶鞘纤维,有烈香。基生叶丛生,平行三出主脉,叶柄长;茎生叶 1~2 对,下部叶椭圆形至倒卵形,基部下延成叶柄,上部叶条形至披针形,无柄。头状聚伞花序顶生,花萼 5 齿裂,果时常增大。花冠 5 裂,紫红色,花冠管里面有白毛;雄蕊 4;瘦果被毛。产于四川、云南、西藏。生于高山灌丛、草地,为著名的香料植物。根及根茎(甘松)能理气止痛,开郁醒脾,外用可祛湿消肿。

蜘蛛香 *Valeriana jatamansi* Jones 多年生草本。根茎粗厚,节密,有浓烈香味;茎常丛生。基生叶发达,叶柄为叶片长度的 2~3 倍;茎生叶不发达,上部叶常羽裂。顶生聚伞花序,花杂性;雌花小,雌蕊伸长于花冠之外;两性花较大,雌、雄蕊与花冠等长。瘦果被毛。产于中国中南、西南等地区。生于山顶草地、林中或溪边。茎和根(蜘蛛香)能理气止痛,祛风除湿,镇惊安神。

本科常见药用植物还有:黄花败酱 *Patrinia scabiosaefolia* Fisch. ex Trev.,全国广布,全草能清热解毒,是中药"败酱草"的主要来源;同属植物白花败酱 *P. villosa* (Thunb.)Juss.,全国均有分布,功效同黄花败酱。

40. 葫芦科 Cucurbitaceae ♂ * $K_{(5)} C_{(5)} A_{5,(3\sim5)}$;♀ * $K_{(5)} C_{(5)} \overline{G}_{(3:1;\infty)}$

【形态特征】 攀缘状或匍匐状草质藤本,全株被粗糙毛,具螺旋状卷须。单叶互生,常掌状分裂,稀复叶。花单性,同株或异株,辐射对称;花萼及花冠 5 裂,多合生;雄花有雄蕊 5 枚,分离或各式合生,合生时常 2 对合生,一枚分离,花药直或折叠弯曲;雌花子房下位,由 3 个心皮合生为 1 室,侧膜胎座。瓠果。

【分布】 本科约 110 属 700 余种,主要分布于热带和亚热带地区。我国约 30 属 150 种,以华南和西南地区种类丰富,现知药用种类约 21 属 90 余种。

【化学成分】 本科特征性成分为四环三萜葫芦烷(cucurbiane)型化合物,如葫芦素(cucurbitacines)具抗癌活性,绞股蓝苷(gypenoside)具有类似于人参皂苷的生理活性,另含具有特殊活性的蛋白质和氨基酸,如天花粉毒蛋白被用于妊娠中期引产。

【主要药用植物】

栝楼 *Trichosanthes kirilowii* Maxim. 攀援藤本。块根圆柱状,粗大肥厚。茎较粗,多分枝,具纵棱及槽。叶片纸质,常 3~5(7)浅裂至中裂,基部心形,基出掌状脉 5 条。卷须 3~7 歧。花雌雄异株。雄总状花序常单生,具纵棱与槽;花萼裂片被短柔毛,全缘;花冠白色,裂片两侧具丝状流苏,被柔毛;花丝分离,被长柔毛。雌花单生,花梗被短柔毛;花萼裂片和花冠同雄花;子房椭圆形。果实椭圆形或圆形,成熟时黄褐色或橙黄色(图 3-106)。产于我国大部地区。生于中低海拔山坡林下、灌丛及草地。根入药(天花粉),能清热泻火,生津止渴;果实(瓜蒌)能清热涤痰,宽胸散结,润燥滑肠;种子(瓜蒌子)能润肺化痰、滑畅通便;果皮(瓜蒌皮)能清热化痰、利气宽胸。同属植物双边栝楼 *T. rosthornii* Harms 入药部位与药效同栝楼。其特点是植株较小,叶片常 3~7 深裂,几达基部,裂片条形至倒披针形;雄花小苞片较小,花萼裂片线形。

图 3-106 栝楼
1.根 2.花枝 3.果实

木鳖子 *Momordica cochinchinensis*（Lour.）Spreng. 粗壮大藤本。叶片 3～5 中裂至深裂或不分裂,叶脉掌状。卷须不分歧。雌雄异株。雄花常单生叶腋;花冠黄色;雄蕊 3;雌花单生叶腋,子房密生刺状毛。果实顶端有 1 个短喙,密生刺尖突起。分布于我国大部地区。生于山沟、林缘及路旁。种子(木鳖子)能散结消肿,攻毒疗疮。

本科常见药用植物还有:罗汉果 *Siraitia grosvenorii*（Swingle）C. Jeffery ex A. M. Lu et Z. Y. Zhang,主产于广西、广东等地,果实能清热润肺,利咽;假贝母 *Bolbostemma paniculatum*（Maxim.）Franquet,广泛栽培,块茎(土贝母)能解毒,散结消肿。

41. 桔梗科 Campanulaceae

$$\female \ast \uparrow K_{(5)} C_{(5)} A_5 \overline{G}_{(2\sim5;2\sim5;\infty)} \underline{G}_{(2\sim5;2\sim5;\infty)}$$

【形态特征】 草本或亚灌木,常含乳汁。单叶互生,少对生或轮生,无托叶。花两性,辐射对称或两侧对称,单生,或由二歧或单歧聚伞花序组成穗状、总状或圆锥状花序;花萼下位或上位,裂片 5,宿存;花冠钟状或筒状,裂片常 5,镊合状或覆瓦状排列;雄蕊与花冠裂片同数,分离或合生,着生于花冠基部或花盘上,花丝分离,花药聚合成管状或分离;子房下位或半下位,2～5 枚心皮合生成 2～5 室,中轴胎座,胚珠多数。蒴果或肉质浆果。

【分布】 本科约 60 属 2000 余种,全球广布,以温带和亚热带种类较为丰富。中国有 16 属 170 余种,南、北均产,以西南较为丰富,现知药用 13 属 111 余种。

【化学成分】 本科植物主含皂苷(如桔梗皂苷(platycodins))、多糖类,另外某些植物含菊糖而不含淀粉。

【主要药用植物】

桔梗 *Platycodon grandiflorus*（Jacq.）A. DC 多年生草本,有白色乳汁。叶对生、轮生或互生。花单生于枝顶,或数朵集成假总状花序或圆锥花序;花萼筒部被白粉,宿存;花冠钟形,蓝紫色。雄蕊 5,子房半下位,心皮 5,合生。蒴果顶部 5 裂(图 3-107)。产于全国各地,生于山地草坡或林缘。根(桔梗)能宣肺利咽,祛痰排脓。

党参 *Codonopsis pilosula*（Franch.）Nannf. 多年生缠绕草质藤本,有白色乳汁。根肉质。叶互生,卵形。花单生枝顶。花萼贴生至子房中部,花冠阔钟状,黄绿色,内面具明显紫斑,柱头有白色刺毛。子房半下位,蒴果 3 瓣裂(图 3-108)。分布于东北、内蒙古、四川、甘肃、陕西等地,生于林边或灌丛。全国各地均有栽培,根(党参)能健脾益肺,养血生津。根作药材党参入药的还有同属植物素花党参 *C. pilosula* Nannf. var. *modesta*（Nannf.）L. T. Shen 和川党参 *C. tangshen* Oliv.,前者特征是全体近于光滑无毛,叶

图 3-107 桔梗

1.带花植株　2.果枝　3.花药　4.雄蕊和雌蕊

图 3-108 党参

1.带花植株　2.根　3.雄蕊和雌蕊

片幼嫩时上面或先端常疏生柔毛及缘毛,花萼裂片较小,后者特征是除叶片两面密被微柔毛外,全体几近于光滑无毛。花萼几乎完全不贴生于子房上,几乎全裂。

　　沙参 *Adenophora stricta* Miq. 茎不分枝,常被短硬毛或长柔毛。基生叶心形,具长柄;茎生叶无柄,叶片椭圆形。假总状花序或圆锥花序,花梗短。花萼常被毛;花冠宽钟状,蓝色或紫色;花盘短筒状;雄蕊5,子房下位,柱头3裂。蒴果。分布于西南、华中、华东、河南、陕西等地。生于山坡草丛中。根(南沙参)能养阴清肺,益胃生津,化痰,益气。同属植物轮叶沙参 *A. tetraphylla* (Thunb.)Fisch. 的根亦作南沙参入药。其特点是叶轮生,花冠小且细长,花萼裂片短小,花盘细长。

　　本科常见药用植物还有:半边莲 *Lobelia chinensis* Lour.,产于长江中下游及以南各省区。全草能清热解毒,利尿消肿。

42. 菊科 Compositae

$$\dot{\male\female} * \uparrow K_{0,\infty} C_{(3\sim5)} A_{(4\sim5)} \overline{G}_{(2;1;1)}$$

【形态特征】　常为草本,具乳汁管和树脂道。叶互生,无托叶。花两性或单性,头状花序,下面托以1

至多层总苞片组成的总苞,头状花序单生或数个排列成总状、聚伞状、伞房状或圆锥状等,头状花序小花同形者,即全为管状花或舌状花,小花异形者,即外围为舌状花(边花),中央为管状花(盘花);萼片不发育,常变态为冠毛状、刺毛状或鳞片状;花冠合瓣,常呈管状、舌状;雄蕊5,着生于花冠管上;花药合生成筒状,为聚药雄蕊。子房下位,2枚心皮合生,1室,具1粒胚珠,花柱2裂。连萼瘦果。

【分布】 本科约1000属30000种,广布于全世界,热带较少,是被子植物第一大科。中国约227属2300余种,全国都有分布,现知药用155属近780种。

【化学成分】 本科植物成分种类多样,倍半萜内酯和菊糖是其特征性成分。

【分类】 本科根据头状花序花冠类型、乳状汁的有无,通常可分成两个亚科,即管状花亚科和舌状花亚科。

菊科管状花亚科部分药用属检索表

1. 头状花序仅有管状花。
  2. 叶对生(或下部对生,上部互生);总苞片多层,瘦果有冠毛 ·················· 泽兰属 *Eupatorium*
  2. 叶互生,总苞片2至多层。
    3. 无冠毛。
      4. 头状花序单性,雌花序仅具2朵小花,总苞片外常具钩刺 ·········· 苍耳属 *Xanthium*
      4. 头状花序外层花雌性,内层两性,头状花序集成总状或圆锥状 ············ 蒿属 *Artemisia*
    3. 有冠毛。
      5. 叶缘有刺。
        6. 冠毛羽状,基部连合成环。
          7. 花序基部具1~2层叶状苞,花两性或单性;果多柔毛 ········ 苍术属 *Atractylodes*
          7. 花序基部无叶状苞;花序全为两性花;果无毛 ·········· 蓟属 *Cirsium*
        6. 冠毛呈鳞片状或缺,总苞片外轮叶状,边缘有刺,花红色 ········· 红花属 *Carthamus*
      5. 叶缘无刺,总苞片顶端为针刺状,末端钩曲,冠毛易脱落 ·············· 牛蒡属 *Arctium*
1. 头状花序有管状花和舌状花两种(单性或无性)。
  8. 冠毛较果实长,单性花有时无冠毛。
    9. 舌状花、管状花均黄色,冠毛1轮;总苞片数层,舌状花较多 ·················· 旋覆花属 *Inula*
    9. 舌状花白色或蓝紫色,管状花黄色,冠毛1~2轮 ················· 紫菀属 *Aster*
  8. 冠毛较果实短,或缺少。
    10. 叶对生,冠毛缺。外轮总苞片5枚,有黏液腺 ········ 豨莶属 *Siegesbeckia*
    10. 叶互生,冠毛缺,总苞片边缘干膜质。
      11. 花序轴顶端无托片,果1~2棱 ·········· 菊属 *Dendranthema*
      11. 花序轴顶端有托片,果边缘均有翅1~2棱 ·········· 蓍属 *Achillea*

菊科舌状花亚科部分药用属检索表

1. 冠毛被细毛,瘦果有小瘤状或短刺状突起 ················· 蒲公英属 *Taraxacum*
1. 冠毛有糙毛,瘦果极扁或近圆柱形。
  2. 瘦果极扁平或较扁,喙部短或长,顶端有羽毛盘 ················· 莴苣属 *Lactuca*
  2. 瘦果近圆柱形。
    3. 瘦果有不等形的纵肋,常无明显的喙部 ·················· 黄鹌菜属 *Youngia*
    3. 瘦果有等形的纵肋,花序总苞片无肋 ················· 苦荬菜属 *Ixeris*

【主要药用植物】

(1) 管状花亚科 Tubuliflora

苍术 *Atractylodes lancea* (Thunb.)DC. 多年生草本。形态变化极大,一般根茎粗长或常结节状,横断面具红棕色油点,有香气。下部叶羽状深裂,卵形,无柄。头状花序单生枝顶,花白色,瘦果倒卵圆状,被密集白色长毛,冠毛、刚毛褐色或污白色(图3-109)。产于全国大部地区。生于山坡草地、灌丛及岩缝隙中。根茎能燥湿健脾,祛风散寒明目。同属植物白术 *A. macrocephala* Koidz. 的根茎能健脾益气,燥

图 3-109 苍术
1.带根植株 2.花枝 3.花序,示总苞

湿利水,止汗,安胎。其特征是小花紫红色,瘦果密被柔毛,冠毛羽状,易与苍术区别。

红花 *Carthamus tinctorius* L. 一年生草本。叶互生,披针形,齿端有刺。头状花序多数,排成伞房花序,苞片边缘有针刺。总苞卵形,总苞片 4 层。两性花,小花初开放时为黄色,后变为橘红色,成熟时为深红色,具香气。瘦果倒卵形,白色,具 4 棱,无冠毛。分布于西北及长江流域,现在栽培植物多为其变种。花能活血通经,散瘀止痛,是妇科要药之一。

菊花 *Dendranthema morifolium*(Ramat.)Tzvel. 多年生草本。茎被白色柔毛。叶卵形至披针形,羽状浅裂或深裂,具短柄,叶下面被白色短柔毛。头状花序,总苞片多层,外层外面被柔毛。管状花黄色,瘦果无冠毛。各地广为栽培,头状花序能散风清热,平肝明目。按产地和加工方法不同,分为"亳菊""滁菊""贡菊"(安徽产)"杭菊"(浙江产)。同属植物野菊 *D. indicum*(L.)Des Moul.(*Ch. Indicum* L.)的干燥头状花序亦作药材野菊花入药。其特征是头状花序较小,舌状花 1 层,黄色;管状花基部无托片存在。

黄花蒿 *Artemisia annua* Linn. 一年生草本,植株有浓烈的挥发性香气。叶纸质,茎下部叶三(至四)回羽状深裂,头状花序球形,细小,排成总状或复总状花序;总苞片 3~4 层;小花深黄色,全为管状花,外层雌性,内层两性。瘦果小,椭圆状卵形。分布遍及全国,生于路旁、荒地、山坡、林缘等处。地上部分(青蒿)能清虚热,除骨蒸,解暑热,截疟,退黄。黄花蒿所含青蒿素为倍半萜内酯化合物,为抗疟的主要有效成分。

茵陈蒿 *Artemisia capillaris* Thunb. 半灌木状草本,植株有浓烈的香气。茎红褐色或褐色,有不明显的纵棱。基生叶莲座状;叶被棕黄色或灰黄色绢质柔毛,叶羽状全裂。头状花序卵球形,常排成复总状花序;总苞片 3~4 层;雌花 6~10 朵,花冠狭管状;两性花 3~7 朵,不结果,花冠管状,退化子房极小。瘦果(图 3-110)。产于全国各地,生于低海拔地区湿润沙地、路旁及低山坡地区。地上部分(茵陈)能清利湿热,利胆退黄。

图 3-110 茵陈蒿
1.花枝 2.头状花序 3.雌花 4.两性花 5.两性花,示雄蕊和雌蕊

艾蒿 *A. argyi* Levl. Et Vant. 除极干旱与高寒地区外,几乎遍及全国。生于荒地、路旁河边及山坡

等地,叶(艾叶)能温经止血,散寒止痛,外用能祛湿止痒。

苍耳 *Xanthium sibiricum* Patrin ex Widder 一年生草本,茎被灰白色糙伏毛。叶三角状卵形或心形,近全缘,或有3~5不明显浅裂,基出脉3。雄性头状花序球形,总苞片长圆状披针形,被短柔毛,花托柱状,托片倒披针形,具多数雄花,花冠钟形;雌性头状花序椭圆形,外层总苞片小,披针形,被短柔毛,内层总苞片囊状,在瘦果成熟时变坚硬,外面具疏生具钩状刺;喙坚硬。瘦果2,倒卵形。产于全国各地。生于平原、丘陵、荒野路边。果实(苍耳子)能散风寒,通鼻窍,祛风湿。

本亚科药用植物种类繁多,常见药用植物还有:牛蒡 *Arctium lappa* L.,广布于全国各地,果实(牛蒡子)能疏散风热,宣肺透疹,解毒利咽;豨莶 *Siegesbeckia orientalis* L.,秦岭及长江流域以南广布,地上部分(豨莶草)能祛风湿,利关节,解毒;祁州漏芦 *Rhaponticμm uniflorum* (L.)DC.,产于我国东北、西北等地,根(漏芦)能清热解毒,消痈,下乳,舒筋通脉;雪莲花 *Saussurea involucrate* (Kar. et Kir.)Sch. -Bip.,产于新疆,地上部分为维吾尔族习用药材(天山雪莲),能补肾活血,强筋骨,营养神经,调节异常体液;川木香 *Dolomiaea souliei* (Franch.)Shih.,产于四川西部、西藏东部等地,根能行气止痛;鳢肠 *Eclipta pta prostrate* L.,热带及亚热带地区广布,地上部分(墨旱莲)能滋补肝肾,凉血止血;千里光 *Senecio scandens* Buch. -Ham.,产于全国大部地区,地上部分能清热解毒,明目,利湿;旋覆花 *Inula japonica* Thunb.,我国各地常见,头状花序能降气,消痰,行水,止呕,幼苗(金沸草)能降气,消痰,行水,同属植物欧亚旋覆花 *I. britanica* L.,头状花序亦作旋覆花入药;蓟 *Cirsium japonicum* Fisch. Ex DC.,本种分布广,变化大,为多型种,地上部分(大蓟)能凉血止血,散瘀解毒、消痈;同属植物刺儿菜 *C. setosum* (Willd.)MB.,地上部分(小蓟)能凉血止血,散瘀解毒、消痈。

(2)舌状花亚科 Liguliflorae

蒲公英 *Taraxacum mongolicum* Hand. -Mazz. 多年生草本,有乳汁。叶莲座状生,倒卵状披针形,羽状深裂,顶端裂片较大,侧裂片常具齿。花葶数个,密被蛛丝状白色长柔毛。总苞钟状,总苞片2~3层,外层总苞片先端具角状突起;舌状花黄色,边缘花舌片背面具紫红色条纹。瘦果顶端具细长喙,冠毛白色(图3-111)。全国均产,生于山坡草地、路边、河滩。全草(蒲公英)能清热解毒,消肿散结,利尿通淋。同属植物碱地蒲公英 *T. borealisinense* Kitam. 全草亦作蒲公英入药。

菊苣 *Cichorium intybus* L. 多年生草本,有乳汁,基生叶莲座状,倒披针状长椭圆形,羽状深裂;茎生叶少数,较小,卵状倒披针形至披针形,无柄,基部圆形或戟形扩大半抱茎。头状花序多数,单生或数个集生于茎顶或枝端,或排列成穗状花序。总苞圆柱状;总苞片2层。舌状小花蓝色,瘦果倒卵状,冠毛极短。产于北京、黑龙江、辽宁、山西、陕西、新疆、江西等地。生于滨海荒地、河边或山坡。地上部分或根能清肝利胆,健胃消食,利尿消肿。同属植物毛菊苣 *C. glandulosum* Boiss. et Huet 的干燥地上部分或根亦作菊苣入药,其特点是茎上部密被头状具柄长腺毛。花冠管上部被白色细柔毛。

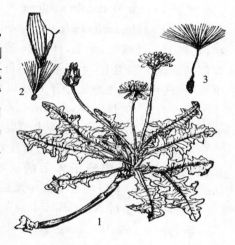

图3-111 蒲公英
1. 植株 2. 花 3. 果实

(二)单子叶植物纲

1. 禾本科 Gramineae

$\male\female * P_{2\sim 3} A_{3,1\sim 6} \underline{G}_{(2\sim 3;1;1)}$

【形态特征】草本或木本,常具根茎,地上茎特称为秆。节明显,节间常中空。单叶互生,2列,常分为叶鞘、叶片和叶舌;叶鞘抱秆,常一侧开裂,顶端两侧各具1个附属物,称为叶耳;叶片带形,平行脉,中脉明显。花小,两性,单性或中性。小穗为花序基本单位,常排成穗状、总状或圆锥状;小穗基部常有一对颖片,称为外颖和内颖,小穗轴上生有1至多朵小花,每一朵小花外有2枚小苞片,称为外稃和内稃,外稃较厚而硬,内稃常为外稃所包裹,内、外稃间有2或3枚特化为透明而肉质的小鳞片(相当于花被片),称为浆片;小花由外稃及内稃包裹浆片的雄蕊和雌蕊组成;雄蕊常3,花丝细长,花药呈丁字形着生,雌蕊1,由2~3枚心皮构成,子房上位,1室,1粒胚珠,花柱2,很少1或3;柱头常呈羽毛状(图3-112)。颖果。

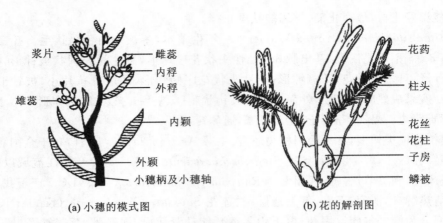

(a) 小穗的模式图　　　　　　　(b) 花的解剖图

图 3-112　禾本科小穗和花的构造示意图

【分布】　本科是种子植物中的大科之一,约 700 属 1 万余种。中国 228 属 1200 多种,现知药用 85 属 173 种。

【化学成分】　本科成分丰富,有芦竹碱(gremine)、大麦芽碱(horocenine)等生物碱类,以及芦竹萜(arundoin)、白茅萜(cylindrin)等三萜类,还有黄酮、挥发油等。

【分类】　本科通常分为 2 个亚科,即竹亚科和禾亚科。

【主要药用植物】

亚科 1:竹亚科 Bambusoideae

淡竹 *Phyllostachys nigra* (Lodd. ex Lindl.) Munro var. *henonis* (Mitford) Stapf ex Rendle　乔木状,较高大。秆绿色,无毛,秆壁厚,箨鞘顶端极少有深褐色微小斑点。叶 1~3 片互生,窄披针形。叶片背部基部疏生细柔毛,叶耳不明显,叶舌稍伸出。圆锥花序,小穗具小花 2~3 朵。小穗轴具柔毛,外稃密生柔毛,柱头 3,羽毛状。产于长江以南各地,生于林中。茎秆中间层(竹茹)能清热化痰,除烦,止呕。

此外青秆竹 *Bambusa tuldoides* Munro. 和大头典竹 *Sinocalamus beecheyanus* (Munro) McClure var. *pubescens* P. F. Li 的茎秆中间层入药,功效同竹茹。

本亚科常见药用植物还有:青皮竹 *Bambusa textilis* McClure,产于广东、广西、西南、华中、华东等地,广泛栽培,秆内分泌液干燥后的块状物(天竺黄)能清热豁痰,凉心定惊;华思劳竹 *Schizostachyum chinense* Rendle 等秆内分泌液干燥后的块状物入药,功效同天竺黄。

亚科 2:禾亚科 Agrostidoideae

淡竹叶 *Lophatherum gracile* Brongn.　多年生草本,具纺锤形块根。秆直立,叶片披针形,横脉显著。圆锥花序顶生;小穗线状披针形,小花数朵,其中第 1 朵花两性,余下花退化,仅有稃片,外稃顶端具短芒;雄蕊 2 枚。颖果长椭圆形。产于长江以南地区。生于山坡、林地或林缘蔽荫处。干燥茎叶(淡竹叶)能清热泻火,除烦止渴,利尿通淋。

薏苡 *Coix lacryma-jobi* L. var. *ma-yuen* (Roman) Stapf　一年生草本。秆直立丛生,叶条状披针形。总状花序,小穗单性,雌小穗由 2~3 朵雌花组成,下部有骨质总苞,雄小穗含 2 朵雄花。颖果包于总苞内(图 3-113)。产于全国各地,生于池塘、河沟、山谷、溪涧湿地。种仁(薏苡仁)能利水渗湿,健脾止泻。

本亚科常见药用植物还有:大白茅 *Imperata cylindrica* Beauv var. *major* (Nees) C. E. Hubb. ,产于全国各地,根茎(白茅根)能凉血止血,清热利尿;芦苇 *Phragmites communis* Trin. ,产于全国各地,根茎(芦根)能清热泻火,生津止渴。

2. 莎草科 Cyperaceae　　　　　　　　　　☿ * $P_0A_3\underline{G}_{(2\sim3;1;1)}$;♂ * P_0A_3;♀ * $P_0\underline{G}_{(2\sim3;1;1)}$

【形态特征】　草本,常有根茎。茎特称为秆,常三棱形,多实心。单叶基生或茎生,常 3 列,叶片条形,基部叶鞘封闭。花小,单生于鳞片(颖片)的腋内,两性或单性,2 至多朵带鳞片的花组成小穗;小穗单一或若干枚再组成穗状、总状、圆锥状、头状或聚伞花序;花序下面常有 1 至多枚苞片;花被缺或退化为刚毛或鳞片;雄蕊 3,少数为 2 或 1;心皮 2~3,子房 1 室,1 粒胚珠,花柱 1,柱头 2~3 裂。小坚果或为苞片所形成的囊包所包裹,三棱形。

图 3-113　薏苡

1.花枝　2.花序　3.雄性小穗　4.雌花及雄小穗　5.雌蕊　6.雌花的外颖
7.雌花的内颖　8.雌花不孕小颖　9.雌花外稃　10.雌花内稃

【分布】　本科 80 余属 4000 余种,广布于全世界。我国约 33 属 670 余种,分布于全国各地,现知药用 16 属 110 余种。

【化学成分】　本科化学成分主要为挥发油,如香附醇(xyperol)、香附烯(cyperene)等,此外还有多种萜类化合物,如齐墩果酸、齐墩果酸苷,以及黄酮、生物碱等化合物。

【主要药用植物】

莎草 *Cyperus rotundus* L.　多年生草本,匍匐根茎长,具椭圆形块茎。茎三棱形,叶 3 列,基部丛生,条形。花序穗状,具 3~10 个小穗;花两性,无被;雄蕊 3,花柱长,柱头 3。小坚果三棱形(图 3-114)。产于全国各地,主产于山东、福建、浙江、海南和湖南。生长于山坡荒地草丛中或水边潮湿处。干燥根茎(香附)能疏肝解郁,理气宽中,调经止痛。

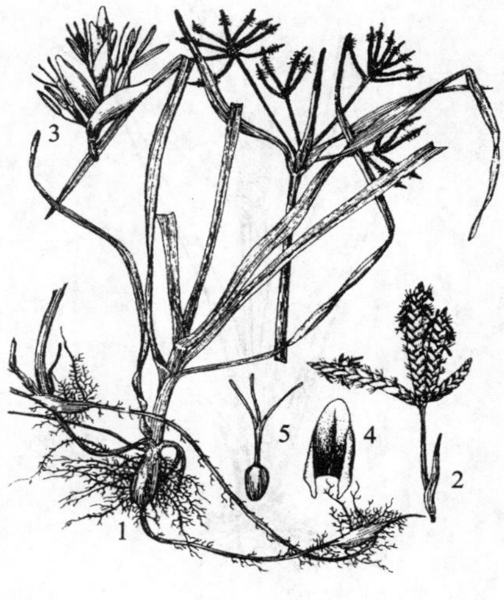

荸荠 *Eleocharis dulcis*（Burm. f.）Trin. ex Henschel [*Eleocharis tuberose*（Roxb）Roem. et Schult]。　多年生水生草本。有细长的匍匐根状茎和球茎,称为荸荠。秆丛生,无叶片,小穗 1 个,顶生,花多数;柱头 3。小坚果。主产于长江流域,全国各地均有栽培。球茎能开胃解毒,消宿食,健肠胃。

图 3-114　莎草

1.植株　2.穗状花序　3.部分小穗
4.鳞片　5.雌蕊

本科常见药用植物还有:荆三棱 *Scirpus yagara* Ohwi.,分布于我国东北、华北,西南及长江流域,其特征是秆和小坚果均有 3 棱,块茎能破血祛瘀,行气止痛。

3. 天南星科 Araceae　　♂ $P_0 A_{(1\sim8),(\infty),1\sim8,\infty}$; ♀ $P_0 \underline{G}_{(1\sim\infty;1\sim\infty;1\sim\infty)}$; ☿ $* P_{4\sim6} A_{4\sim6} \underline{G}_{(1\sim\infty;1\sim\infty;1\sim\infty)}$

【形态特征】　常为草本。汁液乳状,水状或有辛辣味,具根茎或块茎。叶基出或茎生,单叶或复叶,叶形和叶脉不一,基部常具膜质鞘,叶脉网状。花小,花被常缺,两性或单性。肉穗花序,为 1 个佛焰苞所包,佛焰苞常具彩色;单性同株时,雄花通常生于肉穗花序上部,雌花生于下部,中部为不育花或为中性花;雄蕊常 4 或 6,分离或合生;两性花具 4~6 枚鳞片状的花被片。雌蕊常 3 个心皮合生,子房上位,1 至多室。浆果密生于花序轴上。

【分布】　本科约 115 属 2000 多种,主要分布于热带和亚热带。我国有 35 属 210 余种,主要分布于南方,现知药用 22 属 106 种,常有毒。

【化学成分】　本科主要成分为挥发油(如菖蒲酮(acolamone)、菖蒲烯(calamenene)等)、聚糖(如甘露聚糖(mannan)、葡萄甘露聚糖(glucomannan)等),具有降血压和胆固醇作用。

【主要药用植物】

石菖蒲 *Acorus tatarinowii* Schott　多年生草本。根茎横走,芳香。叶基生,无柄,线形,基部对折,无中脉,脉平行。花序柄腋生,三棱形。佛焰苞叶状;花两性,肉穗花序圆柱状,花白色。幼果绿色,成熟时黄绿色或黄白色(图 3-115)。产于黄河以南各省区,生于湿地或溪旁。根茎(石菖蒲)能开窍豁痰,醒神益智,化湿开胃。同属植物菖蒲 *A. calamus* L. 为水生或沼生植物。其特征是叶直立,剑形,两面中肋均隆起,叶状佛焰苞剑状线形,比石菖蒲长一倍。花黄绿色,浆果长圆形,红色。根茎(藏菖蒲)能温胃,消炎止痛。

千年健 *Homalomena occulta*(Lour.)Schott　多年生草本。根茎匍匐,地上茎直立。叶片箭状心形至心形。佛焰苞绿白色,肉穗花序无附属体;雄花序在上部,雌花序在下部,两者间无中性花存在。雄花雄蕊 4,雌花子房基部一侧具假雄蕊 1 枚,柱头盘状;子房 3 室。产于海南、广西、云南等地,生于沟谷密林下及山坡灌丛。根茎(千年健)能祛风湿,壮筋骨。

天南星 *Arisaema erubescens*(Wall.)Schott　草本,块茎扁球形,较大。叶片 1 枚,放射状分裂,裂片无定数。佛焰苞绿色,背面有清晰的白色条纹,肉穗花序单性,花序附属器棒状,雄蕊 4~6,浆果成熟时红色,种子 1~2(图 3-116)。产于我国大部分地区,生于灌丛、草坡及溪边、林下,块茎(天南星)能散结消肿。同属植物块茎作天南星入药的还有异叶天南星 *A. heterophyllum* Blume 和东北天南星 *A. amurense* Maxim.,前者特征是块茎扁球形,鳞叶 4~5,叶片鸟足状分裂(裂片数目 13~19),佛焰苞粉绿色,内面绿白色,后者特征是块茎小,近球形,鳞叶 2,叶片鸟足状分裂(裂片 5),佛焰苞绿色或带紫色,有白色条纹。

图 3-115　石菖蒲
1.植株,示肉穗花序　2.花

图 3-116　天南星
1.植株地下部分,示块茎　2.植株　3.果序

半夏 *Pinellia ternata*(Thunb.)Breit.　块茎小球形。珠芽在母株上萌发或落地后萌发。叶从块茎顶端生出,异型叶,一年生为单叶,卵状心形,2~3 年生为三小叶复叶,佛焰苞绿色,上部呈紫红色;雌雄同序,雄花与雌花之间为不育花。穗状花序轴顶端有细长附属物。子房 1 室,浆果小,熟时红色(图 3-117)。产于我国南北各省。生于较潮湿田间及荒地。干燥块茎炮制后入药(半夏),能燥湿化痰,降逆止呕,又因仲夏采其块茎,故名"半夏"。

本科常见药用植物还有:独角莲 *Typhonium giganteum* Engl.,我国特有,产于东北、西北、华中等地。块茎(白附子)能祛风痰,定惊搐,解毒散结,止痛。

4. 百合科 Liliaceae　☿ * $P_{3+3,(3+3)} A_{3+3} \underline{G}_{(3;3;\infty)}$

【形态特征】　大多数为草本,具根茎、鳞茎或球茎。茎直立或攀援状。单叶互生,少数对生或轮生,或常基生,有时退化成鳞片状。花序总状、穗状、圆锥或伞形花序,少数为聚伞花序;花两性,辐射对称,常 3 基数;花被花瓣状,花被片常 6,排成 2 轮。雄蕊常 6,子房上位,少半下位,3 枚心皮合生,3 室,中轴胎座,多数胚珠,蒴果或浆果。

【分布】　本科约 230 属 3500 种,广布全世界,但主产于温带和亚热带地区。中国有 61 属 570 种,各

图 3-117 半夏
1. 植株　2. 佛焰苞展开,肉穗花序上部雄花下部雌花　3. 雄蕊　4. 雌花纵切面

省均有分布,以西南部最多,药用 52 属 374 种。

【化学成分】 本科所含成分种类多样,包括生物碱(如秋水仙素)、甾体皂苷(如知母皂苷)、强心苷(如铃兰毒苷),以及大黄酚等蒽醌类、蒜氨酸等含硫化合物,黄精多糖等多糖类等。

【主要药用植物】

百合 *Lilium broumii* F. E. Brown var. *viridulum* Baker　多年生草本。鳞茎球形,白色。叶互生,倒披针形至倒卵形,具 5～7 脉,全缘,无毛。花单生或近伞形;苞片披针形,芬香,乳白色;外轮花被片先端尖;雄蕊 6,花丝中下部密被柔毛;3 枚心皮合生,3 室,柱头 3 裂。蒴果有棱,种子多数(图 3-118)。产于全国大部地区。生于山坡、灌木林下、溪边路旁。肉质鳞叶(百合)能养阴润肺,清心安神。同属植物卷丹 *L. lancifolium* Thunb. 的特征是叶腋常有珠芽,花橘红色,有紫色斑点。细叶百合 *L. Pumilum* DC. 的特征是叶条形,脉明显,花鲜红色,斑点少或无。两者肉质鳞叶均可作药材百合入药。

玉竹 *Polygonatum odoratum*(Mill.)Druce　草本。根茎圆柱形,叶互生,椭圆形至卵状矩圆形,先端尖,下面带灰白色,下面脉上平滑至呈乳头状粗糙。花序具 1～3 朵花(栽培者多达 8 朵);花被白色,花被筒较直,花丝丝状,浆果蓝黑色。产于我国大部地区,根茎能养阴润燥,生津止渴。同属植物滇黄精 *P. kingianum* Coll. et Hemsl.、黄精 *P. sibiricum* Red. 或多花黄精 *P. cyrtonema* Hua 的根茎(黄精)能补气养阴,健脾,润肺,益肾。

浙贝母 *Fritillaria thunbergii* Miq.　多年生草本。鳞茎较大,鳞片 2 枚。叶对生或轮生,近条形至披针形,花淡黄色,蒴果棱上有宽翅(图 3-119)。主产于江苏、浙江。生于海拔较低的山丘荫蔽处或竹林下。鳞茎(浙贝)能清热、化痰、止咳,解毒散结消痈。

川贝母 *F. cirrhosa* D. Don、暗紫贝母 *F. unibracteata* Hsiao et K. C. Hsia.、甘肃贝母 *F. przewalskii* Maxim、梭砂贝母 *F. delavayi* Franch. 等同属植物的鳞茎(川贝)能清热润肺,化痰止咳,散结消痈。其他鳞茎作贝母入药的同属植物还有平贝母 *F. ussuriensis* Maxim.(平贝)、新疆贝母 *F. walujewii* Regel 或伊犁贝 *F. pallidflora* Schrenk(伊贝)、湖北贝母 *F. hupehensis* Hsiao et K. C. Hsia(湖北贝母)。

本科常见药用植物还有:大蒜 *Allium saticum* L.,全国各地普遍栽培,鳞茎能解毒消肿,杀虫,止痢;菝葜 *Smilax china* L.,产于全国大部地区,根茎能利湿去浊、祛风除痹,解毒散瘀;天冬 *Asparagus cohinchinensis*(Lour.)Merr.,产于全国大部地区,块根能养阴润燥,清肺生津;麦冬 *Ophiopogon japonicus*(L. f)Ker-Gawl.,产于全国大部地区,块根能养阴生津,润肺清心;知母 *Anemarrhena asphodeloides* Bge.,产于河北、东北、西北、山西、山东等地区,根茎能清热泻火,滋阴润燥;七叶一枝花 *Paris polyphylla* Smith var. *chinensis*(Franch.)Hara,产于西藏(东南部)、云南、四川和贵州,根茎(重楼)能清热解毒,消肿止痛。

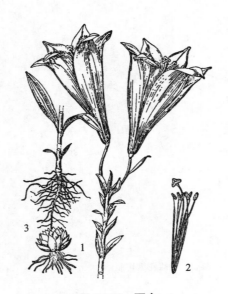

图 3-118 百合

1.带花植株 2.雄蕊及雌蕊 3.鳞茎

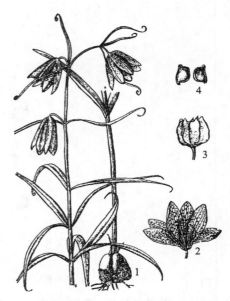

图 3-119 浙贝母

1.植株 2.花 3.蒴果,示棱上有宽翅 4.种子

5. 薯蓣科 Dioscoreaceae

$$♂ * P_{(3+3)} A_{3+3} ; ♀ * P_{3+3} \overline{G}_{(3:3:2)}$$

【形态特征】　草质缠绕植物。有块茎或根茎。叶互生或中部以上为对生,单叶或掌状复叶,掌状网脉。花单性,常雌雄异株,辐射对称,排成总状、穗状或圆锥花序;花被片 6,2 轮;雄花雄蕊 6 枚,有时 3 枚发育;雌蕊 3 枚心皮合生 3 室,子房下位,每室有胚珠 2 粒;花柱 3。蒴果具翅 3 棱,种子常有翅。

【分布】　本科约 10 属 650 余种,广布于热带和亚热带地区。我国仅 1 属约 49 种,主要分布于长江以南各省区,现知药用 37 种。

【化学成分】　本科主要活性成分为甾体皂苷,是合成激素类药物的原料。

【主要药用植物】

薯蓣 *Dioscorea opposita* Thunb.　缠绕草质藤本。根茎长圆柱形,干时断面白色。茎常为紫红色,右旋。单叶,茎下部叶互生,中部以上对生。叶腋内常有珠芽。雌雄异株。穗状花序着生叶腋,花被 6,雄蕊 6,子房下位,柱头 3 裂。蒴果三棱状,外面有白粉;种子四周有膜质翅(图 3-120)。产于全国大部地区。生于山坡、山谷林下,溪边、路旁的灌丛,或栽培。根茎(山药)能补脾养胃,生津益肺,补肾涩精。

图 3-120 薯蓣

1.根茎 2.雄枝 3.雄花 4.雄蕊 5.雌花 6.果枝 7.果实剖开,示种子

本科常见药用植物还有:同属植物穿龙薯蓣 *D. nipponica* Makino 的根茎所含薯蓣皂苷元是合成甾

体激素药物的重要原料,根茎(穿山龙)能祛风除湿,舒筋通络,活血止痛;粉背薯蓣 *D. hypoglauca* Palibin 的根茎(粉草薢)能利湿去浊,祛风除痹;绵草薢 *D. spongiosa* J. Q. Xi,M. Mizuno et W. L. Zhao 或福州薯蓣 *D. futschauensis* Uline ex R. Knuth 的根茎(绵草薢)能利湿去浊,祛风除痹;黄山药 *D. panthaica* Prain et Burk. 的根茎(黄山药)能理气止痛,解毒消肿。

6. 鸢尾科 Iridaceae

$$\male\female * \uparrow P_{(3+3)} A_3 \overline{G}_{(3;3;\infty)}$$

【形态特征】 草本。常具根茎或球茎。叶多基生,条形,2 列型套叠排列。常为聚伞花序;花两性,辐射对称或两侧对称;花被 6,花瓣状,常基部合生成管;雄蕊 3;子房下位,心皮 3,3 室,中轴胎座,柱头 3 裂,有时呈花瓣状。蒴果。

【分布】 本科约 60 属 800 余种,分布于热带和温带地区。我国 11 属 70 余种,药用 8 属 39 种。

【化学成分】 本科主要成分为异黄酮(如野鸢尾苷(iridin)、鸢尾黄酮新苷(iristectorin))、山酮(如芒果苷(mangiferin))。

【主要药用植物】

番红花 *Crocus sativus* L. 多年生草本(图 3-121)。原产于欧洲南部,我国各地常见栽培。柱头(西红花)能活血化瘀,凉血解毒,解郁安神。

射干 *Belamcanda chinensis*(L.)DC. 多年生草本(图 3-122)。产于全国大部地区。生于林缘或山坡草地,根茎(射干)能清热解毒,消痰,利咽。

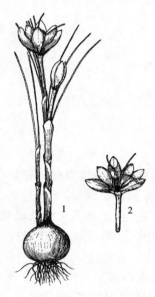

图 3-121 番红花
1.植株 2.花

图 3-122 射干
1.带花植株 2.雄蕊 3.雌蕊 4.蒴果

鸢尾 *Iris tectorum* Maxim. 多年生草本,基部具残留的膜质叶鞘及纤维。产于全国大部地区,生于向阳坡地、林缘及水边湿地。根茎(川射干)能清热解毒,祛痰,利咽。

7. 姜科 Zingiberaceae

$$\male\female \uparrow K_{(3)} C_{(3)} A_1 \overline{G}_{(3;3;\infty)}$$

【形态特征】 多年生草本,通常具有芳香,匍匐或块状根茎。叶基生或茎生,2 列或螺旋状排列,具叶鞘和叶舌,羽状平行脉;花两性,两侧对称,单生或组成穗状、头状、总状或圆锥花序;花被片两轮,外轮萼状,常合生成管,3 齿裂;内轮花瓣状,3 裂;能育雄蕊 1 枚,2 枚侧生退化雄蕊连合成为花瓣状的唇瓣;雌蕊 3,与心皮合生;子房下位,3 或 1 室;中轴胎座;花柱 1,蒴果,少浆果状,常具假种皮。

【分布】 本科约 49 属 1500 种,广布于热带及亚热带地区。我国约 26 属 200 多种,主要分布于西南部至东部,现知药用 15 属 100 余种。

【化学成分】 本科特征性成分为挥发油,如莪术醇(curcumol),另外还有酚类、皂苷和香豆素等。

【主要药用植物】

姜黄 *Curcuma longa* L. 根茎丛生,橙黄色,极香;具块根。叶长圆形,两面无毛;叶柄长 20～45 cm。花葶由叶鞘内抽出,穗状花序;苞片白色,花萼白色,具不等的钝 3 齿,花冠淡黄色,侧生退化雄蕊比唇瓣短,与花丝及唇瓣的基部相连成管状;唇瓣倒卵形,淡黄色,中部深黄,花药药室基部具 2 个角状的距;子房被微毛(图 3-123)。产于我国台湾、福建、广东、广西、云南、西藏等省区;常栽培,生于向阳地带。块根(郁金)能活血止痛,行气解郁,清心凉血,利胆退黄。干燥根茎(姜黄)能破血行气,通经止痛。同属植物温郁金 *C. wenyujin* Y. H. Chen et C. Ling、广西莪术 *C. kwangsiensis* S. G. Lee et C. F. Liang 或蓬莪术 *C. phaeocaulis* Val. 的块根均作药材郁金入药。温郁金的根茎(片姜黄)能破血行气,通经止痛。蓬莪术、广西莪术的根茎(莪术)能行气破血,消积止痛。

图 3-123 姜黄
1.根茎 2.叶与花序 3.花 4.雄蕊及花柱

益智 *Alpinia oxyphylla* Miq. 草本,根茎短。叶片披针形,叶舌 2 裂。侧生退化雄蕊钻状;唇瓣倒卵形,粉白色而具红色脉纹,3 裂,先端边缘皱波状,子房密被毛茸。蒴果鲜时呈球形,干时呈纺锤形,被短柔毛,果皮上有隆起的条纹,种子被淡黄色假种皮。产于海南、广东、广西,生于林下阴湿处或栽培。果实(益智)能暖肾、温脾止泻。同属植物草豆蔻 *A. katsumadai* Hayata 的种子(草豆蔻)能燥湿行气,温中止呕。大高良姜 *A. galanga* Willd. 的果实(红豆蔻)能散寒燥湿,醒脾消食。

本科常见药用植物还有:姜 *Zingiber officinale* Rosc.,我国中部、东南部至西南部广为栽培,新鲜根茎(生姜)能解表散寒,温中止呕,化痰止咳,解鱼蟹毒,干燥根茎(干姜)能温中散寒,回阳通脉,温肺化饮;阳春砂仁 *Amomum villosum* Lour.,产于福建、广东、广西和云南,以广东阳春的品质最佳,果实(砂仁)能化湿开胃,温脾止泻,理气安胎。果实作砂仁入药的还有同属植物绿壳砂仁 *A. villosum* Lour. var. *xanthioides* (Wall. ex Bak.) T. L. Wu & Senjen 及海南砂仁 *A. longiligulare* T. L. Wu,前者产于云南南部,生于林下潮湿处,后者产自海南等地,生于山谷密林中或栽培。

8. 兰科 Orchidaceae

$\male\female \uparrow P_{3+3} A_{1\sim 2} \overline{G}_{(3;1;\infty)}$

【形态特征】 多年生草本,陆生、附生或腐生。陆生及腐生植物常具根茎或块茎,有须根。附生植物常具肥厚根被的气生根。茎常在基部或全部膨大为具 1 节或多节的假鳞茎。单叶互生,常排成 2 列,常具叶鞘,有时退化为鳞片状。花葶顶生或侧生,花单生或排列为总状、穗状或圆锥花序;花常两性,两侧对称;花被片 6,2 轮,外轮 3 片为萼片,花瓣状,中央 1 片称为中萼片,有时与花瓣靠合成盔,两侧 2 片称为侧萼片,有时侧萼片贴生于蕊柱脚上而构成萼囊;内轮两侧 2 片称为花瓣,中央 1 片特化而称为唇瓣;常由于子房 180°扭转使唇瓣位于下方。雄蕊和花柱(包括柱头)合生成合蕊柱,常呈半圆柱形,面向唇瓣;能育雄蕊 1 或 2 枚(极少为 3 枚),前者为外轮中央雄蕊,生于蕊柱顶端背面,后者为内轮侧生雄蕊,生于蕊柱两侧;退化雄蕊有时存在,为很小的突起;花药 2 室,花粉常结成花粉块,四合花粉或单粒花粉;花粉块 2～

8个,3枚心皮合生,子房下位,1室,侧膜胎座,胚珠微小,多数。蒴果。种子极多,微小,无胚乳。

【分布】 兰科为种子植物第二大科,约有700属2万余种,广布于热带、亚热带与温带地区,以南美洲与亚洲热带地区种类最为丰富。中国约171属1247种,主要分布于长江流域和以南各省区,现知药用76属287种。

【化学成分】 本科所含生物碱主要有石斛碱(dendrobine)、倍半萜类碱及酚苷、吲哚苷、黄酮类、香豆素类及多糖等化学成分。

【主要药用植物】

天麻 *Gastrodia elata* Bl. 多年生腐生草本,无绿叶。块茎肥厚,肉质,具较密的节,节上被鞘。总状花序顶生,花扭转,多数,黄色;花被合生,唇瓣长圆状卵圆形,3裂,基部贴生于蕊柱足末端与花被筒内壁上并有一对肉质胼胝体,具短蕊柱足。能育雄蕊1,蒴果(图3-124)。主产于西南。生于疏林腐殖质较丰富的林下,与白蘑科蜜环菌共生。块茎(天麻)能息风止痉,平抑肝阳,祛风通络。

图 3-124 天麻
1.植株 2.带苞片的花 3.花 4.花被展开,示唇瓣及合蕊柱

石斛(金钗石斛)*Dendrobium nobile* Lindl. 多年生附生草本。茎肉质肥厚,稍扁,圆柱形,多节,干后金黄色。叶互生,长圆形,无柄,基部具抱茎的鞘。总状花序具1~4朵花;花序柄基部被数枚筒状鞘;花大,白色,先端淡紫色,唇瓣近基部中央有1个紫红色斑块。蕊柱和蕊柱足均为绿色(图3-125)。分布于长江以南及西南地区,生于林中树干上或山谷岩石上。全草(石斛)能益胃生津,滋阴清热。同属植物铁皮石斛 *D. officinale* Kimura et Migo 产于安徽西南部、浙江东部、福建西部、广西西北部、四川、云南东南部、海南,生于中海拔山地半阴湿的岩石上,茎能益胃生津,滋阴清热。另外鼓槌石斛 *D. chrysotoxum* Lindl.、流苏石斛 *D. fimbriatum* Hook.、霍山石斛 *D. huoshanense* C. Z. Tang et S. J. Cheng、美花石斛 *D. loddigesii* Rolfe 等也可作为石斛入药。

白及 *Bletilla striata* (Thunb. ex A. Murray)Rchb. f. 多年生草本,块茎扁球形,断面富黏性。叶4~6枚,狭长圆形或披针形。总状花序顶生,具3~10朵花,花大,紫红色或粉红色;唇瓣倒卵状椭圆形,白色带紫红色,具5条纵褶片,从基部伸至中裂片近顶部,仅在中裂片上面为波状;蕊柱柱状,具狭翅,蒴果。产于全国大部地区。生于中低海拔地区常绿阔叶林或针叶林下、路边草丛或岩石缝中。块茎能收敛止血,消肿生肌。

本科其他常见药用植物还有:杜鹃兰 *Cremastra appendiculata* (D. Don)Makino,产于中国大部地区,假鳞茎(山慈菇)能清热解毒,化痰散结;云南独蒜兰 *P. yunnanensis* Rolfe 或独蒜兰 *Pleionebulbocodioides*(Franch.)Rolfe 的假鳞茎亦作山慈菇入药。

图 3-125　石斛

1.植株　2.唇瓣　3～4.合蕊柱剖面与背面　5.合蕊柱正面(示雄蕊)

小 结

　　植物分类学是植物学中主要研究整个植物界不同类群的起源、亲缘关系以及进化发展规律的学科,以便于人们认识和利用植物。它是理论性、实用性、直观性和技术性均较强的一门生命科学。药用植物分类学是遵循植物分类学的基本理论和规律,对具有现实和潜在药用价值的植物进行分类研究的科学。

　　植物分类的主要等级是界、门、纲、目、科、属、种,种是最基本的分类单位。植物种的学名,国际通用林奈 1753 年所提倡使用的双名法,亚种、变种和变型的命名采用三名法。植物的分类系统可以分为人为分类系统和自然分类系统两类。分类检索表是鉴定植物种类的有效工具,采用二歧归类法的原则编制。

　　藻类是最低等的植物类群,植物体构造简单,没有根、茎、叶的分化。菌类包括细菌、黏菌和真菌。真菌有细胞壁、细胞核,没有质体,不含叶绿素,不能进行光合作用制造养料,营养方式是异养的,异养方式有寄生、腐生和共生,繁殖方式有营养繁殖、无性繁殖和有性生殖。地衣是一类特殊的生物有机体,它是由一种真菌和一种藻类高度结合的共生复合体,地衣中的藻类光合作用制造的营养物质供给整个植物体使用,菌类则吸收水分和无机盐,为藻类提供进行光合作用的原料。

　　苔藓植物是自养植物,有假根和似茎叶的分化。茎内没有真正的维管组织;叶多数是由一层细胞组成,既能进行光合作用,也能直接吸收水分和养料;苔藓植物的配子体能独立生活,孢子体寄生在配子体上。蕨类植物是高等最复杂的孢子植物,有根、茎、叶的分化。蕨类植物孢子体和配子体都能独立生活;蕨类植物的生活史是孢子体占优势的异型世代交替。

　　裸子植物的植物体(孢子体)发达,配子体极度退化,具有颈卵器构造和多胚现象,产生种子但不形成果实,主要化学成分有黄酮类、生物碱类、萜类等,尤其是双黄酮类成分,是裸子植物的特征成分,现代裸子植物分为苏铁纲、银杏纲、松柏纲、红豆杉纲和买麻藤纲,全球现存裸子植物不足 800 种,其中不少是第三纪孑遗植物,银杏、马尾松、油松、侧柏、红豆杉等药用植物为中国特产树种。

　　被子植物是现今植物界中最进化、种类最多、分布最广和生长最茂盛的类群。已知全世界被子植物共有 25 万种,占植物界总数的一半以上。被子植物器官更加复杂,有高度发达的输导组织,木质部中有导管,韧皮部中有伴胞;有真正的花,花通常由花被(花萼和花冠)、雄蕊群和雌蕊群组成;胚珠生于密闭的子房内;具有双受精现象;受精后,子房发育成果实,胚珠发育成种子,种子有果皮包被。

能力检测

一、单选题

1. 绝大多数真菌的植物体由什么构成？（   ）

A. 根   B. 茎   C. 叶   D. 菌丝

2. 关于菌类植物的说法正确的是（   ）。

A. 菌类植物依靠光合作用生活   B. 真菌为真核生物，不含叶绿素

C. 部分菌类植物有根或叶的分化   D. 菌类植物依靠无机物质生活

3. 不属于担子菌亚门的药用植物是（   ）。

A. 银耳   B. 冬虫夏草   C. 茯苓   D. 木耳

4. 关于地衣说法错误的是（   ）。

A. 是一种真菌和一种藻类两个有机体高度结合而成的共生复合体

B. 从形态上地衣可分为壳状地衣、叶状地衣和枝状地衣

C. 地衣的形态几乎完全是由藻类决定的

D. 藻类进行光合作用为整个地衣制造养分，而菌类则吸收水分和无机盐

5. 以菌核入药的是（   ）。

A. 马勃   B. 茯苓   C. 木耳   D. 灵芝

6. 在下列藻类植物中具原核细胞的植物是（   ）。

A. 发菜   B. 海带   C. 水绵   D. 原绿藻

7. 下列以孢子入药的是（   ）。

A. 木贼   B. 海金沙   C. 紫萁   D. 卷柏

8. 下列以根状茎入药的是（   ）。

A. 石韦   B. 海金沙   C. 木贼   D. 金毛狗脊

9. 既属于颈卵器植物又属于种子植物的是（   ）。

A. 苔藓植物   B. 蕨类植物   C. 裸子植物   D. 被子植物

10. 裸子植物的大孢子叶又可称（   ）。

A. 子房   B. 胚囊   C. 胎座   D. 心皮

11. 药材绵马贯众来源于（   ）。

A. 粗茎鳞毛蕨   B. 紫萁   C. 金毛狗脊   D. 槲蕨

12. 木贼与问荆的区别是（   ）。

A. 茎是否分枝   B. 茎是否同型

C. 孢子囊穗着生的位置   D. 孢子的形态

13. 具有明显抗癌作用的紫杉醇来源于（   ）。

A. 松科   B. 柏科   C. 红豆杉科   D. 三尖杉科

14. 中药材木瓜来源于（   ）植物。

A. 番木瓜科   B. 蔷薇科   C. 葫芦科   D. 桔梗科

15. 下列哪种药材来源于十字花科？（   ）

A. 天仙子   B. 莱菔子   C. 牵牛子   D. 决明子

16. 菊科的药用植物是（   ）。

A. 番红花   B. 红花   C. 金银花   D. 洋金花

17. 下面是桔梗科的药用植物是（   ）。

A. 玄参   B. 人参   C. 党参   D. 丹参

18. 萝摩科植物杠柳的干燥根皮，入药称（   ）。

A. 五加皮   B. 香加皮   C. 地骨皮   D. 桑白皮

19. 下面对白花蛇舌草花及花序特征描述正确的是（　　　）。

A. 2～3 朵无梗花生于叶腋　　　　　　　　B. 2～5 朵长梗花排列成伞房花序生于叶腋

C. 无梗或短梗花单生于叶腋　　　　　　　　D. 2～3 朵花排列成伞形花序生于叶腋

20. 金银花来源植物为忍冬科植物（　　　）的干燥花蕾。

A. 灰毡毛忍冬　　　　　B. 红腺忍冬　　　　　C. 黄褐毛忍冬　　　　　D. 忍冬

21. 山药来源为薯蓣科植物（　　　）的根状茎。

A. 薯蓣　　　　　B. 穿龙薯蓣　　　　　C. 粉背薯蓣　　　　　D. 盾叶薯蓣

22. 具肉穗花序及佛焰苞的科为（　　　）。

A. 百合科　　　　　B. 天南星科　　　　　C. 姜科　　　　　D. 莎草科

23. 豆科的药用植物有（　　　）。

A. 天仙藤　　　　　B. 海风藤　　　　　C. 鸡血藤　　　　　D. 大血藤

24. 姜科植物以果实入药的是（　　　）。

A. 薏苡仁　　　　　B. 苦杏仁　　　　　C. 柏子仁　　　　　D. 砂仁

25. 下列中药中（　　　）来源是叶的干燥粉末。

A. 青黛　　　　　B. 血竭　　　　　C. 没药　　　　　D. 乳香

26. 国际卫生组织规定抗疟疾的青蒿素主要来源于（　　　）。

A. 黄花蒿　　　　　B. 滨蒿　　　　　C. 茵陈蒿　　　　　D. 艾蒿

27. 中药材麦冬基源为百合科植物（　　　）。

A. 麦冬　　　　　B. 湖北麦冬　　　　　C. 短葶山麦冬　　　　　D. 阔叶山麦冬

28. 下列药材为蔷薇科植物的果实是（　　　）。

A. 五味子　　　　　B. 金樱子　　　　　C. 女贞子　　　　　D. 天仙子

29. 下列药材是菊科植物的有（　　　）。

A. 鸡冠花　　　　　B. 玫瑰花　　　　　C. 洋金花　　　　　D. 款冬花

30. 禾本科的子房基部有退化的花被称为（　　　）。

A. 外稃　　　　　B. 内稃　　　　　C. 浆片　　　　　D. 内颖

31. 药材菊花是植物的（　　　）。

A. 花蕾　　　　　B. 花瓣　　　　　C. 花序　　　　　D. 花托

32. 西红花来源为（　　　）。

A. 菊科植物红花　　　　　B. 鸢尾科植物番红花　　　　　C. 菊科植物旋覆花　　　　　D. 鸢尾科植物射干

33. 以瓠果入药的植物是（　　　）。

A. 木瓜　　　　　B. 番木瓜　　　　　C. 罗汉果　　　　　D. 胖大海

34. 唇形科植物的花序为（　　　）。

A. 伞形花序　　　　　B. 轮伞花序　　　　　C. 伞房花序　　　　　D. 聚伞花序

35. 多年生草本，常有唇瓣、合蕊柱和花粉块；根状茎或块茎入药，有黏液细胞、草酸钙针晶束及周韧型或有限外韧型维管束。此特征是（　　　）所有。

A. 百合科　　　　　B. 姜科　　　　　C. 天南星科　　　　　D. 兰科

二、问答题

1. 植物分类的目的和任务是什么？

2. 药学专业学生学习植物分类的目的是什么？

3. 藻类植物有哪些特征？

4. 真菌有哪些基本特征？试举几例常见真菌类药物。

5. 蕨类植物有哪些主要特征？它和苔藓植物有何异同？

6. 裸子植物的化学成分有哪些特点？

7. 松科、柏科、麻黄科植物的主要特征是什么？各科常见的药用植物有哪些？

8. 请列表比较双子叶植物纲与单子叶植物纲的区别。

9. 请写出伞形科的主要特征,列举常见药用植物。

10. 请写出唇形科的主要特征,列举常见药用植物。

11. 请写出菊科的主要特征,列举常见药用植物。

12. 请比较木兰科与毛茛科的异同点,列举它们各自的药用植物。

13. 比较马鞭草科、唇形科、玄参科的异同点,并列举它们各自的药用植物。

14. 兰科植物为什么置于恩格勒分类系统的最后?

（孙兴力　张建海　牛学义　蒋媛）

项目四　药用植物资源

学 习 目 标

掌握药用植物资源开发利用概况。

熟悉药用植物资源的区划,中药材生产质量管理规范发展概况。

了解中国药用植物资源的自然分布。

任务一　我国药用植物资源的自然分布

一、我国药用植物资源的区域分布

药用植物资源包括低等植物藻类、菌类、地衣类和高等植物苔藓类、蕨类及种子植物等类群。根据第三次全国中药资源普查结果,中国药用植物资源约有 383 科 11146 种。其中药用总种数中的 99％是被子植物亚门,其中双子叶植物中菊科、豆科占药用植物数量分别是第一和第二,单子叶植物中百合科是药用种类最多的科。

我国的药用植物资源有规律地分布在三大生态型区:东部季风区域、西北干旱区域和青藏高寒区域。东部季风区域行政区划上包括除新疆、青海外的内蒙古、宁夏、西藏、甘肃省区小部,其他省市区大部或全部,地理位置是从南沙群岛的曾母暗沙到黑龙江的漠河,代表性药用植物有柴胡、龙胆、秦艽、桔梗、人参、五味子、细辛、鹿茸、蛤蟆油、半夏、益母草、菊花、山药、牛膝、白头翁、侧柏、地榆等。西北干旱区域在行政区划上包括新疆、宁夏、内蒙古的大部分以及甘肃、青海、陕西、山西、河北等省的部分地区,地理位置是亚欧大陆中心,代表性药用植物有甘草、麻黄、枸杞、罗布麻、赤芍、锁阳、黄芩、远志等。青藏高寒区域在行政区域上包括西藏、青海大部分地区,甘肃、四川部分地区,新疆、云南小部分地区,地理位置东到横断山脉,南到喜马拉雅山,西到喀喇昆仑山,北到昆仑山,代表性药用植物有川贝母、冬虫夏草、秦艽、龙胆、大黄、甘西鼠尾、党参、羌活、宽叶羌活、甘松、长花滇紫草、雪莲花、胡黄连、山莨菪、马尿泡、龙脑香等多种。

我国药用植物资源可划为东北区、华北区、华南区、华东区、西南区、西北区、内蒙古区、青藏区及海洋区九个区。

1. 东北区　本区包括长白山地区、大兴安岭、小兴安岭以及三江平原等地,是道地药材"关药"的主产区。常见药用植物资源有人参、关黄柏、关龙胆、五味子、牛蒡子、桔梗、槲寄生、赤芍、草乌、平贝母等。

2. 华北区　本区包括华北平原、太行山区和黄土高原等地,是四大怀药(怀地黄、怀山药、怀菊花、怀牛膝)的产地。常见的药用植物资源有北苍术、远志、酸枣仁、北柴胡、连翘、葛根、金银花、黄芪、党参、板蓝根、山楂、栝楼、北沙参等。

3. 华南区　本区包括岭南丘陵山地、雷州半岛、滇西南、海南岛等地,是道地药材"南药""广药"主产区。常见药用植物资源有槟榔、阳春砂、益智仁、巴戟天、广藿香、钩藤、降香、胡椒、沉香、安息香、肉桂、使君子、郁金、砂仁、草豆蔻、白豆蔻等。

4. 华东区　本区包括江南丘陵山地、长江中下游及伏牛山、大别山等地。常见药用植物资源有杭菊花、浙贝母、延胡索、霍山石斛、宣州木瓜、铜陵牡丹皮、茅苍术、温郁金、清江枳壳、建泽泻、平江白术、山茱萸、夏枯草、薄荷、女贞子、栀子等。

5. 西南区 本区包括云贵高原、秦岭山地与四川盆地等地，是道地药材"云药""川药""贵药"主产区。常见的药用植物资源有云木香、云南三七、云连、川芎、川附子、川牛膝、川麦冬、黄柏、味连、川贝母、川大黄、独活、天麻、杜仲、半夏、吴茱萸等。

6. 西北区 本区包括宁夏、新疆、青海、内蒙古的部分荒漠草原区域。常见的药用植物资源有枸杞子、肉苁蓉、锁阳、甘草、麻黄、新疆紫草、伊贝母、阿魏、红花、罗布麻、雪莲花、苦豆子、沙棘、马蔺子、银柴胡等。

7. 内蒙古区 本区包括内蒙古高原、东北平原和阴山山地。常见的药用植物资源有内蒙古黄芪、多伦赤芍、甘草、关防风、知母、麻黄、黄芩、远志、郁李仁、龙胆、蒲黄、桔梗、苍术、柴胡、秦艽等。

8. 青藏区 本区包括青藏高原大部，是"藏药"的主产区。常见的药用植物资源有大黄、冬虫夏草、甘松、胡黄连、羌活、藏黄连、天麻、秦艽、翼首花、船盔乌头、乌奴龙胆、尼泊尔黄堇、金球黄堇、轮叶棘豆等。

9. 海洋区 本区包括我国东部和东南部广阔的海岸线，达 470 万平方千米。常见的药用资源有海藻、海螵蛸等。

二、国家药用植物自然资源保护区

国家药用植物自然资源保护区有吉林长白山北药植物资源自然保护区、新疆荒漠沙生药用植物资源自然保护区、青藏高原中藏药材资源自然保护区、海南南药药用植物资源自然保护区、云南西双版纳药用植物资源自然保护区、广西龙虎山药用植物资源自然保护区等。

任务二 我国药用植物资源的开发与保护

一、药用植物资源的开发

近年来，我国药用植物大部分用于中医药，而传统配方治疗的比重一直下降。2015 年 10 月 29 日，国家标准委和国家中医药管理局发布了三项中医药国家标准，即《中药方剂编码规则及编码》、《中药编码规则及编码》和《中药在供应链管理中的编码与表示》，于 12 月 1 日起实施，标志着我国将实施统一的中药、中药方剂、中药供应链编码体系。这有助于控制质量，实现中医药标准化、信息化、规范化，稳定和提高传统中医药的比重。

（一）开发药物新品种

我国民间有丰富的药用植物资源，是开发药源的重要宝库。如被 2015 版《药典》收录的穿心莲，以及开发的新中成药制剂，如活血化瘀的灯盏细辛注射液、清肝利胆的青叶胆片、调节免疫的昆明山海棠片。古代医书、本草著作中也有很多记载，以此为依据可以开发新药品。目前，多见的是从植物中提取单体活性成分，复方制剂较少。如临床中从"当归芦荟丸"中获取了抗癌有效成分蒽玉红，现已制成抗癌药应用于临床，从治疗颈项强直的"葛根汤"中分离葛根素等 4 种异黄酮类化合物，现已制成片剂、针剂等用于临床。中药复方制剂"复方丹参滴丸"，如能在 2016 年底通过三期临床研究，将会是第一个通过 FDA 的中成药制剂。此外，还可以利用细胞工程、基因工程、酶工程和发酵工程等生物技术，用植物体的某一部分细胞或组织快速繁殖，用来提取原植物资源匮乏以及化学方法难以合成的植物次生代谢产物。也可以利用转基因技术，将外源药用基因导入植物的基因组，获得新型药物和基因工程疫苗，相比较细菌、酵母、昆虫细胞等表达体系在免疫原性、安全性、来源和成本等方面更优。

（二）开发商品原料的中间体

制药工业及某些合成药的原料或中间体，合成成本较高，或技术复杂，它们有些可以从丰富的药用植物资源中获得。如茄科的三分三中的莨菪碱，可转化成为阿托品，薯蓣属植物中含薯蓣皂苷元，可转化为可的松等糖皮质激素类药物,杜鹃花科药物地檀香含水杨酸甲酯,可转化为阿司匹林等水杨酸类解热镇痛药,百合科药物丽江山慈菇含有秋水仙碱,可转化为抗癌药物秋水仙酰胺,人参含有很多类型的人参皂苷,经过转化可成为抗癌成分 Rg3、Rh2,从三尖杉科三尖杉中提取的三尖杉碱,可转化为抗癌药三尖杉酯碱、异三尖杉酯碱、高三尖杉酯碱等生物碱,从防己科黄藤中提取的巴马汀,可转化为止痛的延胡索乙素。此外,还有菊科植物黄花蒿中提取的抗疟药物青蒿素,小檗属植物中提取的消炎药物黄连素等。

(三)扩大资源

一般来说"相近的植物类群具有相似的化学成分,植物愈进化,成分愈复杂",例如从薯蓣属植物中寻找薯蓣皂素资源,从萝芙木属植物中寻找利血平等。另外药用植物的药用部位也可以扩大,药用植物一般选择某一或几个部位药用,现在研究发现,其他部位也可能含有类似成分,如人参皂苷不仅人参根有,叶、花、果实中也有,目前人参叶也被《药典》收录,益母草不仅嫩叶多者入药,全草均可入药;牡丹皮不仅皮可以入药,芯也可以入药,即全根入药;黄连不仅地下茎可以入药,地上部分也可以入药,杜仲不仅皮可以入药,叶子也可以入药。药用部位扩大后,新增的药用部位与原来的可能类似,也可能不同,如三七根和叶都有止血、消肿作用,而花则有清热平肝,降压作用。

(四)开发保健药品、食品、天然化妆品

随着社会老龄化加剧,疾病谱中慢性疾病发病率逐年上升。保健药品有些是营养素补充剂,如复合维生素、各种钙制剂、虫草等;有些是针对高血脂、高血压、高血糖、便秘、肥胖等人群的特定保健药品;有些为药食同源,例如蜂蜜、人参、枸杞、党参等;还有一些有保健作用的食品,如蛋白粉、海参等。此外,很多药用植物都可以添加到化妆品中,制成药妆,对人体起到一定的滋补营养、保健康复作用,常见的有人参、芦荟、红景天、红花、薏苡仁、白芷、三七、何首乌、当归、刺五加、升麻、花粉、桔梗、槐花、松针、侧柏叶、银耳、卷柏和海藻类等。植物中的精油可以单独作为化妆品或者添加到化妆品中。

(五)其他方面

药用植物在天然色素、香料、药膳、调味剂、香水等方面也有重要作用。如红花黄色素、栀子黄色素、玫瑰茄色素、姜黄色素等色素,八角茴香、桂皮、花椒、小茴香、玫瑰花、丁香、薄荷、陈皮和高良姜等香料。

二、药用植物资源的保护

我国药用植物资源丰富,2015 版《药典》收载的植物药有 640 余种;其中野生种类繁多,约占一半;栽培品种丰富多样,如人参有大马牙、二马牙、长脖、圆膀等多个地方品种;野生近缘种资源丰富,如贝母的近缘种约有 17 个。但是由于各种原因,也导致药用植物资源相对缺乏,如过度采挖、大面积采伐森林、开垦草地、过度放牧、城市扩张占地等原因,都使得原生植被遭到破坏,许多野生药用植物资源急剧减少。同时,旅游兴起使旅游区药用植物资源遭到破坏。另外,我国药材出口也是供应紧张的原因之一。

(一)相关的法律法规

我国为保护药用植物资源颁布了一系列相关的法律法规。国务院在 1987 年 10 月 30 日颁布了我国第一部中药资源保护专业性法规《野生药材资源保护管理条例》(以下简称《条例》)。国家医药管理局会同国务院野生动物、植物管理部门及有关专家依据《条例》的规定共同制定出第一批《国家重点保护野生药材物种名录》,共分三级:一级为濒临灭绝状态的稀有珍贵野生药材物种(简称一级保护野生药材物种),二级为分布区域缩小、资源处于衰竭状态的重要野生药材物种(简称二级保护野生药材物种),三级为资源严重减少的主要常用野生药材物种(简称三级保护野生药材物种)。目前共收载野生药材物种 74 种,58 种药用植物,16 种药用动物,如猫科动物虎的虎骨和动物豹(含云豹、雪豹)的豹骨都已被禁止使用。

一级保护野生药材物种:牛科动物赛加羚羊(羚羊角),鹿科动物梅花鹿(鹿茸)。

二级保护野生药材物种:鹿科动物马鹿(鹿茸),鹿科动物林麝(麝香),鹿科动物马麝(麝香),鹿科动物原麝(麝香),熊科动物黑熊(熊胆),熊科动物棕熊(熊胆),鲮鲤科动物穿山甲(穿山甲),蟾蜍科动物中华大蟾蜍(蟾酥),蟾蜍科动物黑眶蟾蜍(蟾酥),蛙科动物中国林蛙(哈蟆油),眼镜蛇科动物银环蛇(金钱

白花蛇),游蛇科动物乌梢蛇(乌梢蛇),蝰科动物五步蛇(蕲蛇),壁虎科动物蛤蚧(蛤蚧),豆科植物甘草(甘草),豆科植物胀果甘草(甘草),豆科植物光果甘草(甘草),毛茛科植物黄连(黄连),毛茛科植物三角叶黄连(黄连),毛茛科植物云连(黄连),五加科植物人参(人参),杜仲科植物杜仲(杜仲),木兰科植物厚朴(厚朴),木兰科植物凹叶厚朴(厚朴),芸香科植物黄皮树黄檗(黄柏),芸香科植物(黄柏),百合科植物剑叶龙血树(血竭)。

三级保护野生药材物种:百合科植物川贝母(川贝母),百合科植物暗紫贝母(川贝母),百合科植物甘肃贝母(川贝母),百合科植物梭砂贝母(川贝母),百合科植物新疆贝母(伊贝母),百合科植物伊犁贝母(伊贝母),五加科植物刺五加(刺五加),唇形科植物黄芩(黄芩),百合科植物天门冬(天冬),多孔菌科真菌猪苓(猪苓),龙胆科植物条叶龙胆(龙胆),龙胆科植物龙胆(龙胆),龙胆科植物三花龙胆(龙胆),龙胆科植物坚龙胆(龙胆),伞形科植物防风(防风),远志科植物远志(远志),远志科植物卵叶远志(远志),玄参科植物胡黄连(胡黄连),列当科植物肉苁蓉(肉苁蓉),龙胆科植物秦艽(秦艽),龙胆科植物麻花秦艽(秦艽),龙胆科植物粗茎秦艽(秦艽),龙胆科植物小秦艽(秦艽),马兜铃科植物北细辛(细辛),马兜铃科植物汉城细辛(细辛),马兜铃科植物细辛(细辛),紫草科植物新疆紫草(紫草),紫草科植物紫草(紫草),木兰科植物五味子(五味子),木兰科植物华中五味子(南五味子),马鞭草科植物单叶蔓荆(蔓荆子),马鞭草科植物蔓荆(蔓荆子),使君子科植物诃子(诃子),使君子科植物绒毛诃子(诃子),山茱萸科植物山茱萸(山茱萸),兰科植物环草石斛(石斛),兰科植物马鞭石斛(石斛),兰科植物黄草石斛(石斛),兰科植物铁皮石斛(石斛),兰科植物金钗石斛(石斛),伞形科植物新疆阿魏(阿魏),伞形科植物阜康阿魏(阿魏),木犀科植物连翘(连翘),伞形科植物羌活(羌活),伞形科植物宽叶羌活(羌活)。

与药用植物资源保护相关的法规和文件还有《中华人民共和国森林法》、《中华人民共和国森林法实施条例》、《中华人民共和国自然保护区条例》、《国家重点保护植物名录》、《中国植物红皮书》、《中国生物多样性保护行动》等。

(二)药用植物资源保护的措施和方法

加强全民教育,增强保护资源意识,把保护药用植物资源放在重要战略地位上。加强药用植物资源保护的法制建设,加强宣传。积极栽培引种重要药用植物资源,结合实际积极开展 GAP 中药材种植,解决资源紧缺、质量不易控制等问题。建立丰富以药用植物为主的自然保护区,建立珍稀濒危药用植物园,利用现代细胞工程、基因工程等生物技术开发繁殖药用部位或大量提取次生代谢产物。

任务三 中药材生产质量管理规范(GAP)

一、GAP 的概念

GAP 广义上被称为良好农业规范,在中药材生产中特指《中药材生产质量管理规范(试行)》,用于保证中药材质量,控制影响药材生产质量的各种因子,规范药材生产各环节及至全过程,从而保证中药材的真实、安全、有效和质量稳定。

良好农业规范是随着农业中化肥的大规模使用,各种污染不断加重而出现的,首次由 FAO 提出良好农业规范应遵循的原则和基本要求,1998 年美国提出了良好农业规范概念,欧盟等国相继制定了自己的良好农业规范,我国在 2004 年开展制定了我国的 GAP,在 2005 年 12 月 31 日发布了 GB/T 20014.1—11 良好农业规范系列国家标准,于 2006 年 5 月 1 日组织实施。

目前与药用植物相关的 GAP 有 4 部,即世界卫生组织药用植物 GACP 指南,欧盟药用和芳香植物生产管理规范(GAP),日本药用植物种植采收管理规范(GACP)和中国中药材生产质量管理规范(GAP)。WHO 在 2004 年 2 月 10 日发布了药用植物种植采集管理规范指南(WHO guidelines on good agricultural and collection practices(GACP)for medicinal plants),包括了药用植物的种植和野生采集两部分。欧洲医药评价署(EMEA)2002 年 5 月 2 日发布了《原药材种植和采集的生产质量管理规范细则》

（"欧盟 GACP"），日本厚生省 2003 年 9 月发布了《药用植物种植和生产质量管理规范（GACP）》（"日本 GACP"），我国原国家药品监督管理局以 32 号局令发布了自 2002 年 6 月 1 日起施行的《中华人民共和国中药材生产质量管理规范（试行）》，第二年发布了《中药材 GAP 生产试点认证检查评定办法》。我国 GAP 中的中药材包括动物药，并且强调药材的道地性，而其他三部 GACP 中只有植物药没有动物药。我国 GAP 和 WHO GACP 有野生药用植物，而欧盟 GACP 和日本的 GACP 只是栽培的药用植物和芳香植物。

二、GAP 的内容

《中药材生产质量管理规范（试行）》共十章五十七条，包括植物药和动物药，从产地生态环境、种质和繁殖材料、栽培与养殖管理、采收与初加工、包装、运输与贮藏、质量管理、人员与设备以及文件管理等方面进行控制，适用于中药材生产企业生产中药材（含植物药及动物药）的全过程。GAP 重视过程控制和最终产品检测，包括硬件和软件的要求，硬件是场地、加工设备、质检仪器等，软件包括企业根据实际制定的相关程序，如 SOP 等。

1～3 条为总则，"规范生产过程以保证药材质量的稳定、可控"是核心，主要围绕可能影响药材质量的影响因素，如种质等内在因素和环境等外在因素的调控而制定。4～57 条为各论：4～6 条为对产地生态环境，如对大气、水质、土壤环境等条件的要求，7～10 条为对种质和繁殖材料的要求，11～16 条为对栽培与养殖管理的要求，包括制定植物栽培和动物养殖的 SOP，对肥、土、水、病虫害的防治要求等，17～25 条为对动物养殖的要求，26～33 条为对采收与初加工的要求，34～39 条为对包装、运输与贮藏的要求，40～44 条为对中药材质量管理及检测项目的要求，45～51 条为对人员和设备的要求，包括受过一定培训的人员及对产地、设施、仪器设备的要求说明等，52～54 条为对生产全过程记录等文件的要求，55～57 条为补充说明、术语解释。

三、GAP 基地分布

《中药材生产质量管理规范》的制定与发布是政府行为，它为中药材生产提出了应遵循的要求和准则，这对各种中药材和生产基地都是统一的。各生产基地应根据各自的生产品种、环境特点、技术状态、经济实力和科研条件，制定出切实可行的、达到 GAP 要求的方法和措施，即标准操作规程（SOP），SOP 要有科学性、完备性、实用性和严密性。

国家食品药品监督管理局制定了中药材生产质量管理规范认证检查评定标准及管理办法，国家食品药品监督管理局药品认证中心承办，认证时由中药材生产企业提出申请，由所在地省、自治区（市）药品监督管理部门初审，再报国家食品药品监督管理局认证中心，审核通过，由国家食品药品监督管理局颁发"中药材生产质量管理规范证书"。

2004 年 3 月 16 日，国家食品药品监督管理局审批通过了第一批 8 家中药材 GAP 认证企业，在国家相关部门的支持和帮助下，到 2014 年 6 月为止，已发布 22 批中药材 GAP 检查公告，已有 22 批共 152 个基地，78 个中药材品种获得了中药材 GAP 认证，基地分布在全国 24 个省市自治区，其中有一个动物类生药，即四川好医生攀西药业有限责任公司的美洲大蠊。

78 个中药材品种分别是丹参、三七、山茱萸、鱼腥草、西红花、板蓝根、西洋参、人参、麦冬、栀子、青蒿（仅供提取青蒿素使用）、罂粟壳、黄连、穿心莲、灯盏花、何首乌、太子参、桔梗、党参、薏苡仁、绞股蓝、铁皮石斛、天麻、荆芥、广藿香、川芎、泽泻、白芷、苦地丁、银杏叶、太子参、龙胆、玄参、地黄、山药、当归、款冬花、头花蓼、平贝母、延胡索（元胡）、附子、五味子、云木香、黄芪、金银花、苦参、巫山淫羊藿、罂粟、紫斑罂粟、红花罂粟、美洲大蠊、温莪术、化橘红、牡丹皮、川贝母、短葶山麦冬、红花、山银花（灰毡毛忍冬）、冬凌草、黄芩、川芎、银杏叶、半夏、菊花、苍术、螺旋藻、金钗石斛、茯苓、厚朴、枸杞子、玄参、荆芥、滇重楼、虎杖、甘草、北柴胡、郁金、莪术（蓬莪术）。

（一）黑龙江省、吉林省、辽宁省

大庆市大同区庆阳经贸有限责任公司	板蓝根
伊春北药祥锋植物药有限公司	平贝母
铁力市兴安神力药业有限责任公司	平贝母
黑龙江天翼药业有限公司	板蓝根
大庆白云山和记黄埔板蓝根科技有限公司	板蓝根
抚松县宏久参业有限公司	人参
集安市新开河有限公司	人参
吉林长白参隆集团有限公司	人参
北京同仁堂吉林人参有限责任公司	人参
吉林省西洋参集团有限公司	西洋参
康美新开河（吉林）药业有限公司	人参
吉林省宏久和善堂人参有限公司	人参
通化百泉参业集团股份有限公司	人参、西洋参
吉林省集安益盛汉参中药材种植有限公司	人参
辽宁天瑞绿色产业科技开发有限公司	龙胆
抚顺青松药业有限公司	五味子
辽宁好护士药业（集团）有限责任公司	五味子
辽宁嘉运药业有限公司	龙胆

（二）甘肃省、陕西省、宁夏自治区、新疆自治区、内蒙古自治区

甘肃岷归中药材科技有限公司	当归
甘肃省农垦集团有限责任公司	罂粟壳、罂粟、紫斑罂粟、红花罂粟
陕西汉王略阳中药科技有限公司	天麻
甘肃劲康药业有限公司	当归
东阿阿胶高台天龙科技开发有限公司	党参
安康北医大平利绞股蓝有限公司	绞股蓝
佛坪汉江山茱萸科技开发有限责任公司	山茱萸
陕西天士力植物药业有限责任公司	丹参
陕西汉王略阳中药科技有限公司	天麻
西安安得药业有限责任公司镇坪分公司	黄连、玄参
中宁县杞瑞康商贸有限公司	枸杞子
裕民县华卫红花科技有限公司	红花
亚宝药业新疆红花发展有限公司	红花
雅安三九中药材科技产业化有限公司伊犁分公司	红花
裕民县永宁红花科技发展有限责任公司	红花
新疆步长药业有限公司	红花
新疆康隆农业科技发展有限公司	红花
乌兰察布市中一黄芪技术开发有限责任公司	黄芪
乌兰察布广药中药材开发有限公司	黄芪

（三）四川省、重庆市

雅安三九中药材科技产业化有限公司	附子、麦冬、鱼腥草
四川绿色药业科技发展股份有限公司	川芎
四川银发资源开发股份有限公司	白芷
巫溪县远帆中药材种植有限责任公司	款冬花
四川好医生攀西药业有限责任公司	美洲大蠊
四川新荷花中药饮片股份有限公司	川贝母、麦冬、附子、半夏、川芎
四川佳能达攀西药业有限公司	附子
四川逢春制药有限公司	丹参
四川江油中坝附子科技发展有限公司	附子
四川新绿色药业科技发展股份有限公司	川芎
神威药业（四川）有限公司	麦冬
四川美大康中药材种植有限责任公司	鱼腥草
四川国药药材有限公司	厚朴
四川泰灵生物科技有限公司	天麻
四川金土地中药材种植集团有限公司	郁金、莪术（蓬莪术）
重庆市华阳自然资源开发有限责任公司	青蒿（仅供提取青蒿素使用）
重庆石柱黄连有限公司	黄连
巫溪县远帆中药材种植有限责任公司	款冬花
重庆精鼎药材科技开发有限公司	山银花（灰毡毛忍冬）
重庆市南川区瑞丰农业开发有限责任公司	玄参
重庆科瑞南海制药有限责任公司	虎杖

（四）贵州省、云南省

贵州威门药业股份有限公司	头花蓼
贵州省黔东南州信邦中药饮片有限责任公司	何首乌
赤水市信天中药产业开发有限公司	金钗石斛
贵州省黔东南州信邦中药饮片有限责任公司江中太子参分公司	太子参
贵州同济堂制药有限公司	淫羊藿（巫山淫羊藿）
昆明制药集团股份有限公司	三七
丽江华利中药饮片有限公司	云木香
云南白药集团文山七花有限责任公司	三七
光明食品集团云南石斛生物科技开发有限公司	铁皮石斛
云南哈珍宝三七种植有限公司	三七
云南白药集团中药材优质种源繁育有限责任公司	三七
红河千山生物工程有限公司	灯盏花
云南特安呐三七产业股份有限公司	三七
云南施普瑞生物工程有限公司	螺旋藻
丽江云鑫绿色生物开发有限公司	滇重楼
沾益县益康中药饮片有限责任公司	当归

（五）河南省、山西省、河北省、山东省、安徽省

南阳张仲景中药材发展有限责任公司	山药、地黄、山茱萸、丹皮
北京同仁堂南阳山茱萸有限公司	山茱萸
南阳张仲景山茱萸有限责任公司	山茱萸
新乡佐今明制药股份有限公司	金银花
河南省济源市济世药业有限公司	冬凌草
方城县华丰中药材有限责任公司	丹参
南阳白云山和记黄埔丹参技术开发有限公司	丹参
北京同仁堂陵川党参有限责任公司	党参
大同丽珠芪源药材有限公司	黄芪
山西振东制药股份有限公司	苦参
亚宝药业集团股份有限公司	丹参
北京同仁堂河北中药材科技开发有限公司	板蓝根、荆芥、苦地丁
山东鼎立中药材科技有限公司	桔梗
山东三精制药有限公司	金银花
临沂升和九州药业有限公司	丹参、黄芩
临沂利康中药饮片有限公司	金银花
山东东阿阿胶股份有限公司	地黄
神威阿蔓达（平邑）中药材有限公司	金银花
临沂金泰药业有限公司	金银花
阜阳白云山板蓝根技术开发有限公司	板蓝根

（六）广东省、福建省

广州市香雪制药股份有限公司	广藿香
清远白云山穿心莲技术开发有限公司	穿心莲
化州市绿色生命有限公司	化橘红
清远白云山和记黄埔穿心莲技术开发有限公司	穿心莲
福建金山生物制药股份有限公司	泽泻
宁德市力捷迅农垦高科有限公司	太子参

（七）浙江省、江苏省、上海市、江西省、湖北省

北京同仁堂浙江中药材有限公司	山茱萸
浙江康莱特集团有限公司	薏苡仁
浙江省天台县中药药物研究所	铁皮石斛
温州市温医沙洲温莪术技术服务有限公司	温莪术
浙江康莱特新森医药原料有限公司	薏苡仁
浙江寿仙谷生物科技有限公司	铁皮石斛
江苏银杏生化集团股份有限公司	银杏叶
江苏苏中药业集团股份有限公司	人参
上海华宇药业有限公司	西红花
上海信谊百路达药业有限公司	银杏叶

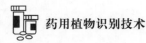

续表

江西荣裕药业集团有限公司	延胡索（元胡）
江西汇仁堂中药饮片有限公司	栀子
湖北恩施硒都科技园有限公司	玄参
恩施九州通中药发展有限公司	黄连
北京同仁堂湖北中药材有限公司	茯苓
黄冈金贵中药产业发展有限公司	茯苓
湖北神农本草中药饮片有限公司	北柴胡

西藏、青海、湖南、海南、广西、北京、天津、香港、澳门等地区暂时未设立中药材 GAP 种植基地。

小 结

我国药用植物资源包括低等植物和高等植物等类群，其中高等植物的种子植物占资源的主体，可把我国药用植物资源划分为东部季风区域、西北干旱区域和青藏高寒区域。我国药用植物资源可以划为东北区、华北区、华南区、华东区、西南区、西北区、内蒙古区、青藏区及海洋区九个区。

药用植物资源可以开发药物新品种，开发商品原料的中间体，扩大资源，开发保健药品、食品、天然化妆品及开发天然色素、香料、药膳、调味剂、香水等相关产品。目前我国野生药用植物资源储量逐年下降或趋于枯竭，因此，若不重视野生药材资源的驯化栽培和保护，将影响到天然药用植物的资源安全和可持续发展。要使中药行业保持可持续发展，必须对中药资源加以保护。

GAP 广义上被称为良好农业规范，在中药材生产中特指《中药材生产质量管理规范（试行）》，用于保证中药材的真实、安全、有效和质量稳定。GAP 重视硬件（如场地、加工设备、质检仪器等）和软件（如SOP）等。我国已有多家企业通过 GAP 认证，GAP 正在逐渐蓬勃地展开。

能力检测

一、单选题

1. 以下属于四大怀药的是（　　）。
A. 人参　　　　　　　B. 五味子　　　　　　C. 牛膝　　　　　　D. 马钱子
2. 以下属于二级保护野生药材物种是（　　）。
A. 酸枣仁　　　　　　B. 甘草　　　　　　　C. 远志　　　　　　D. 猪苓
3. 中药材生产质量管理规范简称（　　）。
A. GCP　　　　　　　B. GAP　　　　　　　C. GLP　　　　　　D. GMP

二、问答题

1. 简述我国家自然资源保护区。
2. 简述药用植物资源开发的方式。
3. 简述中药材 GAP。

（郑　丽）

项目五　药用植物显微构造识别

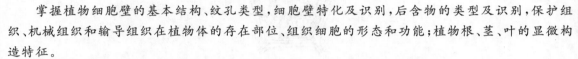

学习目标

　　掌握植物细胞壁的基本结构、纹孔类型，细胞壁特化及识别，后含物的类型及识别，保护组织、机械组织和输导组织在植物体的存在部位、组织细胞的形态和功能；植物根、茎、叶的显微构造特征。

　　熟悉植物细胞的概念、基本结构、特有的结构与细胞器，分生组织和维管束的类型。

　　了解植物细胞，植物的基本组织、分泌组织的存在部位和功能，以及维管束的组成，根、茎的异常构造，裸子植物茎、单子叶植物茎和根茎的构造特点，花、果实、种子的组织构造。

 ## 任务一　植 物 细 胞

　　植物细胞是构成植物体的基本单位，也是植物生命活动的基本单位。植物形态多样，千姿百态，可以是由一个细胞组成的单细胞植物，如低等植物衣藻、小球藻，其生长、发育、繁殖就在这个细胞内完成，也可以是由多细胞组成的植物。高等植物的个体由许多形态和功能不同的细胞组成，细胞之间分工、协作，共同完成复杂的生命活动。现在植物学家能用花粉细胞（烟草、人参、地黄等）、胚乳细胞（枸杞等），甚至原生质体（龙胆、半夏、川芎等）培养出再生植株。由此证实，高等植物的生活细胞，在一定条件下具有全能性。

一、植物细胞的形态与大小

（一）植物细胞的形态

　　植物细胞的形态随着植物的种类及存在的部位和执行的功能不同而异。游离或排列疏松的细胞多呈类圆形、球形；排列紧密的细胞多呈多面体或其他形状；执行机械支持作用的细胞壁增厚，呈纺锤形或圆柱形；执行输导作用的细胞多呈长管状。

（二）植物细胞的大小

　　植物细胞一般都很小，直径在 $10 \sim 100 \ \mu m$ 之间，借助显微镜才能看到。有些植物细胞大小差异很大，如：细菌细胞的直径只在 $1 \sim 2 \ \mu m$；番茄果肉、西瓜瓤的细胞，直径可达 $1 \ mm$，甚至肉眼可以分辨出；苎麻纤维细胞最长者可达 $550 \ mm$；乳管的细胞长达数十米。植物细胞的大小由遗传因素所控制，即由细胞核中的基因所决定。

　　植物细胞一般都很小，研究时需用显微镜观察其构造。用显微镜观察到的细胞结构称为植物的显微结构；在电子显微镜下观察到的细胞结构，称为超微结构或亚显微结构。

二、植物细胞的基本结构

　　植物体的细胞结构各不相同。同一细胞在生命活动的不同阶段，结构也有变化。植物体的某个细胞内不可能容入细胞的一切结构,为了便于学习、研究,现将各种植物细胞的主要结构集中在一个模式细胞内加以说明(图 5-1)。

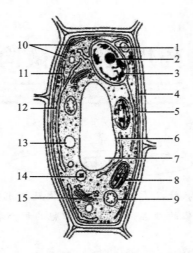

图 5-1 植物细胞的超微构造(模式图)
1.核膜 2.核仁 3.染色质 4.细胞壁 5.质膜 6.液泡膜 7.液泡 8.叶绿体
9.线粒体 10.微管 11.内质网 12.核糖体 13.圆球体 14.微球体 15.高尔基体

一个典型的植物细胞外面包围着一层比较坚韧的细胞壁,壁内是有生命的原生质体。细胞中含有许多原生质体的代谢产物,属于非生命物质,称为后含物。

(一)原生质体

原生质体是细胞内有生命物质的总称。原生质体包括细胞质、细胞核、质体、线粒体、高尔基体、核糖体、溶酶体等,是细胞的主要成分,细胞的一切代谢活动都在其中进行。原生质体按照其内物质的作用、形态及组分的差异分为细胞质、细胞核、细胞器三部分。

1. 细胞质(cytoplasm) 细胞质是半透明、半流动的基质,主要由蛋白质和类脂组成,外面包被质膜,成为细胞质与细胞壁接触的界面。质膜具有选择通透性,能发挥信号转导作用,调节生命活动。

随着细胞的逐渐生长,细胞质内的液体不断积聚形成多个液泡,并逐渐合并增大,将细胞质及细胞质内的细胞核和质体等推向细胞壁。

2. 细胞核(nucleus) 细胞核是细胞质包被的,折光性较强的球状结构。它是细胞生命活动的控制中心。遗传信息的载体 DNA 在核中储藏、复制和转录,控制着细胞和植物有机体的生长、发育和繁殖。植物中除细菌、蓝藻为原核细胞外,其他所有的植物细胞都是真核细胞。一般一个细胞具有一个核,但某些低等植物和种子植物的乳管细胞具双核或多核。

细胞核的形状、大小、位置随着细胞的生长而变化。幼期细胞的核呈球状,体积较大,位于细胞中央;成熟期细胞由于液泡增大,体积变小,而被挤向细胞一侧。细胞核由核膜、核液、核仁、染色质构成。细胞核在光学显微镜下可见。

3. 细胞器(organelle) 细胞器是细胞中具有一定形态结构、组成和特定功能的微器官。细胞器包括质体、液泡、线粒体、内质网、核糖体、微管、高尔基体、圆球体、溶酶体、微球体等。前三者在光学显微镜下可见。

1)质体 质体是植物特有的细胞器。其基本成分是蛋白质、类脂和色素。质体在光学显微镜下可见。根据所含色素和生理功能不同分为三类(图 5-2)。

(1)叶绿体:一般呈球形或扁球形(高等植物内),直径 $4\sim6~\mu m$。叶绿体中含有叶绿素 a、叶绿素 b、胡萝卜素、叶黄素四种色素,其中叶绿素含量最多,所以呈绿色。叶绿体集中分布于绿色植物的叶、曝光的幼茎幼果中,是进行光合作用和合成同化淀粉的场所。研究表明,叶绿体中含有多种酶和维生素,参与多种物质的合成与分解。

(2)白色体:为不含色素的微小颗粒,多呈类球形。多存在于高等植物的不曝光的组织(块茎、块根)中。不同细胞内的白色体功能不同,与物质的积累、储藏相关。它包括合成、储藏淀粉的造粉体,合成蛋

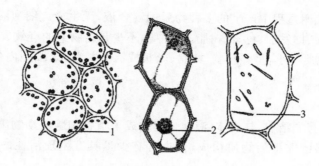

图 5-2 质体

1.叶绿体 2.白色体 3.有色体

白质的蛋白质体,合成脂肪和脂肪油的造油体。

(3)有色体:常呈杆状、针状、圆形、多角形或不规则形。常存在于花(蒲公英、唐菖蒲、金莲花)、果(红辣椒、番茄)、根(胡萝卜)中。所含色素主要是胡萝卜素和叶黄素等,常使植物呈黄色、橙红色或红色(色素两者比例不同,颜色各异)。

以上三种质体在起源上均由前质体衍生而来,并且在一定条件下可以相互转化。如:马铃薯的白色体经光照后变成叶绿体;胡萝卜的根露出地面后,其有色体变成叶绿体;番茄的果实最初含有白色体,见光后转化为叶绿体,成熟时,叶绿体又转化为有色体。

▌知识链接▐

植物叶子颜色变化的原因

有些植物的叶子为何每年一度由绿变红呢?这和气象条件有着不可分割的联系。树叶的绿色来自叶绿素,在树叶中含有大量的叶绿素,此外还包含有叶黄素、花青素、糖分等其他色素和营养成分。

夏季过后,温度下降,树叶里的叶绿素合成减少,并随着天气渐渐变凉而被破坏,像银杏、白杨、桂树等叶子缺少了叶绿素,只剩下叶黄素时,叶子颜色就变成黄色了。黄栌树、枫树等,当进入深秋季节后,天气转凉,在这种合适的天气条件下,叶子中的花青素会显露出来,使红色变得很鲜艳。特别是每当霜降节气前后,经霜打过的植物叶面的叶绿素进一步被破坏,枝叶内储藏的糖分也会增多,使树叶越变越红。

2)液泡 液泡亦是植物特有的细胞器。幼小的植物细胞中无或不明显,或小而分散,以后随着细胞长大成熟,细胞质内的液体不断积聚形成多个液泡,并逐渐合并增大成数个较大的液泡,或一个大液泡(图 5-3)。液泡外有液泡膜把膜内液体与细胞质隔开。液泡膜与质膜类似,属于原生质体。液泡内的液

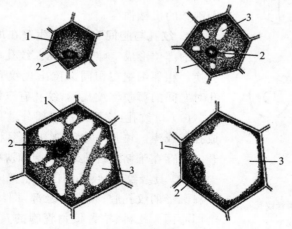

图 5-3 液泡的形成

1.细胞质 2.细胞核 3.液泡

体称为细胞液,是细胞在代谢过程中产生的多种物质的混合液,无生命。细胞液为水溶性,包含有糖、盐、生物碱、苷类、单宁、有机酸、挥发油、色素、树脂、结晶等,不少是植物药的有效成分。

3)线粒体 线粒体比质体小,呈颗粒状、棒状、丝状或有分枝状,是细胞内化学能转变成生物能的主要场所。

(二)细胞壁

细胞壁是植物细胞特有的结构,与质体、液泡一起构成了植物细胞与动物细胞区别的三大结构特征。细胞壁主要由原生质分泌的非生活物质构成,但也含有少量具有生理活性的蛋白质,使其具有特定的功能。

1. 细胞壁的结构 细胞壁根据形成的先后和化学成分的不同分为三层,即胞间层、初生壁、次生壁(图 5-4)。

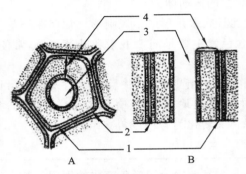

图 5-4 细胞壁的结构

A.横切面 B.纵切面

1.初生壁 2.胞间层 3.细胞腔 4.三层的次生壁

(1)胞间层:又称中层,是细胞分裂时最初形成的一薄层,由亲水的果胶类物质组成。为相邻两个细胞所共有。果胶容易被酸或酶溶解,导致细胞分离。农业沤麻即利用细菌产生果胶酶,解离纤维组织。实验室以硝酸和氯酸钾混合液、氢氧化钾或碳酸钠溶液作解离剂,解离植物组织,便于鉴定。

(2)初生壁:在细胞生长期内,原生质分泌的纤维素、半纤维素、果胶质堆加在胞间层内侧,形成初生壁。它薄而有弹性,多数细胞终生只有初生壁。

(3)次生壁:细胞停止生长后,原生质分泌的纤维素、半纤维素及少量木质素堆加在初生壁内侧,使壁变得厚而坚韧,增加了细胞壁的机械强度。

2. 纹孔与胞间连丝 次生壁在加厚过程中不均匀地增厚,未增厚的部位形成空隙,称纹孔。纹孔的形成有利于细胞间的物质交换。相邻细胞在相同部位出现纹孔常成对衔接,称纹孔对,纹孔对之间的薄膜称纹孔膜,纹孔有三种类型(图 5-5)。

(1)单纹孔:纹孔未加厚部分呈圆筒或扁圆形,次生壁增厚时成孔道或沟。纹孔对中间由初生壁和胞间层所形成的纹孔膜隔开。多存在于韧皮纤维、石细胞和薄壁细胞中。

(2)具缘纹孔:纹孔周围次生壁向细胞腔内呈架拱状隆起,形成扁圆形的纹孔腔;纹孔的缘部,即纹孔口,显微镜下正面观呈 2 个同心圆。松科、柏科植物管胞的具缘纹孔,在纹孔膜中央增厚成纹孔塞,显微镜下正面观呈 3 个同心圆。

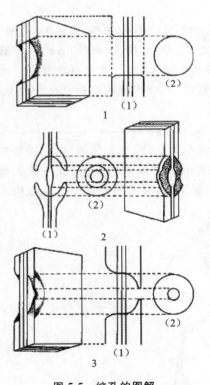

图 5-5 纹孔的图解

1.单纹孔 2.具缘纹孔 3.半缘纹孔

(1)切面观 (2)表面观

(3)半缘纹孔:薄壁细胞与管胞或导管间的纹孔。一边有架拱状隆起的纹孔缘,另一边形似单纹孔,没有纹孔塞。

细胞间有许多纤细的原生质丝穿过初生壁上微细的孔眼彼此联系着,这种原生质丝称为胞间连丝。如柿核和马钱子的胚乳细胞经染色处理后,可在光学显微镜下看到(图5-6)。

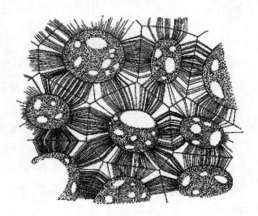

图 5-6 胞间连丝(柿核)

3. 细胞壁的特化 通常细胞壁主要是由纤维素构成,具韧性和弹性。但由于环境的影响和生理功能的不同,细胞壁中沉淀有一些其他物质,使得细胞壁发生了理化性质的变化,常见的有以下几种特化。

(1)木质化:细胞壁在附加生长时,其内填充了较多的木质素而变得坚硬牢固,增加了植物细胞群和组织间的支持力。管胞、导管、木纤维、石细胞等的细胞壁即是木质化的细胞壁。木质化的细胞壁先后加间苯三酚、浓盐酸或硫酸各一滴,显樱红色或紫红色。

(2)木栓化:细胞壁内填充了较多的脂肪性木栓质,细胞壁不透气和水,使胞内原生质体与周围环境隔绝而死亡,但对植物内部组织具有保护作用。如树干外的粗皮就是由木栓化的细胞形成的组织。木栓化的细胞壁遇苏丹Ⅲ试液染成红色。

(3)角质化:原生质体产生的脂肪性角质填充于细胞壁中使之角质化,常积聚于植物茎、叶、果的表皮外侧壁形成无色透明的角质层(cuticle)。它可防止水分过度蒸发和微生物侵害,对植物体起保护作用。角质层遇苏丹Ⅲ试液染成橘红色或红色。

(4)黏液质化:细胞壁中的果胶质、纤维素等成分变成黏液。黏液在细胞表面多呈固态,吸水膨胀呈黏滞状态,保水促种子萌发。车前、芥菜、亚麻等种子表皮具有黏液化细胞。黏液化细胞壁遇玫红酸钠溶液染成玫瑰红色,遇钌红可染成红色。

(5)矿质化:细胞壁中含硅质或钙质等,增加了细胞的硬度。如禾本科的茎、叶,木贼科木贼的茎均含大量硅酸盐。硅质(二氧化硅或硅酸盐)不溶于醋酸或浓硫酸,而溶于氟化氢,可区别于碳酸钙和草酸钙。

(三)植物细胞后含物与生理活性物质

后含物是植物细胞在新陈代谢过程中产生的各种非生命物质的总称。它们以成形或非成形形式分布在细胞质或液泡内。后含物种类较多,一类是植物体的贮藏物质,具有营养价值,很多是人类食物的来源,另一类是细胞的代谢废物,还有一类是植物的生理活性物质。不少后含物具有药用价值和药用植物鉴别价值。

1. 淀粉 淀粉是由葡萄糖分子聚合而成的长链化合物,在白色体(造粉体)中合成产生。以淀粉粒形式贮存在植物根、地下茎和种子的薄壁细胞中。淀粉粒是淀粉围绕淀粉粒的核心(脐点),由内向外层层沉积而成。由于直链淀粉与支链淀粉交替沉积,二者对水的亲和性不同,遇水膨胀不一,显示折光差异,在光镜下可见层纹,若用酒精脱水,层纹随之消失。直链淀粉遇稀碘液显蓝色,支链淀粉遇稀碘液显紫红色,一般植物淀粉粒遇稀碘液呈蓝紫色。

淀粉粒形态多样,有圆球形、卵圆形、多面体、棒状、骨状等(图5-7)。脐点形状也多样,有点状、裂隙状、分叉状,多偏向淀粉粒的一端。淀粉粒有单粒、复粒、半复粒之分:①一个淀粉粒只有一个脐点,称单粒淀粉;②一个淀粉粒由若干分粒组成,每分粒有一个脐点,有各自层纹环绕,称复粒淀粉;③一个淀粉粒内有多个脐点,每个脐点有各自的层纹,外围有共同的层纹环绕,称半复粒淀粉。

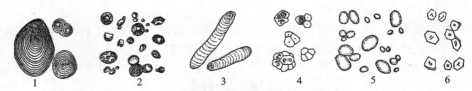

图 5-7 各种淀粉粒

1.马铃薯 2.葛 3.天南星 4.半夏 5.蕨 6.玉蜀黍

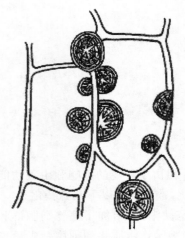

图 5-8 菊糖结晶(桔梗根)

淀粉粒的形状、大小、层纹及脐点特征因植物种类不同有异,可作为鉴别药用植物的依据。

2. 菊糖 菊糖由果糖分子聚合而成,多含在菊科,桔梗科植物根的细胞中。它溶于水,不溶于酒精。将含有菊糖的材料浸入乙醇中,一周后切片在显微镜下观察,在细胞内可见类圆形、扇形的菊糖结晶(图 5-8)。加 10%～25%α-萘酚的酒精溶液,再加浓硫酸显紫红色,随即溶解。

3. 蛋白质 植物储藏的蛋白质是化学性质稳定的非生命物质,不表现出明显生理活性。种子胚乳和子叶细胞中蛋白质含量丰富,在细胞质或液泡中的蛋白质呈颗粒状,称糊粉粒或蛋白体。糊粉粒外面有单位膜包裹,里面为无定形的蛋白质、蛋白质球晶或拟晶体及草酸钙结晶(图 5-9)。蛋白质遇稀碘液呈暗黄色,遇硫酸铜加氢氧化钠溶液呈紫红色。糊粉粒显微镜下可见。

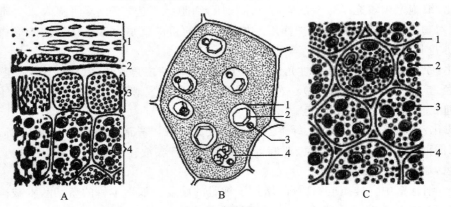

图 5-9 各种糊粉粒

A.小麦颖果外部的构造 1.果皮 2.种皮 3.糊粉层 4.胚乳细胞

B.蓖麻的胚乳细胞 1.糊粉粒 2.蛋白质晶体 3.球晶体 4.基质

C.豌豆的子叶细胞 1.细胞壁 2.糊粉粒 3.淀粉粒 4.细胞间隙

4. 脂肪和脂肪油 脂肪和脂肪油是由脂肪酸和甘油结合成的酯。常温下呈固体或半固体的称为脂肪,呈液体的称为脂肪油(图 5-10)。它们常存在于种子里,通常油脂以小滴状分散在细胞质里。遇苏丹Ⅲ试液显橙红色。

5. 晶体 晶体是植物细胞的代谢产物,以固态形式存在于植物液泡内,在显微镜下可见,具有鉴别价值。

1)草酸钙结晶 植物体内过多的草酸被钙中和形成结晶,减少了草酸对植物的毒害。草酸钙为无色透明结晶,形态多样,存在于细胞液中(图 5-11)。

(1)方晶:又称单晶或块晶,呈正方体、长方体、斜方体、八面体、三棱体,如甘草、黄柏等;也有的呈双晶,如莨菪。

(2)针晶:两端尖锐的针状,在细胞中多成束存在,称针晶束,多存在于黏液细胞中,如半夏、黄精、玉竹等,也有的散在于细胞中,如苍术。

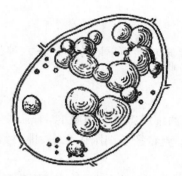

图 5-10 脂肪油（椰子胚乳细胞）

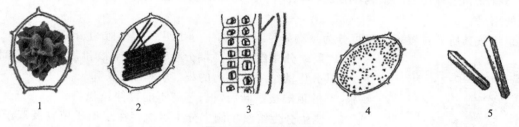

图 5-11 草酸钙结晶
1.簇晶（大黄根茎） 2.针晶束（半夏块茎） 3.方晶（甘草根） 4.砂晶（牛膝根） 5.柱晶（射干根茎）

（3）簇晶：由许多菱状单晶聚集而成，通常呈球状或多角形星状，如人参、大黄等。

（4）砂晶：呈细小的三角形、箭头状或不规则形，常密集于细胞腔中，如茄科植物。

（5）柱晶：呈长柱形，长度为直径的四倍以上，如射干、淫羊藿、紫鸭跖草等。

草酸钙结晶不溶于稀醋酸，加稀盐酸溶解无气泡产生；遇 20％硫酸溶解并析出硫酸钙针状结晶。

2）碳酸钙结晶　多存在于爵床科、桑科、荨麻科植物的叶表皮细胞中。结晶的一端与细胞壁连接，形如一串垂悬的葡萄，称钟乳体（图 5-12）。碳酸钙结晶加醋酸或稀盐酸溶解并放出 CO_2 气泡，可与草酸钙区别。

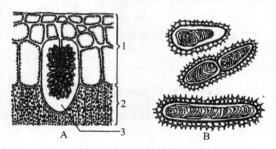

图 5-12 碳酸钙结晶
A.无花果叶内的钟乳体　1.表皮和皮下层　2.栅栏组织　3.钟乳体和细胞腔
B.穿心莲细胞中的螺状钟乳体

3）其他结晶　柽柳叶中含有硫酸钙（石膏）结晶；菘蓝叶中含有靛蓝结晶；吴茱萸、薄荷叶中含有橙皮苷结晶；槐花中含有芸香苷结晶。

另外植物细胞中含有一些生理活性物质，如酶、维生素、植物激素、抗生素等，它们对植物生长、发育起到调节作用。

任务二　植物组织

植物组织是指由来源相同、形态结构相似、机能相同而又彼此密切联系的细胞所组成的细胞群，是植物在长期进化发展中细胞逐渐按功能的需要而分化出来的不同的细胞群。植物的根、茎、叶、花、果实、种子等各种器官均由不同组织构成。

一、植物组织的类型

植物组织按其来源、形态结构和生理功能的不同分为以下六种类型:分生组织、基本组织、保护组织、机械组织、输导组织、分泌组织。

(一) 分生组织

分生组织是指具有强烈分生能力的细胞组成的细胞群,细胞代谢作用旺盛,能不断进行细胞分裂,增加细胞数目,使植物体不断生长。其细胞特征是细胞体积小、排列紧密、没有细胞间隙、细胞壁薄、细胞核相对较大、细胞质浓、无明显的液泡。

由于分生组织的细胞不断增生,一部分细胞仍保持高度的分裂能力,另一部分细胞则陆续分化成具有一定形态特征和生理功能的细胞,构成其他组织。植物体的生长、加粗,以及芽、叶的发育等,均为分生组织活动的结果。

分生组织按其所处位置不同又可分为顶端分生组织、侧生分生组织、居间分生组织。

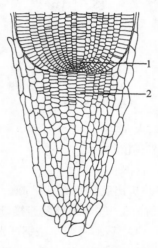

图 5-13 根尖生长点及根冠
1.生长点 2.根冠

1. 顶端分生组织 顶端分生组织位于根和茎的最尖端部位,即生长点,其分生的结果使植物的根、茎不断伸长和长高(图 5-13)。如果植物根、茎的顶端被折断后,根、茎就不能再伸长和长高了。

2. 侧生分生组织 侧生分生组织存在于裸子植物及双子叶植物根和茎的外侧周围,包括木栓形成层和维管形成层,木栓形成层位于外侧,维管形成层位于内侧。木栓形成层细胞分裂、分化使根、茎外侧产生新的保护层;维管形成层细胞分裂、分化使根、茎和枝不断地加粗。单子叶植物没有侧生分生组织,所以不能加粗生长。

3. 居间分生组织 居间分生组织位于某些植物茎的节间基部、叶的基部、总花柄的顶部以及子房柄基部等处,其分生的结果是使植物的茎、叶、花柄、子房柄增高加粗。这种分生组织只能保持一定时间的分生能力,以后则完全转变为成熟组织。如禾本科植物小麦、水稻的拔节和竹笋间的伸长,葱、蒜、韭菜的叶子上部被割后下部能继续生长等,都是居间分生组织细胞分裂的结果。

┃ 知识链接 ┃

植物分生组织按来源的性质分类

1. 原分生组织 来源于种子的胚,位于根茎的最先端,是由没有任何分化的、最幼嫩的,终生保持分裂能力的胚性细胞组成。

2. 初生分生组织 来源于原分生组织衍生出来的细胞所组成。

特点:一方面仍保持分裂能力,但次于原分生组织,一方面开始分化,可看作是原分生组织到分化完成的成熟组织之间的过渡形式。

3. 次生分生组织 来源:由已成熟的薄壁组织(如表皮、皮层、髓射线等)经过生理上和结构上的变化,重新恢复分生能力,在转变过程中,原生质变浓,液泡缩小。

组成:木栓形成层、根的形成层、茎的束间形成层及单子叶植物茎内特殊的增粗活动环,与植物根、茎加粗和重新形成保护组织有关。

(二) 基本组织

基本组织又称薄壁组织,是植物体进行各种代谢活动的主要组织,在植物体内分布很广,所占体积最大。光合作用、呼吸作用、贮藏作用及各类代谢物的合成和转化都主要在此进行。其组织特征是细胞壁薄,细胞形状有球形、椭圆形、圆柱形、多面体形等,细胞排列疏松,细胞间隙大,为生活细胞。根据其结构与功能的不同分为以下几种类型。

1. 基本薄壁组织　存在于植物各器官的皮层、茎的髓部或各个组织之间,起填充或联系其他组织的作用,也可转化为侧生分生组织。

2. 同化薄壁组织　存在于植物叶肉细胞和嫩茎、幼果的表面,细胞内含有叶绿体,是光合作用的场所。

3. 贮藏薄壁组织　存在于植物的地下部分以及果实和种子中。细胞内含有大量的淀粉、蛋白质、脂肪油、糖类等营养物质。

常见的基本组织还有:吸收薄壁组织,多存在于根尖的根毛区,用于吸收土壤中水分和无机盐类;通气薄壁组织,多存在于水生植物或沼泽植物体内,细胞间隙特别发达,可以储存大量空气,并对植物体产生漂浮和支持的作用;输导薄壁组织,多存在于植物器官的木质部及髓部,细胞较长,有输导水分和养料的作用,如髓射线。

（三）保护组织

保护组织是覆盖于植物体各个器官的表面起保护作用的组织。具有保护植物的内部组织,控制植物与环境的气体交换,减少植物体内水分的蒸腾,防止病虫害侵袭以及机械损伤等作用。根据来源和结构的不同,保护组织分为表皮组织和周皮组织两种。

1. 表皮组织　表皮组织又称初生保护组织,分布于幼嫩的根、茎、叶、花、果实和种子的表面。通常由一层生活细胞组成。表皮细胞一般呈扁平的长方形、多边形或波状不规则形,彼此嵌合,排列紧密,无细胞间隙,通常不具叶绿体。有些植物的表皮细胞外壁覆盖有角质层或蜡被,具有防止水分散失和病菌侵入的作用(图 5-14),如甘蔗。表皮组织可附有气孔和毛茸,是鉴别药用植物的重要依据之一。

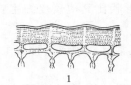

图 5-14　角质层与蜡被
1.表皮及其角质层　2.表皮上的杆状蜡被(甘蔗茎)

1）气孔（气孔器）　气孔见于能够进行光合作用的植物幼嫩器官的表面,其中以叶下表皮气孔数目最多。气孔是由两个表皮细胞分化了的保卫细胞对合而成,是植物体与环境进行气体交换的通道,主要分布在叶片、嫩茎、花、果实的表面(图 5-15)。植物的保卫细胞通常为肾形、半月形或哑铃形等,比其周围的其他表皮细胞小,含有叶绿体,有明显的细胞核,是生活细胞。保卫细胞不仅在形状上与表皮细胞不同,而且细胞壁增厚也特殊。一般与表皮细胞相邻的保卫细胞细胞壁比较薄,紧靠气孔处的细胞壁较厚,当保卫细胞充水膨胀或失水收缩时,保卫细胞形状发生改变,能引起气孔的开放或闭合,因此气孔具有控制植物气体交换和调节水分蒸腾的作用。

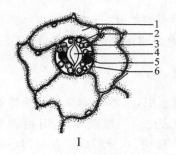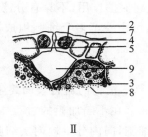

图 5-15　叶的表皮与气孔
Ⅰ.表面观　Ⅱ.切面观
1.表皮细胞　2.保卫细胞　3.叶绿体　4.气孔　5.细胞核　6.细胞质　7.角质层　8.栅栏组织细胞　9.气室

气孔的数量和大小常随器官和所处环境的不同而异。如叶片中的气孔在下表皮中较多而上表皮中相对较少,嫩茎表面的气孔少而根表皮上几乎没有气孔。人们常把气孔和两个保卫细胞合称为气孔器,在保卫细胞周围的细胞称为副卫细胞。副卫细胞可以是两个、多个或与表皮细胞形状不同。副卫细胞与保卫细胞常有一定的排列关系，而且随植物的种类而定。气孔的保卫细胞和副卫细胞的排列关系，称为气孔轴式或气孔类型。双子叶植物气孔轴式常见的有五种类型（图 5-16）。

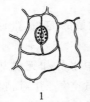 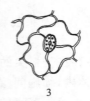  

      1   2   3   4   5

图 5-16　气孔的类型
1.平轴式　2.直轴式　3.不定式　4.不等式　5.环列式

（1）平轴式气孔：气孔周围通常有两个副卫细胞，其长轴与保卫细胞的长轴平行。如茜草叶、番泻叶等。

（2）直轴式气孔：气孔周围通常有两个副卫细胞，其长轴与保卫细胞的长轴垂直。如石竹叶、薄荷叶、穿心莲叶等。

（3）不定式气孔：气孔周围的副卫细胞数目不定，大小基本相同，形状与其他表皮细胞相似。如桑叶、地黄叶等。

（4）不等式气孔：气孔周围的副卫细胞有 3～4 个，大小不等，其中一个明显较小。如荠菜叶、菘蓝叶、曼陀罗叶等。

（5）环列式气孔：气孔周围的副卫细胞数目不定，形状比其他表皮细胞狭窄，围绕气孔周围排列成环状。如茶叶、桉叶等。

各种植物具有不同类型的气孔轴式，同一种植物也常有两种或两种以上类型的气孔轴式。气孔轴式可作为药用植物鉴定的依据。

有的单子叶植物气孔类型很特别，如禾本科和莎草科植物，气孔由两个狭长的保卫细胞组成，保卫细胞两端膨大呈球形，好像并列的一对哑铃，中间狭窄的部分细胞壁特别厚，两端球形部分的细胞壁比较薄，当保卫细胞充水膨大时，两端膨胀，气孔缝隙就开启，当水分减少时，气孔缝隙即缩小或关闭。

2）毛茸　毛茸由部分表皮细胞向外突起而形成，形态可为单细胞或多细胞，具有保护、分泌、减少水分蒸发等作用。有分泌作用的毛茸称腺毛，没有分泌作用的毛茸称非腺毛。

（1）腺毛：由腺头和腺柄两部分组成。腺头由一个或多个分泌细胞组成，具有分泌功能，如能分泌挥发油、黏液、树脂等；腺柄也由一个或多个细胞组成，但无分泌能力。由于头部细胞内含有分泌物常呈一定的颜色，而柄部无色。另外，在薄荷等唇形科植物的叶上，还有一种短柄或无柄的腺毛。其头部通常由6～8 个细胞组成，略呈扁球形，排列在一个平面上，称为腺鳞。由于组成头、柄细胞的多少不同，形态各异，而呈现多种类型的腺毛（图 5-17）。

（2）非腺毛：单纯起保护作用，不具有分泌能力，无头柄之分，自表皮细胞基部向顶端渐尖，其表面常有不均匀的角质增厚，可由一至多个细胞组成。由于组成非腺毛细胞的数目、形态不同而有多种类型的非腺毛（图 5-18）。

2. 周皮组织

（1）周皮：大多数草本植物的器官表面终生为表皮组织，木本植物只是叶始终有表皮，而根和茎表皮仅见于幼嫩时期。根和茎在不断加粗的过程中原先的表皮组织被破坏，这时由侧生分生组织，即木栓形成层向外分生木栓层细胞，向内分生栓内层细胞。由木栓层、木栓形成层和栓内层构成周皮，代替表皮组织行使保护作用（图 5-19）。

木栓层细胞横切面观扁平，排列紧密、整齐，由于细胞壁木栓化而成为多角形壁厚不一的死细胞。木栓化的细胞壁不易透水也不易透气，是良好的保护组织。木栓形成层在根的初生构造向次生构造转化过程中，由中柱鞘细胞恢复分生能力形成；在茎的转化过程中，由表皮、皮层、韧皮部细胞形成。木栓形成层细胞向内分裂产生栓内层，栓内层细胞是生活的薄壁细胞，排列疏松。茎中的栓内层细胞常含叶绿体，故

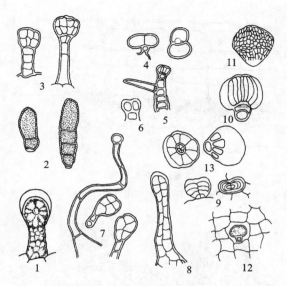

图 5-17 腺毛和腺鳞

1.生活状态的腺毛 2.谷精草 3.金银花 4.密蒙花 5.白泡桐花 6.洋地黄叶
7.洋金花 8.款冬花 9.石胡荽叶 10.凌霄花 11.啤酒花
12.广藿香茎间隙腺毛 13.薄荷叶腺鳞(左:顶面观;右:侧面观)

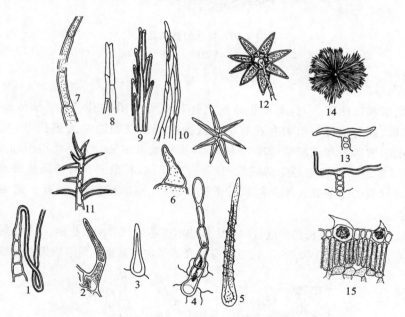

图 5-18 各种非腺毛

1.刺儿菜叶 2.薄荷叶 3.益母草叶 4.蒲公英叶 5.金银花 6.白花曼陀罗花 7.洋地黄叶
8.旋覆花 9.款冬花冠毛 10.蓼蓝叶 11.分枝毛(裸花紫珠叶) 12.星状毛(上:石韦叶;下:芙蓉叶)
13.丁字毛(艾叶) 14.鳞毛(胡颓子叶) 15.棘毛(大麻叶)

又称绿皮层。

(2)皮孔:周皮形成过程中,木栓形成层细胞在某些部位向外分裂出一种与木栓层细胞不同的薄壁细胞,又称补充细胞。该细胞呈圆形或椭圆形,细胞壁薄、排列疏松,有较发达的胞间隙。由于补充细胞逐渐增多,结果突破表皮而形成皮孔(图 5-20)。

皮孔是气体交换的通道,使植物体内部的生活细胞获得氧气,这种结构与植物的生活完全相适应。在木本植物茎枝表面常见有横向、纵向或点状的突起就是皮孔。皮孔的形状、颜色和分布的疏密可作为皮类、茎木类药材的鉴别依据。

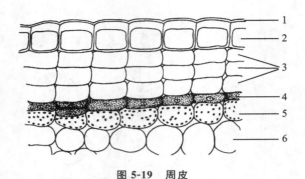

图 5-19　周皮
1.角质层　2.表皮层　3.木栓层　4.木栓形成层　5.栓内层　6.皮层

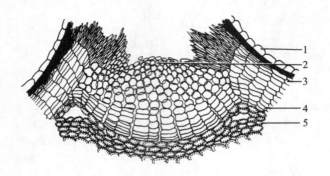

图 5-20　皮孔的横切面
1.表皮层　2.补充细胞　3.木栓层　4.木栓形成层　5.栓内层

（四）机械组织

机械组织具有抗压和抗曲能力,是对植物体起支持和巩固作用的组织。植物体能有一定的硬度,树干能挺立,叶片能平展,都与这种组织的存在有关。机械组织的细胞通常为细长形、类圆形或多边形,细胞壁明显增厚。根据细胞形态和细胞壁增厚的方式不同,机械组织又分为厚角组织和厚壁组织两种。

1. 厚角组织　厚角组织的细胞是生活细胞,常含有叶绿体,其最明显的特征是细胞壁不均匀增厚,增厚的部位通常是相邻细胞的角隅处。厚角组织较柔韧,具有一定的坚韧性,又有一定的可塑性和延展性,可以支持植物器官直立。

厚角组织常分布于草本植物茎和尚未进行次生生长的木质茎中,在叶柄、花柄、叶片主脉上下两侧部分的表皮内,成环或成束分布,如薄荷、益母草、芹菜、南瓜等有棱脊的植物茎就是厚角组织集中分布的地方(图 5-21)。

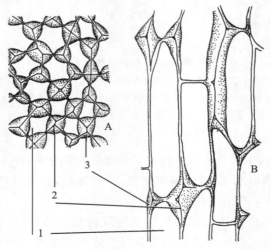

图 5-21　厚角组织
A.横切面　B.纵切面
1.细胞腔　2.胞间层　3.增厚的壁

2. 厚壁组织 厚壁组织具有细胞壁全面增厚的次生壁,并且常常木质化,具层纹和纹孔,细胞成熟后,原生质体消失,成为只有细胞壁的死细胞,在植物体中仅起支持和巩固作用。根据其细胞的形态结构不同,又分为纤维和石细胞两种。

1) 纤维 纤维是细胞壁为纤维素或木质化增厚且两端尖细的梭形细胞,一般为死细胞。每个纤维细胞末端彼此嵌插并沿植物器官的长轴成束存在,故具有支持和巩固作用。植物种类不同,所含纤维的类型也不同,通常根据纤维在植物体内所处位置的不同,分为韧皮纤维和木纤维(图 5-22)。

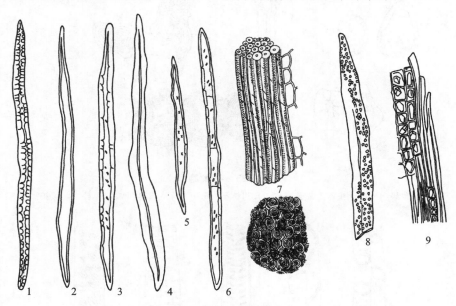

图 5-22　各种纤维
1.五加皮　2.苦木　3.关木通　4.肉桂　5.丹参　6.姜
7.纤维束(上:侧面;下:横切面)　8.嵌晶纤维(南五味子)　9.晶纤维(甘草)

(1) 韧皮纤维 分布于韧皮部中,常聚合成束,细胞呈细长梭形,横切面观呈现出同心环纹层,细胞壁增厚的成分主要是纤维素,故其韧性大,拉力强,如苎麻、亚麻等植物的韧皮纤维。

(2) 木纤维 分布于木质部中,一般为较短的长梭形细胞,细胞壁明显增厚且木质化,比较坚硬,支持力强,细胞壁增厚的程度随植物种类和生长时期不同而异。

2) 石细胞 石细胞是植物体内特别硬化的厚壁细胞,大多数为等径细胞,呈类多面体形、类圆形、类椭圆形、星状等,也有不等径细胞,呈分支状、柱状、骨状等;细胞壁强烈增厚,均木质化,细胞腔极小。成熟的石细胞原生质体通常消失,成为具坚硬细胞壁的死细胞,常见于茎、叶、果实和种子器官中。石细胞单个散在或数个成群包埋于薄壁组织中,也可连续成环分布(图 5-23)。

(五) 输导组织

输导组织是植物体中运输水分、无机盐和营养物质的组织,主要存在于植物体的维管束部位。输导组织的细胞一般呈管状,常上下相连,贯穿整个植物体内,形成适合于运输的管道系统。根据输导组织的构造和运输物质的不同,可分为两类。

1. 导管与管胞 导管与管胞是自下而上运输水分及溶于水中的无机盐的输导组织,存在于植物体的木质部中。导管与管胞都有较厚的次生壁,形成各式各样的纹理,常木质化,成熟后的细胞其原生质体解体,成为只有细胞壁的死细胞。

1) 导管 导管主要存在于被子植物维管束的木质部中。导管由一系列长管状或筒状的死细胞纵向连接而成,导管分子上下相连的横壁溶解消失形成穿孔,使上、下导管分子成为一个贯通的管道,因而导管具有很强的输导能力。

导管在形成过程中,木质化的次生壁并非均匀增厚。根据导管增厚所形成的纹理不同,可分为下列几种导管类型(图 5-24)。

(1) 环纹导管 导管壁呈环纹增厚,其环纹间仍为薄壁,有利于植物生长,环纹导管直径较小,常见于

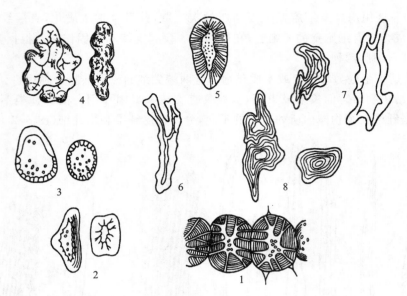

图5-23　石细胞

1.梨果肉　2.土茯苓　3.苦杏仁　4.川楝子　5.五味子　6.茶叶　7.厚朴　8.黄柏

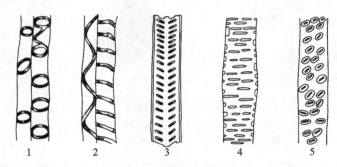

图5-24　导管的类型

1.环纹导管　2.螺纹导管　3.梯纹导管　4.网纹导管　5.具缘纹孔导管

幼嫩器官,如玉蜀黍和凤仙花的幼茎中。

（2）螺纹导管　导管壁上有一条或数条呈螺旋带状增厚,螺旋增厚也不妨碍导管生长,螺纹导管直径也较小,多存在于植物的幼嫩器官,并同环纹导管一样,容易同初生壁分离,如"藕断丝连"就是一种常见的螺纹导管。

（3）梯纹导管　在导管壁上增厚部分与未增厚部分间隔呈梯状,多存在于器官的成熟部分,如葡萄茎的导管。

（4）网纹导管　导管壁增厚的次生壁密集交织成网状,网孔是保留的未增厚的部分,导管直径较大,多存在于器官的成熟部分,输导水分能力较强,如大黄和南瓜茎中的导管。

（5）孔纹导管　导管壁几乎全面增厚,未增厚部分为单纹孔或具缘纹孔,相应地称为单纹孔导管或具缘纹孔导管,导管直径较大,多存在于器官的成熟部分,如甘草、苍术的导管。

以上所述只是几种典型的导管类型,但在实际观察时,常有一些过渡类型和中间形式,同一导管分子可以同时有环纹与螺纹,或者螺纹与梯纹的加厚。

此外,还可见侵填体,它是邻接导管的薄壁细胞通过导管壁上的纹孔,使其内含物如鞣质、树脂等侵入导管腔内而形成的。侵填体的产生对病菌侵害起一定的防腐作用,但使导管液流动性降低。具有侵填体的木材是较耐水湿的。

2）管胞　管胞是蕨类植物和绝大多数裸子植物的输水组织,同时兼有支持作用。每个管胞是一个细胞,呈长管状,细胞口径小,两端偏斜,两个端壁上均不形成穿孔,细胞为死细胞。管胞的次生壁增厚也常形成环纹、螺纹、梯纹和孔纹等类型。两相邻管胞水分的运输是通过侧壁上的未加厚的部位或纹孔实现的,所以其运输水分的能力较导管低,是一类较原始的输导组织（图5-25）。

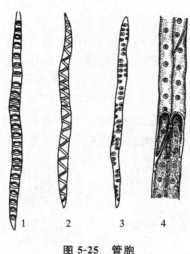

图 5-25 管胞
1.环纹管胞 2.螺纹管胞 3.梯纹管胞 4.孔纹管胞

2. 筛管和筛胞

1）筛管 存在于被子植物的韧皮部中，是输送光合作用制造的有机营养物质到植物其他部分的管状生活细胞，由筛管分子纵向连接而成。上下两端壁特化成筛板，筛板上有许多小孔，称为筛孔。上下两个相邻筛管分子的原生质通过筛孔由胞间连丝联系起来。有些植物的筛管分子的侧壁上也有筛孔，使相邻的筛管彼此得以联系，筛孔集中分布的区域称为筛域。筛管分子一般只能生活一年，所以在树木中老的筛管会不断地被新产生的筛管取代，而且随茎的增粗被挤压成颓废组织。温带树木到冬季，在筛管的筛板处，往往也会生成一些黏稠的碳水化合物，称为胼胝质，这些胼胝质将筛孔阻塞而形成胼胝体，进而使筛管暂时失去运输功能。一般胼胝体于翌年春天还能被酶溶解，筛管恢复运输能力。

被子植物筛管分子旁边，常有一个或多个小型的薄壁细胞，和筛管相伴存在，称为伴胞。伴胞的细胞质浓，细胞核大，并含有多种酶，生理上很活跃。筛管的运输功能与伴胞有密切关系。伴胞为被子植物所特有，蕨类及裸子植物中则不存在（图 5-26）。

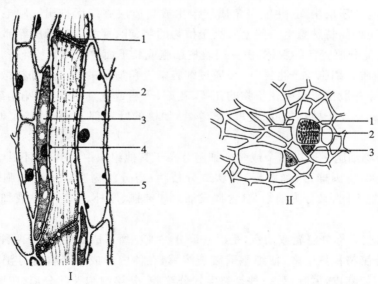

图 5-26 筛管及伴胞
Ⅰ.纵切面 Ⅱ.横切面
1.筛板 2.筛管 3.伴胞 4.白色体 5.韧皮薄壁细胞

2）筛胞 筛胞是蕨类和裸子植物运输有机养料的分子。筛胞系单个分子的狭长细胞，直径较小，端壁偏斜，没有特化的筛板，也无伴胞。只是在侧壁或有时在端壁上有一些凹入的小孔，称筛域，筛域输导养料的能力没有筛孔强。

（六）分泌组织

植物体上有些细胞能分泌和贮藏某些特殊物质,如挥发油、树脂、树胶、乳汁、黏液、蜜汁等,其作用是防止植物组织腐烂、帮助创伤愈合、免受动物啮食、排除或贮积体内废物等,有的还可以引诱昆虫,以利于传粉。这些能分泌和贮藏特殊物质的细胞称分泌细胞。分泌细胞有的单个分布,有的则聚合成细胞群构成分泌组织。

分泌组织分布于植物体表的称外生分泌组织,属于此类的有腺毛、蜜腺等;分布于植物体内基本组织之间的称内生分泌组织,属于此类的有分泌细胞、分泌腔、分泌道(图5-27)。

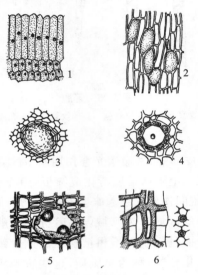

图 5-27 分泌组织
1.蜜腺(大戟属) 2.分泌细胞 3.溶生分泌腔(橘果皮)
4.裂生分泌腔(当归根) 5.树脂道(松属木材) 6.乳管(蒲公英根)

1. 腺毛和腺鳞 腺毛和腺鳞是由表皮细胞特化而来的表皮毛,腺头的细胞覆盖着较厚的角质层,其分泌物积聚在细胞壁与角质层中间,并能经角质层渗出或角质层破裂后排出。腺毛有头部和柄部之分,而腺鳞为一种无柄或短柄的特殊腺毛。腺毛常见于植物的茎、叶、芽鳞、花、子房等部位。

2. 蜜腺 蜜腺是能分泌蜜汁的腺体,由一层表皮细胞或其下面数层细胞特化形成。腺体细胞的细胞壁较薄,具浓厚的细胞质。细胞质产生蜜汁,可通过细胞壁上角质层的破裂向外扩散,或经由腺体表皮上的气孔排出体外。蜜腺一般位于虫媒花植物的花萼、花瓣、子房或花柱的基部、花柄或花托上,如槐花、油菜花、荞麦花等,也有的存在于植物的叶、托叶、茎等处,如桃的叶基部上的蜜腺,大戟科植物花托上的杯状蜜腺等。

3. 分泌细胞 分泌细胞一般以单个或多个细胞分布于其他组织中,它们并不独立形成组织。分泌细胞通常比周围的细胞大,呈圆球形、椭圆形、囊状或分枝状,当分泌物充满整个细胞时,细胞壁也常木栓化。由于储藏的分泌物不同,又分为油细胞(含挥发油)(如肉桂、厚朴、姜等)、黏液细胞(含黏液质)(如天南星、半夏等)。

4. 分泌腔 分泌腔又称分泌囊或油室,是由一群分泌细胞所形成的腔室,分两种类型:一种是溶生式分泌腔,它是由细胞分泌物积累增多,使细胞壁破裂溶解,在体内形成一个含有分泌物的腔室,腔室周围的细胞常破碎不完整,如陈皮,橘叶;另一种是裂生式分泌腔,分泌细胞彼此分离,胞间隙扩大而形成的腔室,分泌细胞完整地围绕着腔室,分泌物充满于腔室中,如当归根和金丝桃叶。

5. 分泌道 分泌道主要分布于裸子植物松柏类和一些双子叶木本植物或草本植物中。其形成过程是由顺轴分布的分泌细胞彼此分离形成的一个长形胞间隙腔道,其周围的分泌细胞称为上皮细胞,上皮细胞产生的分泌物贮存在腔道中,根据分泌物的不同分为树脂道(分泌树脂)(如松树茎)、油管(分泌挥发油)(如伞形科植物的果实)、黏液道或黏液管(分泌黏液)(如美人蕉和椴树)。

6. 乳汁管 乳汁管是一种分泌乳汁的长管状细胞。根据乳汁管发育过程可分为两种类型:一种称为无节乳汁管,它由一个乳细胞构成,随着植物器官的生长不断伸长和分枝形成,管壁上无节,长度常达数米,如夹竹桃科、萝摩科、桑科以及大戟属等植物的乳汁管;另一种称为有节乳汁管,是由许多管状细胞在发育过程中,彼此错综连接而成的网状系统,连接处的细胞壁消失,成为多核巨大的分枝或不分枝的管道系统,乳汁可以互相流动,如菊科、桔梗科、罂粟科、旋花科、番木瓜科以及大戟科中的橡胶树属等植物的乳汁管。乳汁管是生活细胞,乳汁的成分十分复杂,主要有糖类、蛋白质、脂肪、生物碱、苷类、单宁、树脂、橡胶、酶等物质,常呈乳白色,也可呈黄色或橙色。

▌**知识链接** ▌━━━━━━━━━━━━━━━━━━━━━━━━━━━━━━━━━━━━━

植物乳汁的特点

自然界中一些植物的叶片或茎折断后,会发现有白色或黄色、橙色的乳汁流出。在植物的乳汁细胞和乳汁管中含有的乳汁有如下特征。

1. 橡胶 很多科植物的乳汁含有橡胶,它是萜烯类,如大戟科橡胶树、杜仲等。杜仲丝是橡胶丝,含水量小,橡胶含量高,丝坚韧。

2. 自卫武器 桑科见血封喉树液可制毒箭,用于猎兽,有剧毒。

3. 其他用途 桑树的乳汁可解蜈蚣毒;构树的乳汁可以涂治疥癣等皮肤病;大戟属乳汁可提取石油;漆树乳汁可制漆;南美索尔维拉树乳汁味同牛奶,可食用。

4. 颜色 成分复杂,白色较多,如桑科(桑、无花果)、菊科(蒲公英)、桔梗科等,黄色的如罂粟科(博落回、白屈菜)、大戟科(狼毒),红色者有罂粟科(血水草、荷青花)等。

二、维管束的类型

(一)维管束的组成

维管束是植物进化到较高级阶段,即从蕨类植物开始到种子植物(裸子植物和被子植物),在植物体中才出现的组织。分类学中蕨类植物、裸子植物、被子植物统称为维管植物。维管束是束状结构,贯穿整个植物体,形成了植物的输导系统,同时对植物器官起着支持作用,致使植物从水生走向陆地。

维管束主要由韧皮部和木质部组成。韧皮部主要是由筛管、伴胞、筛胞、韧皮薄壁细胞与韧皮纤维构成,这部分质较柔韧,故称韧皮部;木质部主要是由导管、管胞、木薄壁细胞和木纤维组成,这部分木质坚硬,故称木质部。在双子叶植物和裸子植物根和茎的维管束中,韧皮部和木质部之间有形成层存在,能不断增粗生长,所以称无限维管束。单子叶植物和蕨类植物根和茎的维管束中没有形成层,不能增粗生长,所以称有限维管束。

(二)维管束的类型

根据维管束中韧皮部与木质部的排列方式的不同,以及形成层的有无,将维管束分为下列几种类型(图 5-28、图 5-29)。

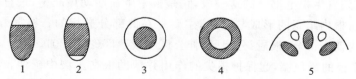

图 5-28 维管束的类型模式图
1.外韧型维管束 2.双韧型维管束 3.周韧型维管束 4.周木型维管束 5.辐射型维管束

1. **有限外韧型维管束** 韧皮部位于外侧,木质部位于内侧,二者之间没有形成层,生长有限,如单子叶植物茎的维管束。

2. **无限外韧型维管束** 韧皮部位于外侧,木质部位于内侧,二者之间有形成层,可逐年加粗,如裸子植物和双子叶植物茎的维管束。

3. **双韧型维管束** 在木质部内外两侧都有韧皮部,外侧的形成层明显。常见于茄科、葫芦科、夹竹桃

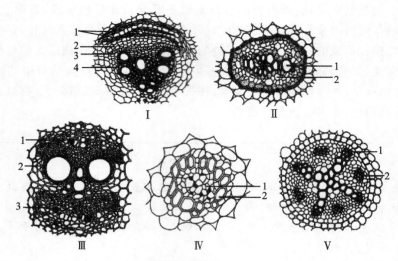

图 5-29　维管束的类型
Ⅰ.外韧型维管束(马兜铃)　1.压扁的韧皮部　2.韧皮部　3.形成层　4.木质部
Ⅱ.周韧型维管束(真蕨的根茎)　1.韧皮部　2.木质部
Ⅲ.双韧型维管束(南瓜茎)　1、3.韧皮部　2.木质部
Ⅳ.周木型维管束(菖蒲根茎)　1.韧皮部　2.木质部
Ⅴ.辐射型维管束(毛茛的根)　1.原生木质部导管　2.韧皮部

科、萝藦科、旋花科等植物茎中的维管束。

4.周韧型维管束　木质部位于中央,韧皮部围绕在木质部周围。常见于百合科、禾本科、棕榈科、蓼科及某些蕨类植物的维管束。

5.周木型维管束　韧皮部位于中央,木质部围绕在韧皮部周围。常见于少数单子叶植物的根状茎,如菖蒲、石菖蒲、铃兰等。

6.辐射型维管束　韧皮部与木质部相间排列,呈辐射状排列,并形成一圈,称为辐射型维管束。常见于单子叶植物根的构造及双子叶植物根的初生构造中。

任务三　植物器官构造

一、根的构造

(一)根尖的纵切面构造

根尖是指根的顶端到着生根毛部分的这一段,它是根中生命活动最旺盛、最重要的部分。根的伸长,根对水分和养料的吸收,根内组织的形成与分化,主要是在此部分进行的。根据外部构造和内部组织分化的不同,根尖可以分为四个部分:根冠、分生区、伸长区和成熟区(图5-30)。

1.根冠　根冠位于根的最顶端,起保护根尖的作用并帮助根在土壤中延伸。根在土壤中生长时,由于根冠表层细胞受磨损而脱落,从而起到了保护分生区的作用,同时因为根冠细胞破坏时形成黏液,还可以减少根尖伸长时与土壤的摩擦力。根冠表皮细胞脱落后,由于分生区附近的根冠细胞能分裂产生新细胞,所以根冠能始终维持一定的形状和厚度。除了一些寄生根和菌根外,绝大多数植物的根尖部分都有根冠存在。

2.分生区　分生区又称生长锥,呈圆锥形,是位于根冠内方的顶端分生组织,具有很强的分生能力。分生区不断地进行细胞分裂增生细胞,经过生长、分化,进一步分化而形成根的各种组织。

3.伸长区　伸长区位于分生区上方,此处细胞分裂已逐渐停止,细胞沿根的长轴方向显著地延伸,使根不断地深入土中。同时,细胞开始分化。

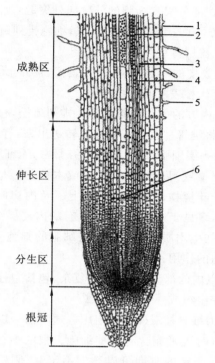

图 5-30 大麦根尖纵切面

1.表皮 2.导管 3.皮层 4.维管束鞘 5.根毛 6.原形成层

4. 成熟区 成熟区位于伸长区上方,细胞已分化成熟,并形成了各种初生组织。本区最显著的特点是表皮中一部分细胞的外壁向外突出,形成根毛,所以又称根毛区。根毛的产生大大增加了根的吸收面积。水生植物常无根毛。

（二）根的初生结构

通过根尖的成熟区作一横切面,就能看到根的全部初生结构,由外至内可分为表皮、皮层和维管柱三个部分(图 5-31)。

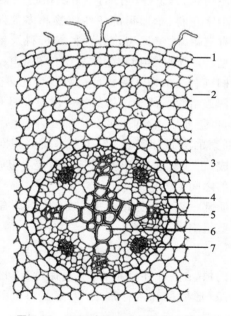

图 5-31 双子叶植物幼根的初生构造

1.表皮 2.皮层 3.内皮层 4.中柱鞘 5.原生木质部 6.后生木质部 7.韧皮部

1. 表皮 表皮是由原表皮发育而成。一般由一层表皮细胞组成,细胞排列整齐紧密,无细胞间隙,壁薄,无角质化,富有通透性,无气孔。部分表皮细胞的外壁向外突起,延伸成根毛。

2. 皮层 皮层位于表皮的内方,由多层薄壁细胞组成,细胞排列疏松,有着显著的细胞间隙。皮层占根相当大的部分,可以分为外皮层、皮层薄壁组织和内皮层。

(1)外皮层 皮层最外方紧接表皮的一层细胞,排列紧密、整齐,无细胞间隙。当根毛枯死,表皮破坏后,外皮层的细胞壁增厚并栓化,能代替表皮起保护作用。

(2)皮层薄壁组织 为外皮层内方的多层细胞,壁薄,排列疏松,有细胞间隙,具有将根毛吸收的溶液转送到根的维管柱中的作用,又可将维管柱内的有机养料转送出来,有的还有贮藏作用。

(3)内皮层 为皮层最内方的一层细胞,细胞排列整齐紧密,无细胞间隙。内皮层细胞壁增厚情况特殊,一种是径向壁(侧壁)和上下壁(横壁)局部增厚(木质或木栓化),呈带状环绕一圈,称凯氏带,横切面观呈点状,又称凯氏点,多见于双子叶植物;另一种径向、上下及内切向壁五面加厚,只有外切向壁较薄,在横切面观时,增厚部分呈马蹄形,多见于单子叶植物;也有的内皮层细胞壁全部木栓化加厚。在内皮层细胞壁增厚的过程中,有少数正对初生木质部角的内皮层细胞的细胞壁不增厚,这些细胞称为通道细胞,起着皮层与维管束间物质内外流通的作用。

3. 维管柱 维管柱是内皮层以内的部分,结构比较复杂,包括中柱鞘、初生木质部和初生韧皮部三部分,有些植物的根还具有髓,由薄壁组织或厚壁组织组成。

(1)中柱鞘 紧贴着内皮层,为维管柱最外方的组织。通常由一层薄壁细胞组成,如一般的双子叶植物;少数由两层或多层细胞组成,有时也可能含有厚壁细胞。根的中柱鞘的细胞是由原形成层的细胞发育而成,保持着潜在的分生能力,在一定的时期可以产生不定芽、侧根、不定根、部分形成层和木栓形成层等。

(2)初生木质部和初生韧皮部 为根的输导组织,在根的最内方。根的维管柱中的初生维管组织,包括初生木质部和初生韧皮部,不并列成束,而是相间排列呈星角状,所以又总称为"辐射维管束",是根的初生构造的特点。由于根的初生木质部在分化过程中,是由外方开始向内方逐渐发育成熟,这种方式称为外始式。因此,初生木质部的外方,也就是近中柱鞘的部位,是最初成熟的部分,称为原生木质部,它是由管腔较小的环纹导管或螺纹导管组成。渐近中部,成熟较迟的部分,称为后生木质部,它是由管腔较大的梯纹、网纹或孔纹等导管所组成。

根的初生木质部整个轮廓呈星角状,其束(星角)的数目随植物种类而异,每种植物的根中,其初生木质部束的数目是相对稳定的。如十字花科、伞形科的一些植物和多数裸子植物的根中,只有两束初生木质部,称二原型;毛茛科唐松草属有三束,称三原型;葫芦科、杨柳科及毛茛科毛茛属的一些植物有四束,称四原型;如果束数多,则称多原型。双子叶植物初生木质部的束数较少,多为二至六原型;单子叶植物根的束数较多,多在六束以上,棕榈科有些植物其束数可达数百个之多。初生木质部的结构比较简单,主要是导管、管胞,也有木纤维和木薄壁组织。裸子植物的初生木质部只有管胞。

初生韧皮部发育成熟的方式,也是外始式,即原生韧皮部在外方,后生韧皮部在内方。初生韧皮部束的数目在同一根内,与初生木质部束的数目相等,它与初生木质部相间排列,即位于两束初生木质部之间。初生韧皮部由筛管和伴胞组成,也含有韧皮薄壁组织,有时还有韧皮纤维;裸子植物的初生韧皮部只有筛胞。初生木质部和初生韧皮部之间为薄壁组织。

一般双子叶植物根的初生木质部一直分化到维管束中央,故不具有髓部。多数单子叶和少数双子叶植物根的中央有由薄壁组织或厚壁组织形成的髓。

(三)根的次生结构

绝大多数蕨类和单子叶植物的根,在整个生活期中,一直保持着初生构造。可是,大多数双子叶植物和裸子植物的根,其次生分生组织(形成层和木栓形成层)细胞可分裂、分化,发生次生生长,形成次生构造。

1. 维管形成层的产生及其活动 当根进行初生生长时,在初生木质部和初生韧皮部之间的一些薄壁组织恢复分裂能力,并逐渐向外方发展,使相连接的中柱鞘细胞恢复分生能力,形成凹凸相间的形成层环。同时由于在韧皮部内方的形成层分裂木质部细胞速度较快,次生木质部产生的量较多,因此,形成层凹入的部分大量向外推移,使凹凸相间的形成层环变成圆环状。

形成层多为一层扁平细胞,不断进行分裂,向内分裂产生的细胞形成新的木质部,加在初生木质部的外方,称为次生木质部,一般由导管、管胞、木薄壁细胞和木纤维组成;向外分裂所生的细胞形成新的韧皮部,加在初生韧皮部的内方,称为次生韧皮部,一般由筛管、伴胞、韧皮薄壁细胞和韧皮纤维组成。此时的维管束便由初生构造的木质部与韧皮部相间排列,转变为木质部在内方,韧皮部在外方的外韧型维管束。次生木质部和次生韧皮部,合称次生维管组织,是次生构造的主要组成部分(图5-32)。

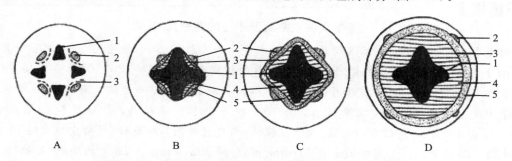

图5-32 根的次生生长示意图(横剖面示形成层的产生和发展)
1.初生木质部 2.初生韧皮部 3.形成层 4.次生木质部 5.次生韧皮部

另外,在次生木质部和次生韧皮部内,还有一些径向排列的薄壁细胞群,分别称为木射线和韧皮射线,总称维管射线。维管射线是次生结构中新产生的组织,它从形成层处向内外贯穿次生木质部和次生韧皮部,作为横向运输的结构。次生木质部导管中的水分和无机盐,可以经维管射线运至形成层和次生韧皮部。相似地,次生韧皮部中的有机养料,可以通过维管射线运至形成层和次生木质部。

2. 木栓形成层的发生和它的活动 由于形成层的活动,使根不断加粗,使表皮及部分皮层撑破。同时,中柱鞘细胞恢复分裂能力,形成木栓形成层,它向外分生木栓层,向内分生栓内层。木栓层由多层木栓细胞组成,木栓细胞多呈扁平状,排列整齐,细胞壁木栓化,呈褐色,由于木栓细胞不透气、不透水,故可代替外皮层起保护作用。木栓层、木栓形成层、栓内层三者合称周皮。在周皮外方的各种组织(表皮和皮层)由于内部失去水分和营养供给而全部死亡,所以一般根的次生构造中没有表皮和皮层,而为周皮所代替(图5-33)。

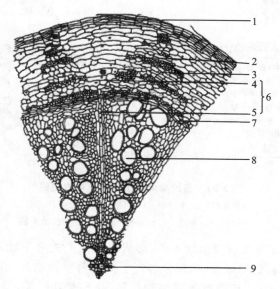

图5-33 棉老根的次生构造
1.周皮 2.韧皮纤维 3.韧皮部 4.韧皮射线 5.木射线
6.维管射线 7.形成层 8.次生木质部 9.初生木质部

最早的木栓形成层产生在中柱鞘部分,但它的作用到一定时期就终止了。周皮内方的部分薄壁细胞(皮层和韧皮部内)又能恢复分生能力,产生新的木栓形成层,进而形成新的周皮。

应注意的是:植物学上的根皮是指周皮这一部分,而生药学中的根皮类药材,如地骨皮、牡丹皮等,则是指形成层以外的部分,包括韧皮部和周皮。

单子叶植物的根无形成层,不能加粗生长,无木栓形成层,故也无周皮,由表皮或外皮层行使保护功能。也有一些单子叶植物,如百部、麦冬等,表皮分裂成多层细胞,细胞壁木栓化,形成一种保护组织,称为"根被"。

知识链接

麦冬类块根断面及中柱的鉴别比较

湖北麦冬、短葶山麦冬(商品名均为山麦冬)与麦冬形态相似、大小相近,且其薄片置于紫外光灯(365 nm)下观察,亦均显浅蓝色荧光。但麦冬中柱的韧皮部束有16~22个,湖北麦冬仅7~15个,短葶山麦冬有16~20个;湖北麦冬干后硬脆,木心细小而易随皮部一起被折断,断面淡黄色至棕黄色。短葶山麦冬稍粗长而扁,纵纹较粗。另有2种与麦冬同属植物:①山麦冬 *Liriope spicata* (Thunb) Lour. 的块根:药材表面粗糙,甜味亦较差;内皮层外侧石细胞较少,韧皮部束约19个;切片在紫外光灯下不显荧光。②阔叶山麦冬 *Liriope platyphylla* wang et Tang 的块根:习称"大麦冬",块根较大,两端钝圆,长2~5 cm,直径0.5~1.5 cm;干后坚硬断面无明显细木心;韧皮部束19~24个;切片在紫外光灯下显蓝色荧光。

(四)根的异常构造

某些双子叶植物的根,除正常的次生构造外,还可产生一些特有的维管束,称异型维管束,并形成根的异常构造(图5-34)。与初生构造、次生构造相对应,也有称其为三生构造。常见的有以下两种类型。

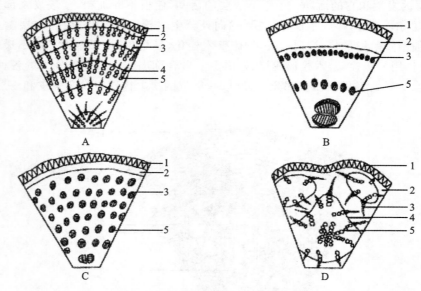

图5-34 根的异常构造横切面模式简图

A.商陆根 B.牛膝根 C.川牛膝根 D.何首乌根

1.木栓层 2.皮层 3.韧皮部 4.形成层 5.木质部

1. 第一种类型 当根的正常维管束形成不久,形成层往往失去分生能力,而在相当于中柱鞘部位的薄壁细胞恢复分生能力,形成新的形成层,向外分裂产生大量薄壁细胞和一圈异型的无限外韧维管束,如此反复多次,形成多圈异型维管束,其间有薄壁细胞相隔,一圈套住一圈,呈同心环状排列。属于这种类型的,又可分为两种情况。

(1)不断产生的新形成层环均始终保持分生能力,并使每一层同心性排列的异型维管束不断增大,而呈年轮状,如商陆根。

(2)不断产生的新形成层环仅最外一层保持分生能力,而内侧各同心性形成层环于异型维管束形成后即停止活动,如牛膝、川牛膝的根。

2. 第二种类型 当中央较大的正常维管束形成后,皮层中部分薄壁细胞恢复分生能力,形成多个新的形成层环,产生许多单独的和复合的大小不等的异型维管束,相对于原有的形成层环而言是异心的,形成异常构造。故在横切面上可看到一些大小不等的圆圈状的花状纹理,如何首乌的块根。

二、茎的构造

(一)茎尖的构造

茎尖是指茎或枝的顶端部分,自上而下可分为分生区、伸长区和成熟区三部分。茎尖的构造与根尖不同,茎尖先端为分生区(生长锥),前方没有类似根冠的帽状结构,而是由幼小的叶片包围着;茎尖生长锥的四周表面能向外形成小突起,成为叶原基和腋芽原基,以后分别发育为叶和腋芽,腋芽再发育成枝;茎成熟区的表皮不产生根毛的结构,但常有气孔和毛茸(图5-35)。

(二)双子叶植物茎的初生构造

通过茎的成熟区作一横切面,可观察到茎的初生构造,从外至内可分为表皮、皮层和维管柱三部分。

1. 表皮 表皮细胞形状扁平、排列整齐而紧密。表皮细胞的外壁较厚,通常角质化并形成角质层,有的还有蜡质。茎的表面上分布有气孔、毛茸或其他附属物。

2. 皮层 皮层位于表皮内方,由多层生活细胞构成,一般不如根的皮层发达,仅仅占有茎中较小的部分。皮层细胞壁薄而大,排列疏松,具细胞间隙,靠近表皮部分的细胞中常含有叶绿体,所以嫩茎多呈绿色,能进行光合作用。

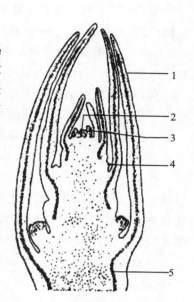

图 5-35 茎尖的构造
1.幼叶 2.生长点 3.叶原基
4.腋芽原基 5.原形成层

皮层的基本成分是薄壁组织,但在紧靠表皮的部位常具有厚角组织,可加强茎的韧性,有的排列成环状,如葫芦科和菊科的一些植物,有的聚集在茎的棱角处,如薄荷、芹菜等植物,有的植物在皮层中还有纤维、石细胞或分泌组织。

一般茎的皮层中没有明显的内皮层,但有的植物在皮层最内层细胞中含有许多淀粉粒,称为淀粉鞘,如南瓜、蓖麻等。

3. 维管柱 维管柱是皮层以内所有组织的统称,包括维管束、髓射线和髓。

(1)初生维管束 包括初生韧皮部、束中形成层和初生木质部三部分。大多数是初生韧皮部在外,初生木质部在内,在初生韧皮部和初生木质部之间,具有束中形成层,形成外韧维管束。

茎中初生韧皮部是由筛管、伴胞、韧皮薄壁细胞和韧皮纤维组成,其发育顺序和根中相同,也是外始式(图5-36)。

茎中初生木质部是由导管、管胞、木薄壁细胞和木纤维组成,其发育顺序和根中不同,是内始式。

(2)髓射线 是维管束之间的薄壁组织,也称初生射线,由基本分生组织发育而成。髓射线外连皮层,内接髓部,具横向运输和贮藏营养物质的作用。

(3)髓 位于茎的中心,是由基本分生组织产生的薄壁细胞组成,草本植物的髓较大,木本植物的髓较小,有些植物的髓部在发育过程中消失形成中空的茎,如连翘、芹菜、南瓜等。

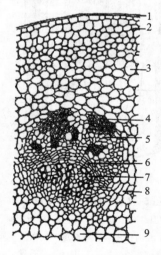

图 5-36 双子叶植物茎的初生构造
1.表皮 2.厚角组织 3.皮层
4.韧皮纤维 5.初生韧皮部 6.束中形成层
7.初生木质部 8.髓射线 9.髓

（三）双子叶植物木质茎的次生构造

（1）维管形成层及其活动　当茎进行次生生长时，束中形成层开始活动，与此同时，髓射线里面邻接束中形成层的薄壁细胞恢复分裂机能形成束间形成层，束间形成层产生以后，就和束中形成层衔接起来，在横切面上看，就形成一完整的维管形成层环。

维管形成层细胞主要是进行切向分裂，向内产生次生木质部，加添在初生木质部的外方，向外产生次生韧皮部，加添在初生韧皮部的内方，一般向内形成的木质部细胞远较向外形成的韧皮部细胞为多（图5-37）。同时，维管形成层中的一些细胞也不断产生径向延长的薄壁细胞，放射状分布于次生木质部和次生韧皮部中，分别称为木射线和韧皮射线，二者合称维管射线，具横向运输和贮藏的作用。

在春天形成层活动旺盛，所形成的次生木质部中的细胞径大壁薄，质地较疏松，色泽较淡，称早材或春材。夏末秋初形成层活动逐渐减弱，所形成的细胞径小壁厚，质地紧密，色泽较深，称晚材或秋材。在一年中早材和晚材是逐渐转变的，没有明显的界限，但第一年的秋材与第二年的春材界限分明，形成一同心环层，称年轮。

在木材横切面上靠近形成层的部分颜色较浅，质地较松软，称边材。边材具有输导作用。而中心部分颜色较深，质地较坚硬，称心材。心材中常积累一些代谢产物，如鞣质、树脂、树胶、色素等，使心材中导管和管胞被堵塞，失去输导能力。心材比较坚固，又不易腐烂，且常含有特殊的成分。茎木类药材沉香、降香、檀香等均为心材入药。

要充分地了解茎的次生结构及鉴定木类药材，需采用三种切面，即横切面、径向切面和切向切面（图5-38），以进行比较观察。

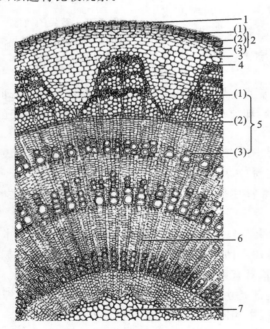

图 5-37　双子叶植物茎的次生构造

1.表皮　2.周皮　（1）木栓层　（2）木栓形成层
（3）栓内层　3.皮层　4.韧皮纤维　5.维管束
（1）韧皮部　（2）形成层　（3）木质部　6.髓射线　7.髓

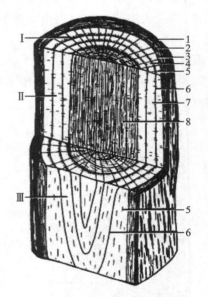

图 5-38　木材的三种切面

Ⅰ.横切面　Ⅱ.径向切面　Ⅲ.切向切面
1.外树皮　2.内树皮　3.形成层　4.次生木质部
5.射线　6.年轮　7.边材　8.心材

①横切面：与茎的纵轴垂直所作的切面。在横切面上可见导管、管胞、木纤维和木薄壁细胞等横切面的形状、直径的大小和细胞壁厚薄，亦可见同心状的年轮和辐射状的射线。

②径向切面：通过茎的中心所作的纵切面。在径向切面上可见导管、管胞、木纤维和木薄壁细胞等纵切面的长度、宽度、纹孔和细胞两端的形状。射线细胞为长方形，排成整齐多列，与纵轴垂直，显示了射线在这个切面上的高度和长度。

③切向切面：不经过茎的中心而垂直于茎的半径所作的切面。在切向切面上见到的导管、管胞、木纤

维和木薄壁细胞等与径向切面相似。射线为横切面,细胞群呈纺锤形,显示了射线在这个切面中的高度、宽度和细胞列数。

形成层活动向外分裂形成次生韧皮部。次生韧皮部形成时,初生韧皮部被推向外方并被挤压破裂,形成颓废组织。次生韧皮部一般由筛管、伴胞、韧皮薄壁细胞和韧皮纤维组成,有的还具有石细胞、乳管等。

次生韧皮部的薄壁细胞中除含有糖类、油脂等营养物质外,有的还含有鞣质、橡胶、生物碱、苷类、挥发油等次生代谢产物,它们常有一定的药用价值。

(2)木栓形成层及其活动　多数植物的茎可由表皮内侧皮层薄壁组织细胞恢复分生能力,形成木栓形成层,进而产生周皮,以代替表皮完成保护作用。一般木栓形成层的活动只不过数月,多数树木又可依次在其内方产生新的木栓形成层,形成新的周皮。新周皮及其外方被隔离得不到水分和营养供应而死亡的组织合称落皮层,如白桦树、悬铃木等。但不少植物的周皮并不脱落,如杜仲、黄皮树等。落皮层也被称为树皮。但广义的"树皮"是指维管形成层以外的所有组织,包括次生韧皮部及其外侧可能保留的初生组织、周皮和周皮以外的落皮层。多数皮类药材,如杜仲、厚朴、黄柏等茎皮类药材即为广义的树皮。

(四)双子叶植物草质茎的构造

许多双子叶植物草质茎次生生长有限,质地较柔软。其特点是:多数草质茎不分化木栓形成层,故无周皮,由表皮行使保护作用,表皮常具角质层、蜡被、气孔、毛茸等;草质茎的髓部较发达,髓射线较宽;有的髓部中央破裂呈空洞状(图5-39)。

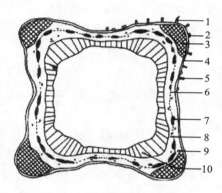

图 5-39　薄荷茎横切面简图
1.非腺毛　2.腺鳞　3.厚角组织　4.表皮　5.腺毛
6.内皮层　7.纤维　8.韧皮部　9.石细胞　10.木质部

(五)双子叶植物根状茎的构造

双子叶草本植物根状茎的构造与地上茎类似,其特点为:根茎的表面通常具木栓组织,少数有表皮;皮层中常有根迹维管束和叶迹维管束;皮层内侧有的具有石细胞和纤维,维管束排列呈环状,中央髓部明显;机械组织一般不发达,薄壁细胞中常有较多的贮藏物质,如黄连的根状茎(图5-40)。

(六)双子叶植物茎及根状茎的异常构造

有些植物的茎和根茎除了形成一般的正常构造外,常有部分薄壁细胞,能恢复分生能力,转化成新的形成层,产生多数异型维管束,形成异型构造。比如大黄的根茎在髓部形成多数星点状的异型维管束,它们是特殊的周木式维管束,内方为韧皮部,外方为木质部,形成层为环状,射线深棕色,作星状芒射出,因此,习称为星点(图5-41)。

(七)单子叶植物茎的构造

单子叶植物茎和根茎通常只有初生构造而没有次生构造,与双子叶植物茎和根茎在组织构造上最大的不同点如下。

(1)单子叶植物一般没有形成层和木栓形成层,除少数热带单子叶植物(如龙血树、芦荟等)外,一般

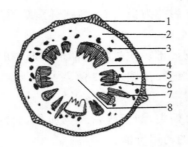

图 5-40　黄连根状茎横切面简图

1.木栓层　2.皮层　3.石细胞群　4.射线
5.韧皮部　6.木质部　7.根迹维管束　8.髓

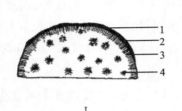
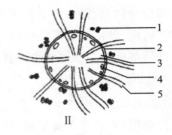

Ⅰ　　　　　　　　　Ⅱ

图 5-41　大黄根茎横切面简图

Ⅰ.大黄　1.韧皮部　2.形成层　3.木质部射线　4.星点
Ⅱ.星状简图　1.导管　2.形成层　3.韧皮部　4.黏液腔　5.射线

单子叶植物只具初生构造。

（2）单子叶植物维管束主要是有限外韧维管束（如玉米、石斛）或周木维管束（如香附、重楼），而双子叶植物是无限外韧维管束。

（3）横切面观：单子叶植物维管束呈散在排列，而双子叶植物维管束呈环状排列（图 5-42）。

有的单子叶植物茎的表皮以内均为薄壁细胞组成的基本组织，维管束多数，并散在其中，因此皮层和髓很难分辨，如玉米、石斛；有的植物茎中维管束呈两轮排列，中央部分萎缩破裂，形成中空的茎秆，如小麦、水稻、竹类等。单子叶植物根状茎的内皮层大多明显，因而皮层和维管柱有明显分界，皮层常占较大部分，其中往往有叶迹维管束散在，如石菖蒲等。

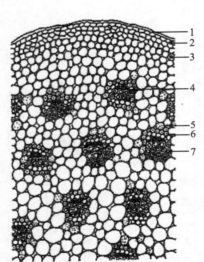

图 5-42　单子叶茎横切面图

1.角质层　2.表皮　3.皮层　4.韧皮部
5.薄壁细胞　6.纤维束　7.木质部

（八）单子叶植物根状茎的构造

（1）单子叶植物根状茎的表面仍为表皮或木栓化的皮层细胞，起保护作用。少数植物有周皮，如射干、仙茅等。禾本科植物根状茎表皮较特殊，细胞平行排列，每纵行多为 1 个长细胞

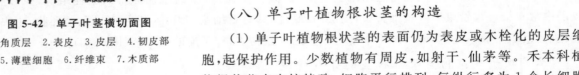

和 2 个短细胞纵向相间排列，长细胞为角质化的表皮细胞，短细胞中，一个是木栓化细胞，一个是硅质化细胞，如白茅、芦苇等。

（2）皮层常占较大体积，其中常有细小的叶迹维管束存在，薄壁细胞内含有大量营养物质。维管束散在，多为有限外韧型，如白茅根、姜黄、高良姜等；少数为周木型，如香附；有的则兼有有限外韧型和周木型两种维管束，如石菖蒲。

（3）内皮层大多明显，具凯氏带，因而皮层与维管组织区域有明显的分界，如姜、石菖蒲等。也有的内皮层不明显，如玉竹、知母、射干等。

（4）有些植物根状茎在皮层靠近表皮部位的细胞形成木栓组织，如姜；有的皮层细胞转变为木栓化细

胞,形成所谓"后生皮层",以代替表皮行使保护功能,如藜芦。

▌知识链接▐

蕨类植物根茎的构造特点

蕨类植物根茎的最外层多为厚壁性的表皮及下层细胞,基本薄壁组织比较发达。维管柱的类型有的是原生中柱,仅由管胞组成的木质部位于中央,韧皮部位于四周,外有中柱鞘及内皮层,如海金沙;有的是双韧管状中柱,木质部呈圆筒状,其内外侧都有韧皮部及内皮层,中心为基本薄壁组织,如狗脊;有的为网状中柱,在横切面可见数个分体中柱断续排列成环状,每一分体中柱为一原生中柱,如骨碎补、石韦等。此外,有的在薄壁细胞间隙中生有单细胞间隙腺毛,内含分泌物,如绵马贯众。

三、叶的微观识别

(一)双子叶植物叶片的构造

一般双子叶植物叶片的构造比较一致,是由表皮、叶肉和叶脉三部分组成。

1. 表皮 表皮包被在整个叶片的表面,由于一般叶片是有背、腹面之分的扁平体,故表皮也分为位于腹面的上表皮和位于背面的下表皮。表皮通常是由一层形状不规则的、侧壁凹凸不齐的扁平生活细胞紧密嵌合在一起所组成,但也有由多层细胞组成的,称复表皮。表皮细胞的外壁较厚,角质化并具角质层,有的还具有蜡被、毛茸等附属物。表皮细胞中通常不含有叶绿体。叶的表皮具有较多的气孔。大多数植物叶的上下表皮都有气孔,而下表皮一般较上表皮为多。

2. 叶肉 叶肉位于上、下表皮之间,是由含有叶绿体的薄壁细胞组成,是绿色植物进行光合作用的主要场所。叶肉组织通常分为栅栏组织和海绵组织两部分(图5-43)。

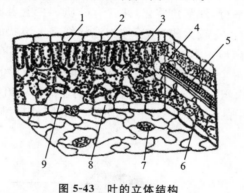

图 5-43　叶的立体结构
1.上表皮　2.栅栏组织　3.海绵组织　4.维管束鞘
5.木质部　6.韧皮部　7.气孔　8.下表皮　9.孔下室

栅栏组织位于上表皮之下,细胞呈圆柱形,其长径与表皮成垂直方向排列,形似栅栏。栅栏组织细胞内含大量叶绿体,细胞排列整齐,细胞间隙比较小,在叶片内可以排列成一层、二层或三层及以上。海绵组织位于栅栏组织和下表皮之间,细胞呈不规则形状,排列疏松,细胞间隙发达,呈海绵状。海绵组织细胞内含叶绿体较少,所以叶片下面的颜色常较浅。

叶的上下两面在外部形态和内部结构上有明显区别的,称两面叶,如桑叶、薄荷叶、茶叶等。有些植物的叶,由于上下两面受光的程度相差不大,因此在形态和结构上形成上下两面很相似的情况,这种叶称等面叶,如桉叶、番泻叶等。

3. 叶脉 叶脉的内部结构,因叶脉的大小而不同。中脉和大的侧脉,是由维管束和机械组织组成的。维管束的木质部在上方,韧皮部在下方,二者之间常有活动期很短的形成层。在维管束的上、下方常具有多层机械组织,尤其在下方更为发达,因此大的叶脉在叶片的背面形成显著的突起。在叶中叶脉越分越细,构造也愈来愈简单。一般首先是形成层消失,其次是机械组织渐次减少,以至完全没有,再次是木质部和韧皮部的结构逐渐简单,组成分子数目逐渐减少。到了叶脉的末梢,木质部只有一个螺纹管胞,韧皮部仅有短狭的筛管分子和增大的伴胞(图 5-44)。

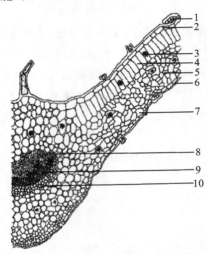

图 5-44 薄荷叶横切面简图
1.腺毛 2.上表皮 3.橙皮苷结晶 4.栅栏组织 5.海绵组织
6.下表皮 7.气孔 8.木质部 9.韧皮部 10.厚角组织

(二)单子叶植物叶的构造

单子叶植物叶的形态构造比较复杂,其叶片同样是由表皮、叶肉和叶脉三部分组成,但各部分都有不同的特征。

1. 表皮 禾本科植物叶片表皮细胞的形状比较规则,排列成行,有长细胞和短细胞两种类型,长细胞呈长方柱形,长径与叶的纵长轴平行,外壁角质化,并含有硅质。在上表皮两个叶脉之间还有一些特殊的大型含水细胞,其长径与叶脉平行,有较大的液泡,称为泡状细胞。泡状细胞在叶上排列成若干纵行。在横切面上,泡状细胞的排列略呈扇形。禾本科植物叶的上下表皮上,都有气孔,成纵行排列,而且气孔是由两个哑铃形的保卫细胞组成,每个保卫细胞外侧各有一个略呈三角形的副卫细胞。

2. 叶肉 禾本科植物的叶肉组织比较均一,一般没有明显的栅栏组织和海绵组织的区分。

3. 叶脉 禾本科植物叶片中的维管束一般平行排列,为有限外韧维管束。维管束外具有由 1～2 层细胞组成的维管束鞘(图 5-45)。

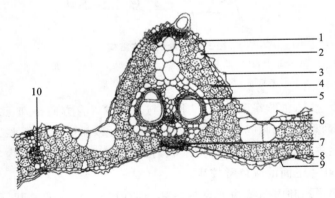

图 5-45 水稻叶片的横切面
1.上表皮 2.气孔 3.表皮毛 4.薄壁细胞 5.主脉维管束
6.泡状细胞 7.厚壁组织 8.下表皮 9.角质层 10.侧脉维管束

┃知识链接┃

气 孔 指 数

　　同一株植物单位面积(平方毫米,mm²)上的气孔数目,称为气孔数。气孔数有很大的差异,然而同种植物叶的单位面积上气孔数与表皮细胞的比例则是恒定的,称气孔指数。叶肉中栅栏细胞与表皮细胞之间有一定的关系。一个表皮细胞下的平均栅栏细胞数目称为栅表比,同种植物的栅表比是恒定的,可用来区别不同种植物叶。叶片中最末端细小的叶脉所包围的叶肉组织为一个脉岛。大多数双子叶植物的脉岛中有叶脉的自由末梢突入,而单子叶植物的脉岛中则无自由末梢,由此可区分双子叶与单子叶植物的叶。每单位面积(mm²)中的脉岛个数称为脉岛数。同种植物单位面积叶中脉岛的数目通常是恒定的,可作为鉴定的依据。

小 结

　　植物细胞的基本结构包括原生质体和细胞壁两部分。原生质体又包括细胞核、细胞质、细胞器等。细胞壁、质体、液泡是植物细胞区别于动物细胞的主要特征。质体具有光合作用、合成、贮藏等功能,分为叶绿体、白色体、有色体,可以相互转化。

　　植物的组织是来源相同、形态结构相似、机能相同而又彼此紧密联系的细胞所组成的细胞群。按其来源、形态结构和生理功能的不同分为分生组织、薄壁组织、保护组织、机械组织、输导组织、分泌组织六大类。

　　分生组织位于植物体的生长部位,按其所处位置的不同又可分为顶端分生组织、侧生分生组织和居间分生组织。保护组织分表皮和周皮。表皮可分化成气孔和毛茸,不同形态的毛茸和气孔轴式(类型)可作为鉴别中药材的依据;机械组织分为厚角组织和厚壁组织两类。厚壁组织中不同类型的纤维和不同形态的石细胞可作中药材鉴别的依据;输导组织包括木质部中的导管或管胞和韧皮部中的筛管、伴胞或筛胞。不同类型的导管可作中药材鉴别的依据;分泌组织分为外部分泌组织(分腺毛、腺鳞和蜜腺)、内部分泌组织(分泌腔、分泌道和乳汁管等),也可以作为鉴别中药材的依据。

　　维管束是蕨类植物和种子植物所特有的,具有输导和支持作用的复合组织。根据韧皮部与木质部的排列方式、形成层的有无,将植物的维管束分为多种类型。

　　根始于根尖。根尖的构造可以分为根冠、生长点、伸长区、成熟区;根的初生构造(表皮、皮层和维管柱)要以维管柱为重点,详细了解初生结构各个组成部分。双子叶植物根的次生构造是由初生构造变化而来,主要是形成层和木栓形成层的变化;而形成层和木栓形成层的异常发生和活动会形成根的异常构造,可以作为根及根茎类生药鉴定的重要特征。

　　茎的构造可以分为双子叶植物木质茎的初生、次生构造,双子叶植物草质茎的次生构造,双子叶植物根茎的构造,单子叶植物茎的构造,其中双子叶植物茎的初生构造(表皮、皮层、维管柱)需要重点识记。茎的次生构造中木质部发达,常会形成年轮。茎的异型维管束构造可以作为茎木类生药鉴别的重要特征。

　　双子叶植物叶的组织构造一般可分为表皮、叶肉(两面型、等面型)、叶脉,而单子叶植物叶的组织构造叶肉无栅栏组织、海绵组织分化。

能力检测

一、单选题

1. 下列不属于细胞器的是(　　　)。

A. 质体 　　　　　　B. 线粒体 　　　C. 液泡 　　　　　　　D. 核仁

2. 胡萝卜根头部露出地面时变成绿色,是因为有色体转变为(　　　)。

A. 叶绿体   B. 有色体   C. 质体   D. 白色体

3. 与根茎不断增粗有关的组织是(　　)。

A. 顶端分生组织   B. 侧生分生组织   C. 居间分生组织   D. 分泌组织

4. 气孔轴式是指构成气孔的保卫细胞和副卫细胞的(　　)。

A. 大小   B. 数目   C. 排列关系   D. 特化程度

5. 橘果皮上的分泌组织是(　　)。

A. 分泌细胞   B. 分泌腔   C. 分泌道   D. 乳汁管

6. 对植物起支持作用的组织是(　　)。

A. 分生组织   B. 机械组织   C. 输导组织   D. 薄壁组织

7. 维管束中韧皮部位于外侧,木质部位于内侧,两者平行排列,中间有形成层的是(　　)。

A. 外韧维管束   B. 辐射维管束   C. 无限外韧维管束   D. 有限外韧维管束

8. 下列不属于维管束构成部分的是(　　)。

A. 导管   B. 伴胞   C. 石细胞   D. 纤维

9. 种子植物输导有机养料的组织是(　　)。

A. 导管   B. 管胞   C. 筛管   D. 石细胞

10. 气孔周围有两个副卫细胞,其长轴与保卫细胞长轴垂直的是(　　)。

A. 直轴式   B. 平轴式   C. 不等式   D. 不定式

11. 双子叶植物根的初生构造中,维管束类型为(　　)。

A. 无限外韧型   B. 有限外韧型   C. 双韧型   D. 辐射型

12. 下列哪类植物初生构造中有髓射线和髓部?(　　)

A. 单子叶植物茎   B. 双子叶植物茎   C. 单子叶植物根   D. 双子叶植物根

13. 年轮是哪类植物次生构造特征之一?(　　)

A. 单子叶植物草质茎   B. 单子叶植物根状茎

C. 双子叶植物木质茎   D. 双子叶植物草质茎

14. 茎皮(树皮)药材指的是(　　)。

A. 形成层以外的所有组织   B. 落皮层

C. 表皮   D. 周皮

15. 以根皮入药的应为(　　)。

A. 厚朴   B. 肉桂   C. 五加   D. 紫荆

16. 凯氏带为根的初生构造上哪一部分的细胞特征?(　　)

A. 外皮层   B. 中皮层   C. 内皮层   D. 中柱鞘

17. 双子叶植物茎在次生生长过程中,形成层细胞不断产生径向延长的薄壁细胞,贯穿于次生木质部和次生韧皮部中,形成一种横向联系的组织。该组织称(　　)。

A. 木栓形成层   B. 形成层   C. 髓射线   D. 维管射线

18. 双子叶植物茎不断加粗是由于(　　)。

A. 周皮的不断增厚和圆周的不断扩大   B. 初生组织的形成

C. 形成层和木栓形成层细胞的分裂活动   D. 髓射线和维管射线的不断延长

19. 下列哪些植物茎不形成次生构造?(　　)

A. 双子叶植物木质茎   B. 双子叶植物草质茎   C. 双子叶植物根状茎   D. 单子叶植物茎

20. 下列哪一器官的构造无髓部?(　　)

A. 双子叶植物初生根   B. 双子叶植物初生茎

C. 单子叶植物初生根   D. 单子叶植物初生茎

21. 双子叶植物草质茎不形成(　　)。

A. 次生构造   B. 髓   C. 髓射线   D. 年轮

22. 下列对叶的构造描述,错误的是(　　)。

A. 叶的表皮细胞含有叶绿体
B. 保卫细胞和副卫细胞的排列关系组成气孔类型
C. 由 2 个保卫细胞构成气孔
D. 异面叶有栅栏组织和海绵组织的分化

二、问答题

1. 细胞壁分为哪几层？各有何特点？
2. 简述区别草酸钙晶体与碳酸钙晶体的要点。
3. 表皮与周皮有何不同？
4. 导管与筛管各自输导哪类物质？导管有哪几种类型？
5. 何谓维管束？简述维管束的作用与主要类型。
6. 请描述双子叶植物草质茎的构造特点。
7. 请描述单子叶植物茎和根状茎的构造特点。
8. 以薄荷为例，请描述双子叶植物异面叶的结构。

（刘灿仿　许友毅）

项目六 现代生物技术在药用植物识别技术中的应用

学习目标

掌握药用植物细胞组织培养在生产中的利用。

熟悉药用植物组织培养的方法。

了解植物基因工程发展方向。

常见维管植物科、属名录

现代生物技术是以生命科学为基础,结合生物工程原理,获得具有优良品质生物品系,生物体的某一部分或其代谢产物的多种目的的综合学科。现代生物技术一般包括四个方面,即基因工程、细胞工程、酶工程和发酵工程,另外还有生物电子工程、生物反应器、灭菌技术及新兴的蛋白质工程等,其中,基因工程是现代生物工程的核心。以重组 DNA 为核心的现代生物技术的创立和发展,为生命科学注入了新的活力,应用现代生物技术开展对药用植物的研究,将大大深化对药用植物的形态及代谢产物的内在认识并加快研究速度,使对药用植物及其活性成分的研究从宏观进入细胞及分子水平。近年来运用现代生物技术方法开展的研究主要包括用细胞培养方法生产药用次生代谢产物、探索药用成分的生物合成路线、珍稀药用植物的大规模无性繁殖、原生质体融合及体细胞杂交培育技术、毛状根培养以及运用基因重组技术培育具有药用价值的转基因植物、基因指纹图谱鉴定药用植物等方面,这些研究不但具有重要的理论意义,而且具有广阔的应用前景。结合现代生物技术在药用植物资源研究领域的应用现状,本项目将着重介绍药用植物组织培养、药用植物细胞培养和药用植物基因工程等方面的内容。

任务一 药用植物组织培养

药用植物组织培养是指在无菌和人为控制的营养(培养基)及环境条件下,对药用植物的器官、组织、细胞、原生质等进行培养,用来生产药用成分或进行药用植物无性系统快速繁殖的生物技术。植物组织培养是根据细胞全能性(离体细胞在一定培养条件下具有发育成完整植株的潜在能力)的理论基础上发展起来的。植物组织培养作为一种重要的植物生物技术,相比于常规的无性繁殖和其他繁殖方式,其具有繁殖速度更快、繁殖系数更高,且不受季节限制,可全年大规模工厂化生产,经济和社会效益高等优点。目前,药用植物组织培养在药用植物领域的应用主要有两个方面:一方面利用试管微繁生产大量无病毒种苗以满足药用植物人工栽培的需要;另一方面通过愈伤组织或悬浮细胞的大量培养,从细胞或培养基中直接提取药物,或通过生物转化、酶促反应生产药物。根据培养对象(外植体)的不同,主要分为器官培养、分生组织培养、愈伤组织培养、悬浮细胞培养、原生质体培养五种类型。其中,愈伤组织培养是最常见的一种培养方式。

一、愈伤组织培养

愈伤组织是指植物的离体组织培养。在适宜的培养基条件下,受伤组织切口表面不久能长出一种由脱分化的细胞增殖而成的组织,因此愈伤组织既是某种植物代谢产物的来源,又是诱导成株的主要途径之一。愈伤组织形成过程包括诱导期、细胞分裂期和细胞分化期三个阶段。诱导期是指外植体组织受到外界条件的刺激,合成代谢活动加强,为细胞分裂作准备。外植体细胞一经诱导,其外层细胞脱分化,开始分裂,如果在原培养基上继续培养,细胞将发生分化。细胞分化期是指停止分裂的细胞发生生理、生化代谢变化,形成不同形态和功能的细胞。这些细胞团在分化中成为形成芽原基及根原基的中心,可分化形成不定芽和不定根。药用植物的愈伤组织一般具备以下三个特点:首先,具有高度再分化和长期继代保存的能力,以便能够获得再生的植株;其次,可轻易破碎,以便形成良好的植物组织的悬浮系,而且可以分离出所需要的原生质体;再次,具有快速的增殖能力,因此容易形成丰富的愈伤组织系。植物愈伤组织的形成受多种条件的影响,例如植物的内源激素和外源激素、光照条件、温度条件、培养基的成分等均可以影响植物愈伤组织的形成。

二、继代培养

继代培养是将培养到一定程度的愈伤组织分割成一小块转移到新鲜的培养基上进行继续培养的过程。生长旺盛的愈伤组织一般呈奶黄色或白色,有光泽,也有显淡绿色或绿色者,老化的愈伤组织多转变为黄色至褐色。愈伤组织若在原培养基上继续培养,会导致愈伤组织停止生长甚至老化死亡。继代培养可提供大量的培养群体,用于研究组织生长和代谢,以及生产植物的次生代谢产物。影响试管苗继代培养的因素有驯化现象、形态发生能力的保持和丧失、植物材料的影响、培养基及培养条件、继代培养时间长短、季节的影响等。

任务二　药用植物细胞悬浮培养

植物细胞培养是指在离体的条件下,从愈伤组织或其他易分离的组织中得到游离的悬浮细胞,在营养培养基中进行无菌培养从而获得大量细胞群体的一种生物技术。植物细胞培养按照培养方式的不同可以分为固体培养和液体培养,其中研究较多的是悬浮细胞培养、固定化细胞培养。

一、药用植物细胞悬浮培养

悬浮培养是在愈伤组织液体培养的基础上发展起来,将单个游离细胞或小细胞团在液体培养基中进行培养增殖的技术。其具有细胞可以不断增殖,形成高密度的细胞群体,并且适于大规模培养,可大量提供较均匀的细胞,为深入细致地研究细胞的生长、分化创造一个很好的实验方法和条件等特点。

细胞悬浮培养可选用组织培养中形成的愈伤组织,这类组织是易碎性的,在液体振荡培养条件下才能获得分散的单细胞。为了得到适合悬浮培养的愈伤组织,可采用控制其培养基成分或激素成分的方法,获得易分散的愈伤组织;也可以进行连续的继代培养获得能分离成单细胞的愈伤组织。悬浮培养的另一种材料是取植物的茎尖、幼胚等组织,通过在玻璃匀浆器中研磨使软组织破碎,破碎组织进行液体悬浮振荡培养。传统名贵中药冬虫夏草、灵芝等采用发酵工程技术,从发酵产物中提取活性成分,可提高生产速度和扩大生产规模。利用发酵技术生产药用活性成分,可使药品生产规范化,保证药源质量稳定。另外,我国还建立了三七、人参、西洋参、长春花、丹参、红豆杉等多种药用植物的液体培养系统,经过对培养液和培养条件的优化已使有效成分达到或超过原植物。

二、药用植物细胞固定化细胞培养

固定化细胞培养是指把细胞固定在一种惰性基质上,如琼脂、藻酸盐、聚丙烯酰胺和卡拉胶等,细胞不能运动,而营养液可以在细胞间流动,供应细胞营养的培养方法。其优点有:可消除或极大地减弱流质流动引起的切变力;细胞生长缓慢,次生代谢增强;改善了细胞生长的理化环境,有利于次生代谢;培养的环境条件容易控制,细胞稳定性高;便于次生代谢物的收集。固相化细胞培养要求代谢产物必须是分泌到细胞外,但次生代谢产物多是存在于细胞内的,为促进次生代谢产物的合成和分泌,需要借助表面活性剂或对细胞进行透性改造。植物细胞次生代谢产物的积累是不连续的,这也限制了固相化细胞方法的应用。我国学者王克明在双载体包埋中国红豆杉细胞的研究中建立了一套合适的固定化细胞条件,可以使固定化细胞获得较好的紫杉醇产量。

任务三　药用植物基因工程

植物基因工程是在分子水平上对基因进行体外操作与重组的一项专门技术。它应用基因工程的原理和技术,以植物细胞为对象,通过外源基因的转移、整合、表达和传代,对植物的遗传物质进行修饰、更新和改造,进而改良植物的遗传性状或获得基因产品。药用植物基因工程为药用植物遗传基因的改良开辟了崭新的途径,相对于传统的育种方法和手段,药用植物基因工程可以实现从分子水平上修饰植物的遗传物质,定向改造药用植物的遗传性状,提高了育种的目的性和精确性,在很大程度上缩短了育种的周期,同时能打破生物界及物种之间的生殖隔离,实现生物界基因资源的共享,极大地拓宽了药用植物遗传改良的范围,并成功创造了新的遗传性状。药用植物基因工程技术应用前景极其广阔,可以用来提高药用植物的抗病、抗虫、抗除草剂的能力,提高药用植物的产量,增加药用植物中活性物质的含量,改善药材的品质等方面,有利于药用植物的大面积种植和保护等。

一、转基因器官培养

1. 毛状根的培养　许多双子叶植物受土壤发根农杆菌感染后可形成毛状根,由于诱导成根的 Ri 质粒部分整合于植物染色体上,调节了细胞内源激素的合成,因而使植物受伤部位诱发产生出大量的不定根(称为毛状根),这种毛状根的表型可在继代培养中稳定下来。

毛状根生长不依赖外来激素,生长迅速易于离体培养,可进行原植株的次生代谢产物合成,从而可用于次生代谢产物的生产。如颠茄毛状根合成的颠茄碱的莨菪胺与植株含量相当,而远高于未分化的根愈伤组织;青蒿的愈伤组织中不含有原植物中的活性成分青蒿素,但培养的青蒿毛状根中,却含有青蒿素;长春花中的长春花碱和长春新碱具有抗癌活性的二聚吲哚类生物碱,在长春花细胞培养中一直未能检测到这两种生物碱。而用发根农杆菌感染长春花的叶片,所获得的毛状根可产生长春花碱及阿吗碱、蛇根碱、文朵宁等多种生物碱。目前国内已从洋地黄、人参、甘草、丹参、黄芪等数十种药用植物中诱导出毛状根,进行了药用次生代谢产物的生物合成与转化的研究。如用 20 吨发酵罐生产的人参毛状根已可商品化生产。这些技术的成功,使药用植物的生产逐渐开始摆脱对野生资源或种植业的依赖。

2. 冠瘿瘤培养　土壤根癌农杆菌侵染植物细胞后,能将其 Ti 质粒上的一段 DNA 插到被侵染细胞的基因组中,并能稳定地遗传给后代,从而诱导冠瘿瘤的发生。人们可用一种植物细胞中的基因片段或 DNA 分子替换另一种植物(或微生物)细胞中的基因片段或 DNA 分子,实现其转移,通过重组 DNA,从而改变植物的性状和功能,获得具有优良性状的转基因植株,并可采用微生物培养的方法,进行具有药用价值的植物次生代谢产物的大规模生产。如根癌农杆菌侵染成年红豆杉细茎后,诱导出的冠瘿瘤组织经证明可合成抗癌有效成分紫杉烷及其类似物。利用丹参冠瘿瘤培养生产丹参酮,筛选出的高产株系中丹参酮的含量已超过生药的含量。

二、转基因抗病育种

(一)提高药用植物抗性

通过基因工程技术,可实现以人工定向改变药用植物的遗传性状,培育出一些具有抗病、抗虫、抗除草剂等药用植物新品种。提高药用植物抗性改良植物的品种一般依靠两种途径：一是使植物获得更高的生产对人类有用资源的能力；二是减少生物和非生物胁迫对植物生长的不利影响。药用植物由于生长环境容易受到各种逆境条件及病毒虫害等危害，特别是近年来环境的不断恶化使药用植物的产量和质量大幅下降，在药用植物种植过程中，为了防治病害、虫害及草害等，需要施用大量的化学药剂，这不仅消耗大量的能源和人工，还会对生态环境造成较大的甚至不可逆的破坏，形成严重的恶性循环，因此提高药用植物的抗性和适应性有很大的实际意义。基因工程技术出现后，人们开始研究和利用转基因抗性植物来预防病虫害和杂草等，并取得了一定的成果。目前，已经有多种来自微生物、植物、动物等不同种类的抗虫、抗病、抗盐碱、抗除草剂的基因被克隆出来，可供药用植物的遗传转化，将这些基因导入宿主植物以增强其抗性，并获得了多种转基因植株。如将草胺膦乙酰转移酶的基因成功转入到莨菪 *Scoparia dulcis* Linn 基因组中，转基因植株对草胺膦表现出明显的抗性，而次生代谢产物几乎没有受到影响。又如将对蚜虫具有明显抗性的外源基因——雪花莲凝集素酶（GNA34）基因整合到枸杞基因组中，获得了外源基因表达良好的枸杞新品系，可以明显提高枸杞的抗蚜虫能力。

（二）改善药用植物的品质

青蒿素是我国科研人员自主研发的，并为国际所公认的抗疟药物，市场需求极大。而野生青蒿中青蒿素含量很低，很难满足青蒿素的迫切需求。常规育种在提高青蒿素方面的作用十分有限。而今青蒿素的合成代谢途径已经阐明，因此通过基因工程手段对青蒿的青蒿素生产能力进行人工操纵从而大幅提高青蒿素含量成为解决青蒿素供需矛盾的最佳选择。

三、DNA 分子标记在药用植物分类和药材鉴定中的应用

（一）DNA 分子标记技术概述

DNA 分子标记技术又称 DNA 分子诊断技术，是研究 DNA 分子由于缺失、插入、易位、倒位、重排或由于存在长短与排列不一的重复序列等机制而产生的多态性的技术。主要分三类：第一类是以电泳技术和分子杂交技术为核心，主要有限制性片段长度多态性（RFLP）和 DNA 指纹技术；第二类是以电泳技术和 PCR 技术为核心，主要有随机扩增多态性 DNA（RPAD）和扩增片段长度多态性（AFLP）；第三类是以 DNA 序列为核心，主要有内转录空间（ITS）测序技术。DNA 分子标记技术由于具有许多独特的优势，已在药用植物鉴别方面展示出广阔的应用前景。

（二）分子标记技术在药用植物上的应用

1. 分子标记技术可用于药用植物的种质资源鉴定 药用植物种质资源的鉴定是药用植物研究的基础，它对于准确确定原植物、确保药效、合理保存利用现有的种质资源、寻找开发新的药用植物等具有重要的意义。绞股蓝具有降血脂、抗衰老、抗肿瘤等多种生理功效，但它和乌蔹莓的外部形态在变成干药材后都很相似，这就带来了安全用药的问题。李雄英等运用 RAPD 技术对七叶绞股蓝、五叶绞股蓝和乌蔹莓这三种植物进行分析，实验结果能较好地区别出绞股蓝和伪品乌蔹莓，从而从分子水平上为辨别绞股蓝的真伪提供了依据。

2. 分子标记技术可用于药用植物的遗传多样性研究 药用植物无论是在种间还是种内，都存在着巨大的遗传多样性。药用植物遗传多样性研究对于研究种间亲缘关系的远近、生物的演化、自然种群保护等都具有重要的意义。宁夏枸杞是我国重要的药用植物资源和药食同源的名贵中药材，具有增强免疫力、防衰老、抗肿瘤、抗氧化等多方面的药理作用。尚洁等人用 RAPD 法对来自宁夏两个产地的七个品种进行分析，试验结果表明所选用的 7 个品种间具有较高的多态性。

3. 分子标记技术可用于药用植物的亲缘关系分析 进化是遗传育种的重要内容，决定了种质在育种实践应用中的有效利用，是药用植物开发利用的依据。药用植物的遗传多样性是基因多态性所致，经典的药用植物资源的研究采用形态学划分物种，容易混淆。曹秀明等用 RAPD 和 ISSR 两种方法对东北产地的 3 个不同龙胆品种进行了亲缘关系分析，结果表明条叶龙胆、龙胆亲缘关系较近，三花龙胆和前二者亲缘关系较远。

知识链接

植物生物反应器

生物反应器是利用酶或生物体所具有的生物功能,在体外进行生化反应的装置系统,它是一种生物功能模拟机。植物生物反应器是指通过基因工程途径,以常见的植物植株或植物细胞作为"工厂",通过大规模种植或培养,生产医用蛋白、疫苗、特殊化合物材料及其他有各种效用的次生代谢物等具有高经济附加值的生物制剂的系统。在中国红豆杉细胞中过表达 TcWRKY1 转录因子,并用微量酒精诱导后,转基因细胞系内紫杉醇的量提高了约 2.7 倍。对长春花由毛状根诱导出同时超表达 ORCA3 和 GIOH 基因的再生植株,结果与对照相比,萜类吲哚生物碱的量明显增加。这也属于次生代谢工程的范畴。药效物质工业化生产技术的应用可极大提高药效物质生产效率,有效缓解各种药效物质市场供应的压力。

小 结

现代生物技术是以生命科学为基础,结合生物工程原理,获得具有优良品质生物品系,生物体的某一部分或其代谢产物的多种目的的综合学科。

现代生物技术主要包括四个方面,即基因工程、细胞工程、酶工程和发酵工程,其中基因工程是现代生物工程的核心。

药用植物组织培养在药用植物领域的应用主要有两个方面:一方面利用试管微繁生产大量无病毒种苗以满足药用植物人工栽培的需要;另一方面通过愈伤组织或悬浮细胞的大量培养,从细胞或培养基中直接提取药物,或通过生物转化、酶促反应生产药物。

药用植物基因工程对植物的遗传物质进行修饰、更新和改造,进而改良植物的遗传性状或获得基因产品;也利用遗传转化技术,通过导入关键酶基因改变或调控植物次生代谢途径,促进植物合成所需的天然化合物,为培育优化的药用植物品系,提高有效成分的含量起着重要作用。

DNA 分子标记技术可用于药用植物的种质资源鉴定、药用植物的遗传多样性研究、药用植物的亲缘关系分析等。

能力检测

一、选择题

1. 药用植物组织培养即药用植物的无菌培养技术或药用植物的克隆技术,是根据药用植物细胞具有( )的理论。

A. 遗传性   B. 全能性   C. 复制性   D. 流动性

2. RAPD 是以下哪类分子标记技术的缩写?( )

A. 限制性片断长度多态性   B. 随机扩增多态性 DNA

C. 扩增片断长度多态性   D. 简单重复序列

二、问答题

1. 药用植物组织培养的程序有哪些?

2. 简述药用植物细胞培养在生产中的应用。

3. 简述常用的药用植物组织培养技术。

(唐 敏)

附录一 药用植物识别技术实训指导

 实训一 根、茎、叶的形态

一、实训目的

(1)掌握被子植物根的外部形态特征和类型。

(2)掌握茎的形态特征和类型。

(3)熟悉叶的组成、形态。

二、实验仪器用品与材料

仪器用品:体视显微镜、放大镜、镊子、解剖镜、解剖针、解剖刀等。

实验材料:蒲公英、人参、秋海棠、桑桔梗、黄芪、商陆、毛茛、小葱、板蓝根、萝卜、麦冬、百部(观察根的组成和结构),三七、玉竹、半夏、慈姑、鲜姜、马铃薯、荸荠、洋葱、百合、贝母(观察茎的形态和地下茎的类型),鱼腥草、百合、贝母、麻黄、仙人掌、枸骨、豌豆、猪笼草(观察叶的形态)等植物标本。

备注:可利用药用植物园中的植物,故所选的植物只是一参考,可根据季节选择。

三、实训内容与步骤

(一)观察根的形态和类型

根通常近圆柱形,根无节和节间,一般不生芽、叶和花。

1. 主根、侧根和纤维根 由种子的胚根直接发育而来的称为主根,从侧面生长出来的分枝为侧根,侧根再生出小的分枝为纤维根。取新鲜蒲公英或浸制标本根部置于装有少量水的培养皿中,进行整体观察,蒲公英为多年生草本,根深长,单一分枝,主根明显,直径通常 3~5 mm,外皮黄棕色,中下部有稀疏侧根和纤维根。

2. 定根和不定根 主根、侧根和纤维根都是直接或间接由胚根发育而成,有其固定的生长部位,称为定根,有些植物从茎、叶等部位长出的根,无固定的生长位置称为不定根。取新鲜人参或浸制标本,进行整体观察,主根(参体)呈圆柱形,表面淡黄色,上部有断续的横纹。侧根 2~6 条,末端多分歧,有许多细长的须状根,其上生有细小疣状突起(珍珠点),主根和侧根、纤维根均为定根,根茎(芦头)长 2~6 cm,直径 0.5~1.6 cm,有稀疏的碗状茎痕(芦碗)及一至数条不定根(艼)。用同样的方法观察桔梗、秋海棠、桑扦插枝根的形态,并判断根的类型。

3. 根系的类型 分为直根系和须根系,主根发达,主根和侧根区别明显的根系称为直根系,一般双子叶植物及裸子植物为直根系;主根不发达,而从茎基部生出许多长短、大小相仿的不定根为须根系,一般多数单子叶植物均为须根系。观察桔梗、黄芪、商陆、毛茛、小葱根的形态,判断其根系类型。

4. 变态根储藏根的类型 根的一部分或全部肥大肉质,内部储藏营养物质称为储藏根,主要由主根发育而成,一株植物只有一个肉质直根,多为圆锥形、圆柱形或圆球形;而块根是由不定根或侧根发育而成,一般有多个块根,多为纺锤形或不规则块状。观察人参、板蓝根、萝卜、麦冬、百部根的形态并判断类型。

（二）观察茎的形态和类型

1. 茎的形态　茎上着生叶和腋芽的部位称节，节与节之间称节间，节和节间是根和茎主要的形态特征区别处，茎上叶柄和茎之间的夹角称叶腋，茎枝的顶端和叶腋处均生有芽，称为顶芽和腋芽，着生叶和芽的茎称为枝条，有的植物有两种枝条，一种节间较长称长枝，另一种节间很短称短枝。木本植物茎枝上叶、托叶和芽鳞脱落后留下的痕迹分别称为叶痕、托叶痕和芽鳞痕，茎枝上各种形状的突起称为皮孔。取新鲜杨树枝条（最好带侧枝），观察其节、节间、顶芽、腋芽、叶痕、皮孔等，区分长枝、短枝。

2. 变态茎地下茎类型　地下茎常见类型有根状茎、块茎、球茎和鳞茎。根状茎常横卧地下，有节和节间，节上有退化的鳞叶，具有顶芽和腋芽，有的具有明显的茎痕；块茎呈不规则块状，球茎多球形或扁球形，鳞茎一般为球形或扁球形，地下茎极度缩短为鳞茎盘，被肉质肥厚的鳞叶包围。以大蒜为例：呈扁球形或短圆锥形，外面为灰白色或淡棕色膜质鳞皮，内有 6～10 个蒜瓣，轮生于鳞茎盘的周围，茎基部盘状，生有多数须根。每一蒜瓣外包薄膜，剥去薄膜，内为白色、肥厚多汁的鳞片。观察以下地下茎相应结构并记录：三七、玉竹、半夏、慈姑、鲜姜、马铃薯、荸荠、洋葱、百合、贝母。

（三）观察叶的形态和类型

叶的形态多样，通常由叶片、叶柄和托叶组成，三部分俱全为完全叶，只有其中一部分为不完全叶。1个叶柄上只生 1 个叶片为单叶，生有 2 个或 2 个以上叶片则为复叶。复叶根据小叶的多少又分为单身复叶、三出复叶、掌状复叶、奇数羽状复叶和偶数羽状复叶。

1. 单身复叶　总叶柄上两个侧生小叶退化仅留下顶端小叶，但具有显著的关节，如柑橘、柚。

2. 三出复叶　总叶柄上着生三枚小叶，称为三出复叶。如果三个小叶柄是等长的，称为掌状三出复叶（草莓）。如果顶端小叶较长，称为羽状三出复叶（大豆）。

3. 掌状复叶　由三种以上小叶着生在总叶柄的顶端形似手掌，如刺五加。

4. 羽状复叶　小叶着生在总叶柄的两侧，呈羽毛状，称为羽状复叶，若其中一个复叶上的小叶总数为单数，称为奇数羽状复叶，如月季、刺槐；一个复叶上的小叶总数为双数，称为偶数羽状复叶，如花生。根据羽状复叶叶轴分枝的次数，又可分为一回羽状复叶（月季）、二回羽状复叶（合欢）、三回羽状复叶（南天竹）。

取新鲜月季带叶小枝一段观察叶片的形态（包括全形、叶端、叶基、叶缘、叶脉、质地、表面附属物等）：奇数羽状复叶互生，小叶 3～5，稀 7，连叶柄长 5～11 cm，小叶片宽卵形至卵状长圆形，长 2.5～6 cm，宽 1～3 cm，先端长渐尖或渐尖，基部近圆形或宽楔形，边缘有锐锯齿，两面近无毛，上面暗绿色，常带光泽，下面颜色较浅，网状脉，顶生小叶片有柄，侧生小叶片近无柄，总叶柄较长，有散生皮刺和腺毛；托叶大部贴生于叶柄，仅顶端分离部分成耳状，边缘常有腺毛。

叶的变态分为苞片、鳞叶、刺状叶、叶卷须等，苞片为生于花或花序下面的变态叶。总苞的形状和轮数的多少，常作为种属鉴别的特征。取半夏的肉穗花序整体观察，再用解剖针和镊子小心地剥离佛焰苞和花序的各部分进行观察。佛焰苞宿存，管部席卷，有增厚的横隔膜，喉部几乎闭合；檐部长圆形，长约为管部的 2 倍，舟形，肉穗花序下部雌花序与佛焰苞合生达隔膜。

以同样的方法观察以下相应结构并记录：鱼腥草花序总苞、百合、贝母、麻黄、仙人掌、枸骨、豌豆、猪笼草。

四、作业与思考

（1）何谓变态？

（2）如何区分单叶和复叶？

（3）直根系与须根系和被子植物类群有何相关性？

（4）列举常见的根、茎、叶类药材。

（5）将所观察的不同类型的叶，按下表要求，将结果填入实训表 1-1 中。

实训表 1-1 不同类型的叶

植物名称	单叶	复叶	叶片			叶柄		托叶		叶序	完全叶	不完全叶
			叶形	叶缘	叶脉	有	无	有	无			

实训二 花、果实、种子的形态

一、实训目的

（1）掌握被子植物花的组成和类型、外部形态特征。
（2）掌握果实的组成和果实的类型。
（3）熟悉种子的组成。
（4）了解花的解剖程序以及正确书写花程式。

二、实验仪器用品与材料

仪器用品：体视显微镜、放大镜、镊子、解剖镜、解剖针、解剖刀等。

实验材料：油菜、蚕豆、曼陀罗、木芙蓉、益母草、菊、向日葵、南瓜、茄子、桔梗、梨、百合、玉兰、石竹、迎春、紫苏、车前、杨柳、半夏、苹果、小茴香、当归、无花果（观察花的组成和结构），枸杞、番茄、橘子、苹果、梨、黄瓜、枣、花生、向日葵籽、板栗、连翘、八角茴香、草莓、菠萝（观察果实的类型和组成），黄豆、蚕豆、蓖麻子、黄豆、白扁豆、杏仁、阳春砂（观察种子的组成）等植物标本。

备注：可利用药用植物园中的植物，故所选的植物只是参考，可根据季节选择。

三、实训内容与步骤

（一）观察花的组成

花由花梗、花托、花被（包括花冠和花萼）、雄蕊群、雌蕊群五部分组成。

取新鲜油菜花或浸制标本置于装有少量水的培养皿中，进行整体观察，再用解剖针和镊子小心剥离花的各部分观察，可见下列各部分：

（1）油菜花花梗为花朵和茎相连部分，呈绿色圆柱形，花梗细长。

（2）花托是花梗顶端稍膨大部分，花各部分着生其上，呈稍凸起的圆顶状。

（3）花被包括花萼和花冠，花萼由 4 枚萼片组成，呈叶片状，离萼，绿色或黄绿色，排列成两轮；花冠由 4 枚黄色的花瓣组成，分离，上部外展呈十字形，属十字形花冠。

（4）雄蕊群由 6 枚雄蕊组成，排成两轮，外轮 2 枚较短，内轮 4 枚较长，属四强雄蕊，每枚雄蕊由细长的花丝和囊状的花药组成。

（5）雌蕊群位于花的中央，由子房、花柱和柱头组成。子房为膨大的囊状体，略呈扁圆柱形；花柱为子房上端的细小部分，较短；柱头为花柱顶端的膨大部分，略呈帽状。

（6）将子房横切或纵切，在解剖镜下观察子房着生的位置：油菜花为子房上位。

归纳：油菜花为完全花；辐射对称；花梗明显；花托稍隆起，上有与萼片对生的蜜腺；萼片4枚，绿色，分离；花瓣4枚，黄色，分离，十字形排列；雄蕊6枚，4长2短，为四强雄蕊；子房上位，由2个心皮组成，因形成假隔膜分为2室，胚珠多数。

（二）观察花主要部分的形态和类型

1. 花萼类型 观察油菜、蚕豆、曼陀罗、紫藤、木芙蓉、紫茉莉等植物的花，判断花萼的类型。

2. 花冠类型 观察油菜、蚕豆、益母草、菊、向日葵、曼陀罗、迎春、桔梗、茄子等植物的花，判断花冠的类型。

3. 雄蕊群类型 观察油菜、紫苏、木芙蓉、紫堇、菊、向日葵、南瓜等植物的花，判断雄蕊的类型。

4. 雌蕊群类型 观察梨、小茴香、油菜、南瓜、茄子、桔梗、贴梗海棠等植物的花，判断雌蕊的类型。

5. 子房着生的位置 观察油菜、梨、桔梗，南瓜、百合、玉兰、乌头、栝楼等植物的花，判断子房着生的位置。

（三）果实、种子的形态和特征

1. 果实的形态特征 果实由果皮和种子构成，果皮由外果皮、中果皮和内果皮组成，种子由种皮、胚和胚乳三部分组成。种皮由胚珠发育而来，常分为外种皮和内种皮两层，外种皮较坚韧，内种皮较薄，在种皮上可见种脐、种孔、合点、种脊、种阜，另外某些种子的外种皮尚有假种皮。果实的类型可以分为单果、聚合果和聚花果三大类。单果分肉果和干果，肉果包括浆果、核果、梨果、柑果、瓠果，干果包括裂果（蓇葖果、荚果、角果、蒴果）、不裂果（瘦果、颖果、坚果、翅果、胞果、双悬果）。聚合果分为聚合蓇葖果、聚合瘦果、聚合核果、聚合浆果和聚合坚果。聚花果又称复果，是由整个花序发育而成的果实。取上述果实和种子观察，判断果实和种子的类型及主要特征。

2. 种子的形态特征

（1）取蓖麻种子观察：呈扁平广卵形，一面较平，一面较隆起。外种皮坚硬，表面具花纹。在种子较窄的一端有一海绵状突起物，覆盖于种孔之外，由外种皮延伸而成的种阜。种子背面的中央有一纵棱，为种脊。种脊和种阜的交点为种脐。剥下种皮，可见乳白色薄膜质内种皮紧贴外种皮。将剥去种皮的种子剖开，可见乳白色胚乳，用放大镜观察，见胚由胚根、胚轴、胚芽和子叶四部分组成。胚根在种子的下端，呈锥形；胚芽位于胚根上方，为白色细小的叶状体；胚轴连接胚根和胚芽，其上着生2枚白色膜质子叶。

（2）取浸泡的蚕豆种子观察：呈扁卵圆形，种皮革质，外种皮和内种皮愈合，淡黄白色，平滑。种皮表面，种脐呈眉状，种阜脱落；种脐一端有一深色的合点；种脐至合点之间有一明显的纵棱，即种脊；种脐另一端有一细小孔隙，即种孔。剥去种皮，可见两片肥大的子叶对合且着生于胚轴上，胚轴上端为胚芽，有两片比较清晰的幼叶；胚轴下端为锥形的胚根。

四、实验报告及思考题

（1）观察植物的花萼类型、花冠形状、雄雌蕊群类型、子房位置及胎座类型，按要求填入实训表2-1中。

实训表2-1 植物的花部类型

植物名称	花萼类型	花冠形状	雄蕊类型	雌蕊类型	子房的位置	胎座的类型

（2）根据给出的果实类型填写实训表2-2。

实训表 2-2　植物的果实类型

果 实 类 型			主 要 特 征	植物名称
单 果	肉 果	浆果	单心皮或多心皮合生雌蕊,上位或下位子房发育形成的果实,外果皮薄,中、内果皮肉质多浆,内含1枚至多数种子	
		柑果	合生心皮上位子房发育成的果实,外果皮革质,具多数油室,中果皮疏松,内具分支的维管束(橘络),内果皮膜质,分隔成多室,内壁生有许多肉质多汁的囊状毛	
		核果	单心皮上位子房发育成的果实,外果皮薄,中果皮肉质,内果皮木质化,形成坚硬果核,核内含1枚种子	
		瓠果	3个心皮合生下位子房形成的果实,花托与外果皮形成坚硬的果实外层,中、内果皮及胎座肉质,为假果	
		梨果	2~5个心皮合生下位子房与花筒一起发育形成的果实,花筒与外、中果皮一起形成肉质可食的部分,其间界限不明显,内果皮坚韧,革质或木质,常分隔成2~5室,每室常含2粒种子	
	干 果	角果	2个心皮上位子房发育而成的果实,具假隔膜,成熟时沿腹缝线开裂,种子多数,有长角果和短角果之分	
		蒴果	由合生心皮的复雌蕊发育成的果实,子房1至多室,种子多数	
		荚果	单心皮上位子房发育的果实,成熟时沿背、腹两缝线开裂,果皮裂成两片	
		瘦果	单粒种子的果实,成熟时果皮与种皮分离。菊科植物的瘦果是由下位子房与萼筒共同形成的,称连萼瘦果	
		坚果	果皮坚硬,内含1粒种子,果实外面常有由花序的总苞发育成的壳斗附着于基部。有的坚果特小,无壳斗包围,称小坚果	
		颖果	果实内亦含1粒种子,果实成熟时,果皮与种皮愈合,不易分离	
		翅果	果皮一端或周边向外延伸成翅状,果实内含1粒种子	
		胞果	亦称囊果,由合生心皮雌蕊上位子房形成的果实,果皮薄,膨胀疏松地包围种子而与种皮极易分离	
		双悬果	由2个心皮合生雌蕊发育而成,果实成熟后心皮分离成2个分果,双双悬挂在心皮柄上端,心皮柄的基部与果柄相连,每个分果内含1粒种子	
		蓇葖果	1个心皮发育成的果实,成熟时沿背缝线或腹缝线开裂	
聚 合 果		聚合浆果	许多浆果聚生在延长或不延长的花托上	
		聚合瘦果	许多瘦果聚生于突起的花托上。蔷薇科蔷薇属中,许多骨质瘦果聚生于凹陷的花托中,称蔷薇果	
		聚合坚果	许多小坚果嵌生于膨大、海绵状的花托中	
		聚合核果	许多小核果聚生于突起的花托上	
		聚合蓇葖果	许多蓇葖果聚生于同一花托上	
聚 花 果		隐头果	由隐头花序形成的果实	
		桑椹	开花后每个花被变得肥厚多汁,包被1个瘦果	
		凤梨	肥大多汁的花序轴成为果实的食用部分,花不孕	

（3）任选一朵完全花,绘制其纵剖面形态图,并注明其组成部分。

（4）雌蕊群的组成部分是什么？如何判断组成雌蕊群的心皮数？

(5) 什么叫真果？什么叫假果？并以药用植物举例示之。

实训三　光学显微镜的使用和临时标本片制作方法

一、实训目的

(1) 了解光学显微镜的基本结构和各部分的作用。

(2) 掌握正确使用显微镜观察植物材料的方法以及保养显微镜的措施。

(3) 熟悉植物细胞在显微镜下的基本结构和各种植物临时切片的制作方法。

二、实验仪器用品与材料

仪器用品：显微镜、擦镜纸或小绸布、镊子、刀片、载玻片、盖玻片、吸水纸、解剖针、纱布、碘液。

实验材料：洋葱鳞叶、马铃薯块茎。

三、实训内容与步骤

(一) 显微镜的结构

通常使用的生物显微镜，其结构分为机械部分和光学部分(实训图 3-1)，现说明如下。

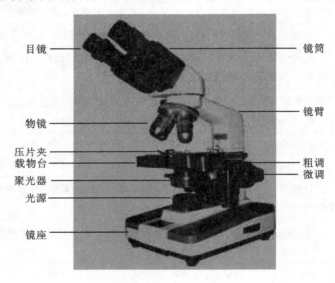

目镜　　　　　　　　　镜筒

　　　　　　　　　　镜臂

物镜

压片夹　　　　　　　粗调

载物台　　　　　　　微调

聚光器

光源

镜座

实训图 3-1　光学显微镜的结构

1. 机械部分

(1) 镜座：显微镜最下面的马蹄形部分，用以固定和支持镜体。

(2) 镜柱：直立于镜座上的短柱，与镜臂相连。

(3) 镜臂：取放或移动显微镜时手握的部位，一般呈弓形，也称执手。

(4) 载物台：位于显微镜中部，载标本制片的方形或圆形平台。中央有一圆孔，即通光孔，光线即由此孔通过，台上两侧有用以固定切片的压片夹。

(5) 镜筒：为一金属圆筒，连接在镜臂上，下接转换盘。

(6) 物镜转换盘：可以任意转动，上面安装有 3～4 个物镜，使用时根据需要可更换放大倍数不同的接物镜。

(7) 焦螺旋：装在镜臂上部两旁，通过转动，调节焦距，有大小两对，大的称粗准焦螺旋，转动一周可使镜筒升降 10 mm，小的称细准焦螺旋，每转动一周可使镜筒升降 1 mm。

2. 光学部分

（1）目镜：装于镜筒上端，上面刻有号码，表示放大的倍数，如 5×、10×、16×，可根据需要选择使用。

（2）物镜：安装在转换盘的螺旋孔上，一般有四个物镜，即低倍镜（4×）、中倍镜（10×）、高倍镜（40×）、油镜（100×），物镜下端的镜孔越小，放大的倍数越大。

（3）聚光器：在载物台下，由透镜组成，可以聚集反光镜反射来的光线，照明玻片标本，聚光器下装有光圈，推动其上的小柄可使光圈任意开大或任意缩小，以调节光线强弱。

（4）反光镜（光源）：在聚光器下，安在镜臂下端可前后左右随意移动的一个镜片，通过它把光线反射到聚光器上面，凹面反射的光较强。

（二）显微镜的使用

1. 取镜　拿取显微镜时，必须一手紧握镜臂，一手平托镜座，使镜体保持直立，然后轻轻放在实验桌距桌子边 6～7 cm 偏左的位置，然后检查镜体各部分是否完好。镜体上的灰尘可用软布擦拭。镜头应用擦镜纸擦拭，不能用他物接触镜头。

2. 对光　使用时，先将低倍接物镜头转到载物台的中央，正对通光孔。用眼睛接近目镜观察，同时用手调节反光镜和聚光器，使镜内的光亮适宜，镜内可见明亮的圆面。

3. 放玻片　将切片放在载物台上，并使观察部分对准物镜，用压片夹或十字移动架固定切片。

4. 低倍物镜的使用　转动粗准焦螺旋，并从侧面注视使载物台缓慢上升，直到物镜接近切片为止，然后再用眼睛接近目镜进行观察，同时并转动粗准焦螺旋，使载物台慢慢下降，直至看到清晰的物像为止（显微镜内的物像是倒像），如确实物像模糊，再转动细准焦螺旋，将物像调至最清楚。

5. 高倍物镜的使用　在低倍镜下观察后，如果需要进一步在高倍镜下观察，先将要放大部位移到视野中央，转动物镜转换器，将高倍物镜转至载物台中央，一般可粗略看到物像，然后调节细准焦螺旋，至物像清晰为止。如果镜内亮度不够，应增加光强。

6. 还镜　使用完毕后，先将镜筒提升，取下切片，把显微镜擦拭干净，各部分恢复原位，使低倍物镜转至中央通光孔，然后将载物台上升，使物镜贴近载物台，将反光镜转直，放回箱内并上锁。

（三）显微镜的保养

（1）使用时必须严格按照操作规程进行。

（2）显微镜必须保持清洁、干燥，避免灰尘、水、化学试剂及他物沾污显微镜。

（3）不能随意拆卸或调换显微镜零部件和镜头，防止震动。

（4）观察临时装片，一定要加盖玻片，还需将玻片四周溢出的水液擦拭干净再进行观察。

（5）镜头上沾有不易擦去的污物时，可先用纸蘸少许二甲苯擦拭，再用干净的擦拭纸擦净。

▶ 知识链接 ◀

显微镜主要分为光学显微镜和电子显微镜。其中光学显微镜又分为以下四种。

1. 暗视野显微镜　暗视野显微镜不具备观察物体内部的细微结构的功能，但可以分辨直径 0.004 μm 以上的微粒的存在和运动，因而常用于观察活细胞的结构和细胞内微粒的运动等。

2. 体视显微镜　又称实体显微镜或解剖镜，生物学上常用于解剖过程中的实时观察。

3. 荧光显微镜　利用细胞内物质发射的荧光强度对其进行定性和定量研究的一种光学工具。

4. 相差显微镜　能将光通过物体时产生的相位差（或光程差）转变为振幅（光强度）变化的显微镜。主要用于观察活细胞、不染色的组织切片或缺少反差的染色标本。

电子显微镜是利用高速运动的电子束来代替光波的一种显微镜。其中生物学研究中使用最为广泛的是透射式和扫描式电子显微镜。前者常用于观察那些用普通显微镜所不能分辨的细微物质结构，后者主要用于观察固体表面的形貌。

（四）临时切片制作

1. 徒手切片法

（1）将植物材料切成 0.5 cm 见方，1～2 cm 长的长方条，如果是叶片，则把切成 0.5 cm 宽的窄束，夹在萝卜(或胡萝卜)等长方条的切口内。

(2) 将上述材料用左手拇指、食指和中指夹住,材料要稍高于拇指 1~2 mm,无名指顶住,拇指低于食指,用右手拿住刀片的一端。

(3) 切片前将材料及刀片先蘸些水,使材料直立,刀片成水平方向,刀口向内,自左前向右后方把材料上端切去少许,使其成光滑的切面,并在切口蘸水,接着按同样的方法把材料切成极薄的薄片。切时注意要用臂力而不用腕力及指力,用力要均匀,切的速度宜较快,中途不要停顿,每切几片后,用小镊子或解剖针拨入有水的培养皿中。切时材料的切面经常蘸水,起润滑作用。

(4) 初切时必须反复练习,并多切一些,然后选择最理想的薄片进行装片观察。

2. 整体装片法 适合于植物体形小而扁平的材料,如菌丝、孢子束、藓类。在清洁的载玻片上滴一滴清水,用解剖针取少量材料置于水滴中,摊平,盖上盖玻片时,先用一端从一边接触水滴,另一边用针顶住慢慢放下,以免产生气泡。如盖玻片内水未充满,可用滴管吸水从盖玻片的一侧滴入,如水太多溢出盖玻片外,可用吸水纸将多余的水吸去,做到盖玻片不浮动即可。

3. 涂抹法 用于极小的植物体或组织,如细菌、酵母、花粉、淀粉、晶体等。用解剖针挑取或用解剖刀刮取材料置于载玻片上,然后用解剖针均匀涂成一薄层,加入一滴清水,盖上盖玻片即可观察。

4. 撕片法 适用于某些植物茎、叶容易撕下表皮的植物,如洋葱鳞茎、蚕豆叶等。用手或镊子撕下洋葱鳞叶向内的表皮,剪成 3~5 mm 的小片,迅速移到载玻片上已滴好的水滴中,并用解剖针和镊子将表皮展开,加盖盖玻片即可观察。

5. 压片法 适用于幼嫩组织中细胞的观察,如根尖,茎尖生长点的细胞有丝分裂及花粉母细胞染色体等。取发芽种子的根尖部分(约 0.5 cm),立即投入盛有一半浓盐酸和一半 95% 酒精的混合液中,10 min 后,用镊子将材料取出放入蒸馏水中,将洗净的根尖切取顶端(生长点部分)1~2 mm,置于载玻片上,加一滴醋酸洋红染色 5~10 min,盖上盖玻片,用一小块吸水纸放在盖玻片上(或再加一载玻片),用右手拇指在吸水纸上对准根尖部分轻轻挤压,将根压成均匀薄层。用力要适当,不能将根尖压烂,并且在用力过程中不要移动盖玻片。

四、实验报告及思考题

(1) 显微镜的构造分哪几部分?各部分有什么作用?

(2) 反复练习使用低倍接物镜及高倍接物镜观察切片,使用时应特别注意什么问题?

实训四 细胞的基本构造、细胞后含物和细胞壁特化

一、实训目的

(1) 掌握植物细胞在光学显微镜下基本结构的特征。

(2) 熟悉后含物的形态结构和存在部位。

(3) 了解细胞壁特化。

二、实验仪器用品与材料

仪器用品:显微镜、载玻片、盖玻片、镊子、滴管、培养皿、刀片、剪刀、解剖针、吸水纸、蒸馏水、酒精灯、甘油、碘-碘化钾(I_2-KI)染液。

实验材料:葱、马铃薯块茎、大黄、黄柏、甘草、半夏粉末等。

三、实训内容与步骤

(一)植物细胞基本结构的观察

1. 表皮细胞结构的观察

（1）洋葱表皮细胞装片的制作：取洋葱肉质鳞片叶一块，用镊子从其内表面撕下一块薄膜状的内表皮，再用剪刀剪取 3～5 mm² 的一小块，迅速将其置于载玻片上已预备好的水滴中，如果发生卷曲，应细心地用解剖针将它展开，并盖上盖玻片。覆盖盖玻片时，用镊子夹起盖玻片，使其一边先接触到水，然后再轻轻放平，如果有气泡，可用镊子轻压盖玻片，将气泡赶出（或重新做一次）。如果水分过多，可用吸水纸吸除，至此临时水装片制成。

（2）洋葱表皮细胞结构的观察：将装好的临时装片，置于显微镜下，先用低倍镜观察洋葱表皮细胞的形态和排列情况，细胞呈长方形，排列整齐，紧密。然后从盖玻片的一边加上一滴碘-碘化钾染液，同时用吸水纸从盖玻片的另一侧吸除，染色 2～3 min，细胞染色后，在低倍镜下，选择一个比较清楚的区域，把它移至视野中央，再转换高倍镜仔细观察一个典型植物细胞的构造，识别下列各部分。

细胞壁：洋葱表皮每个细胞周围有明显界限，被碘-碘化钾染液染成淡黄色，即为细胞壁。细胞壁由于是无色透明的结构，所以观察时细胞上面与下面的平壁不易看见，而只能看到侧壁。

细胞核：在细胞质中可看到，有一个圆形或卵圆形的球状体，被碘-碘化钾染液染成黄褐色，即为细胞核。细胞核内有染色较淡且明亮的小球体一个或多个，即为核仁。

细胞质：细胞核以外，紧贴细胞壁内侧的无色透明的胶状物，即为细胞质，碘-碘化钾染色后，呈淡黄色，但比壁还要浅一些。在较老的细胞中，细胞质是一薄层紧贴细胞壁，在细胞质中还可以看到许多小颗粒，是线粒体、白色体等。

液泡：为细胞内充满细胞液的腔穴，在成熟细胞里，可见 1 个或几个透明的大液泡，位于细胞中央。注意在细胞角隅处观察，把光线适当调暗，反复旋转细调节器，能区分出细胞质与液泡间的界面。

在观察过程中，有的表皮细胞中看不到细胞核，这是因为在撕表皮时把细胞撕破，有些结构已从细胞中流出。

（二）细胞中几种后含物的观察

1. 淀粉粒　用镊子或刀片在切开的马铃薯块茎的断面上轻轻刮一下，将附着在刀口附近的浆液放在载玻片上，制成临时装片，置于低倍镜下，寻找淀粉粒分布稀少分散的部位，并将其移至中央，再换高倍镜仔细观察，可见椭圆形、卵形或圆形，大小不等的淀粉粒。调节光圈，减弱光强度，可见淀粉粒有一个中心，偏在淀粉粒的一端，这个中心即为脐点，围绕脐点有许多明暗相间的轮纹，即为马铃薯单位淀粉粒。在视野中除了有单粒淀粉粒外，还可见到复粒淀粉粒和半复粒淀粉粒，注意如何区别它们？

观察后，从载物台上取下制片，在盖玻片的一边加上一滴碘-碘化钾染液，同时用吸水纸从盖玻片的另一侧吸除，再置于显微镜下观察，淀粉呈蓝-紫反应。

2. 草酸钙晶体的观察　取药材大黄、黄柏、甘草、半夏粉末制成水合氯醛装片，分别取上述粉末少许置于滴加 1～2 滴水合氯醛的载玻片上，在酒精灯上文火慢慢加热进行透化，注意不要煮沸和蒸干，可添加新的试剂，至材料颜色变浅而透明时停止处理，加 1 滴稀甘油盖上盖玻片，擦净周围的试剂。置镜下观察不同类型的晶体。

（1）方晶：又称单晶或块晶，通常呈斜方形、菱形、长方形等，如甘草、黄柏、莨菪等。

（2）针晶：为两端尖锐的针状，在细胞中大多成束存在，称为针晶束，常存在于黏液细胞中，如半夏、黄精等。

（3）簇晶：由许多菱状晶集合而成，一般呈多角形星状，如大黄、人参等。

不是所有植物都含有草酸钙结晶，含有的又因植物种类不同而显示不同的形状和大小，这种特征可作为鉴别中草药的依据。草酸钙结晶不溶于醋酸，但遇 20% 硫酸便溶解并形成硫酸钙针状结晶析出。

（三）细胞壁特化（示教）

细胞壁主要是由纤维素构成的，遇氧化铜氨液能溶解，加氯化锌碘液，呈蓝色或紫红色，由于环境的影响和生理机能的不同，常发生各种不同的特化，在由纤维素形成的细胞壁的框架内填充其他物质，从而改变细胞壁的理化性质，以完成一定的生理机能，常见的特化如下。

1. 木质化　导管（豆芽），石细胞（梨）。

2. 木栓化　栓皮栎的木栓细胞。

3. 角质化 石斛的表皮细胞。

4. 黏液化 车前子、亚麻子的表皮细胞。

5. 矿质化 禾本科茎叶的表皮细胞。

四、实验报告及思考题

(1) 绘制洋葱表皮细胞结构图,并注明各部分结构的名称。

(2) 绘制马铃薯块茎淀粉粒结构图。

(3) 植物细胞的显微结构主要有哪几部分? 它们的主要功能是什么?

实训五 植物的组织(一)——分生组织、基本组织

一、实训目的

(1) 掌握植物分生组织的细胞形态和结构特征。

(2) 熟悉植物基本组织的细胞形态和结构特征。

二、实验仪器用品与材料

仪器用品:显微镜、载玻片、盖玻片、镊子、滴管、培养皿、刀片、剪刀、解剖针、吸水纸、蒸馏水、浓盐酸、酒精(95%)、醋酸洋红试剂(或碘液)、1%番红。

实验材料:洋葱根尖、萝卜根尖、马铃薯、茶叶、蚕豆或苜蓿新鲜茎段等。

三、实训内容与步骤

(一) 植物分生组织

植物分生组织是由具有旺盛的分裂机能的细胞所组成的,见于植物体生长的幼嫩部位。依其在植物体中的位置不同可分为顶端分生组织、侧生分生组织和居间分生组织三种类型。

1. 顶端分生组织的观察 剪取 2 mm 长的一段洋葱根尖,将剪下的根尖沿纵轴从正中切成两半,置于 1:1 的浓盐酸和酒精(95%)混合液中 5 min,杀死,固定并离析材料。离析后用水冲洗 10 min(将材料浸在水中涮洗几次即可),然后将根尖放在载玻片上,加一滴醋酸洋红试剂(或碘液),用小刀轻轻压散根尖细胞,20 min 后细胞核便可着色,吸去多余染料,加一滴清水制片,先置于低倍镜下观察,可以看到根尖的先端一个帽状的结构,是由许多排列疏松的细胞组成,称根冠。在根冠的内方,就是根尖的顶端分生组织。

再转换高倍镜,就可以观察到分生组织细胞间排列紧密,无孔隙存在,细胞的形状几乎等径。细胞壁很薄,细胞质稠密,液泡很小。细胞核在细胞的比例上较大,居于细胞中央,具有不断分裂的能力。这部分细胞的不断分裂,引起根尖的顶端生长。

如果用油菜或其他植物的茎尖纵切片来观察,除茎尖外围无根冠一类组织而代之以叶原基和幼叶之外,顶端分生组织的形态特点也与根类似。

2. 侧生分生组织的观察 取蚕豆或苜蓿新鲜茎段,作徒手横切制片(用 1%番红水溶液染色,或制成番红-快绿双重染色的永久玻片标本),置于显微镜下观察,可见到排列成环状的维管束,在维管束的木质部(切片中,近茎的中心部分,被番红染成红色的部分)与韧皮部(与木质部相对的一端,如用快绿染色,则被染成绿色或深绿色)之间,可清楚地看到几层扁平的细胞,排列也较紧密,这就是形成层细胞。其细胞分裂的结果,可使茎加粗,故名侧生分生组织。

以根为材料,同样可看到类似的情况,而使根加粗。为了更仔细地观察到形成层细胞的特点,可取胡桃、刺槐枝条,将其树皮剥下,用刀片或镊子在树皮或木质茎干的新鲜伤面上撕下或切下极薄的一层,作

临时切片,置于显微镜下观察,可以看到形成层细胞纵向的形态,有两种,一种为纺锤状原始细胞,另一种为几乎等径的射线原始细胞。纺锤状原始细胞,其长比宽可大几倍或许多倍,同时细胞内具有明显的液泡。

3. 居间分生组织的观察 取玉米或小麦幼茎,作徒手纵切片装片观察或取已制成的永久切片,于显微镜下观察。注意在节间基部有一些体积较小,排列比较紧密,具有分生能力的细胞群,这就是居间分生组织。它的活动结果,是使禾谷类作物拔节的主要原因。

(二)植物基本组织

植物基本组织是植物体内分布最广,占有很大体积的一类组织。它们担负着吸收、同化、储藏、通气和传递等营养功能,因此,又有营养组织之称。基本组织虽有多种形态,但皆由薄壁细胞所组成,也称为薄壁组织。

基本组织细胞壁薄,仅有初生壁。细胞中含有质体、线粒体、内质网、高尔基体等细胞器,液泡较大,排列疏松,胞间隙明显。基本组织分化程度较浅,具有潜在的分裂能力,在一定条件下可经脱分化转变为分生组织。了解基本组织的这些特性,对于扦插、嫁接以及组织培养等工作均有实际意义。

根据基本组织的结构和生理功能的不同,可将其分为基本薄壁组织、吸收组织、同化组织、储藏组织和通气组织五类。

观察以下三种基本组织。

1. 吸收组织 取萝卜根尖制作压片,置于显微镜下观察根毛的形态和结构特点。

2. 储藏组织 取马铃薯块茎一小块,用双面刀片进行徒手切片,选取较薄的切片放在载玻片上,盖上盖玻片置于显微镜下观察淀粉储藏细胞的结构特点。

3. 同化组织 取茶叶片作徒手横切片,制成临时切片标本,置于显微镜下观察,了解叶肉栅栏组织的结构和功能特点。

四、实验报告及思考题

(1)原分生组织、初生分生组织和次生分生组织的来源和细胞特征有何区别?

(2)简述各类植物基本组织的作用。

实训六 植物的组织(二)——保护组织、机械组织

一、实训目的

(1)掌握腺毛、非腺毛的特征和气孔的结构及类型。

(2)熟悉机械组织的细胞形态和结构特征。

二、实验仪器用品与材料

仪器用品:显微镜、载玻片、盖玻片、镊子、滴管、培养皿、刀片、剪刀、解剖针、吸水纸、蒸馏水。

实验材料:忍冬叶、天竺葵叶、菊花叶、石韦叶、薄荷叶、紫苏叶、何首乌叶、毛茛叶、茜草叶、曼陀罗叶或幼茎、芹菜、梨等。

三、实训内容与步骤

(一)保护组织

1. 观察腺毛 用镊子撕取表皮制作临时制片。

(1)观察曼陀罗叶或幼茎上腺毛的临时制片,可见由腺头和腺柄两部分组成的腺毛。

(2)观察薄荷下表皮叶临时制片,可见其表皮上的毛茸有三种。

腺毛:较少,由单细胞的头和单细胞的柄组成,腺头细胞中充满黄色挥发油。

腺鳞:较多,腺头大且明显,常由8个分泌细胞组成,内有黄色挥发油。腺柄极短,为单细胞。

非腺毛:较大,顶端尖锐,由3～8个细胞单列构成,以4个多见,也有单个细胞的,细胞壁较厚。

2. 观察非腺毛　用镊子撕取表皮制作临时制片。

(1)单细胞毛:取忍冬叶表皮制成临时切片,置于显微镜下观察,可见由一个细胞组成的先端尖锐的单细胞毛茸。

(2)多细胞毛:取天竺葵叶表皮制成临时切片,置于显微镜下观察,可见由数个细胞组成非腺毛。

(3)丁字毛:取菊花叶表皮制成临时切片,置于显微镜下观察,可见毛茸顶部有一个横生的大细胞,柄部由2～3个细胞制成,并与顶生细胞垂直呈丁字形。

(4)星状毛:取石韦叶表皮制成临时切片,置于显微镜下观察,可见星状毛茸。

3. 观察气孔　分别取茜草、薄荷、何首乌、毛茛叶(或其他植物鲜叶),用镊子撕去其下表皮,制作临时切片。观察表皮之间有2个半月形含有叶绿体的包围细胞组成的气孔。观察时注意各种植物气孔类型。

(二)机械组织

1. 厚角组织　取芹菜叶柄横切制片,在低倍镜下观察,在表皮内的一群角隅壁增厚的细胞即为厚角组织。注意此类组织与薄壁组织有何异同。

2. 厚壁组织　用解剖针挑取梨果肉内部的硬粒一个,用针柄将其轻轻压碎,加水一滴,装片,镜检,找出数个圆形或椭圆形细胞壁很厚的细胞,即为石细胞,仔细观察层纹。

四、实验报告及思考题

(1)学会鉴别腺毛、非腺毛和气孔。

(2)观察植物气孔的类型(绘图)。

实训七　植物的组织(三)——输导组织、分泌组织与维管束类型

一、实训目的

(1)掌握并区别各种类型导管的形态特征。

(2)熟悉管胞、筛管及伴胞的形态。

(3)了解维管束的类型。

二、实验仪器用品与材料

仪器用品:显微镜、载玻片、盖玻片、镊子、滴管、培养皿、刀片、剪刀、解剖针、吸水纸、蒸馏水等。

实验材料:姜、橘皮、凤仙花茎、南瓜茎纵切片、葡萄茎横切片、马兜铃茎横切片、玉蜀黍茎横切片、南瓜茎横切片、石菖蒲根茎横切片、百部根横切片、贯众叶柄基部横切片、蒲公英茎切片。

三、实训内容与步骤

(一)输导组织

1. 导管　环纹及螺纹导管:取凤仙花茎一小段,找出维管束,在载玻片上用镊子轻压,使其松散,加蒸馏水,盖上盖玻片观察。

梯纹导管:取葡萄茎横切片置于显微镜下观察。

网纹导管:取南瓜茎纵切片置于显微镜下观察。

孔纹导管:取南瓜茎纵切片置于显微镜下观察。

南瓜茎纵切片也可见环纹及螺纹导管,偶尔有梯纹导管。

2. 筛管和伴胞(示教) 在显微镜下观察南瓜茎横切片,在韧皮部部位有些多角形细胞,可以看到其上有许多小孔,这就是正好通过筛管横壁上的筛孔,其旁较小的细胞就是伴胞。

另观察南瓜茎纵切片,可见到筛管为管状细胞,其旁狭长的细胞就是伴胞。

(二)分泌组织

1. 分泌细胞(油细胞) 取鲜姜作徒手切片,制成临时水装片,在显微镜下观察,可见薄壁细胞之间有许多类圆形的油细胞,细胞腔内含有淡黄色的挥发油。

2. 分泌腔(油室) 肉眼观察橘皮外表皮可见圆形或凹陷的小点即为分泌腔,腔内含有挥发油,称油室。再观察橘皮的横切片,可见果皮中有大小不等的圆形腔室即油室,在腔室周围可见部分细胞破裂的分泌细胞。

3. 乳汁管 观察蒲公英茎的乳汁管(示教)。

(三)维管束的类型(示教)

1. 无限外韧维管束(开放性维管束) 取马兜铃茎横切片观察维管束,韧皮部在外,木质部在内,有形成层。

2. 有限外韧维管束(闭锁性维管束) 取玉蜀黍茎横切片观察维管束,韧皮部与木质部之间无形成层。

3. 双韧维管束 取南瓜茎横切片观察维管束,木质部的内外方均有韧皮部。

4. 周木型维管束 取石菖蒲根茎横切片观察维管束,木质部包围在韧皮部四周。

5. 周韧型维管束 取贯众叶柄基部横切片观察维管束,韧皮部包围在木质部四周。

6. 辐射维管束 取百部根横切片观察维管束,木质部与韧皮部相间排列,呈辐射状。

四、实验报告及思考题

(1)绘制各种导管类型图。
(2)绘制油细胞、油室图。

实训八 根的显微构造

一、实训目的

(1)掌握双子叶植物根初生结构特征。
(2)熟悉双子叶植物根次生结构特征。
(3)了解根尖各部分区及其分区的结构。

二、实验仪器用品与材料

仪器用品:显微镜、载玻片、盖玻片、镊子、滴管、培养皿、刀片、剪刀、解剖针、吸水纸、蒸馏水。

实验材料:蚕豆根横切片、洋葱根尖纵切片、向日葵(或刺槐)老根横切片、牛筋草、菊花、飞蓬、苍耳实物标本。

三、实训内容与步骤

(一)根尖及其分区

观察洋葱根尖切片:取洋葱根尖纵切片,先在低倍镜下观察,分辨出根冠、分生区、伸长区、根毛区的所在部位,然后换用高倍镜仔细观察各部分细胞的形态及结构特点。

根冠:位于根的顶端,为一个疏松的薄壁细胞组成的套子,外层细胞排列疏松,与土壤颗粒摩擦,不断磨损而脱落死亡,再由分生区细胞不断分裂补充,使根冠保持一定的厚度。

生长点(分生区):包于根冠之内,长 1～2 mm,细胞体积小,排列紧密,无细胞间隙,细胞壁薄,细胞质浓,细胞核大,并位于中央。

伸长区:位于生长点之上,一般长 2～5 mm,由生长点细胞分生而来,一方面该处细胞增大加长,加长显著,呈圆筒形,细胞质成一薄层,紧贴细胞壁,液泡明显,另一方面,逐步出现细胞的分化。

根毛区:位于生长区上部,这部分表皮细胞的外壁向外延伸形成根毛,该区细胞已分化为各种成熟组织。

观察比较各部分的特点。

(二)根的解剖结构

1. 双子叶植物根的初生结构　取蚕豆幼根横切片,先在低倍镜下边移动边观察,辨认出解剖构造所包含的表皮、皮层、中柱,然后换用高倍镜,由外向里逐一观察每层组织的细胞结构特点。

表皮:根最外层细胞,由长方形的排列紧密的细胞组成。

皮层:表皮内的数层薄壁细胞,皮层内最内一层为内皮层,细胞排列整齐,此层细胞的侧壁(径向壁)和横壁上常有带状增厚观象,成一环带,称凯氏带。紧接表皮的一层细胞,细胞较大,排列整齐而紧密为外皮层,在外皮层和内皮层之间为皮层薄壁组织,由多层大型薄壁细胞组成,有明显的细胞间隙。

维管柱:内皮层以内的部分,包括以下几个部分。

(1)中柱鞘:位于内皮层以内,由一层或多层薄壁细胞组成,具有潜在的分裂能力。

(2)初生木质部:位于中柱鞘内,呈辐射状排列,其辐射角的尖端为原生木质部,有小而具有环纹加厚的导管,靠近轴心的为后生木质部,有口径较大的梯纹、网纹、孔纹导管,其分化成熟是外始式的。

(3)初生韧皮层部:位于初生木质部放射角之间与木质部相间排列,束数与木质束数相同,为幼根维管束系统最突出的特征,呈多角形的是筛管或韧皮薄壁细胞,呈长方形或三角形的是伴胞。

(4)薄壁细胞:介于木质部和韧皮部之间,常有一些薄壁细胞,一部分薄壁细胞可以恢复分裂能力,成为形成层的一部分,分裂产生次生构造。

2. 双子叶植物根的次生结构(示教)　观察蚕豆根的次生构造横切片,可见以下结构。

(1)周皮:

木栓层:为 8～12 列排列整齐、紧密的扁长方形木栓细胞组成,常呈浅绿色。

木栓形成层:由中柱鞘细胞恢复分裂能力形成,在切片中不易分辨。

栓内层:由 2～3 列呈切向延长的大型薄壁细胞组成,其中分布有不规则的长圆形油管。

(2)维管柱:为周皮以内的部分,包括维管束、髓和射线。

四、实验报告及思考题

(1)绘出根尖纵切面图,注明各部分的名称。

(2)绘制向日葵(或刺槐)老根横切面图,注明各部分结构的名称。

实训九　茎的显微构造

一、实训目的

(1)掌握双子叶植物茎的初生结构特征。

(2)熟悉双子叶植物茎的次生结构特征。

二、实验仪器用品与材料

仪器用品:显微镜、手持放大镜、刀片、载玻片、盖玻片。

实验材料:杨树枝条、核桃枝条、桃枝条、梨枝条及大叶黄杨枝条,向日葵(或菜豆)幼茎及幼茎横切制片,水稻(或玉米、小麦)幼茎及幼茎横切制片,向日葵(或棉花、桃树)横切面永久制片。

三、实训内容与步骤

(一)双子叶植物茎的初生构造

取向日葵幼茎横切片观察以下结构。

1. 表皮 位于茎的最外层,细胞呈长方形,排列紧密整齐,无间隙,其外壁常有角质层。

2. 皮层 为表皮以内的多层细胞,靠近表皮的几层细胞常分化为后角组织,其外为排列疏松的薄壁细胞,皮层最内的一层为内皮层。

3. 维管柱 皮层以内的所有组织称为中柱,包括以下几部分。

初生韧皮部:位于维管束的最外侧,由筛管、伴胞、韧皮纤维、韧皮薄壁细胞组成。

形成层:在初生韧皮部与初生木质部之间,细胞为长方形,排列紧密,具分生能力。

初生木质部:位于维管束内侧,由导管、管胞、木纤维和木薄壁细胞组成。

髓和髓射线:髓位于茎中央,由薄壁细胞组成。髓射线位于各维管束之间,在横切面上呈放射状,外连皮层内通髓。

(二)双子叶植物茎的次生结构(示教)

取向日葵(或棉花、桃树)茎横切面永久制片,先用低倍镜观察各部分的位置,然后用高倍镜观察各部分的详细结构,从外向内观察下列各部分:周皮、皮层、韧皮部、形成层、木质部、髓及髓射线。

四、实验报告及思考题

(1)观察比较各种植物茎枝的形态。

(2)绘制向日葵(或棉花)幼茎横切面1/4图,并注明各部分结构名称。

实训十　叶的显微构造

一、实训目的

(1)掌握双子叶植物叶的构造特征。

(2)熟悉单子叶植物叶的构造特征。

二、实验仪器用品与材料

仪器用品:显微镜、刀片、载玻片、解剖刀、镊子、吸水纸。

实验材料:夹竹桃、芦苇叶横切永久制片,各类型植物的叶。

三、实训内容与步骤

(一)表皮和气孔

撕取叶下表皮一小片,制成装片,置于显微镜下观察,可看到表皮细胞不规则,细胞之间凹凸镶嵌,互相交错,紧密结合,其中有许多由两个半月形(或哑铃形)的保卫细胞对合而成的气孔。

(二)双子叶植物叶的结构

将女贞或夹竹桃叶夹在马铃薯(或胡萝卜)片之间作徒手切片,或用棉花及其他双子叶植物叶横切永久制片,置于显微镜下依次观察表皮、叶肉、叶脉。

1. 上表皮 为一层排列紧密的长方形细胞,外壁常被角质层,细胞内不含叶绿体。

2. 下表皮　为一层细胞,气孔较多,无叶绿体。

3. 叶肉　位于上、下表皮之间的薄壁细胞,含叶绿体,可分为两部分,紧挨上表皮的部分细胞排列紧密整齐,呈圆柱状,一般无细胞间隙,为栅栏组织,紧挨下表皮的细胞排列疏松,形状不规则,含叶绿体较少,为海绵组织。

4. 叶脉　为分布在叶内的维管束,经叶柄通至叶片,叶片中央的脉较粗,为主脉,主脉上下近表皮之间的组织,常为排列紧密的厚壁或厚角组织。横切面上看,叶脉的木质部排列在上(叶片的正面或称近轴面),韧皮部排列在下(背面或远轴面),其周围有薄壁细胞组成的维管束鞘包围。

（三）单子叶植物叶片结构

将芦苇叶横切面永久制片置于显微镜下观察。

1. 表皮　细胞方形或长方形,细胞外壁高度角质化,充满硅质,相邻两叶脉之间的上表皮上有几个排列成扁形的大型薄壁细胞,具有大的液泡,称为泡状细胞或运动细胞。

2. 叶肉　叶肉细胞排列紧密,由长形具叶绿体的细胞组成,无栅栏组织和海绵组织之分。

3. 叶脉　平行分布于叶片中,由维管束及其外围的维管束鞘组成,维管束内无形成层。

四、实验报告及思考题

绘制双子叶植物叶片横切面图。

（何晓丽）

附录二　药用植物识别技术野外实习指导

一、药用植物识别技术野外实习的必要性

药用植物识别技术野外实习是教学实践环节的重要组成部分,是以药用植物资源调查、药用植物标本的采集、制作与保存为重点的综合性实践活动。通过实习使学生对药用植物的性状特征、分布特点、生态环境和资源调查等有一定的感性认识,使学生很好地掌握药用植物学的基本理论、基础知识和基本技能,培养学生理论联系实际和分析问题、解决问题的能力,并强化动手能力的培养,为后续课程打下坚实的基础。

(一)有利于掌握药用植物资源调查的基本方法

药用植物识别、标本采集、制作、储藏等,在保证学生有足够验证性见习的基础上,有利于增加学生对药用植物的感性认识,增加综合运用知识能力考查的见习和解决实际问题能力的见习,使学生能真正地将知识学活,做到学以致用,使学生能够认识更多的药用植物,为从事药用植物科学研究和应用打下良好基础。

(二)有利于提高学生的科学思维

通过资源调查方案设计、观察、记录、结果分析,进行基本的科学思维训练。

(三)有利于提高学生的野外生存能力

药用植物识别技术野外实习也是一种野外生存训练课程,可以培养学生运用所学知识分析和解决实际问题的能力,激发学生对自然界的兴趣和探索精神,提高分析、解决实际问题的能力,有利于提高学生对药用植物学习的兴趣,可以使学生之间和师生之间的感情融洽。

二、药用植物识别技术野外实习内容

通过实地走访、拍照、摄像以及采集标本等方式,结合植物形态学和植物分类学知识,认真观察各类植物的形态变化以及分布与自然环境的密切关系。

(一)药用植物资源调查

药用植物识别技术野外实习除了观察生境、采集标本、鉴定种类外,为了调查研究群落结构和分析种类成分,我们需要在该区域内选择一定数量的样地,进行样地调查。

样地调查主要是调查实习区域的自然环境,药用植物资源丰富程度,熟悉区域药用植物资源的分布特征、品种和类别,提供调查区域内药用植物的种类、多度、频度及对每株的干、湿重等进行测量统计,常用于估量调查区域药用植物资源的蕴藏量(频度与质量相乘的积即可表示某种药用植物的藏量)等定性定量指标。

$$某种植物的多度 = 该种的个体数/样地中全部种的个体数 \times 100\%$$
$$某种植物的频度 = 某种药用植物出现的样方数/全部样方数 \times 100\%$$

最小面积是指基本上能够表现某群落类型植物种类的最小面积。

样地调查是对已选定地段的植物群落用绳子圈定一定的范围,详细采集、鉴定种名和统计各种植物株数,并按一定的顺序逐一扩大。

(二)药用植物识别与分类

1. 植物形态观察　结合实物仔细观察根、茎、叶、花、果实和种子等植物各种器官的形态特征及类型,

以加深所学形态术语的理解,准确描述植物。

2. 植物分类　在实习指导教师的直接指导下,通过对各类具代表性的药用植物观察与辨认,验证、总结并掌握藻菌植物、蕨类植物、裸子植物、被子植物以及被子植物中的重要科的特征,熟悉常见和常用药用植物的名称、入药部位及药名。

三、实习时间的选择

药用植物识别技术野外实习一般每年一次,每届学生一次。实习季节一般根据实习目的要求安排,要采集带花植物,安排在花季,大多会安排在春末夏初,为了采集果实也可以安排在秋季。实习时间段的选择,主要根据实习区域的天时气候等情况灵活安排。

四、实习地点(区域)及线路选择

为了保障安全,一般要在调查前进行现场考察,确定调查区域,选择调查路线,同时避免在交通不便、有危险的区域开展野外实习。

（一）选择依据

1. 严格遵循资源保护原则　每年更换采集地点,原则上隔两年才能在同一个地点再次进行标本采集活动。

2. 植物资源多样性原则　药用植物识别技术野外实习一般选择生态多样性和植被多样性的地域。如果是山区,一般选择有一定海拔落差、植被丰富的山地。平原地区一般选择在树林、荒地、河流交错且植被丰富的区域。

3. 扩大药用植物资源量原则　为了丰富教学资源,增加学校标本种类,我们可以分年度变换实习区域,以了解、掌握学校周边多个区域的药用植物资源状况,采集到更多的标本。

（二）区域和线路

我们参照全国第四次资源普查方法及要求,结合目标区域实际情况选择代表区域及路线。药用植物资源调查一般以县域或者某特定区域为调查对象,在调查区域内,要选择设置代表区域、样带、样地、样方四个部分的内容。代表区域和样带一般在调查前设置,样地样方在调查现场设置。

1. 代表区域设置　根据普查区域的生态环境、植被及当地中药资源状况确定调查范围进行抽样调查,抽样调查面积达到总面积的 1%,设置 5～10 个。每个代表区域的自然生态环境特征尽可能具有一致性。代表区域的资源基本可以代表本区域的资源状况。

2. 样带设置　在每个调查区域内设置一个样带,样带数量 5～10 个。样带要能涵盖代表区域内所有的植被类型,具有代表性。

3. 规划调查路线　我们在预先选定的样带上,依据植被类型、可达性、地形地势,规划调查路线。

五、药用植物资源调查样地样方选择

我们在预先选定的调查路线上,设置样地样方。如果区域大,学生多,可以分组,沿多个调查路线分头进行。

（一）样地设置

在已经选定的调查路线沿线等距离设置样地。每个样带设置 4～10 个样地,每个县级区域内样地总数一般不少于 36 个。样地之间距离大于 1 km。设置样地时要注意下列原则:①种类成分的分布要均匀一致;②群落结构要完整,层次要分明;③生境条件(特别是地形和土壤)要一致;④样地要设在群落中心的典型部分,避免选在两个类型的过渡地带;⑤样地要用显著的实物标记,以便明确观察范围;⑥样地的面积不应小于最小面积。

（二）样方设置

在每个样地内至少设置 5 套样方,每套样方面积一般为 100 m²,多为 10 m×10 m 的正方形,有时地

理位置限制也可以为 5 m×20 m。每套样方中有 6 个样方，其中乔木 1 个(10 m×10 m)，灌木 1 个(5 m×5 m,样方设置见附录图 1)，草本 4 个(2 m×2 m)，草本样方编号按照顺时针排列。一个县级区域内样方总数为 1000 个以上。

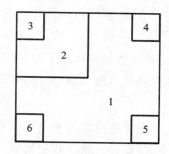

附录图 1 样方设置示意图

六、药用植物标本的采集、制作与识别

在进行资源调查的同时，采集或制作标本。药用植物标本的制作过程一般要经过采集—修整—压制—干燥—消毒—干燥—上台—标注(号牌、采集记录)—储存等过程。

(一)药用植物资源调查与标本采集准备

1. 采集器具 十字镐、小铲、锯子、枝剪、采集袋、采集箱或背筐等采集工具，测量绳、卷尺、GPS 定位仪(也可以用安装了 GPS 定位软件的智能手机)等测量器材。

2. 压制标本用具 放大镜、解剖针、植物标本采集记录、采集号牌、针线、铅笔、广口瓶、小纸袋、标本夹、吸水纸、塑料罩、瓦楞纸等，还可以配备电热鼓风机。

3. 学习资料 《药用植物学》、《中国高等植物图鉴》(1~5 册，补编 1~2 册)、《植物检索表》、《中国植物志》、《全国中草药汇编》、《中华本草》、调查区域药用植物资源本底资料等有关文献资料。

4. 安全防护用品 根据季节及实习地环境，要配备适宜野外工作服装鞋帽，准备安全绳、急救包及药品(蛇药、中暑药、感冒药、肠胃药等)。

(二)药用植物标本的采集

1. 采集标本 应具有代表性、典型性，最好带有繁殖器官(如花、果实或孢子囊群、子实体)。各类植物标本采集时应分别采集具有鉴定价值的部位。如真菌的子实体，苔藓的孢子体，蕨类植物的孢子囊群、营养叶、孢子叶，裸子植物的雄球花和雌球花，被子植物中的草本植物应采健壮的全株，藤本植物的新、老枝应兼采，木本植物应有花、果的枝条，寄生植物应采到寄主植物，药用植物标本应采集药用部位。

2. 采集记录 采集记录是分类鉴定和资源分析统计的重要依据之一，故采集标本时，必须仔细观察其生长环境、形态特征，并按要求逐项用铅笔加以记录。特别是对那些易变特征，如颜色、气味、毛茸、乳汁、果实等形状及其被修剪掉的原始数据等，均应准确加以记录。采集记录号与标本号牌上的采集号必须相同，同株植物标本及其药材应编同一号码。

(三)生物标本的制作与保存

1. 标本压制 将采集的标本经适当剪修处理、补充记录完善，每种选择三份以上，挂上标本号牌，置吸水纸中展平，放标本夹内压平，并天天换纸翻晒至干。所附药用部分应与标本编同号随同压制。草本植物一般连根挖出，若太长，可剪取 25~30 cm 的花、果枝条压制，或将其折成"之"字形或"N"形压制。

2. 植物标本的特殊处理 对某些植物或植物体的某些部位，需经适当的处理，方便于压制干燥。

(1)多肉植物：对肉质的茎叶植物(如仙人掌科、景天科、马齿苋科等)或有粗壮地下茎的植物(如百合科)需切开干燥或用开水将其烫死后再压制，否则植物会在标本夹内延续生活，花、叶脱落乃至腐烂败坏。

(2)叶柄易脱落植物：豆科、芸香科等科植物的复叶，先用开水烫死，压制时叶柄不易脱落。

(3)水生藻类植物：压制时先将采得的标本重新放入水中展开，然后用硬台纸将其托起，再用吸水纸压成标本。

(4) 丛生的草本植物:应保留其丛生的特征,压制时不要把它们分得太散而失去原来的习性。

3. 植物标本的保存 植物标本保存不好,容易生虫和霉变。主要防治措施是要与虫源隔离放置,防止受潮。用塑料袋密闭保藏,在干燥通风的木柜内,木柜放置在干燥通风的房间。有条件的最好在低温干燥库房条件下保存,常温库房可以在柜子内放置樟脑丸驱虫防虫。

(四) 植物腊叶标本快速干燥方法

为了加快标本制作速度,现在多采用烘干法加速标本干燥,在原来标本夹和吸水纸的基础上,采用人工加热烘干技术。主要设备及用品包括电热鼓风机、塑料罩、标本夹、吸水纸、瓦楞纸。

(五) 植物标本保色方法

植物标本,尤其是颜色鲜艳的标本,固色保色技术历来是标本制作的难点,对此不同区域或团队采用的方法有相同之处,也有区别。目前白色、绿色保色技术相对比较成熟,其他颜色,比如红色、黄色保存较为困难,很多技术尚在探索之中,现将部分方法介绍如下。

1. 保色覆膜法制作绿色植物腊叶标本 此法主要制作分为以下 5 个步骤。

(1) 清洁整理原植物:将采集到的植物用自来水冲洗干净并修剪好备用。

(2) 配制保色原液:将冰醋酸加入醋酸铜至饱和溶液制成醋酸铜保色原液。

(3) 植物保色处理:将醋酸铜保色原液用纯净水稀释成醋酸铜保色液,将已稀释好的醋酸铜保色液倒入玻璃容器或不锈钢、陶瓷容器中加热到 90～100℃,然后把需保色植物放入加热好的醋酸铜保色液中,继续加热至植物颜色全部褪去后又复原为止;温度控制在 90～100℃,加热时间为 20～40 min,具体加热时间要视不同植物而定。

(4) 保色植物平整加压、干燥:将保色处理过的上述植物从保色液中取出用自来水冲 1～2 h,冲洗干净后将保色植物取出放入宣纸中用电熨斗压熨,压熨平整后再放到干燥的宣纸中继续压制,直到完全干燥,压熨时电熨斗温度可调到 50～100℃。

(5) 制作植物保色覆膜标本:将已平整加压干燥好的保色植物放在卡片纸上,放入已预热的塑封机中用护卡膜塑封,塑料封装护卡膜时温度调整在 150～180℃,塑封好后即得到合格的植物保色覆膜标本。此法不适宜带花的植物保存花的颜色。

2. 吸湿干燥法制作保色立体植物标本 将事先烘干的硅胶颗粒(1～1.5 mm)慢慢倒入盛放标本的盒子或标本瓶中使其充满标本的每个空隙,直到完全覆盖为止,然后将标本放入 40℃左右干燥箱中 5～6 天,硅胶作为干燥剂吸去标本中的水,如有真空干燥器,将标本置于其中抽气并保持低压 2 天左右即可完成脱水过程,得到干燥的保色立体植物标本。此法中的硅胶也可用杉木锯末(经过筛得到的较小颗粒物)烘干或炒热后,冷却至 40℃左右代替。此法可较好保持原有植物的颜色。

3. 浸液绿色植物标本制作方法 将醋酸铜加入 50％冰醋酸溶液中,直到溶液饱和为止,然后用 4 倍水稀释,再加热至 80～85℃。把要做成标本的植物放进烧热的溶液中,继续加热。直到植物由绿变褐,再由褐转绿时,即可把植物取出用清水洗净,保存于 5％福尔马林中。

对于不适于热煮或药液不容易透入植物,可以改用硫酸铜饱和水溶液 750 mL、福尔马林 500 mL、水 250 mL 的混合液,将植物放入这种液体中浸制。浸制时间的长短,要视植物老嫩程度和种类而定。一般地说,植物幼苗浸 3～5 天即可,而成熟的植物则需浸 8～14 天。最妥善的办法是从浸后的第三天起,每天检查一次,见到植物褪成黄色后又重新变成绿色时,即可取出,用清水将药液洗净,然后放到 5％福尔马林中保存,标本就制成了。

4. 浸液红色植物标本制作方法 有研究表明可以用硼酸粉 450 g、水 2000～4000 mL、75％～95％酒精 2000 mL,福尔马林原液 300 mL 混合起来,取澄清液作为浸制液,可直接用来保存红色标本。如果保存粉红色的标本时,须将福尔马林减至微量或不加。

另有研究发现将硼酸 3 g,40％的甲醛 4 mL 与水 400 mL 混合制成固定液,然后将洗干净的红色植物标本放在固定液中浸泡 1～3 天,如不发生混浊现象即可取出放入由甲醛 25 mL、甘油 25 mL、水 1000 mL制成的保存液或由 10％亚硫酸 20 mL、硼酸 10 g、水 580 mL 制成的保存液中长期密封保存,即可保存红色标本。此外,对较大的果实标本最好用注射器注入少量保存液后再长期密封保存效果更好。

5. 浸液黄色或黄绿色标本保存法 有研究表明，取 6％亚硫酸 500 mL 和 80％～90％酒精 500 mL 加入 400 mL 蒸馏水混合而成保存液，将采集来的黄色或黄绿色标本直接浸入保存液密封保存，保色效果较好。还可用亚硫酸 50 mL，95％酒精 50 mL，加蒸馏水至 1000 mL，将标本植株浸制于其中保存，效果良好。还有人用亚硫酸饱和溶液 568 mL、95％酒精 568 mL、水 4500 mL 混合起来取澄清液对标本进行保存，效果良好。

6. 浸液黑色、紫色、紫红色标本保存法 对黑色、紫红色、紫色标本的浸制保色保存，一种方法是用福尔马林 450 mL、95％酒精 540 mL、水 18100 mL 混合起来，取澄清液用来保存标本，另一种方法是用福尔马林 500 mL、饱和氯化钠溶液 1000 mL、水 8700 mL 混合液的澄清液保存标本，效果均较好。

7. 浸液白色标本保存法 将 33 g 氯化锌溶于 1000 mL 水中，加入 95％酒精 125 mL，取澄清液作为保存液保存标本。亦可将 200 g 氯化锌溶于 4000 mL 水中，加入甲醛 100 mL、甘油 100 mL，取澄清液作为保存液保存标本。

能力检测

1. 药用植物识别野外实习的主要内容有哪些？
2. 药用植物资源野外调查区域、线路和地点如何选择？
3. 药用植物的分类鉴定的方法有哪些？

（付绍智）

附录三　被子植物门分科检索表

1. 子叶2个,极稀,可为1个或较多;茎具中央髓部;在多年生的木本植物具有年轮;叶片常具网状脉;花常为5出或4出数(次1项见217页)※ ································ 双子叶植物纲 Dicotyledoneae
2. 花无真正的花冠(花被片逐渐变化,呈覆瓦状排列成2至数层的,也可在此检查);有或无花萼,有时且可类似花冠。(次2项见197页)※
3. 花单性,雌雄同株或异株,其中雄花,或雌花和雄花均可成荑黄花序或类似荑黄状的花序。(次3项见189页)※
4. 无花萼,或在雄花中存在。
5. 雌花以花梗着生于椭圆形膜质苞片的中脉上;心皮1 ······························ 漆树科 Anacardiaceae
   (九子不离母属 Dobinea)
5. 雌花情形非如上述;心皮2或更多数。
6. 多为木质藤本;叶为全缘单叶,具掌状脉;果实为浆果 ························· 胡椒科 Piperaceae
6. 乔木或灌木;叶可呈各种型式,但常为羽状脉;果实不为浆果。
7. 旱生性植物,有具节的分枝和极退化的叶片,后者在每节上且连合成为具齿的鞘状物
   ································ 木麻黄科 Casuarinaceae
   (木麻黄属 Casuarina)
7. 植物体为其他情形者。
8. 果实为具多数种子的蒴果;种子有丝状毛茸 ································ 杨柳科 Salicaceae
8. 果实为仅具1种子的小坚果、核果或核果状的坚果。
9. 叶为羽状复叶;雄花有被 ································ 胡桃科 Juglandaceae
9. 叶为单叶(有时在杨梅科中可为羽状分裂)。
10. 果实为肉质核果;雄花无花被 ································ 杨梅科 Myricaceae
10. 果实为小坚果;雄花有花被 ································ 桦木科 Betulaceae
4. 有花萼,或在雄花中不存在。
11. 子房下位。
12. 叶对生,叶柄基部互相连合 ································ 金粟兰科 Chloranthaceae
12. 叶互生。
13. 叶为羽状复叶 ································ 胡桃科 Juglandaceae
13. 叶为单叶。
14. 果实为蒴果 ································ 金缕梅科 Hammnelidaceae
14. 果实为坚果。
15. 坚果封藏于一变大呈叶状的总苞中 ································ 桦木科 Betulaceae
15. 坚果有一壳斗下托,或封藏在一多刺的果壳中 ················ 山毛榉科(壳斗科)Fagaceae
11. 子房上位。
16. 植物体中具白色乳汁。
17. 子房1室;聚花果 ································ 桑科 Moraceae
17. 子房2～3室;蒴果 ································ 大戟科 Euphorbiaceae
16. 植物体中无乳汁,或在大戟科的重阳木属 Bischofia 中具红色汁液。

18. 子房为单心皮所组成;雄蕊的花丝在花蕾中向内屈曲 ·························· 荨麻科 Urticaceae

18. 子房为 2 枚以上的连合心皮所组成;雄蕊的花丝在花蕾中常直立(在大戟科的重阳木属 Bischofia 及
　　巴豆属 Croton 中则向前屈曲)。

19. 果实为 3 个(稀可 2～4 个)离果瓣所成的蒴果;雄蕊 10 至多数,有时少于 10
　　··· 大戟科 Euphorbiaceae

19. 果实为其他情形;雄蕊少数至数个(大戟科的黄桐树属 Endospermum 为 6～10),或和花萼裂片同数
　　且对生。

20. 雌雄同株的乔木或灌木。

21. 子房 2 室;蒴果 ··· 金缕梅科 Hamamelidaceae

21. 子房 1 室;坚果或核果 ······································· 榆科 Ulmaceae

20. 雌雄异株的植物。

22. 草本或草质藤木;叶为掌状分裂或为掌状复叶 ··················· 桑科 Moraceae

22. 乔木或灌木;叶全缘,或在重阳木属为 3 枚小叶所组成的复叶 ········· 大戟科 Euphorbiaceae

3. 花两性或单性,但并不成为葇荑花序。

23. 子房或子房室内有数个至多数胚珠。(次 23 项见 191 页)※

24. 寄生性草本,无绿色叶片 ·································· 大花草科 Rafflesiaceae

24. 非寄生性植物,有正常绿叶或叶退化而以绿色茎代行叶的功能。

25. 子房下位或部分下位。

26. 雌雄同株或异株,如为两性花时,则成肉质穗状花序。

27. 草本。

28. 植物体含多量液汁;单叶常不对称 ·························· 秋海棠科 Begoniaceae
　　　　　　　　　　　　　　　　　　　　　　　　　　　　　　　　　　　(秋海棠属 Begonia)

28. 植物体不含多量液汁;羽状复叶 ·························· 四数木科 Datiscaceae
　　　　　　　　　　　　　　　　　　　　　　　　　　　　　　　　　　　(野麻属 Datisca)

27. 木本。

29. 花两性,成肉质穗状花序;叶全缘 ························ 金缕梅科 Hamamelidaceae
　　　　　　　　　　　　　　　　　　　　　　　　　　　　　　　　　　(假马蹄荷属 Chunia)

29. 花单性,成穗状、总状或头状花序;叶缘有锯齿或具裂片。

30. 花成穗状或总状花序;子房 1 室 ························ 四数木科 Datiscaceae
　　　　　　　　　　　　　　　　　　　　　　　　　　　　　　　　　(四数木属 Tetrameles)

30. 花成头状花序;子房 2 室 ·························· 金缕梅科 Hamamelidaceae
　　　　　　　　　　　　　　　　　　　　　　　　　　　　　　　(枫香树亚科 Liquidambaroideae)

26. 花两性,但不成肉质穗状花序。

31. 子房 1 室。

32. 无花被;雄蕊着生在子房上 ·························· 三白草科 Saururaceae

32. 有花被;雄蕊着生在花被上。

33. 茎肥厚,绿色,常具棘针;叶常退化;花被片和雄蕊都多数;浆果 ········· 仙人掌科 Cactaceae

33. 茎不成上述形状;叶正常;花被片和雄蕊皆为五出或四出数,或雄蕊数为前者的 2 倍;蒴果
　　··· 虎耳草科 Saxifragaceae

31. 子房 4 室或更多室。

34. 乔木;雄蕊为不定数 ································· 海桑科 Sonneratiaceae

34. 草本或灌木。

35. 雄蕊 4 ··· 柳叶菜科 Onagraceae
　　　　　　　　　　　　　　　　　　　　　　　　　　　　　　　　　　(丁香蓼属 Ludwigia)

35. 雄蕊 6 或 12 ··· 马兜铃科 Aristolochiaceae

25. 子房上位。

36. 雄蕊或子房2个,或更多数。

37. 草本。

38. 复叶或多少有些分裂,稀可为单叶(如驴蹄草属 Caltha),全缘或具齿裂;心皮多数至少数
    ··· 毛茛科 Ranunculaceae

38. 单叶,叶缘有锯齿;心皮和花萼裂片同数 ················· 虎耳草科 Saxifragaceae
    (扯根菜属 Penthorum)

37. 木本。

39. 花的各部为整齐的三出数 ····································· 木通科 Lardizabalaceae

39. 花为其他情形。

40. 雄蕊数个至多数,连合成单体 ····························· 梧桐科 Sterculiaceae
    (苹婆族 Sterculieae)

40. 雄蕊多数,离生。

41. 花两性;无花被 ··· 昆栏树科 Trochodendraceae
    (昆栏树属 Trochodendron)

41. 花雌雄异株,具4个小形萼片 ························· 连香树科 Cercidiphyllaceae
    (连香树属 Cercidiphrllum)

36. 雌蕊或子房单独1个。

42. 雄蕊周位,即着生于萼筒或杯状花托上。

43. 有不育雄蕊;且和8~12个能育雄蕊互生 ············· 大风子科 Flacourtiaceae
    (山羊角树属 Casearia)

43. 无不育雄蕊。

44. 多汁草本植物;花萼裂片呈覆瓦状排列,呈花瓣状,宿存;蒴果盖裂 ·········· 番杏科 Aizoaceae
    (海马齿属 Sesuvium)

44. 植物体为其他情形;花萼裂片不成花瓣状。

45. 叶为双数羽状复叶,互生;花萼裂片呈覆瓦状排列;果实为荚果;常绿乔木 ········ 豆科 Leguminosae
    (云实亚科 Caesalpinoideae)

45. 叶为对生或轮生单叶;花萼裂片呈镊合状排列;非荚果。

46. 雄蕊为不定数;子房10室或更多室;果实浆果状 ·········· 海桑科 Sonneratiaceae

46. 雄蕊4~12(不超过花萼裂片的2倍);子房1室至数室;果实蒴果状。

47. 花杂性或雌雄异株,微小,成穗状花序,再成总状或圆锥状排列············· 隐翼科 Crypteroniaceae
    (隐翼属 Crypteronia)

47. 花两性,中性,单生至排列成圆锥花序 ················· 千屈菜科 Lythraceae

42. 雄蕊下位,即着生于扁平或凸起的花托上。

48. 木本;叶为单叶。

49. 乔木或灌木;雄蕊常多数,离生;胚珠生于侧膜胎座或隔膜上 ············· 大风子科 Flacourtiaceae

49. 木质藤本;雄蕊4或5,基部连合成杯状或环状;胚珠基生(即位于子房室的基底)
    ··· 苋科 Amaranthaceae
    (浆果苋属 Deeringia)

48. 草本或亚灌木。

50. 植物体沉没水中,常为一具背腹面呈原叶体状的结构,像苔藓 ············· 河苔草科 Podostemaceae

50. 植物体非如上述情形。

51. 子房3~5室。

52. 食虫植物;叶互生;雌雄异株 ······························· 猪笼草科 Nepenthaceae
    (猪笼草属 Nepenthes)

52. 非为食虫植物;叶对生或轮生;花两性 ·· 番杏科 Aizoacae

（粟米草属 *Mollugo*）

51. 子房 1～2 室。

53. 叶为复叶或多少有些分裂 ·· 毛茛科 Ranunculaceae

53. 叶为单叶。

54. 侧膜胎座。

55. 花无花被 ·· 三白草科 Saururaceae

55. 花具 4 枚离生萼片 ··· 十字花科 Cruciferae

54. 特立中央胎座。

56. 花序呈穗状、头状或圆锥状;萼片多少为干膜质 ····················· 苋科 Amaranthaceae

56. 花序呈聚伞状;萼片草质 ·· 石竹科 Caryophyllaceae

23. 子房或其子房室内仅有 1 至数个胚珠。

57. 叶片中常有透明微点。

58. 叶为羽状复叶 ··· 芸香科 Rutaceae

58. 叶为单叶,全缘或有锯齿。

59. 草本植物或有时在金粟兰科为木本植物;花无花被,常成简单或复合的穗状花序,但在胡椒科齐头绒属 *Zippelia* 则成疏松总状花序。

60. 子房下位,仅 1 室有 1 胚珠;叶对生;叶柄在基部连合 ·············· 金粟兰科 Chloranthaceae

60. 子房上位;叶如为对生时,叶柄也不在基部连合。

61. 雌蕊由 3～6 个近于离生心皮组成,每心皮各有 2～4 个胚珠 ········· 三白草科 Saururaceae

（三白草属 *Satrurus*）

61. 雌蕊由 1～4 个合生心皮组成,仅 1 室,有 1 个胚珠 ················· 胡椒科 Piperaceae

（齐头绒属 *Zippelia*,豆瓣绿属 *Peperomia*）

59. 乔木或灌木;花具一层花被;花序有各种类型,但不为穗状。

62. 花萼裂片常 3 片,呈镊合状排列;子房为 1 个心皮所成,成熟时肉质,常以 2 瓣裂开;雌雄异株

·· 肉豆蔻科 Myristicaceae

62. 花萼裂片 4～6 片,呈覆瓦状排列;子房为 2～4 个合生心皮所成。

63. 花两性;果实仅 1 室,蒴果状,2～3 瓣裂开 ······················· 大风子科 Flacourtiaceae

（山羊角树属 *Casearia*）

63. 花单性,雌雄异株;果实 2～4 室,肉质或革质,很晚才裂开 ············· 大戟科 Euphorbiaceae

（白树属 *Gelonium*）

57. 叶片中无透明微点。

64. 雄蕊连为单体,至少在雄花中有这现象,花丝互相连合成筒状或成一中柱。

65. 肉质寄生草本,具退化呈鳞片状叶片,无叶绿素 ····················· 蛇菇科 Balanophoraceae

65. 植物体非为寄生性,有绿叶。

66. 雌雄同株,雄花成球形头状花序,雌花以 2 个同生于 1 个有 2 室而具钩状芒刺的果壳中

·· 菊科 Compositae

（苍耳属 *Xanthium*）

66. 花两性,如为单性时,雄花及雌花也无上述情形。

67. 草本植物;花两性。

68. 叶互生 ··· 藜科 Chenopodiaceae

68. 叶对生。

69. 花显著,有连成花萼状的总苞 ····································· 紫茉莉科 Nyctaginaceae

69. 花微小,无上述情形的总苞 ······································· 苋科 Amaranthaceae

67. 乔木或灌木,稀可为草本;花单性或杂性;叶互生。

70. 萼片呈覆瓦状排列,至少在雄花中如此 ················· 大戟科 Euphorbiaceae

70. 萼片呈镊合状排列。

71. 雌雄异株;花萼常具 3 裂片;雌蕊为 1 个心皮所组成,成熟时肉质,且常以 2 瓣裂开
　　··· 肉豆蔻科 Myristicaceae

71. 花单性或雄花和两性花同株;花萼具 4～5 裂片或裂齿;雌蕊为 3～6 个近于离生的心皮所成,各心皮
　　于成熟时为革质或木质,呈蓇葖状而不裂开 ················· 梧桐科 Sterculiaceae
　　　　　　　　　　　　　　　　　　　　　　　　　　　　　　　　　(苹婆族 Sterculieae)

64. 雄蕊各自分离,有时仅为 1 个,或花丝成为分枝的簇丛(如大戟科的蓖麻属 Ricinus)。

72. 每花有雌蕊 2 个至多数,近于或完全离生;或花的界限不明显时,则雌蕊多数,成一球形头状花序。

73. 花托下陷,呈杯状或坛状。

74. 灌木;叶对生;花被片在坛状花托的外侧排列成数层 ················· 蜡梅科 Calycanthaceae

74. 草本或灌木;叶互生;花被片在杯或坛状花托的边缘排列成一轮 ················· 蔷薇科 Rosaceae

73. 花托扁平或隆起,有时可延长。

75. 乔木、灌木或木质藤本。

76. 花有花被 ··· 木兰科 Magnoliaceae

76. 花无花被。

77. 落叶灌木或小乔木;叶卵形,具羽状脉和锯齿缘;无托叶;花两性或杂性,在叶腋中丛生;翅果无毛,有
　　柄 ··· 昆栏树科 Trochodendraceae
　　　　　　　　　　　　　　　　　　　　　　　　　　　　　　　　　(领春木属 Euptelea)

77. 落叶乔木,叶广阔,掌状分裂,叶缘有缺刻或大锯齿;有托叶围茎成鞘,易脱落;花单性,雌雄同株,头
　　状花序球形;小坚果,围以长柔毛而无柄 ················· 悬铃木科 Platanaceae
　　　　　　　　　　　　　　　　　　　　　　　　　　　　　　　　　(悬铃木属 Platanus)

75. 草木或稀为亚灌木,有时为攀援性。

78. 胚珠倒生或直立。

79. 叶片多少有些分裂或为复叶;无托叶或极微小;胚珠倒生;花单生或成各种类型的花序
　　··· 毛茛科 Ranunculaceae

79. 叶为全缘单叶;有托叶;胚珠直生;花成穗形总状花序 ················· 三白草科 Saururaceae

78. 胚珠常弯生,叶为全缘单叶。

80. 直立草本;叶互生,非肉质 ································· 商陆科 Phytolaccaceae

80. 平卧草本;叶对生或近轮生,肉质 ················· 番杏科 Aizoaceae
　　　　　　　　　　　　　　　　　　　　　　　　　　　　　　(针晶粟草属 Gisekia)

72. 每花仅有 1 个复合或单雌蕊,心皮有时于成熟后各自分离。

81. 子房下位或半下位。(次 81 项见 193 页)※

82. 草本。

83. 水生或小型沼泽植物。

84. 花柱 2 个或更多;叶片(尤其沉没水中的)常成羽状细裂或复叶 ············ 小二仙草科 Haloragidaceae

84. 花柱 1 个,叶为线形全缘单叶 ················· 杉叶藻科 Hippuridaceae

83. 陆生草本。

85. 寄生性肉质草本,无绿叶。

86. 花单性,雌花常无花被;无珠被及种皮 ················· 蛇菇科 Balanophoraceae

86. 花杂性,有 1 层花被,两性花有 1 枚雄蕊;有珠被及种皮 ················· 锁阳科 Cynomoriaceae
　　　　　　　　　　　　　　　　　　　　　　　　　　　　　　　(锁阳属 Cynomorium)

85. 非寄生性植物,或于百蕊草属 Thesium 为半寄生性,但均有绿叶。

87. 叶对生,其形宽广而有锯齿缘 ················· 金粟兰科 Chloranthaceae

87. 叶互生。

88. 平铺草本(限于国产植物),叶片宽,三角形,多少有些肉质 ·················· 番杏科 Aizoaceae
（番杏属 *Tetragonia*）

88. 直立草本,叶片窄而细长 ······································· 檀香科 Santalaceae
（百蕊草属 *Thesium*）

82. 灌木或乔木。

89. 子房 3～10 室。

90. 坚果 1～2 个,同生在一个木质且可裂为 4 瓣的壳斗中 ··················· 壳斗科 Fagaceae
（水青冈属 *Fagus*）

90. 核果,并不生在壳斗里。

91. 雌雄异株,顶生圆锥花序,无叶状苞片所托 ····················· 山茱萸科 Cornaceae
（鞘柄木属 *Torricellia*）

91. 花杂性,球形头状花序,为 2～3 枚白色叶状苞片所托 ··············· 珙桐科 Nyssaceae
（珙桐属 *Davidia*）

89. 子房 1 或 2 室,或在铁青树科的青皮木属 *Schoepfia* 中,子房的基部可为 3 室。

92. 花柱 2 个。

93. 蒴果,2 瓣裂开 ······································· 金缕梅科 Hamamelidaceae

93. 果实呈核果状,或为蒴果状的瘦果,不裂开·····················鼠李科 Rhamnaceae

92. 花柱 1 个或无花柱。

94. 叶片下面多少有些具皮屑状或鳞片状的附属物 ··············· 胡颓子科 Elaeagnaceae

94. 叶片下面无皮屑状或鳞片状的附属物。

95. 叶缘有锯齿或圆锯齿,稀可在荨麻科的紫麻属 *Oreocnide* 中有全缘者。

96. 叶对生,具羽状脉;雄花裸露,有雄蕊 1～3 个 ··············· 金粟兰科 Chloranthaceae

96. 叶互生,大都于叶基具三出脉;雄花具花被及雄蕊 4 个(稀可 3 或 5 个) ······· 荨麻科 Urticaceae

95. 叶全缘,互生或对生。

97. 植物体寄生在乔木的树干或枝条上;果实呈浆果状················· 桑寄生科 Loranthaceae

97. 植物体大都陆生,或有时可为寄生性;果实呈坚果状或核果状,胚珠 1～5 个。

98. 花多为单性;胚珠垂悬于基底胎座上 ····················· 檀香科 Santalaceae

98. 花两性或单性;胚珠垂悬于子房室顶端或中央胎座顶端。

99. 雄蕊 10 个,为花萼裂片的 2 倍数 ··················· 使君子科 Combretaceae
（诃子属 *Terminalia*）

99. 雄蕊 4 或 5 个,和花萼裂片同数且对生 ················ 铁青树科 Olacaceae

81. 子房上位,如有花萼时,和它分离,或在紫茉莉科及胡颓子科中,当果实成熟时,子房为宿存萼筒所包围。

100. 托叶鞘围抱茎的各节;草本,稀可为灌木 ·················· 蓼科 Polygonaceae

100. 无托叶鞘,在悬铃木科有托叶鞘但易脱落。

101. 草本,或有时在藜科及紫茉莉科中为亚灌木。（次 101 项见 195 页）※

102. 无花被。

103. 花两性或单性;子房 1 室,内仅有 1 枚基生胚珠。

104. 叶基生,由 3 枚小叶组成;穗状花序生在一个细长基生无叶的花梗上 ········ 小檗科 Berberidaceae
（裸花草属 *Achlys*）

104. 叶茎生,单叶;穗状花序顶生或腋生,但常与叶对生 ················· 胡椒科 Piperaceae
（胡椒属 *Piper*）

103. 花单性;子房 3 或 2 室。

105. 水生或微小的沼泽植物,无乳汁;子房 2 室,每室内含 2 个胚珠 ··········· 水马齿科 Callitrichaceae
（水马齿属 *Callitriche*）

105. 陆生植物;有乳汁;子房 3 室,每室内仅含 1 个胚珠 ······················· 大戟科 Euphorbiaceae

102. 有花被,当花为单性时,特别是雄花更是如此。

106. 花萼呈花瓣状,且呈管状。

107. 花有总苞,有时这个总苞类似花萼 ··· 紫茉莉科 Nyctaginaceae

107. 花无总苞。

108. 胚珠 1 个,在子房的近顶端处 ··· 瑞香科 Thymelaeaceae

108. 胚珠多数,生在特立中央胎座上 ··· 报春花科 Primulaceae
(海乳草属 *Glaux*)

106. 花萼非如上述情形。

109. 雄蕊周位,即位于花被上。

110. 叶互生,羽状复叶而有草质托叶;花无膜质苞片,瘦果 ···················· 蔷薇科 Rosaceae
(地榆族 *Sanguisorbieae*)

110. 叶对生,或在蓼科的冰岛蓼属 *Koenigia* 为互生,单叶无草质托叶;花有膜质苞片。

111. 花被片和雄蕊各为 5 或 4 个,对生;囊果;托叶膜质 ·················· 石竹科 Caryophyllaceae

111. 花被片和雄蕊各为 3 个,互生;坚果;无托叶 ······················· 蓼科 Polygonaceae
(冰岛蓼属 *Koenigia*)

109. 雄蕊下位,即位于子房下。

112. 花柱或其分枝为 2 或数个,内侧常为柱头面。

113. 子房常为数个至多数心皮连合而成 ······························· 商陆科 Phytolaccaceae

113. 子房常为 2 或 3(或 5)个心皮连合而成。

114. 子房 3 室,稀可 2 或 4 室 ··· 大戟科 Euphorbiaceae

114. 子房 1 或 2 室。

115. 掌状复叶或具掌状脉而有宿存托叶 ······················· 桑科 Moraceae
(大麻亚科 *Cannaboideae*)

115. 叶具羽状脉,或稀为掌状脉而无托叶,也可在藜科中叶退化成鳞片或为肉质而形如圆筒。

116. 花有草质而带绿色或灰绿色的花被及苞片 ················· 藜科 Chenopodiaceae

116. 花有干膜质而常有色泽的花被及苞片 ····················· 苋科 Amaranthaceae

112. 花柱 1 个,常顶端有柱头,也可无花柱。

117. 花两性。

118. 雌蕊为单心皮;花萼由 2 膜质且宿存的萼片组成;雄蕊 2 个 ············ 毛茛科 Ranunculaceae
(星叶草属 *Circaeaster*)

118. 雌蕊由 2 合生心皮而成。

119. 萼片 2 片;雄蕊多数 ·· 罂粟科 Papaveraceae
(博落回属 *Macleaya*)

119. 萼片 4 片;雄蕊 2 或 4 ··· 十字花科 Cruciferae
(独行菜属 *Lepidium*)

117. 花单性。

120. 沉没于淡水中的水生植物;叶细裂成丝状 ························· 金鱼藻科 Ceratophyllaceae
(金鱼藻属 *Ceratophyllum*)

120. 陆生植物;叶为其他情形。

121. 叶含多量水分;托叶连接叶柄的基部;雄花的花被 2 片;雄蕊多数 ··· 假牛繁缕科 Theligonaceae
(假牛繁缕属 *Theligonum*)

121. 叶不含多量水分;如有托叶时,也不连接叶柄的基部;雄花的花被片和雄蕊均各为 4 或 5 个,二者相
对生 ··· 荨麻科 Urticaceae

101. 木本植物或亚灌木。

122. 耐寒旱性灌木，或在藜科的梭梭属 *Haloxylon* 为乔木；叶微小，细长或呈鳞片状，也可时为（如藜科）肉质而成圆筒形或半圆筒形。

123. 雌雄异株或花杂性；花萼为三出数，萼片微呈花瓣状，和雄蕊同数且互生；花柱 1，极短，常有 6～9 个放射状且有齿裂的柱头；核果；胚体劲直；常绿而基部偃卧的灌木；叶互生，无托叶

 ·· 岩高兰科 Empetraceae

（岩高兰属 *Empetrum*）

123. 花两性或单性，花萼为五出数，稀三出或四出数，萼片或花萼裂片草质或革质，和雄蕊同数且对生，或在藜科中雄蕊由于退化而数较少，甚或 1 个；花柱或花柱分枝 2 或 3 个，内侧常为柱头面；胞果或坚果；胚体弯曲如环或弯曲成螺旋形。

124. 花无膜质苞片；雄蕊下位；叶互生或对生；无托叶；枝条常具关节 ·············· 藜科 Chenopodiaceae

124. 花有膜质苞片；雄蕊周位；叶对生，基部常互相连合；有膜质托叶；枝条不具关节

 ·· 石竹科 Caryophyllaceae

122. 不是上述的植物；叶片矩圆形或披针形，或宽广至圆形。

125. 果实及子房均为 2 至数室，或在大风子科中为不完全的 2 至数室。

126. 花常为两性。

127. 萼片 4 或 5 片，稀可 3 片，呈覆瓦状排列。

128. 雄蕊 4 个；4 室的蒴果 ·························· 木兰科 Magnoliaceae

（水青树属 *Tetracentron*）

128. 雄蕊为不定数，浆果状核果 ···················· 大风子科 Flacouriticeae

127. 萼片多 5 片，呈镊合状排列。

129. 雄蕊为不定数；具刺的蒴果 ····················· 杜英科 Elaeocarpaceae

（猴欢喜属 *Sloanea*）

129. 雄蕊和萼片同数；核果或坚果。

130. 雄蕊和萼片对生，各为 3～6 ···················· 铁青树科 Olacaceae

130. 雄蕊和萼片互生，各为 4 或 5 ···················· 鼠李科 Rhamnaceae

126. 花单性（雌雄同株或异株）或杂性。

131. 果实各种；种子无胚乳或有少量胚乳。

132. 雄蕊常 8 个；果实坚果状或为有翅的蒴果；羽状复叶或单叶 ·············· 无患子科 Sapindaceae

132. 雄蕊 5 或 4 个，且和萼片互生；核果有 2～4 个小核；单叶 ·············· 鼠李科 Rhanmaceae

（鼠李属 *Rhamnus*）

131. 果实多呈蒴果状，无翅；种子常有胚乳。

133. 蒴果，2 室，有木质或革质的外种皮及角质的内果皮 ·············· 金缕梅科 Hamamelidaceae

133. 果实即使为蒴果时，也不像上述情形。

134. 胚珠具腹脊；果实有各种类型，但多为室间裂开的蒴果 ·············· 大戟科 Euphorbiaceae

134. 胚珠具背脊；果实为室背裂开的蒴果，或有时呈核果状 ·············· 黄杨科 Buxaceae

125. 果实及子房均为 1 或 2 室，稀可在无患子科的荔枝属 *Litchi* 及韶子属 *Nephelium* 中为 3 室，或在卫矛科的十齿花属 *Dipentodon* 及铁青树科的铁青树属 *Olax* 中，子房的下部为 3 室，而上部为 1 室。

135. 花萼具显著的萼筒，且常呈花瓣状。

136. 叶无毛或下面有柔毛；萼筒整个脱落 ················· 瑞香科 Thymelaeaceae

136. 叶下面具银白色或棕色的鳞片；萼筒或其下部永久宿存，果实成熟时变为肉质而紧密包着子房

 ·· 胡颓子科 Elaeagnaceae

135. 花萼不是像上述情形，或无花被。

137. 花药以 2 或 4 舌瓣裂开 ························· 樟科 Lauraceae

137. 花药不以舌瓣裂开。

138. 叶对生。

139. 翅果,有双翅或呈圆形 ·· 槭树科 Aceraceae
139. 翅果,有单翅而呈细长形兼矩圆形 ································· 木犀科 Oleaceae
138. 叶互生。
140. 叶为羽状复叶。
141. 叶为二回羽状复叶,或退化仅具叶状柄(特称为叶状叶柄) ··············· 豆科 Leguminosae
　　　　　　　　　　　　　　　　　　　　　　　　　　　　　　　　　(金合欢属 *Acacia*)
141. 叶为一回羽状复叶。
142. 小叶边缘有锯齿;果实有翅 ······································ 马尾树科 Rhoipteleaceae
　　　　　　　　　　　　　　　　　　　　　　　　　　　　　　　(马尾树属 *Rhoiptelea*)
142. 小叶全缘;果实无翅。
143. 花两性或杂性 ·· 无患子科 Sapindaceae
143. 雌雄异株 ·· 漆树科 Anacardiaceae
　　　　　　　　　　　　　　　　　　　　　　　　　　　　　　　　　(黄连木属 *Pistacia*)
140. 叶为单叶。
144. 花均无花被。
145. 多为木质藤本;叶全缘;花两性或杂性,成紧密的穗状花序 ············ 胡椒科 Piperaceae
　　　　　　　　　　　　　　　　　　　　　　　　　　　　　　　　　　(胡椒属 *Piper*)
145. 乔木;叶缘有锯齿或缺刻;花单性。
146. 叶宽广,具掌状脉及掌状分裂,叶缘具缺刻或大锯齿;有托叶,围茎成鞘,但易脱落;雌雄同株,雌花和
　　　雄花分别成球形的头状花序;雌蕊单心皮;小坚果为倒圆锥形而有棱角,无翅也无梗,但围以长柔毛
　　　·· 悬铃木科 Platanaceae
　　　　　　　　　　　　　　　　　　　　　　　　　　　　　　　　(悬铃木属 *Platanus*)
146. 叶椭圆形至卵形,具羽状脉及锯齿缘;无托叶;雌雄异株,雄花聚成疏松有苞片的簇丛,雌花单生于苞
　　　片的腋内;雌蕊 2 心皮;小坚果扁平,具翅且有柄,但无毛 ············ 杜仲科 Eucommiaceae
　　　　　　　　　　　　　　　　　　　　　　　　　　　　　　　　(杜仲属 *Eucommia*)
144. 花常有花萼,尤其在雄花。
147. 植物体内有乳汁 ··· 桑科 Moraceae
147. 植物体内无乳汁。
148. 花柱分枝 2 或数个,但在大戟科的核实树属 *Drypetes* 中则柱头几无柄,呈盾状或肾脏形。
149. 雌雄异株或有时为同株;叶全缘或具波状齿。
150. 矮小灌木或亚灌木;果实干燥,包藏于具有长柔毛而互相连合成双角状的 2 个苞片中:胚体弯曲如环
　　　·· 藜科 Chenopodiaceae
　　　　　　　　　　　　　　　　　　　　　　　　　　　　　　　　(优若藜属 *Eurotia*)
150. 乔木或灌木;果实呈核果状,常为 1 室含 1 枚种子,不包藏于苞片内;胚体劲直
　　　·· 大戟科 Euphorbiaceae
149. 花两性或单性;叶缘多锯齿或具齿裂,稀全缘。
151. 雄蕊多数 ·· 大风子科 Flacourtiaceae
151. 雄蕊 10 个或较少。
152. 子房 2 室,每室有 1 个至数个胚珠;果实为木质蒴果 ·············· 金缕梅科 Hamamelidaceae
152. 子房 1 室,仅 1 胚珠;果实不是木质蒴果 ························ 榆科 Ulmaceae
148. 花柱 1 个,或不存(如荨麻属),而柱头呈画笔状。
153. 叶缘有锯齿,子房单心皮。
154. 花两性 ·· 山龙眼科 Proteaceae
154. 雌雄异株或同株。
155. 花生于当年新枝上;雄蕊多数 ·································· 蔷薇科 Rosaceae

（假稠李属 *Maddenia*）

155. 花生于老枝上；雄蕊和萼片同数 ……………………… 荨麻科 Urticaceae
153. 叶全缘或边缘有锯齿；心皮合生，2 枚。
156. 果实核果状或坚果状，内有 1 枚种子；无托叶。
157. 子房具 1～4 个胚珠；果实于成熟后由萼筒包围 ………… 铁青树科 Olacaceae
157. 子房仅具 1 个胚珠；果实和花萼相分离，或仅果实基部由花萼衬托 ……… 山柚仔科 Opiliaceae
156. 果实蒴果状或浆果状，内含数个至 1 个种子。
158. 花下位，雌雄异株，稀杂性，雄蕊多数；果实浆果状；无托叶 ………… 大风子科 Flacourtiaceae
（柞木属 *Xylosma*）
158. 花周位，两性；雄蕊 5～12 个；果实蒴果状；有托叶，但易脱落。
159. 花为腋生的簇丛或头状花序；萼片 4～6 片 ………… 大风子科 Flacourtiaceae
（山羊角树属 *Casearia*）
159. 伞形花序腋生；萼片 10～14 片 ………… 卫矛科 Celastraceae
（十齿花属 *Dipentodon*）

2. 花具花萼也具花冠，或有两层以上的花被片，有时花冠可为蜜腺叶所代替。
160. 花冠常为离生的花瓣所组成。（次 160 项见 211 页）※
161. 成熟雄蕊（或单体雄蕊的花药）多在 10 个以上，通常多数，或其数超过花瓣的两倍。（次 161 项见 201 页）※
162. 花萼和 1 个或更多的雌蕊多少有些互相愈合，即子房下位或半下位。（次 162 项见 198 页）※
163. 水生草本植物；子房多室 ………… 睡莲科 Nymphaeaceae
163. 陆生植物；子房 1 至数室，也可心皮为 1 至数个，或在海桑科中为多室。
164. 植物体具肥厚的肉质茎，多有刺，常无真正叶片 ………… 仙人掌科 Cactaceae
164. 植物体为普通形态，不呈仙人掌状，有真正的叶片。
165. 草本植物或稀可为亚灌木。
166. 花单性。
167. 雌雄同株；花鲜艳，多腋生聚伞花序；子房 2～4 室 ………… 秋海棠科 Begoniaceae
（秋海棠属 *Begonia*）
167. 雌雄异株；花小而不显著，成腋生穗状或总状花序 ………… 四数木科 Datiscaceae
166. 花常两性。
168. 叶基生或茎生，呈心形，或在阿柏麻属 *Apama* 为长形，不为肉质；花为三出数
………… 马兜铃科 Aristolochiaceae
（细辛族 *Asareae*）
168. 叶茎生，不呈心形，多少肉质，或为圆柱形；花不是三出数。
169. 花萼裂片常为 5，叶状；蒴果 5 室或更多，在顶端呈放射状裂开 ………… 番杏科 Aizoaceae
169. 花萼裂片 2；蒴果 1 室，盖裂 ………… 马齿苋科 Portulacaceae
（马齿苋属 *Portulaca*）
165. 乔木或灌木（但在虎耳草科的银梅草属 *Deinanthe* 及草绣球属 *Cardiandra* 为亚灌木，在黄山梅属 *Kirengeshoma* 为多年生高大草本），有时以气生小根而攀援。
170. 叶通常对生（虎耳草科的草绣球属 *Cardmndra* 为例外），或在石榴科的石榴属 *Punica* 中有时可互生。
171. 叶缘常有锯齿或全缘；花序（除山梅花族 *Philadelpheae* 外）常有不孕的边缘花
………… 虎耳草科 Saxifragaceae
171. 叶全缘；花序无不孕花。
172. 叶为脱落性；花萼呈朱红色 ………… 石榴科 Punicaceae
（石榴属 *Punica*）

172. 叶为常绿性；花萼不呈朱红色。

173. 叶片中有腺体微点；胚珠常多数 ······················ 桃金娘科 Myrtaceae

173. 叶片中无微点。

174. 胚珠在每个子房室中为多数 ······················ 海桑科 Sonneratiaceae

174. 胚珠在每个子房室中仅有 2 个，稀可较多 ·················· 红树科 Rhizophoraceae

170. 叶互生。

175. 花瓣细长形兼长方形，最后向外翻转 ·················· 八角枫科 Alangiaceae

（八角枫属 *Alangium*）

175. 花瓣不成细长形，或纵为细长形时，也不向外翻转。

176. 叶无托叶。

177. 叶全缘；果实肉质或木质 ······················ 玉蕊科 Lecythidaceae

（玉蕊属 *Barringtonia*）

177. 叶缘多少有些锯齿或齿裂；果实呈核果状，其形歪斜 ················ 山矾科 Symplocaceae

（山矾属 *Symplocos*）

176. 叶有托叶。

178. 花瓣呈旋转形排列；花药隔向上延伸；花萼裂片中 2 个或更多个在果实上变大而呈翅状

··· 龙脑香科 Dipterocarpaceae

178. 花瓣呈覆瓦状或旋转状排列（如蔷薇科火棘属 *Pyracantha*）；花药隔并不向上延伸；花萼裂片也无上述变大情形。

179. 子房 1 室，内具 2～6 个侧膜胎座，各有 1 至多数胚珠；蒴果革质，自顶端以 2～6 片裂开

································· 大风子科 Flacourtiaceae

（天料木属 *Homalium*）

179. 子房 2～5 室，内具中轴胎座，或其心皮在腹面互相分离而具边缘胎座。

180. 花成伞房、圆锥、伞形或总状等花序，稀可单生；子房 2～5 室，或心皮 2～5 个，下位，每室或每心皮有胚珠 1～2 个，稀为 3～10 个或为多数；果实为肉质或木质假果；种子无翅 ········ 蔷薇科 Rosaceae

（梨亚科 *Pomoideae*）

180. 花成头状或肉穗花序；子房 2 室，半下位，每室胚珠 2～6 个；木质蒴果；种子有或无翅

································ 金缕梅科 Hamamelidaceae

（马蹄荷亚科 *Bucklandioideae*）

162. 花萼和 1 个或更多的雌蕊互相分离，即子房上位。

181. 花为周位花。

182. 萼片和花瓣相似，呈覆瓦状排列成数层，着生于坛状花托的外侧 ············ 蜡梅科 Calycanthaceae

（洋蜡梅属 *Calycanthus*）

182. 萼片和花瓣有分化，在萼筒或花托的边缘排列成 2 层。

183. 叶对生或轮生，有时上部者可互生，但均为全缘单叶；花瓣常于蕾中呈皱折状。

184. 花瓣无爪，形小，或细长；浆果 ······················ 海桑科 Sonneratiaceae

184. 花瓣有细爪，边缘具腐蚀状的波纹或具流苏；蒴果 ············ 千屈菜科 Lythraceae

183. 叶互生，单叶或复叶；花瓣不呈皱折状。

185. 花瓣宿存；雄蕊的下部连成一管 ······················ 亚麻科 Linaceae

（粘木属 *Lxonanthes*）

185. 花瓣脱落性；雄蕊互相分离。

186. 草本植物，具二出数的花朵；萼片 2 片，早落性；花瓣 4 个 ············ 罂粟科 Papaveraceae

（花菱草属 *Eschscholzia*）

186. 木本或草本植物，具五出或四出数的花朵。

187. 花瓣呈镊合状排列；果实为荚果；叶多为二回羽状复叶；有时叶片退化，而叶柄发育为叶状柄；心皮 1

个 ……………………………………………………………………………………… 豆科 Leguminosae

(含羞草亚科 Mimosoideae)

187. 花瓣覆瓦状排列;果实为核果、蓇葖果或瘦果;叶为单叶或复叶;心皮 1 个至多数

…………………………………………………………………………………… 蔷薇科 Rosaceae

181. 花为下位花,或至少在果实时花托扁平或隆起。

188. 雌蕊少数至多数,互相分离或微有连合。(次 188 项见 199 页)※

189. 水生植物。

190. 叶片呈盾状,全缘 ……………………………………………………… 睡莲科 Nymphaeaceae

190. 叶片不呈盾状,多少有些分裂或为复叶 …………………………… 毛茛科 Ranunculaceae

189. 陆生植物。

191. 茎为攀援性。

192. 草质藤本。

193. 花显著,为两性花 ………………………………………………… 毛茛科 Ranuculaceae

193. 花小形,为单性,雌雄异株 ……………………………………… 防己科 Menispermaceae

192. 木质藤本或为蔓生灌木。

194. 叶对生,3 小叶复叶,或顶端小叶形成卷须 …………………… 毛茛科 Rannnculaceae

(锡兰莲属 *Naravelia*)

194. 叶互生,单叶。

195. 花单性。

196. 心皮多数,结果时聚生成一球状的肉质体或散布于极延长的花托上 ………… 木兰科 Magnoliaceae

(五味子亚科 Schisandroideae)

196. 心皮 3～6,果为核果或核果状 ………………………… 防己科 Menispermaceae

195. 花两性或杂性;心皮数个,蓇葖果 ………………………… 五桠果科 Dilleniaceae

(锡叶藤属 *Tetracera*)

191. 茎直立,不为攀援性。

197. 雄蕊的花丝连成单体 ………………………………………………… 锦葵科 Malvaceae

197. 雄蕊的花丝互相分离。

198. 草本植物,稀可为亚灌木;叶片多少有些分裂或为复叶。

199. 叶无托叶,种子有胚乳 ………………………………………… 毛茛科 Ranunculaceae

199. 叶多有托叶,种子无胚乳 ……………………………………… 蔷薇科 Rosaceae

198. 木本植物;叶片全缘或边缘有锯齿,稀有分裂者。

200. 萼片及花瓣均为镊合状排列;胚乳具嚼痕 …………………… 番荔枝科 Annonaceae

200. 萼片及花瓣均为覆瓦状排列;胚乳无嚼痕。

201. 萼片及花瓣相同,三出数,排列成 3 层或多层,均可脱落 …………… 木兰科 Magnoliaceae

201. 萼片及花瓣甚有分化,多为五出数,排列成 2 层,萼片宿存。

202. 心皮 3 个至多数;花柱互相分离;胚珠为不定数 …………… 五桠果科 Dilleniaceae

202. 心皮 3～10 个;花柱完全合生;胚珠单生 ………………… 金莲木科 Ochnaceae

(金莲木属 *Ochna*)

188. 雌蕊 1 个,但花柱或柱头为 1 至多数。

203. 叶片中具透明微点。

204. 叶互生,羽状复叶或退化为仅有 1 顶生小叶 ………………… 芸香科 Rutaceae

204. 叶对生,单叶 ………………………………………………… 藤黄科 Guttiferae

203. 叶片中无透明微点。

205. 子房由 1 枚心皮构成,具 1 个子房室。

206. 乔木或灌木;花瓣呈镊合状排列;荚果 …………………… 豆科 Leguminosae

（含羞草亚科 Mimosoideae）

206. 草本植物；花瓣呈覆瓦状排列；果实不是荚果。

207. 花为五出数；蓇葖果 ··· 毛茛科 Ranunculaceae

207. 花为三出数；浆果 ··· 小檗科 Berberidaceae

205. 子房由数枚心皮连合构成。

208. 子房 1 室，或在马齿苋科的土人参属 *Talinum* 中子房基部为 3 室。

209. 特立中央胎座。

210. 草本；叶互生或对生；子房的基部分 3 室，有多数胚珠 ············· 马齿苋科 Portulacaceae

（土人参属 *Talinum*）

210. 灌木；叶对生；子房 1 室，内有 3 对 6 个胚珠 ······················ 红树科 Rhizophoraceae

（秋茄树属 *Kandelia*）

209. 侧膜胎座。

211. 灌木或小乔木（在半日花科中常为亚灌木或草本植物），子房柄不存在或极短；果实为蒴果或浆果。

212. 叶对生；萼片不相等，外面 2 片较小，或有时退化，内面 3 片呈旋转状排列 ······ 半日花科 Cistaceae

（半日花属 *Helianthemum*）

212. 叶常互生，萼片相等，呈覆瓦状或镊合状排列。

213. 植物体内含有色泽的汁液；叶具掌状脉，全缘；萼片 5 枚，互相分离，基部有腺体；种皮肉质，红色
　　 ··· 红木科 Bixaceae

（红木属 *Bixa*）

213. 植物体内不含有色泽的汁液；叶具羽状脉或掌状脉；叶缘有锯齿或全缘；萼片 3～8 片，离生或合生；
　　 种皮坚硬，干燥 ··· 大风子科 Flacourtiaceae

211. 草本植物，如为木本植物时，则具有显著的子房柄；浆果或核果。

214. 植物体内含乳汁；萼片 2～3 ··· 罂粟科 Papaveraceae

214. 植物体内不含乳汁；萼片 4～8。

215. 单叶或掌状复叶；花瓣完整；长角果 ······························· 白花菜科 Capparidaceae

215. 单叶，或羽状复叶或分裂；花瓣具缺刻或细裂；蒴果仅于顶端裂开 ············· 木犀草科 Resedaceae

208. 子房 2 室至多室，或为不完全的 2 至多室。

216. 草本植物，具多少有些呈花瓣状的萼片。

217. 水生植物；花瓣为多数雄蕊或鳞片状的蜜腺叶所代替 ······················· 睡莲科 Nymphaeaceae

（萍蓬草属 *Nuphar*）

217. 陆生植物；花瓣不为蜜腺叶所代替。

218. 一年生草本植物；叶呈羽状细裂；花两性 ······························· 毛茛科 Ranunculaceae

（黑种草属 *Nigella*）

218. 多年生草本植物；叶全缘而呈掌状分裂；雌雄同株 ······················· 大戟科 Euphorbiaceae

（麻风树属 *Jatropha*）

216. 木本植物，或陆生草本植物，常不具呈花瓣状的萼片。

219. 萼片于蕾内呈镊合状排列。

220. 雄蕊互相分离或连成数束。

221. 花药 1 室或数室；叶为掌状复叶或单叶；全缘，具羽状脉 ······················· 木棉科 Bombacaceae

221. 花药 2 室；叶为单叶，叶缘有锯齿或全缘。

222. 花药以顶端 2 孔裂开 ··· 杜英科 Elaeocarpaceae

222. 花药纵长裂开 ··· 椴树科 Tiliaceae

220. 雄蕊连为单体，至少内层者如此，并且多少有些连成管状。

223. 花单性；萼片 2 或 3 片 ··· 大戟科 Euphorbiaceae

（油桐属 *Aleurites*）

223. 花常两性;萼片多 5 片,稀可较少。
224. 花药 2 室或更多室。
225. 无副萼;多有不育雄蕊;花药 2 室;单叶或掌状分裂 ············ 梧桐科 Sterculiaceae
225. 有副萼;无不育雄蕊;花药数室;单叶,全缘且具羽状脉 ········· 木棉科 Bombacaceae
　　　　　　　　　　　　　　　　　　　　　　　　　　　　　　　　　　（榴莲属 *Durio*）
224. 花药 1 室。
226. 花粉粒表面平滑;叶为掌状复叶 ································· 木棉科 Bombacaceae
　　　　　　　　　　　　　　　　　　　　　　　　　　　　　　　（木棉属 *Gossampinus*）
226. 花粉粒表面有刺;叶有各种情形 ······························· 锦葵科 Malvaceae
219. 萼片于蕾内呈覆瓦状或旋转状排列,或有时(如大戟科的巴豆属 *Croton*)近于呈镊合状排列。
227. 雌雄同株或稀异株;蒴果,由 2~4 个各自裂为 2 片的离果所组成 ·········· 大戟科 Euphorbiaceae
227. 花常两性,或在猕猴桃科的猕猴桃属 *Actinidia* 中为杂性或雌雄异株;果实为其他情形。
228. 萼片在果实时增大且成翅状;雄蕊具伸长的花药隔············ 龙脑香科 Dipterocarpaceae
228. 萼片及雄蕊二者不为上述情形。
229. 雄蕊排列成 2 层,外层 10 个和花瓣对生,内层 5 个和萼片对生 ·········· 蒺藜科 Zygophyllaceae
　　　　　　　　　　　　　　　　　　　　　　　　　　　　　　　（骆驼蓬属 *Peganum*）
229. 雄蕊的排列为其他情形。
230. 食虫的草本植物;叶基生,呈管状,其上再具有小叶片 ··········· 瓶子草科 Sarraceniaceae
230. 不是食虫植物;叶茎生或基生,但不呈管状。
231. 植物体呈耐寒旱状;叶为全缘单叶。
232. 叶对生或上部者互生;萼片 5 片,互不相等,外面 2 片较小或有时退化,内面 3 片较大,成旋转状排列,宿存;花瓣早落 ································· 半日花科 Cistaceae
232. 叶互生;萼片 5 片,大小相等;花瓣宿存;在内侧基部各有 2 舌状物········· 柽柳科 Tamaricaceae
　　　　　　　　　　　　　　　　　　　　　　　　　　　　　　（琵琶柴属 *Reaumuria*）
231. 植物体不是耐寒旱状;叶常互生;萼片 2~5 片,彼此相等;呈覆瓦状或稀可呈镊合状排列。
233. 草本或木本植物;花四基数,或其萼片多为 2 片且早落。
234. 植物体内含乳汁;子房柄无或极短;种子胚乳丰富 ············· 罂粟科 Papaveraceae
234. 植物体内无乳汁;子房柄细长;种子无或有少量胚乳 ········· 白花菜科 Capparidaceae
233. 木本植物;花常五基数,萼片宿存或脱落。
235. 蒴果,具 5 棱角,分成 5 个骨质各含 1 或 2 种子的心皮后,再各沿其缝线而 2 瓣裂开
　　　　··· 蔷薇科 Rosaceae
　　　　　　　　　　　　　　　　　　　　　　　　　　　　　　（白鹃梅属 *Exochorda*）
235. 果实不为蒴果,如为蒴果时则室背裂开。
236. 蔓生或攀援的灌木;雄蕊互相分离;子房 5 室或更多室;浆果,常可食 ······ 猕猴桃科 Actinidiaceae
236. 直立乔木或灌木;雄蕊至少在外层者连为单体,或连成 3~5 束而着生于花瓣的基部;子房 5~3 室。
237. 花药能转动,以顶端孔裂开;浆果;胚乳颇丰富 ············· 猕猴桃科 Actinidiaceae
　　　　　　　　　　　　　　　　　　　　　　　　　　　　　　（水冬哥属 *Saurauia*）
237. 花药能或不能转动,常纵长裂开;果实有各种情形;胚乳通常量微小 ········ 山茶科 Theaceae
161. 成熟雄蕊 10 个或较少,如多于 10 个时,其数并不超过花瓣数的 2 倍。
238. 成熟雄蕊和花瓣同数,且和它对生。
239. 雌蕊 3 个至多数,离生。
240. 直立草本或亚灌木;花两性,五基数 ······················· 蔷薇科 Rosaceae
　　　　　　　　　　　　　　　　　　　　　　　　　　　　　（地蔷薇属 *Chamaerhodos*）
240. 木质或草质藤本;花单性,常为三基数。
241. 常单叶;花小型;核果;心皮 3~6 个,呈星状排列,各含 1 个胚珠 ······ 防己科 Menispermceae

241. 叶为掌状复叶或由 3 枚小叶组成;花中型;浆果;心皮 3 个至多数,轮状或螺旋状排列,各含 1 个或多数胚珠 …………………………………………………………………………………… 木通科 Lardizabalaceae

239. 雌蕊 1 个。

242. 子房 2 至数室。

243. 花萼裂齿不明显或微小;以卷须缠绕其他的灌木或草本植物 ………………………… 葡萄科 Vitaceae

243. 花萼具 4～5 裂片;乔木、灌木或草本植物,有时虽也可为缠绕性,但无卷须。

244. 雄蕊连成单体。

245. 单叶;每个子房室内含胚珠 2～6 个(或在可可树亚族 *Theobromineae* 中为多数)
…………………………………………………………………………………… 梧桐科 Sterculiaceae

245. 掌状复叶;每个子房室内含多数胚珠 ………………………………………… 木棉科 Bombacaceae
(吉贝属 *Ceiba*)

244. 雄蕊互相分离,或稀可在其下部连成一管。

246. 叶无托叶;萼片各不相等;呈覆瓦状排列;花瓣不相等,在内层的 2 片常很小 … 清风藤科 Sabiaceae

246. 叶常有托叶;萼片同大,呈镊合状排列;花瓣均大小同形。

247. 叶为单叶 ……………………………………………………………………… 鼠李科 Rhamnaceae

247. 叶为 1～3 回羽状复叶 …………………………………………………………… 葡萄科 Vitaceae
(火筒树属 *Leea*)

242. 子房 1 室(在马齿苋科的土人参属 *Talinum* 及铁青树科的铁青树属 *Olax* 中则子房的下部多少有些成为 3 室)。

248. 子房下位或半下位。

249. 叶互生,边缘常有锯齿;蒴果 ………………………………………… 大风子科 Flacourtiaceae
(天料木属 *Homalium*)

249. 叶多对生或轮生,全缘;浆果或核果 ……………………………………… 桑寄生科 Loranthaceae

248. 子房上位。

250. 花药以舌瓣裂开 …………………………………………………………… 小檗科 Berberidaceae

250. 花药不以舌瓣裂开。

251. 缠绕草本;胚珠 1 个;叶肥厚,肉质 ……………………………………… 落葵科 Basellaceae
(落葵属 *Basella*)

251. 直立草本,或有时为木本;胚珠 1 个至多数。

252. 雄蕊连成单体;胚珠 2 个 …………………………………………… 梧桐科 Sterculiaceae
(蛇婆子属 *Walthenia*)

252. 雄蕊互相分离,胚珠 1 个至多数。

253. 花瓣 6～9 片;雌蕊由 1 枚心皮构成 …………………………………… 小檗科 Berberidaceae

253. 花瓣 4～8 片;雌蕊由数枚心皮连合构成。

254. 常为草本;花萼有 2 个分离萼片。

255. 花瓣 4 片;侧膜胎座 …………………………………………………… 罂粟科 Papaveraceae
(角茴香属 *Hypecoum*)

255. 花瓣常 5 片;基底胎座 ……………………………………………… 马齿苋科 Portulacaceae

254. 乔木或灌木,常蔓生;花萼呈倒圆锥形或杯状。

256. 通常雌雄同株;花萼裂片 4～5;花瓣呈覆瓦状排列;无不育雄蕊;胚珠有 2 层珠被
…………………………………………………………………………………… 紫金牛科 Myrsinaceae
(信筒子属 *Embelia*)

256. 花两性;花萼于开花时微小,具不明显齿裂;花瓣多镊合状排列;有不育雄蕊(有时代以蜜腺);胚珠无珠被。

257. 花萼于果时不增大;子房下部 3 室,上部 1 室,内含 3 个胚珠 …………… 铁青树科 Olacaceae

（铁青树属 *Olax*）

257. 花萼于果时不增大；子房 1 室,内仅含 1 个胚珠 ………………………………………… 山柚子科 Opiliaceae

238. 成熟雄蕊和花瓣不同数,如同数时则雄蕊和它互生。

258. 雌雄异株；雄蕊 8 个,其中 5 个较长,有伸出花外的花丝,且和花瓣互生,另 3 个则较短而藏于花内；灌木或灌木状草本；单叶互生或对生；心皮单生；雌花无花被和梗,贴生于宽圆形的叶状苞片上
………………………………………… 漆树科 Anacardiaceae

（九子不离母属 *Dobinea*）

258. 花两性或单性,纵为雌雄异株时,其雄花中也无上述情形的雄蕊。

259. 花萼或其筒部和子房多少有些相连合。(次 259 项见 204 页)※

260. 每子房室内含胚珠或种子 2 个至多数。

261. 花药以顶端孔裂开；草本或木本植物；叶对生或轮生,大都于叶片基部具 3～9 脉
………………………………………… 野牡丹科 Melastomaceae

261. 花药纵长裂开。

262. 草本或亚灌木；有时为攀援性。

263. 具卷须的攀援草本；花单性 ………………………………………… 葫芦科 Cucurbitaceae

263. 无卷须的植物；花常两性。

264. 萼片 2 片；植物体多少肉质而多汁 ………………………………………… 马齿苋科 Portulacaceae

（马齿苋属 *Portulaca*）

264. 萼片或花萼裂片 4～5 片；植物体常不为肉质。

265. 花萼裂片呈覆瓦状或镊合状排列；花柱 2 个或更多；种子具胚乳 ………… 虎耳草科 Saxifragaceae

265. 花萼裂片呈镊合状排列；花柱 1 个,具 2～4 裂,或为 1 个呈头状的柱头；种子无胚乳
………………………………………… 柳叶菜科 Onagraceae

262. 乔木或灌木,有时为攀援性。

266. 叶互生。

267. 花数朵至多数成头状花序；常绿乔木；叶革质,全缘或具浅裂 ………… 金缕梅科 Hamamelidaceae

267. 花成总状或圆锥花序。

268. 灌木；叶为掌状分裂,基部具 3～5 脉；子房 1 室,有多数胚珠；浆果 ……… 虎耳草科 Saxifragaceae

（茶藨子属 *Ribes*）

268. 乔木或灌木；叶缘有锯齿或细锯齿,有时全缘,具羽状脉；子房 3～5 室,每室内含 2 至数个胚珠,或在山茉莉属 *Huodendron* 为多数；干燥或木质核果,或蒴果,有时具棱角或有翅
………………………………………… 野茉莉科 Styracaceae

266. 叶常对生(使君子科的榄李树属 *Lumnitzera* 例外,同科的风车子属 *Combretum* 也可有时为互生,或互生和对生共存于一枝上)。

269. 胚珠多数,除冠盖藤属 *Pileostegia* 自子房室顶端垂悬外,均位于侧膜或中轴胎座上；浆果或蒴果；叶缘有锯齿或为全缘,但均无托叶；种子含胚乳 ………………………………………… 虎耳草科 Saxifragaceae

269. 胚珠 2 个至数个,近于子房室顶端垂悬；叶全缘或有圆锯齿；果实多不裂开,内有种子 1 至数个。

270. 乔木或灌木,常为蔓生,无托叶,不为形成海岸林的组成分子(榄李树属 *Lumnitzera* 例外)；种子无胚乳,落地后始萌芽 ………………………………………… 使君子科 Combretaceae

270. 常绿灌木或小乔木,具托叶；多为形成海岸林的主要成分,种子常有胚乳,在落地前即萌芽(胎生)
………………………………………… 红树科 Rhizophoraceae

260. 每子房室内仅含胚珠或种子 1 个。

271. 果实裂开为 2 个干燥的离果,并共同悬于一果梗上；花序常为伞形花序(在变豆菜属 *Sanicula* 及鸭儿芹属 *Cryptotaerda* 中为不规则的花序,在刺芫荽属 *Eryngium* 中,则为头状花序)
………………………………………… 伞形科 Umbelliferae

271. 果实不裂开或裂开而不是上述情形的；花序可为各种型式。

272. 草本植物。

273. 花柱或柱头 2～4 个；种子具胚乳；果实为小坚果或核果，具棱角或有翅
.... 小二仙草科 Haloragidaceae

273. 花柱 1 个，具有 1 头状或呈 2 裂的柱头；种子无胚乳。

274. 陆生草本植物，具对生叶；花为二出数；果实为一具钩状刺毛的坚果 .... 柳叶菜科 Onagraceae
(露珠草属 *Circaea*)

274. 水生草本植物，有聚生而漂浮于水面的叶片；花为四出数；坚果，具 2～4 个刺（栽培种果实可无显著的刺）...................... 菱科 Trapaceae
(菱属 *Trapa*)

272. 木本植物。

275. 果实干燥或为蒴果状。

276. 子房 2 室；花柱 2 个 .... 金缕梅科 Hamamelidaceae

276. 子房 1 室；花柱 1 个。

277. 花序伞房状或圆锥状 .... 莲叶桐科 Hernandiaceae

277. 花序头状 .... 珙桐科 Nyssaceae
(旱莲木属 *Camptotheca*)

275. 果实核果状或浆果状。

278. 叶互生或对生；花瓣呈镊合状排列；花序有各种型式，但稀为伞形或头状，有时可生于叶片上。

279. 花瓣 3～5 片，卵形至披针形；花药短 .... 山茱萸科 Cornaceae

279. 花瓣 4～10 片，狭窄形并向外翻转；花药细长 .... 八角枫科 Alangiaceae
(八角枫属 *Alangium*)

278. 叶互生；花瓣呈覆瓦状或镊合状排列；花序常为伞形或呈头状。

280. 子房 1 室；花柱 1 个；花杂性兼雌雄异株，雌花单生或以少数至数朵聚生，雌花多数腋生，有花梗簇丛
.... 珙桐科 Nyssaceae
(蓝果树属 *Nyssa*)

280. 子房 2 室或更多室；花柱 2～5 个；如子房为 1 室而具 1 枚花柱时（例如马蹄参属 Diplopanax），则花两性，形成顶生类似穗状的花序 .... 五加科 Araliaceae

259. 花萼和子房相分离。

281. 叶片中有透明微点。

282. 花整齐，稀可两侧对称；果实不为荚果 .... 芸香科 Ruaceae

282. 花整齐或不整齐；果实为荚果 .... 豆科 Leguminosae

281. 叶片中无透明微点。

283. 雌蕊 2 个或更多，互相分离或仅有局部的连合；也可子房分离而花柱连合成 1 个。（次 283 项见 205 页）※

284. 多水分的草本，具肉质的茎及叶 .... 景天科 Crassulaceae

284. 植物体为其他情形。

285. 花为周位花。

286. 花的各部分呈螺旋状排列，萼片逐渐变为花瓣；雄蕊 5 或 6 个；雌蕊多数 ... 蜡梅科 Calycanthaceae
(蜡梅属 *Chimonanthus*)

286. 花的各部分呈轮状排列，萼片和花瓣甚有分化。

287. 雌蕊 2～4 个，各有多数胚珠；种子有胚乳；无托叶 .... 虎耳草科 Saxifragacea

287. 雌蕊 2 个至多数，各有 1 至数个胚珠；种子无胚乳；有或无托叶 .... 蔷薇科 Rosaceae

285. 花为下位花，或在悬铃木科中微呈周位。

288. 草本或亚灌木。

289. 各子房的花柱互相分离。

290. 叶常互生或基生，多少有些分裂；花瓣脱落性，较萼片为大，或于天葵属 *Semiaquilegia* 稍小于成花瓣状的萼片 ········· 毛茛科 Ranunculaceae

290. 叶对生或轮生，为全缘单叶；花瓣宿存性，较萼片小 ········· 马桑科 Coriariaceae
（马桑属 *Coriaria*）

289. 各子房合具 1 个共同的花柱或柱头；羽状复叶；花五出数；花萼宿存；花中有和花瓣互生的腺体；雄蕊 10 个 ········· 牻牛儿苗科 Gemniaceae
（熏倒牛属 *Biebersteinia*）

288. 乔木、灌木或木本的攀援植物。

291. 叶为单叶。

292. 叶对生或轮生 ········· 马桑科 Coriariaceae
（马桑属 *Coriaria*）

292. 叶互生。

293. 叶为脱落性，具掌状脉；叶柄基部扩张成帽状以覆盖腋芽 ········· 悬铃木科 Platanaceae
（悬铃木属 *Platanus*）

293. 叶为常绿性或脱落性，具羽状脉。

294. 雌蕊 7 个至多数（稀可少至 5 个）；直立或缠绕性灌木；花两性或单性 ········· 木兰科 Mognoliaceae

294. 雌蕊 4～6 个；乔木或灌木；花两性。

295. 子房 5 或 6 个，以 1 个共同的花柱而连合，各子房均可成熟为核果 ········· 金莲木科 Ochnaceae
（赛金莲木属 *Ouzatia*）

295. 子房 4～6 个，各具 1 个花柱，仅有 1 个子房可成熟为核果 ········· 漆树科 Anacardiaceae
（山樣仔属 *Buchanania*）

291. 叶为复叶。

296. 叶对生 ········· 省沽油科 Staphyleaceae

296. 叶互生。

297. 木质藤本；掌状复叶或三出复叶 ········· 木通科 Lardizabalaceae

297. 乔木或灌木（有时在牛栓藤科中有缠绕性者）；羽状复叶。

298. 浆果，种子多数，状似猫屎 ········· 木通科 Lardizabalaceae
（猫儿屎属 *Decaisnea*）

298. 果实为其他情形。

299. 果实为蓇葖果 ········· 牛栓藤科 Connaraceae

299. 果实为离果，或在臭椿属 *Ailanthus* 中为翅果 ········· 苦木科 Simaroubaceae

283. 雌蕊 1 个，或至少其子房为 1 个。

300. 雌蕊或子房由 1 枚心皮构成，仅 1 室。

301. 果实为核果或浆果。

302. 花为三出数，稀二出数；花药以舌瓣裂开 ········· 樟科 Lauraceae

302. 花为五出或四出数；花药纵长裂开。

303. 落叶具刺灌木；雄蕊 10 个，周位，均可发育 ········· 蔷薇科 Rosaceae
（扁核木属 *Prinsepia*）

303. 常绿乔木；雄蕊 1～5 个，下位，仅其中 1 或 2 个可发育 ········· 漆树科 Anacardiaceae
（杜果属 *Mangifera*）

301. 果实为蓇葖果或荚果。

304. 果实为蓇葖果。

305. 落叶灌木；单叶；蓇葖果，种子 2 至数个 ········· 蔷薇科 Rosaceae
（绣线菊亚科 Spiraeoideae）

305. 常为木质藤本;叶多为单数复叶或具 3 小叶;有时因退化而只有 1 枚小叶;蓇葖果内仅含 1 个种子
∙∙ 牛栓藤科 Connaraceae

304. 果实为荚果 ∙∙ 豆科 Leguminosae

300. 雌蕊或子房并非由 1 枚心皮构成,有 1 个以上的子房室或花柱、柱头、胎座等部分。

306. 子房 1 室或因有 1 个假隔膜的发育而成 2 室,有时下部 2～5 室,上部 1 室。(次 306 项见 207 页)※

307. 花下位,花瓣 4 片,稀可更多。

308. 萼片 2 片 ∙∙ 罂粟科 Papaveraceae

308. 萼片 4～8 片。

309. 子房柄常细长,呈线状 ∙∙∙∙∙∙∙∙∙∙∙∙∙∙∙∙∙∙∙∙∙∙∙∙∙∙∙∙∙∙∙∙∙∙∙∙∙∙ 白花菜科 Capparidaceae

309. 子房柄极短或不存在。

310. 子房为 2 个心皮连合组成,常具 2 个子房室及 1 个假隔膜 ∙∙∙∙∙∙∙∙∙∙∙∙∙∙∙∙ 十字花科 Cruciferae

310. 子房由 3～6 个心皮连合组成,仅 1 个子房室。

311. 叶对生,微小,为耐寒旱性;花为辐射对称;花瓣完整,具瓣爪,其内侧有舌状的鳞片附属物
∙∙ 瓣鳞花科 Frankeniaceae
(瓣鳞花属 *Frankenia*)

311. 叶互生显著,非为耐寒旱性;花两侧对称;花瓣常分裂,其内侧并无鳞片状附属物
∙∙ 木犀草科 Resedaceae

307. 花周位或下位,花瓣 3～5 片,稀可 2 片或更多。

312. 每子房室内仅有胚珠 1 个。

313. 乔木,或稀为灌木;叶常为羽状复叶。

314. 叶常为羽状复叶,具托叶及小托叶 ∙∙∙∙∙∙∙∙∙∙∙∙∙∙∙∙∙∙∙∙∙∙∙∙∙∙∙∙ 省沽油科 Staphyleaceae
(银鹊树属 *Tapiscia*)

314. 羽状复叶或单叶,无托叶及小托叶 ∙∙∙∙∙∙∙∙∙∙∙∙∙∙∙∙∙∙∙∙∙∙∙∙∙∙∙∙ 漆树科 Anacardiaceae

313. 木本或草本;叶为单叶。

315. 通常均为木本,稀可在樟科的无根藤属 *Cassytha* 为缠绕性寄生草本;叶常互生,无膜质托叶。

316. 乔木或灌木;无托叶;花为三出或二出数,萼片和花瓣同形,稀花瓣较大;花药以舌瓣裂开;浆果或核果 ∙∙ 樟科 Lauraceae

316. 蔓生性的灌木,茎为合轴型,具钩状的分枝;托叶小而早落;花为五出数,萼片和花瓣不同形,且前者于结实时增大成翅状;花药纵长裂开;坚果 ∙∙∙∙∙∙∙∙∙∙∙∙∙∙∙∙∙∙∙∙∙∙ 钩枝藤科 Ancistrocladaceae
(钩枝藤属 *Ancistrocladus*)

315. 草本或亚灌木;叶互生或对生,具膜质托叶鞘 ∙∙∙∙∙∙∙∙∙∙∙∙∙∙∙∙∙∙∙∙∙∙∙∙ 蓼科 Polygonaceae

312. 每子房室内有胚珠 2 个至多数。

317. 乔木、灌木或木质藤本。

318. 花瓣及雄蕊均着生于花萼上 ∙∙∙∙∙∙∙∙∙∙∙∙∙∙∙∙∙∙∙∙∙∙∙∙∙∙∙∙∙∙∙∙∙∙∙∙ 千屈菜科 Lythraceae

318. 花瓣及雄蕊均着生于花托上(或于西番莲科中雄蕊着生于子房柄上)。

319. 核果或翅果,仅有 1 种子。

320. 花萼具显著的 4 或 5 裂片或裂齿,微小而不能长大 ∙∙∙∙∙∙∙∙∙∙∙∙∙∙∙∙ 茶茱萸科 Icacinaceae

320. 花萼呈截平头或具不明显的萼齿,微小,但能在果实上增大 ∙∙∙∙∙∙∙∙∙∙∙∙ 铁青树科 Olacaceae
(铁青树属 *Olax*)

319. 蒴果或浆果,内有 2 个至多数种子。

321. 花两侧对称。

322. 2～3 回羽状复叶;雄蕊 5 个 ∙∙∙∙∙∙∙∙∙∙∙∙∙∙∙∙∙∙∙∙∙∙∙∙∙∙∙∙∙∙∙∙ 辣木科 Molingaceae
(辣木属 *Moringa*)

322. 单叶,全缘;雄蕊 8 个 ∙∙ 远志科 Polgalaceae

321. 花辐射对称;叶为单叶或掌状分裂。

323. 花瓣直立,瓣爪常彼此衔接 ·················· 海桐花科 Pittosporaceae
(海桐花属 *Pittosporum*)

323. 花瓣不具细长的瓣爪。

324. 植物体为耐寒旱性,有鳞片状或细长形的叶片;花无小片 ·············· 柽柳科 Tamaricaceae

324. 植物体非为耐寒旱性,具有较宽大的叶片。

325. 花两性。

326. 花萼和花瓣不甚分化,且前者较大 ·················· 大风子科 Flacourtiaceae
(红子木属 *Erythrospemum*)

326. 花萼和花瓣分化大,前者很小 ·················· 堇菜科 Violaceae
(雷诺木属 *Rinorea*)

325. 雌雄异株或花杂性。

327. 乔木;花的每一花瓣基部各具位于内方的一鳞片;无子房柄 ·········· 大风子科 Flacourtiaceae
(大风子属 *Hydnocarpus*)

327. 多为具卷须而攀援的灌木;花常具一由 5 枚鳞片所组成的副冠,各鳞片和萼片相对生;有子房柄
·················· 西番莲科 Passifloraceae
(蒴莲属 *Adenia*)

317. 草本或亚灌木。

328. 胎座位于子房室的中央或基底。

329. 花瓣着生于花萼的喉部 ·················· 千屈菜科 Lythraceae

329. 花瓣着生于花托上。

330. 萼片 2 片;叶互生,稀对生 ·················· 马齿苋科 Portulacaceae

330. 萼片 5 或 4 片;叶对生 ·················· 石竹科 Caryophyllaceae

328. 胎座为侧膜胎座。

331. 食虫植物,叶片具腺体刚毛 ·················· 茅膏菜科 Droseraceae

331. 非为食虫植物,也无生有腺体毛茸的叶片。

332. 花两侧对称。

333. 花前方有距状物;蒴果 3 瓣裂开 ·················· 堇菜科 Violaceae

333. 花有一位于后方的大型花盘;蒴果仅于顶端裂开 ·················· 木犀草科 Resedaceae

332. 花整齐或近于整齐。

334. 植物体为耐寒旱性;花瓣内侧各有 1 枚舌状的鳞片 ·········· 瓣鳞花科 Frankeniaceae
(瓣鳞花属 *Frankenia*)

334. 植物体非为耐寒旱性;花瓣内侧无鳞片舌状附属物。

335. 花中有副冠及子房柄 ·················· 西番莲科 Passifloraceae
(西番莲属 *Passifiora*)

335. 花中无副冠及子房柄 ·················· 虎耳草科 Saxifragaceae

306. 房 2 室或更多室。

336. 花瓣形状彼此极不相等。

337. 每个子房室内有数个至多数胚珠。

338. 子房 2 室 ·················· 虎耳草科 Saxifragaceae

338. 子房 5 室 ·················· 凤仙花科 Balsaminaceae

337. 每个子房室内仅有 1 个胚珠。

339. 子房 3 室;雄蕊离生;叶盾状,叶缘具棱角或波纹 ·················· 旱金莲科 Tropaeolaceae
(旱金莲属 *Tropaeolum*)

339. 子房 2 室(稀可 1 或 3 室);雄蕊连合为一单体;叶不呈盾状,全缘 ·········· 远志科 Polygalaceae

336. 花瓣形状彼此相等或微有不等,且有时花也可为两侧对称。

340. 雄蕊数和花瓣数既不相等,也不是它的倍数。

341. 叶对生。

342. 雄蕊 4～10 个,常 8 个。

343. 蒴果 ·· 七叶树科 Hippocastanaceae

343. 翅果 ·· 槭树科 Aceraceae

342. 雄蕊 2 或 3 个,稀可 4 或 5 个。

344. 萼片及花瓣均为五出数;雄蕊多 3 个 ·············· 翅子藤科 Hippocrateaceae

344. 萼片及花瓣常均为四出数;雄蕊 2 个,稀可 3 个 ······· 木犀科 Oleaceae

341. 叶互生。

345. 叶为单叶,多全缘,或在油桐属 Aleurites 中可具 3～7 枚裂片;花单性 ········ 大戟科 Euphorbiaceae

345. 叶为单叶或复叶;花两性或杂性。

346. 萼片镊合状排列;雄蕊连成单体 ·············· 梧桐科 Sterculiaceae

346. 萼片覆瓦状排列;雄蕊离生。

347. 子房 4 或 5 室,每子房室内有 8～12 个胚珠;种子具翅 ·············· 楝科 Meliaceae
(香椿属 Toona)

347. 子房常 3 室,每子房室内有 1 至数个胚珠;种子无翅。

348. 花小型或中型,下位,萼片互相分离或微有连合 ·············· 无患子科 Sapindaceae

348. 花大型,美丽,周位,萼片互相连合成一钟形的花萼 ·············· 钟萼木科 Bretschneideraceae
(钟萼木属 Bretschneidera)

340. 雄蕊数和花瓣数相等,或是它的倍数。

349. 每子房室内有胚珠或种子 3 个至多数。(次 349 项见 209 页)※

350. 叶为复叶。

351. 雄蕊连合成为单体 ·· 酢浆草科 Oxalidaceae

351. 雄蕊彼此相互分离。

352. 叶互生。

353. 三出叶,2～3 回,或掌状叶 ·············· 虎耳草科 Saxifragaceae
(落新妇亚族 Astilbinae)

353. 一回羽状复叶 ·· 楝科 Meliaceae
(香椿属 Toona)

352. 叶对生。

354. 叶为偶数羽状复叶 ·············· 蒺藜科 Zygophyllaceae

354. 叶为奇数羽状复叶 ·············· 省沽油科 Staphyleaceae

350. 叶为单叶。

355. 草本或亚灌木。

356. 花周位;花托多少有些中空。

357. 雄蕊着生于杯状花托边缘 ·············· 虎耳草科 Saxifragaceae

357. 雄蕊着生于杯状或管状花萼(或花托)内侧 ·············· 千屈菜科 Lythraceae

356. 花下位;花托常扁平。

358. 叶对生或轮生,常全缘。

359. 水生或沼泽草本,有时(例如田繁缕属 Bergia)为亚灌木;有托叶 ·········· 沟繁缕科 Elatinaceae

359. 陆生草本;无托叶 ·············· 石竹科 Caryophyllaceae

358. 叶互生或基生;稀对生,边缘有锯齿,或叶退化为无绿色组织的鳞片。

360. 草本或亚灌木;有托叶;萼片呈镊合状排列,脱落性 ·············· 椴树科 Tiliaceae
(黄麻属 Corchorus,田麻属 Corchoropsis)

360. 多年生常绿草本，或为死物寄生植物而无绿色组织；无托叶；萼片呈覆瓦状排列，宿存性
.... 鹿蹄草科 Pyrolaceae

355. 木本植物。

361. 花瓣常有彼此衔接或其边缘互相依附的柄状瓣爪 .... 海桐花科 Pittosporaceae
（海桐花属 *Pittoporum*）

361. 花瓣无瓣爪，或仅具互相分离的细长柄状瓣爪。

362. 花托空凹；萼片呈镊合状或覆瓦状排列。

363. 常绿叶互生，边缘锯齿 .... 虎耳草科 Saxifragaceae
（鼠刺属 *Ltea*）

363. 叶对生或互生，全缘，脱落性。

364. 子房 2～6 室，仅具 1 个花柱；胚珠多数，着生于中轴胎座上 .... 千屈菜科 Lythraceae

364. 子房 2 室，具 2 个花柱；胚珠数个，垂悬于中轴胎座上 .... 金缕梅科 Hamamelidaceae
（双花木属 *Disanthus*）

362. 花托扁平或微凸起；萼片呈覆瓦状或于杜英科中呈镊合状排列。

365. 花为四出数；果实呈浆果状或核果状；花药纵长裂开或顶端舌瓣裂开。

366. 穗状花序腋生于当年新枝上；花瓣先端具齿裂 .... 杜英科 Elaeocarpaceae
（杜英属 *Elaeocarpus*）

366. 穗状花序腋生于昔年老枝上；花瓣完整 .... 旌节花科 Stachyuraceae
（旌节花属 *Stachyurus*）

365. 花为五出数；果实呈蒴果状；花药顶端孔裂。

367. 花粉粒单纯；子房 3 室 .... 山柳科 Clethraceae
（山柳属 *Clethra*）

367. 花粉粒复合，成为四合体；子房 5 室 .... 杜鹃花科 Ericaceae

349. 每个子房室内有胚珠或种子 1 或 2 个。

368. 草本植物，有时基部呈灌木状。

369. 花单性、杂性，或雌雄异株。

370. 藤本具卷须；二回三出复叶 .... 无患子科 Sapindaceae
（倒地铃属 *Cardiosperrmun*）

370. 直立草本或亚灌木；叶为单叶 .... 大戟科 Euphorbiaceae

369. 花两性。

371. 萼片呈镊合状排列；果实有刺 .... 椴树科 Tiliaceae
（刺蒴麻属 *Triumfetta*）

371. 萼片呈覆瓦状排列；果实无刺。

372. 雄蕊彼此分离；花柱互相连合 .... 牻牛儿苗科 Geraniaceae

372. 雄蕊互相连合；花柱彼此分离 .... 亚麻科 Linaceae

368. 木本植物。

373. 叶肉质，通常仅为 1 对小叶所组成的复叶 .... 蒺藜科 Zygophyllaceae

373. 叶为其他情形。

374. 叶对生；果实为 1、2 或 3 个翅果所组成。

375. 花瓣细裂或具齿裂；每个果实有 3 个翅果 .... 金虎尾科 Malpighiaceae

375. 花瓣全缘；每果实具 2 个或连合为 1 个翅果 .... 槭树科 Aceraceae

374. 叶互生，如为对生时，则果实不为翅果。

376. 叶为复叶，或稀为单叶而有具翅的果实。

377. 雄蕊连为单体。

378. 萼片及花瓣均为三出数；花药 6 个，花丝生于雄蕊管的口部 .... 橄榄科 Burseraceae

378. 萼片及花瓣均为四出至六出数；花药 8～12 个，无花丝，直接着生于雄蕊管的喉部或裂齿之间 ·· 楝科 Meliaceae

　377. 雄蕊各自分离。

379. 单叶；果实为一具 3 翅而其内仅有 1 个种子的小坚果 ···················· 卫矛科 Celastraceae

（雷公藤属 *Tripterygium*）

379. 复叶；果实无翅。

380. 花柱 3～5 个；叶常互生，脱落性 ·························· 漆树科 Anacardiaceae

380. 花柱 1 个；叶互生或对生。

381. 羽状复叶互生，常绿或脱落；果实有各种类型 ·················· 无患子科 Sapindaceae

381. 掌状复叶对生，脱落，蒴果 ······················ 七叶树科 Hippocastanaceae

376. 单叶；果实无翅。

382. 雄蕊连成单体，或如为 2 轮时，至少其内轮者如此，有时其花药无花丝（例如大戟科的三宝木属 *Trigonastemon*）。

383. 花单性；萼片或花萼裂片 2～6 片，呈镊合状或覆瓦状排列 ··············· 大戟科 Euphorbiaceae

383. 花两性；萼片 5 片，呈覆瓦状排列。

384. 果实呈蒴果状；子房 3～5 室，各室均可成熟 ··············· 亚麻科 Linaceae

384. 果实呈核果状；子房 3 室，其中 2 室为不孕性，仅另 1 室可成熟，而有 1 或 2 个胚珠 ··· 古柯科 Erythroxylaceae

（古柯属 *Erythroxylum*）

382. 雄蕊各自分离，有时在毒鼠子科中可和花瓣相连合而形成一管状物。

385. 果呈蒴果状。

386. 叶互生或稀对生；花下位。

387. 叶脱落性或常绿性；花单性或两性；子房 3 室，稀可 2 或 4 室，有时可多至 15 室（例如算盘子属 *Glochidion*） ····································· 大戟科 Euphorbiaceae

387. 叶常绿性；花两性；子房 5 室 ··············· 五列木科 Pentaphylacaceae

（五列木属 *Pentaphylax*）

386. 叶对生或互生；花周位 ······················· 卫矛科 Celastraceae

385. 果呈核果状，有时木质化，或呈浆果状。

388. 种子无胚乳，胚体肥大而多肉质。

389. 雄蕊 10 个 ·· 蒺藜科 Zygophyllaceae

389. 雄蕊 4 或 5 个。

390. 叶互生；花瓣 5 片，各 2 裂或成 2 部分 ·············· 毒鼠子科 Dichapetalaceae

（毒鼠子属 *Dichapetalum*）

390. 叶对生；花瓣 4 片，均完整 ···················· 刺茉莉科 Salvadoraceae

（刺茉莉属 *Azima*）

388. 种子有胚乳，胚体有时很小。

391. 植物体为耐寒旱性；花单性，三出或二出数 ············· 岩高兰科 Empetraceae

（岩高兰属 *Empetrum*）

391. 植物体为普通形状；花两性或单性，五出或四出数。

392. 花瓣呈镊合状排列。

393. 雄蕊花瓣同数 ····································· 茶茱萸科 Icacinaceae

393. 雄蕊为花瓣的倍数。

394. 枝条无刺，而有对生的叶片 ·············· 红树科 Rhizophoraceae

（红树族 *Gynotrocheae*）

394. 枝条有刺，而有互生的叶片 ···················· 铁青树科 Olacaceae

（海檀木属 *Ximenia*）

392. 花瓣呈覆瓦状排列，或在大戟科小束花属 *Microdesmis* 中为扭转兼覆瓦状排列。

395. 花单性，雌雄异株；花瓣较小于萼片 ·················· 大戟科 Euphorbiaceae

（小盘木属 *Microdesmis*）

395. 花两性或单性；花瓣常较大于萼片。

396. 落叶攀援灌木；雄蕊 10 个；子房 5 室，每室胚珠 2 个 ·············· 猕猴桃科 Actinidiaceae

（藤山柳属 *Clematoclethra*）

396. 多常绿乔木或灌木；雄蕊 4 或 5 个。

397. 花下位，雌雄异株或杂性，无花盘 ·················· 冬青科 Aquifoliaceae

（冬青属 *Ilex*）

397. 花周位，两性或杂性；有花盘 ·················· 卫矛科 Celastraceae

（异卫矛亚科 Cassinioideae）

160. 花冠为多少有些连合的花瓣所组成。

398. 成熟雄蕊或单体雄蕊的花药数多于花冠裂片。（次 398 项 212 页）※

399. 心皮 1 个至数个，互相分离或大致分离。

400. 叶为单叶或有时可为羽状分裂，对生，肉质 ·················· 景天科 Crassulaceae

400. 叶为二回羽状复叶，互生，不呈肉质 ·················· 豆科 Leguminosae

（含羞草亚科 Mimosoideae）

399. 心皮 2 个或更多，连合成一复合性子房。

401. 雌雄同株或异株，有时为杂性。

402. 子房 1 室；五分枝而呈棕榈状的小乔木 ·················· 番木瓜科 Caricaceae

（番木瓜属 *Carica*）

402. 子房 2 室至多室；具分枝的乔木或灌木。

403. 雄蕊连成单体，或至少内层者如此；蒴果 ·················· 大戟科 Euphorbiaceae

（麻风树属 *Jatropha*）

403. 雄蕊各自分离；浆果 ·················· 柿树科 Ebenaceae

401. 花两性。

404. 花瓣连成一盖状物，或花萼裂片及花瓣均可合成为 1 或 2 层的盖状物。

405. 叶为单叶，具有透明微点 ·················· 桃金娘科 Myrtaceae

405. 叶为掌状复叶，无透明微点 ·················· 五加科 Araliaceae

（多蕊木属 *Tupidanthus*）

404. 花瓣及花萼裂片均不连成盖状物。

406. 每子房室中有 3 个至多数胚珠。

407. 雄蕊 5～10 个或其数不超过花冠裂片的 2 倍，稀可在野茉莉科的银钟花属 *Halesia* 其数可达 16 个，而为花冠裂片的 4 倍。

408. 雄蕊连成单体或其花丝于基部互相连合；花药纵裂；花粉粒单生。

409. 叶为复叶；子房上位；花柱 5 个 ·················· 酢浆草科 Oxalidaceae

409. 叶为单叶；子房下位或半下位；花柱 1 个；乔木或灌木，常有星状毛 ·········· 野茉莉科 Styracaceae

408. 雄蕊各自分离；花药顶端孔裂；花粉粒为四合型 ·················· 杜鹃花科 Ericaceae

407. 雄蕊为不定数。

410. 萼片和花瓣常各为多数，而无显著的区分；子房下位；植物体肉质；绿色，常具棘针，而其叶退化 ·················· 仙人掌科 Cactaceae

410. 萼片和花瓣常各为 5 片，而有显著的区分；子房上位。

411. 萼片呈镊合状排列；雄蕊连成单体 ·················· 锦葵科 Malvaceae

411. 萼片呈显著的覆瓦状排列。

412. 雄蕊连成 5 束,且每束着生于 1 片花瓣的基部;花药顶端孔裂开;浆果 ····· 猕猴桃科 Actinidiaceae
(水冬哥属 *Saurauia*)

412. 雄蕊基部连成单体;花药纵长裂开;蒴果 ·· 山茶科 Theaceae
(紫茎木属 *Stewartia*)

406. 每子房室中常仅有 1 或 2 个胚珠。

413. 花萼中 2 片或更多片于结实时能长大成翅状 ····························· 龙脑香科 Dipterocarpaceae

413. 花萼裂片无上述变大的情形。

414. 植物体常有星状毛茸 ···································· 野茉莉科 styracaceae

414. 植物体无星状毛茸。

415. 子房下位或半下位;果实歪斜 ································ 山矾科 Symplocaceae
(山矾属 *Symplocos*)

415. 子房上位。

416. 单体雄蕊;果实成熟时分裂为离果 ································ 锦葵科 Malvaceae

416. 雄蕊各自分离;果实不是离果。

417. 子房 1 或 2 室;蒴果 ································ 瑞香科 Thymelaeaceae
(沉香属 *Aquilaria*)

417. 子房 6～8 室;浆果 ································ 山榄科 Sapotaceae
(紫荆木属 *Madhuca*)

398. 成熟雄蕊并不多于花冠裂片或有时因花丝的分裂则可过之。

418. 雄蕊和花冠裂片为同数且对生。

419. 植物体内有乳汁 ································ 山榄科 Sapotaceae

419. 植物体内不含乳汁。

420. 果实内有数个至多数种子。

421. 乔木或灌木;果实呈浆果状或核果状 ································ 紫金牛科 Myrsinaceae

421. 草本;果实呈蒴果状 ································ 报春花科 Primulaceae

420. 果实内仅有 1 个种子。

422. 子房下位或半下位。

423. 乔木或攀援性灌木;叶互生 ································ 铁青树科 Olacaceae

423. 常为半寄生性灌木;叶对生 ································ 桑寄生科 Loranthaceae

422. 子房上位。

424. 花两性。

425. 攀援性草本;萼片 2;果为肉质宿存花萼所包围 ··············· 落葵科 Basellaceae
(落葵属 *Basella*)

425. 直立草本或亚灌木,有时为攀援性;萼片或萼裂片 5;果为蒴果或瘦果,不为花萼所包围
································ 蓝雪科 Plumbaginaceae

424. 花单性,雌雄异株;攀援性灌木。

426. 雄蕊连合成单体;雌蕊由 1 枚心皮构成 ················· 防己科 Menispermaceae
(锡生藤亚族 *Cissampelinae*)

426. 雄蕊各自分离;雌蕊由数枚心皮构成 ················· 茶茱萸科 Icacinaceae
(微花藤属 *Iodes*)

418. 雄蕊和花冠裂片为同数且互生,或雄蕊数较花冠裂片为少。

427. 子房下位。(次 427 项见 213 页)※

428. 植物体常以卷须而攀援或蔓生;胚珠及种子皆为水平生长于侧膜胎座上 ····· 葫芦科 Cucurbitaceae

428. 植物体直立,如为攀援时也无卷须;胚珠及种子并不为水平生长。

429. 雄蕊互相连合。

430. 花整齐或两侧对称,成头状花序,或在苍耳属 *Xanthium* 中,雌花序为一仅含 2 朵花的果壳,其外生有钩状刺毛;子房 1 室,内仅有 1 个胚珠 ································ 菊科 Compositae

430. 花多两侧对称,单生或成总状或伞房花序;子房 2 或 3 室,内有多数胚珠。

431. 花冠裂片呈镊合状排列;雄蕊 5 个,具分离花丝及连合花药 ············ 桔梗科 Campanulaceae
　　　　　　　　　　　　　　　　　　　　　　　　　　　　　　　　　　(半边莲亚科 Lobelioideae)

431. 花冠裂片呈覆瓦状排列;雄蕊 2 个,具连合的花丝及分离的花药 ········· 花柱草科 Stylidiaceae
　　　　　　　　　　　　　　　　　　　　　　　　　　　　　　　　　　(花柱草属 *Stylidium*)

429. 雄蕊各自分离。

432. 雄蕊和花冠相分离或近于分离。

433. 花药顶端孔裂开;花粉粒连合成四合体;灌木或亚灌木 ················ 杜鹃花科 Ericaceae
　　　　　　　　　　　　　　　　　　　　　　　　　　　　　　　　　　(乌饭树亚科 Vaccinioideae)

433. 花药纵长裂开,花粉粒单纯;多为草本。

434. 花冠整齐;子房 2～5 室,内有多数胚珠 ················ 桔梗科 Campanulaceae

434. 花冠不整齐;子房 1～2 室,每子房室内仅有 1 或 2 个胚珠 ········· 草海桐科 Goodeniaceae

432. 雄蕊着生于花冠上。

435. 雄蕊 4 或 5 个,和花冠裂片同数。

436. 叶互生;每子房室内有多数胚珠 ················ 桔梗科 Campanulaceae

436. 叶对生或轮生;每子房室内有 1 个至多数胚珠。

437. 叶轮生,如为对生时,则有托叶存在 ················ 茜草科 Rubiaceae

437. 叶对生,无托叶或稀可有明显的托叶。

438. 花序多为聚伞花序 ················ 忍冬科 Caprifoliaceae

438. 花序为头状花序 ················ 川续断科 Dipsacaceae

435. 雄蕊 1～4 个,其数较花冠裂片为少。

439. 子房 1 室。

440. 胚珠多数,生于侧膜胎座上 ················ 苦苣苔科 Gesneriaceae

440. 胚珠 1 个,垂悬于子房的顶端 ················ 川续断科 Dipsacaceae

439. 子房 2 室或更多室,具中轴胎座。

441. 子房 2～4 室,所有的子房室均可成熟;水生草本 ················ 胡麻科 Pedaliaceae
　　　　　　　　　　　　　　　　　　　　　　　　　　　　　　　　　　(茶菱属 *Trapella*)

441. 子房 3 或 4 室,仅其中 1 或 2 室可成熟。

442. 落叶或常绿灌木;叶片常全缘或边缘有锯齿 ················ 忍冬科 Caprifoliaceae

442. 陆生草本;叶片常有很多的分裂 ················ 败酱科 Valerianaceae

427. 子房上位。

443. 子房深裂为 2～4 部分;花柱或数花柱均自子房裂片之间伸出。

444. 花冠两侧对称或稀可整齐;叶对生 ················ 唇形科 Labiatae

444. 花冠整齐;叶互生。

445. 花柱 2 个;多年生匍匐性小草本;叶片呈圆肾形 ················ 旋花科 Convolvulaceae
　　　　　　　　　　　　　　　　　　　　　　　　　　　　　　　　　　(马蹄金属 *Dichondra*)

445. 花柱 1 个 ················ 紫草科 Boraginaceae

443. 子房完整或微有分割,或为 2 个分离心皮所组成;花柱自子房的顶端伸出。

446. 雄蕊的花丝分裂。

447. 雄蕊 2 个,各分为 3 裂 ················ 罂粟科 Papaveraceae
　　　　　　　　　　　　　　　　　　　　　　　　　　　　　　　　　　(紫堇亚科 Fumarioideae)

447. 雄蕊 5 个,各分为 2 裂 ················ 五福花科 Adoxaceae
　　　　　　　　　　　　　　　　　　　　　　　　　　　　　　　　　　(五福花属 *Adoxa*)

446. 雄蕊的花丝单纯。

448. 花冠不整齐，常多少有些呈二唇状。（次 448 项见 214 页）※

449. 成熟雄蕊 5 个。

450. 雄蕊和花冠离生 ⋯⋯⋯⋯⋯⋯⋯⋯⋯⋯⋯⋯⋯⋯⋯⋯⋯⋯ 杜鹃花科 Ericaceae

450. 雄蕊着生于花冠上 ⋯⋯⋯⋯⋯⋯⋯⋯⋯⋯⋯⋯⋯⋯⋯⋯ 紫草科 Boraginaceae

449. 成熟雄蕊 2 或 4 个，退化雄蕊有时也可存在。

451. 每子房室内仅含 1 或 2 个胚珠（如为后一情形时，也可在次 451 项检索之）。

452. 叶对生或轮生；雄蕊 4 个，稀可 2 个；胚珠直立，稀可垂悬。

453. 子房 2～4 室，共有 2 个或更多的胚珠 ⋯⋯⋯⋯⋯⋯⋯⋯ 马鞭草科 Verbenaceae

453. 子房 1 室，仅含 1 个胚珠 ⋯⋯⋯⋯⋯⋯⋯⋯⋯⋯⋯ 透骨草科 Phrymataceae

（透骨草属 Phryma）

452. 叶互生或基生；雄蕊 2 或 4 个，胚珠垂悬；子房 2 室，每子房室内仅有 1 个胚珠

⋯⋯⋯⋯⋯⋯⋯⋯⋯⋯⋯⋯⋯⋯⋯⋯⋯⋯⋯⋯⋯⋯ 玄参科 Scrophulariaceae

451. 每子房室内有 2 个至多数胚珠。

454. 子房 1 室，侧膜胎座或中央胎座（有时可因侧膜胎座的深入而为 2 室）。

455. 草本或木本植物，不为寄生性，也非食虫性。

456. 多为乔木或木质藤本；叶为单叶或复叶，对生或轮生，稀可互生，种子有翅，但无胚乳

⋯⋯⋯⋯⋯⋯⋯⋯⋯⋯⋯⋯⋯⋯⋯⋯⋯⋯⋯⋯⋯⋯⋯ 紫葳科 Bignoniaceae

456. 多为草本；叶为单叶，基生或对生；种子无翅，有或无胚乳 ⋯⋯⋯ 苦苣苔科 Gesneriaceae

455. 草本植物，为寄生性或食虫性。

457. 植物体寄生于其他植物的根部，而无绿叶存在；雄蕊 4 个；侧膜胎座 ⋯⋯⋯ 列当科 Orobanchaceae

457. 植物体为食虫性，有绿叶存在；雄蕊 2 个；特立中央胎座；多为水生或沼泽植物，且有具距的花冠

⋯⋯⋯⋯⋯⋯⋯⋯⋯⋯⋯⋯⋯⋯⋯⋯⋯⋯⋯⋯⋯⋯ 狸藻科 Lentibulariaceae

454. 子房 2～4 室，具中轴胎座，角胡麻科中子房 1 室而具侧膜胎座。

458. 植物体常具分泌黏液的腺体毛茸；种子无胚乳或具一薄层胚乳。

459. 子房最后成为 4 室；蒴果果皮质薄而不延伸为长喙；油料植物 ⋯⋯⋯⋯⋯⋯ 胡麻科 Pedaliaceae

（胡麻属 Sesamum）

459. 子房 1 室，蒴果的内皮坚硬而呈木质，延伸为钩状长喙；栽培花卉 ⋯⋯⋯⋯ 角胡麻科 Martyniaceae

（角胡麻属 Pooboscidea）

458. 植物体不具上述的毛茸；子房 2 室。

460. 叶对生；种子无胚乳，位于胎座的钩状突起上 ⋯⋯⋯⋯⋯⋯⋯⋯⋯ 爵床科 Acanthaceae

460. 叶互生或对生；种子有胚乳，位于中轴胎座上。

461. 花冠裂片具深缺刻；成熟雄蕊 2 个 ⋯⋯⋯⋯⋯⋯⋯⋯⋯⋯⋯⋯ 茄科 Solanaceae

（蝴蝶花属 Schizanthus）

461. 花冠裂片全缘或仅其先端具一凹陷；成熟雄蕊 2 或 4 个 ⋯⋯⋯⋯ 玄参科 Scrophulariaceae

448. 花冠整齐，或近于整齐。

462. 雄蕊数较花冠裂片为少。

463. 子房 2～4 室，每室内仅含 1 或 2 个胚珠。

464. 雄蕊 2 个 ⋯⋯⋯⋯⋯⋯⋯⋯⋯⋯⋯⋯⋯⋯⋯⋯⋯⋯⋯⋯⋯⋯ 木犀科 Oleaceae

464. 雄蕊 4 个。

465. 叶互生，有透明腺体微点存在 ⋯⋯⋯⋯⋯⋯⋯⋯⋯⋯⋯⋯⋯ 苦槛蓝科 Myoporaceae

465. 叶对生，无透明微点 ⋯⋯⋯⋯⋯⋯⋯⋯⋯⋯⋯⋯⋯⋯⋯⋯ 马鞭草科 Verbenaceae

463. 子房 1 或 2 室，每室内有数个至多数胚珠。

466. 雄蕊 2 个；每子房室内有 4～10 个胚珠垂悬于室的顶端 ⋯⋯⋯⋯⋯⋯⋯ 木犀科 Oleaceae

（连翘属 Forsythia）

466. 雄蕊 4 或 2 个；每子房室内有多数胚珠着生于中轴或侧膜胎座上。

467. 子房 1 室,内具分歧的侧膜胎座,或因胎座深入而使子房成 2 室 ················ 苦苣苔科 Gesneriaceae

467. 子房为完全的 2 室,内具中轴胎座。

468. 花冠于蕾中常折叠；子房 2 心皮 ·· 茄科 Solanaceae

468. 花冠于蕾中不折叠,而呈覆瓦状排列；子房的 2 心皮位于前后方 ········· 玄参科 Scrophulariaceae

462. 雄蕊和花冠裂片同数。

469. 子房 2 个,或为 1 个而成熟后呈双角状。

470. 雄蕊各自分离；花粉粒也彼此分离 ·································· 夹竹桃科 Apocynaceae

470. 雄蕊互相连合；花粉粒连成花粉块 ······························ 萝藦科 Asclepiadaceae

469. 子房 1 个,不呈双角状。

471. 子房 1 室或因 2 侧膜胎座的深入而成 2 室。

472. 子房为 1 心皮所成。

473. 花显著,呈漏斗形而簇生；果实为 1 瘦果,有棱或有翅 ······················ 紫茉莉科 Nyctaginaceae

(紫茉莉属 *Mirabilis*)

473. 花小型而形成球形头状花序；果实为 1 荚果,成熟后则裂为仅含 1 种子的节荚

··· 豆科 Leguminosae

(含羞草属 *Mimosa*)

472. 子房为 2 个以上连合心皮所成。

474. 乔木或攀援性灌木,稀可为攀援性草木,而体内具有乳汁(例如心翼果属 *Cardiopteris*)；果实呈核果状(但心翼果属则为干燥的翅果),内有 1 个种子 ···················· 茶茱萸科 Icacinaceae

474. 草本或亚灌木,或于旋花科的麻辣仔藤属 *Erycibe* 中为攀援灌木；果实呈蒴果状(或于麻辣仔藤属中呈浆果状),内有 2 个或更多的种子。

475. 花冠裂片呈覆瓦状排列。

476. 叶茎生,羽状分裂或为羽状复叶(限于国产植物如此) ················ 田基麻科 Hydrophyllaceae

(水叶族 *Hydrophylleae*)

476. 叶基生,单叶,边缘具齿裂 ································· 苦苣苔科 Gesneriaceae

(苦苣苔属 *Conandron*,黔苣苔属 *Tengia*)

475. 花冠裂片常呈旋转状或内折的镊合状排列。

477. 攀援性灌木；果实呈浆果状,内有少数种子 ················ 旋花科 Convolvulaceae

(麻辣仔藤属 *Erycibe*)

477. 直立陆生或漂浮水面的草本；果实呈蒴果状,内有少数至多数种子 ········· 龙胆科 Gentianaceae

471. 子房 2~10 室。

478. 无绿叶而为缠绕性的寄生植物 ·································· 旋花科 Convolvulaceae

(菟丝子亚科 *Cuscutoideae*)

478. 不是上述的无叶寄生植物。

479. 叶常对生,在两叶之间有托叶所成的连接线或附属物 ······················· 马钱科 Loganiaceae

479. 叶常互生,或有时基生,如为对生时,其两叶之间也无托叶所成的连系物,有时其叶也可轮生。

480. 雄蕊和花冠离生或近于离生。

481. 灌木或亚灌木；花药顶端孔裂；花粉粒为四合体；子房常 5 室 ··················· 杜鹃花科 Ericaceae

481. 一年或多年生草本,常为缠绕性；花药纵长裂开；花粉粒单纯；子房常 3~5 室

··· 桔梗科 Campanulaceae

480. 雄蕊着生于花冠的筒部。

482. 雄蕊 4 个,稀可在冬青科为 5 个或更多。

483. 无主茎的草本,具由少数至多数花朵所形成的穗状花序生于一基生花葶上

··· 车前科 Plantaginaceae

（车前属 Plantago）

483. 乔木、灌木，或具有主茎的草木。

484. 叶互生，多常绿 ·· 冬青科 Aquifoliaceae

（冬青属 Ilex）

484. 叶对生或轮生。

485. 子房 2 室，每室内有多数胚珠 ····························· 玄参科 Scrophulariaceae

485. 子房 2 室至多室，每室内有 1 或 2 个胚珠 ··············· 马鞭草科 Verbenaceae

482. 雄蕊常 5 个，稀可更多。

486. 每子房室内仅有 1 或 2 个胚珠。

487. 子房 2 或 3 室；胚珠自子房室近顶端垂悬；木本植物；叶全缘。

488. 每花瓣 2 裂或 2 分；花柱 1 个；子房无柄，2 或 3 室，每室内各有 2 个胚珠；核果；有托叶
·· 毒鼠子科 Dichapetalaceae

（毒鼠子属 Dichapetalum）

488. 每花瓣均完整；花柱 2 个；子房具柄，2 室，每室内仅有 1 个胚珠；翅果；无托叶
·· 茶茱萸科 Icacinaceae

487. 子房 1～4 室；胚珠在子房室基底或中轴的基部直立或上举；无托叶；花柱 1 个，稀可 2 个，有时在紫
草科破布木属 Cordia 中其先端可成两次 2 裂。

489. 果实为核果；花冠有明显的裂片，并在蕾中呈覆瓦状或旋转状排列；叶全缘或有锯齿；通常均为直立
木本或草本，多粗壮或具刺毛 ································· 紫草科 Boraginaceae

489. 果实为蒴果；花瓣完整或具裂片；叶全缘或具裂片，但无锯齿缘。

490. 通常为缠绕性，稀为直立草本，或为半木质攀援植物至大型木质藤本（例如盾苞藤属 Neuropeltis）；
萼片多互相分离；花冠常完整而几无裂片，于蕾中呈旋转状排列，也可有时深裂而其裂片成内折的镊
合状排列（例如盾苞藤属）··· 旋花科 Convolvulaceae

490. 通常均为直立草木；萼片连合成钟形或筒状；花冠有明显的裂片，唯于蕾中也成旋转状排列
·· 花葱科 Polemoniaceae

486. 每子房室内有多数胚珠，或在花葱科中有时为 1 至数个；多无托叶。

491. 高山区生长的耐寒旱性低矮多年生草本或丛生亚灌木；叶多小型，常绿，紧密排列成覆瓦状或莲座
式；花无花盘；花单生至聚集成几为头状花序；花冠裂片成覆瓦状排列；子房 3 室；花柱 1 个；柱头 3
裂；蒴果室背开裂 ·· 岩梅科 Diapensiaceae

491. 草本或木本，不为耐寒旱性；叶常为大型或中型，脱落性，疏松排列而各自展开；花多有位于子房下方
的花盘。

492. 花冠不于蕾中折叠，其裂片呈旋转状排列，或在田基麻科中为覆瓦状排列。

493. 叶为单叶，或在花葱属 Polemonium 为羽状分裂或为羽状复叶；子房 3 室（稀可 2 室）；花柱 1 个；柱头
3 裂；蒴果多室背开裂 ··· 花葱科 Polemoniaceae

493. 叶为单叶，且在田基麻属 Hydrolea 为全缘；子房 2 室；花柱 2 个；柱头呈头状；蒴果室间开裂
·· 田基麻科 Hydrophyllaceae

（田基麻族 Hydroleeae）

492. 花冠裂片呈镊合状或覆瓦状排列，或其花冠于蕾中折叠，且呈旋转状排列；花萼常宿存；子房 2 室；或
在茄科为假 3 室至假 5 室；花柱 1 个；柱头完整或 2 裂。

494. 花冠多于蕾中折叠，其裂片呈覆瓦状排列；或在曼陀罗属 Datura 呈旋转状排列，稀可在枸杞属
Lycium 和颠茄属 Atrope 等属中，并不于蕾中折叠，而呈覆瓦状排列；雄蕊的花丝无毛；浆果，或为纵
裂或横裂的蒴果 ··· 茄科 Solanaceae

494. 花冠不于蕾中折叠，其裂片呈覆瓦状排列；雄蕊的花丝具毛茸（尤以后方的 3 个如此）。

495. 室间开裂的蒴果 ··· 玄参科 Scrophulariaceae

（毛蕊花属 Verbascum）

495. 浆果,有刺灌木 ……………………………………………………………………… 茄科 Solanaceae

（枸杞属 *Lycium*）

1. 子叶 1 个;茎无中央髓部,也无呈年轮状的生长;叶多具平行叶脉;花为三出数,有时为四出数,但极少
   为五出数 …………………………………………………………… 单子叶植物纲 Monocotyledoneae

496. 木本植物,或其叶于芽中呈折叠状。

497. 灌木或乔木;叶细长或呈剑状,在芽中不呈折叠状 ……………………………… 露兜树科 Pandanaceae

497. 木本或草本;叶甚宽,常为羽状或扇形的分裂,在芽中呈折叠状而有强韧的平行脉或射出脉。

498. 植物体多甚高大,呈棕榈状,具简单或分枝少的主干;花为圆锥或穗状花序,托以佛焰状苞片
   ……………………………………………………………………………………… 棕榈科 Palmae

498. 植物体常为无主茎的多年生草木,具常深裂为 2 片的叶片;花为紧密的穗状花序
   ……………………………………………………………………………… 环花科 Cyclanthaceae

（巴拿马草属 *Carludovica*）

496. 草本植物或稀可为木质茎,但其叶于芽中从不呈折叠状。

499. 无花被或在眼子菜科中很小。（次 499 项见 218 页）※

500. 花包藏于或附托以呈覆瓦状排列的壳状鳞片(特称为颖)中,由多花至一花形成小穗(根据形态学观
   点,此小穗实即简单穗状花序)。

501. 秆多少有些呈三棱形,实心;茎生叶呈三行排列;叶鞘封闭;花药以基底附着花丝;果实为瘦果或囊果
   ………………………………………………………………………………… 莎草科 Cyperaceae

501. 秆常呈圆筒形;中空;茎生叶呈二行排列;叶鞘常在一侧纵裂;花药以其中部附着花丝;果实常为颖果
   ………………………………………………………………………………… 禾本科 Gramineae

500. 花虽有时排列为具总苞的头状花序,但并不包藏于呈壳状的鳞片中。

502. 植物体微小,无真正的叶片,仅具无茎而漂浮水面或沉没水中的叶状体 ……… 浮萍科 Lemnaceae

502. 植物体常具茎,也具叶,其叶有时可呈鳞片状。

503. 水生植物,具沉没水中或漂浮水面的叶片。

504. 花单性,不排列成穗状花序。

505. 叶互生;花成球形的头状花序 …………………………………………… 黑三棱科 Sparganiaceae

（黑三棱属 *Sparganium*）

505. 叶多对生或轮生;花单生,或在叶腋间形成聚伞花序。

506. 多年生草本;雌蕊为 1 个或更多而互相分离的心皮所组成;胚珠自子房室顶端垂悬
   …………………………………………………………………… 眼子菜科 Potamogetonaceae

（角果藻族 *Zannichellieae*）

506. 一年生草本;雌蕊 1 个,柱头 2~4;胚珠直立于子房室的基底 ……………… 茨藻科 Najadaceae

（茨藻属 *Najas*）

504. 花两性或单性,穗状花序简单或分歧。

507. 花排列于 1 扁平穗轴的一侧。

508. 海水植物;穗状花序不分歧,具雌雄同株或异株的单性花;雄蕊 1 个,具无花丝而为 1 室的花药;雌蕊
   1 个,具 2 柱头;胚珠 1 个,垂悬于子房室的顶端 ………… 眼子菜科 Potamogetonaceae

（大叶藻属 *Zostera*）

508. 淡水植物;常二歧穗状花序,花两性;雄蕊 6 个或更多,具极细长的花丝和 2 室的花药;雌蕊为 3~6
   个离生心皮所成;胚珠在每室内 2 个或更多,基生 ……………… 水蕹科 Aponogetonaceae

（水蕹属 *Aponogeton*）

507. 花排列于穗轴的周围,花多两性;胚珠常仅 1 个 ……………… 眼子菜科 Potamogetonaceae

503. 陆生或沼泽植物,常有位于空气中的叶片。

509. 叶有柄,全缘或有各种形状的分裂,具网状脉;肉穗花序,常具一大型而具色彩的佛焰苞片
   ……………………………………………………………………………………… 天南星科 Araceae

509. 叶无柄,细长形、剑形,或退化为鳞片状,其叶片常具平行脉。

510. 花形成紧密的穗状花序,或在帚灯草科为疏松的圆锥花序。

511. 陆生或沼泽植物;花序为由位于苞腋间的小穗所组成的疏散圆锥花序;雌雄异株;叶多呈鞘状
⋯⋯⋯⋯⋯⋯⋯⋯⋯⋯⋯⋯⋯⋯⋯⋯⋯⋯⋯⋯⋯⋯⋯⋯⋯ 帚灯草科 Restionaceae
(薄果草属 *Leptocarpus*)

511. 水生或沼泽植物;花序为紧密的穗状花序。

512. 穗状花序位于一呈二棱形的基生花葶的一侧,而另一侧则延伸为叶状的佛焰苞片;花两性
⋯⋯⋯⋯⋯⋯⋯⋯⋯⋯⋯⋯⋯⋯⋯⋯⋯⋯⋯⋯⋯⋯⋯⋯⋯⋯⋯⋯⋯ 天南星科 Araceae
(石菖蒲属 *Acorus*)

512. 穗状花序位于一圆柱形花梗的顶端,形如蜡烛而无佛焰苞;雌雄同株 ⋯⋯⋯⋯⋯ 香蒲科 Typhaceae

510. 花序有各种型式。

513. 花单性,成头状花序。

514. 头状花序单生于基生无叶的花葶顶端;叶狭窄,呈禾草状,有时叶为膜质 ⋯ 谷精草科 Eriocaulaceae
(谷精草属 *Eriocaulon*)

514. 头状花序散生于带叶的主茎或枝条上部,雄花在上,雌花在下;扁三棱形叶细长,直立或漂浮水面,基
部鞘状 ⋯⋯⋯⋯⋯⋯⋯⋯⋯⋯⋯⋯⋯⋯⋯⋯⋯⋯⋯⋯⋯⋯⋯⋯⋯ 黑三棱科 Sparganiaceae
(黑三棱属 *Sparganium*)

513. 花常两性。

515. 花序呈穗状或头状,包藏于 2 个互生的叶状苞片中;无花被;叶小,细长形或呈丝状;雄蕊 1 或 2;子房
上位,1~3 室,每个子房室内仅有 1 个垂悬胚珠 ⋯⋯⋯⋯⋯⋯⋯⋯ 刺鳞草科 Centrolepidaceae

515. 花序不包藏于叶状的苞片中;有花被。

516. 子房 3~6 个,至少在成熟时互相分离 ⋯⋯⋯⋯⋯⋯⋯⋯⋯⋯⋯ 水麦冬科 Juncaginaceae
(水麦冬属 *Triglochin*)

516. 子房 1 个,由 3 个心皮连合所组成 ⋯⋯⋯⋯⋯⋯⋯⋯⋯⋯⋯⋯⋯⋯ 灯心草科 Juncaceae

499. 有花被,常显著,且呈花瓣状。

517. 雌蕊 3 个至多数,互相分离。

518. 死物寄生性植物,具呈鳞片状而无绿色叶片。

519. 花两性,具 2 层花被片;心皮 3 个,胚珠多数 ⋯⋯⋯⋯⋯⋯⋯⋯⋯⋯⋯ 百合科 Liliaceae
(无叶莲属 *Petrosavia*)

519. 花单性或稀可杂性,具 1 层花被片;心皮数个,各仅有 1 个胚珠 ⋯⋯⋯⋯ 霉草科 Triuridaceae
(喜阴草属 *Sciaphila*)

518. 不是死物寄生性植物,常为水生或沼泽植物,具有发育正常的绿叶。

520. 花被裂片彼此相同;叶细长,基部具鞘 ⋯⋯⋯⋯⋯⋯⋯⋯⋯⋯⋯ 水麦冬科 Juncaginaceae
(芝菜属 *Scheuchzeria*)

520. 花被裂片分化为萼片和花瓣 2 轮。

521. 叶(限于国产植物)呈细长形,直立;花单生或成伞形花序;蓇葖果 ⋯⋯⋯⋯ 花蔺科 Butomaceae
(花蔺属 *Butomus*)

521. 叶呈细长兼披针形至卵圆形,常为箭镞状而具长柄;花常轮生,成总状或圆锥花序;瘦果
⋯⋯⋯⋯⋯⋯⋯⋯⋯⋯⋯⋯⋯⋯⋯⋯⋯⋯⋯⋯⋯⋯⋯⋯⋯⋯⋯⋯⋯⋯ 泽泻科 Alismataceae

517. 雌蕊 1 个,复合性或于百合科的岩菖蒲属 *Tofieldia* 中其心皮近于分离。

522. 子房上位,或花被和子房相分离。

523. 花两侧对称;雄蕊 1 个,位于前方,即着生于远轴的 1 个花被片的基部 ⋯⋯⋯ 田葱科 Philydraceae
(田葱属 *Philydrum*)

523. 花辐射对称,稀两侧对称;雄蕊 3 个或更多。

524. 花被分化为花萼和花冠 2 轮,后者于百合科重楼族中,有时为细长形或线形的花瓣所组成,稀可

缺如。

525. 花形成紧密而具鳞片的头状花序;雄蕊 3;子房 1 室 ……………………………… 黄眼草科 Xyridaceae
（黄眼草属 *Xyris*）

525. 花不形成头状花序;雄蕊数在 3 个以上。

526. 叶互生,基部具鞘,平行脉;花为腋生或顶生的聚伞花序;雄蕊 6 个,或因退化而数较少
……………………………………………………………………………… 鸭跖草科 Commelinaceae

526. 叶以 3 个或更多个生于茎的顶端而成一轮,网状脉而于基部具 3~5 脉;花单独顶生;雄蕊 6 个、8 个
或 10 个 …………………………………………………………………………… 百合科 Liliaceae
（重楼族 *Parideae*）

524. 花被裂片彼此相同或近于相同,或于百合科的白丝草属 *Chinographis* 中则极不相同,又在同科的油
点草属 *Tricynis* 中其外层 3 个花被裂片的基部呈囊状。

527. 花小型,花被裂片绿色或棕色。

528. 花位于一穗形总状花序上;蒴果自一宿存的中轴上裂为 3~6 瓣,每果瓣内仅有 1 个种子
……………………………………………………………………………… 水麦冬科 Juncaginaceae
（水麦冬属 *Triglochin*）

528. 花位于各种型式的花序上;蒴果室背开裂为 3 瓣,内有多数至 3 粒种子 ……… 灯心草科 Juncaceae

527. 花大型或中型,或有时为小型,花被裂片多少有些具鲜明的色彩。

529. 叶(限于国产植物)的顶端变为卷须,并有闭合的叶鞘;胚珠在每室内仅为 1 个;花排列为顶生的圆锥
花序 ……………………………………………………………………………… 须叶藤科 Flagellariaceae
（须叶藤属 *Flagellaria*）

529. 叶顶端不变为卷须;每子房室内胚珠多数,稀可仅为 1 个或 2 个。

530. 直立或漂浮的水生植物;雄蕊 6 个,彼此不相同,或有时有不育者………… 雨久花科 Pontederiaceae

530. 陆生植物;雄蕊 6 个、4 个或 2 个,彼此相同。

531. 花为四出数,叶(限于国产植物)对生或轮生,具有显著纵脉及密生的横脉 ……… 百部科 Stemonaceae
（百部属 *Stemona*）

531. 花为三出或四出数;叶常基生或互生 ……………………………………………… 百合科 Liliaceae

522. 子房下位,或花被多少有些和子房相愈合。

532. 花两侧对称或为不对称形。

533. 花被片均成花瓣状;雄蕊和花柱多少有些互相连合 …………………………………… 兰科 Orchidaceae

533. 花被片并不是均呈花瓣状,其外层者形如萼片;雄蕊和花柱相分离。

534. 后方的 1 个雄蕊常为不育性,其余 5 个则均发育而具有花药。

535. 叶和苞片排列成螺旋状;花常因退化而为单性;浆果;花被呈管状,其一侧不久即裂开
……………………………………………………………………………… 芭蕉科 Musaceae
（芭蕉属 *Musa*）

535. 叶和苞片排列成 2 行;花两性,蒴果。

536. 萼片互相分离或至多可和花冠相连合;居中的 1 片花瓣并不成为唇瓣 ………… 芭蕉科 Musaceae
（鹤望兰属 *Strelitzia*）

536. 萼片互相连合成管状;居中(位于远轴方向)的 1 片花瓣大形而成为唇瓣 ………… 芭蕉科 Musaceae
（兰花蕉属 *Orchidantha*）

534. 后方的 1 个雄蕊发育而具有花药,其余 5 个则退化,或变形为花瓣状。

537. 花药 2 室;萼片互相连合为一萼筒,有时呈佛焰苞状……………………………… 姜科 Zingiberaceae

537. 花药 1 室;萼片互相分离或至多彼此相衔接。

538. 子房 3 室,每子房室内有多数胚珠位于中轴胎座上;各不育雄蕊呈花瓣状,互相于基部简短连合
……………………………………………………………………………… 美人蕉科 Cannaceae
（美人蕉属 *Canna*）

538. 子房 3 室或因退化而成 1 室,每子房室内仅含 1 个基生胚珠;各不育雄蕊也呈花瓣状,唯多少有些互相连合 ·· 竹芋科 Marantaceae

532. 花常辐射对称,也即花整齐或近于整齐。

539. 水生草本,植物体部分或全部沉没水中 ································ 水鳖科 Hydrocharitaceae

539. 陆生草本。

540. 攀援植物;叶片宽广,具网状脉(还有数主脉)和叶柄 ····················· 薯蓣科 Dioscoreaceae

540. 非攀援植物;叶具平行脉。

541. 雄蕊 3 个。

542. 叶 2 行排列,两侧扁平而无背腹面之分,由下向上重叠跨覆;雄蕊和花被的外层裂片相对生 ··· 鸢尾科 Iridaceae

542. 叶不为 2 行排列;茎生叶呈鳞片状;雄蕊和花被的内层裂片相对生 ········· 水玉簪科 Burmanniaceae

541. 雄蕊 6 个。

543. 果实为浆果或蒴果,而花被残留物多少和它相合生,或果实为一聚花果;花被的内层裂片各于其基部有 2 个舌状物;叶呈带形,边缘有刺齿或全缘 ·················· 凤梨科 Bromieliaceae

543. 果实为蒴果或浆果,单花;花被裂片无附属物。

544. 子房 1 室,侧膜胎座,胚珠多数;伞形花序,具长丝状的总苞片 ··········· 蒟蒻薯科 Taccaceae

544. 子房 3 室,中轴胎座,胚珠多数至少数。

545. 子房部分下位 ··· 百合科 Liliaceae

(肺筋草属 Aletris,沿阶草属 Ophiopogon,球子草属 Peliosanthes)

545. 子房完全下位 ··· 石蒜科 Amaryllidaceae

(姚腊初)

附录四　常见维管植物科属名录

一、蕨类植物门 Pteridophyta

蕨类植物门多为草本，系高等植物中较低级的一类。现存蕨类植物约12000种，我国约有2400种，多分布在长江以南。

1. 卷柏科 Selaginellaceae　卷柏属
2. 石杉科 Huperziaceae　石杉属　马尾杉属
3. 石松科 Lycopodiaceae　石松属　小石松属　拟小石松属　垂穗石松属　扁枝石松属　藤石松属
4. 水韭科 Isoetaceae　水韭属
5. 松叶蕨科 Psilotaceae　松叶蕨属
6. 木贼科 Equisetaceae　木贼属
7. 槐叶蘋科（槐叶苹科）Salviniacae　槐叶苹属
8. 满江红科 Azollaceae　满江红属
9. 蘋科（苹科）Matsileaceae　苹属
10. 蚌壳蕨科 Dicksoniaceae　金毛狗属
11. 柄盖蕨科 Peranemaceae　鱼鳞蕨属　红腺蕨属　柄盖蕨属
12. 车前蕨科 Antrophyaceae　车前蕨属
13. 蓧蕨科（条蕨科）Oleandraceae　蓧蕨属（条蕨属）
14. 凤尾蕨科 Pteridaceae　凤尾蕨属　栗蕨属
15. 骨碎补科 Davalliaceae　假钻毛蕨属　小膜盖蕨属　大膜盖蕨属　骨碎补属　阴石蕨属
16. 光叶藤蕨科 Stenochlaenaceae　光叶藤蕨属
17. 海金沙科 Lygodiaceae　海金沙属
18. 禾叶蕨科 Grammitidaceae　荷包蕨属　锯蕨属　蒿蕨属　穴子蕨属　禾叶蕨属　革舌蕨属　鼓蕨属
19. 槲蕨科 Drynariaceae　顶育蕨属　连珠蕨属　崖姜蕨属　槲蕨属
20. 姬蕨科 Hypolepidaceae　碗蕨属　鳞盖蕨属　姬蕨属
21. 睫毛蕨科 Pleurosoriopsidaceae　睫毛蕨属
22. 金星蕨科 Thelypteridaceae　沼泽蕨属　假鳞毛蕨属　金星蕨属　凸轴蕨属　针毛蕨属　卵果蕨属　边果蕨属　紫柄蕨属　钩毛蕨属　茯蕨属　方秆蕨属　假毛蕨属　龙津蕨属　毛蕨属　溪边蕨属　星毛蕨属　新月蕨属　圣蕨属
23. 蕨科 Pteridiaceae　蕨属　曲轴蕨属
24. 里白科 Gleicheniaceae　芒萁属　假芒萁属　里白属
25. 鳞毛蕨科 Dryopteridaceae　肉刺蕨属　假复叶耳蕨属　毛枝蕨属　复叶耳蕨属　黔蕨属　石盖蕨属　鳞毛蕨属　耳蕨属　柳叶蕨属　拟贯众属　贯众属　玉龙蕨属　鞭叶蕨属
26. 鳞始蕨科（陵齿蕨科）Lindsaeaceae　陵齿蕨属　双唇蕨属　乌蕨属　达边蕨属　竹叶蕨属
27. 瘤足蕨科 Plagiogyriaceae　瘤足蕨属
28. 卤蕨科 Acrostichaceae　卤蕨属
29. 鹿角蕨科 Platyceriaceae　鹿角蕨属

30. 裸子蕨科 Hemionitidaceae　泽泻蕨属　粉叶蕨属　金毛裸蕨属　翠蕨属　凤丫蕨属

31. 膜蕨科 Hymenophyllaceae　蕗蕨属　厚壁蕨属　膜蕨属　单叶假脉蕨属　假脉蕨属　毛叶蕨属　厚边蕨属　团扇蕨属　瓶蕨属　厚叶蕨属　长片蕨属　长筒蕨属　毛杆蕨属　球杆毛蕨属

32. 球子蕨科 Onocleaceae　球子蕨属　荚果蕨属

33. 叉蕨科 Aspidiaceae(三叉蕨科 Tectariaceae)　肋毛蕨属　轴脉蕨属　节毛蕨属　黄腺羽蕨属　叉蕨属　地耳蕨属　牙蕨属　沙皮蕨属

34. 莎草蕨科 Schizaeaceae　莎草蕨属

35. 舌蕨科 Elaphoglossaceae　舌蕨属

36. 肾蕨科 Nephrolepidaceae　肾蕨属　爬树蕨属

37. 实蕨科 Bolbitidaceae　实蕨属　刺蕨属

38. 书带蕨科 Vittariaceae　书带蕨属　针叶蕨属　一条线蕨属

39. 双扇蕨科 Dipteridaceae　双扇蕨属

40. 水蕨科 Parkeriaceae　水蕨属

41. 水龙骨科 Polypodiaceae　多足蕨属　篦齿蕨属　水龙骨属　拟水龙骨属　棱脉蕨属　扇蕨属　盾蕨属　瓦韦属　骨牌蕨属　伏石蕨属　尖嘴蕨属　丝带蕨属　毛鳞蕨属　鳞果星蕨属　石韦属　抱树莲属　石蕨属　瘤蕨属　假瘤蕨属　修蕨属　节肢蕨属　戟蕨属　星蕨属　线蕨属　薄唇蕨属

42. 桫椤科 Cyatheaceae　白桫椤属　桫椤属

43. 藤蕨科 Lomariopsidaceae　藤蕨属　网藤蕨属

44. 蹄盖蕨科 Athyriaceae　亮毛蕨属　冷蕨属　光叶蕨属　羽节蕨属　安蕨属　拟鳞毛蕨属　假冷蕨属　新蹄盖蕨属　蹄盖蕨属　轴果蕨属　介蕨属　蛾眉蕨属　假蹄盖蕨属　毛轴线盖蕨属　角蕨属　短肠蕨属　菜蕨属　网蕨属　双盖蕨属　肠蕨属

45. 铁角蕨科 Aspleniaceae　铁角蕨属　对开蕨属　巢蕨属　过山蕨属　水鳖蕨属　细辛蕨属　苍山蕨属　药蕨属

46. 铁线蕨科 Adiantaceae　铁线蕨属

47. 碗蕨科 Dennstaedtiaceae　碗蕨属

48. 乌毛蕨科 Blechnaceae　乌毛蕨属　乌木蕨属　苏铁蕨属　狗脊属　崇澍蕨属　荚囊蕨属　扫把蕨属

49. 稀子蕨科 Monachosoraceae　岩穴蕨属　稀子蕨属

50. 岩蕨科 Woodsiaceae　膀胱蕨属　滇蕨属　岩蕨属

51. 燕尾蕨科 Cheiropleuriaceae　燕尾蕨属

52. 雨蕨科 Gymnogrammitidaceae　雨蕨属

53. 中国蕨科 Sinopteridaceae　珠蕨属　金粉蕨属　隐囊蕨属　碎米蕨属　旱蕨属　黑心蕨属　中国蕨属　粉背蕨属　薄鳞蕨属

54. 肿足蕨科 Hypodematiaceae　肿足蕨属

55. 竹叶蕨科 Taenitidaceae　竹叶蕨属

56. 剑蕨科 Loxogrammaceae　剑蕨属

57. 球盖蕨科 Peranemaceae　柄盖蕨属　红腺蕨属　鱼鳞蕨属

58. 观音座莲科 Angiopteridaceae　观音座莲属　原始观音座莲属

59. 合囊蕨科 Marattiaceae　合囊蕨属

60. 天星蕨科 Christenseniaceae　天星蕨属

61. 瓶尔小草科 Ophioglossaceae　瓶尔小草属　带状瓶尔小草属

62. 七指蕨科 Helminthostachyaceae　七指蕨属

63. 阴地蕨科 Botrychiaceae　阴地蕨属

64. 紫萁科 Osmundaceae　紫萁属

二、裸子植物门 Gymnospermae(采用郑万钧系统(1975))

裸子植物门为多年生木本植物,约 800 种,我国有 236 种。银杏、水杉、银杉、金钱松、水松等均为中国特有植物。

1. 百岁兰科 Welwitschiaceae　百岁兰属
2. 麻黄科 Ephedraceae　麻黄属
3. 买麻藤科 Gnetaceae　买麻藤属
4. 红豆杉科 Taxaceae　红豆杉属　白豆杉属　穗花杉属　榧树属
5. 罗汉松科 Podocarpaceae　罗汉松属　陆均松属
6. 三尖杉科 Cephalotaxaceae　三尖杉属
7. 柏科 Cupressaceae　罗汉柏属　崖柏属　侧柏属　翠柏属　柏木属　扁柏属　福建柏属　圆柏属　刺柏属
8. 南洋杉科 Araucariaceae　南洋杉属　贝壳杉属
9. 杉科 Taxodiaceae　金松属　杉木属　台湾杉属　柳杉属　水松属　落羽杉属　巨杉属　北美红杉属　水杉属
10. 松科 Pinaceae　油杉属　冷杉属　黄杉属　铁杉属　银杉属　云杉属　落叶松属　金钱松属　雪松属　松属
11. 金松科 Sciadopityaceae　金松属
12. 苏铁科 Cycadaceae　苏铁属
13. 泽米铁科 Zamiaceae　非洲苏铁属　泽米铁属
14. 银杏科 Ginkgoaceae　银杏属

三、被子植物门 Angiospermae(采用恩格勒系统(1964))

被子植物门是植物界最大和最高级的一门,具有胚囊和双受精现象,全球共 25 万种,中国约 2.5 万种,分隶于 291 科和 3050 属。

Ⅰ 双子叶植物纲 Dicotyledoneae

(一)原始花被(离瓣花)亚纲 Archichlamydeae

1. 川蔓草目(川苔草目)Podostemales

川蔓草科(川苔草科)[1] Podostemaceae　川藻属　飞瀑草属　水石衣属

2. 管叶草目 Sarraceniales

茅膏菜科[2] Droseraceae　貉藻属　茅膏菜属

瓶子草科[3] Sarraceniaceae　瓶子草属　太阳瓶子草属　眼镜蛇瓶子草属

猪笼草科[4] Nepenthaceae　猪笼草属

3. 胡椒目 Piperales

胡椒科[5] Piperaceae　齐头绒属　大胡椒属　胡椒属　草胡椒属

金粟兰科[6] Chloranthaceae　草珊瑚属　金粟兰属　雪香兰属

鸟嘴果科[7] Lactoridaceae

三白草科[8] Saururaceae　三白草属　裸蒴属　蕺菜属

4. 胡桃目 Juglandales

胡桃科[9] Juglandaceae　化香树属　黄杞属　青钱柳属　枫杨属　胡桃属　喙核桃属　山核桃属

杨梅科[10] Myricaceae　杨梅属

5. 葫芦目 Cucurbitales

葫芦科[11] Cucurbitaceae　盒子草属　假贝母属　锥形果属　棒锤瓜属　雪胆属　翅子瓜属　藏瓜属　赤瓟属　罗汉果属　三棱瓜属　马㼎儿属　帽儿瓜属　茅瓜属　裂瓜属　苦瓜属　丝瓜属　喷瓜属　冬瓜属　西瓜属　黄瓜属(香瓜属)　毒瓜属　三裂瓜属　波棱瓜属　金瓜属　葫芦属　栝楼属(瓜蒌

属） 油渣果属　南瓜属　红瓜属　绞股蓝属　佛手瓜属　小雀瓜属

四数木科[12] Tetramelaceae　四数木属

6. 假橡树目 Balanopales(Balanopsidales)

假橡树科[13] Balanopaceae(Balanopsidaceae)

7. 堇菜目 Violales

半日花亚目 Cistineae

半日花科[14] Cistaceae　半日花属

刺果树科[15] Sphaerosepalaceae

红木科[16] Bixaceae　红木属

弯胚树科[17] Cochlospermaceae

柽柳亚目 Tamaricineae

瓣鳞花科[18] Frankeniaceae　瓣鳞花属

柽柳科[19] Tamaricaceae　红砂属　柽柳属　水柏枝属

沟繁缕科[20] Elatinaceae　田繁缕属　沟繁缕属

大风子亚目 Flacourtiineae

巴西肉盘科[21] Peridiscaceae

柄果木科[22] Achariaceae

大风子科[23] Flacourtiaceae　菲柞属　鼻烟盒树属　大风子属　马蛋果属　箣柊属　天料木属　柞木属　刺篱木属　锡兰莓属　山桂花属　山桐子属　山羊角树属　山拐枣属　栀子皮属　脚骨脆属

堇菜科[24] Violaceae　三角车属　鼠鞭草属　鳞隔堇属　堇菜属

旌节花科[25] Stachyuraceae　旌节花属

离柱科[26] Malesherbiaceae

肉盘树科[27] Scyphostegiaceae

窝籽树科[28] Turneraceae

西番莲科[29] Passifloraceae　西番莲属　蒴莲属

番木瓜亚目 Caricineae

番木瓜科[30] Caricaceae　番木瓜属

秋海棠亚目 Begoniineae

秋海棠科[31] Begoniaceae　秋海棠属

野麻科[32] Datiscaceae

硬毛草亚目 Loasineae

硬毛草科[33] Loasaceae

8. 锦葵目 Malvales

杜英亚目 Elaeocarpineae

杜英科[34] Elaeocarpaceae　杜英属　猴欢喜属

锦葵亚目 Malvineae

椴树科[35] Tiliaceae　斜翼属　椴树属　黄麻属　田麻属　一担柴属　破布叶属　扁担杆属　刺蒴麻属　滇桐属　蚬木属　柄翅果属　海南椴属　六翅木属

锦葵科[36] Malvaceae　锦葵属　花葵属　蜀葵属　赛葵属　黄花稔属　隔蒴苘属　苘麻属　翅果麻属　梵天花属　悬铃花属　秋葵属　木槿属　十裂葵属　桐棉属　棉属　大萼葵属

木棉科[37] Bombacaceae　猴面包树属　木棉属　瓜栗属　吉贝属　轻木属　榴莲属

梧桐科[38] Sterculiaceae　翅苹婆属　苹婆属(蘋婆属)　梧桐属　火桐属　银叶树属　鹧鸪麻属　梭罗树属　山芝麻属　火绳树属　马松子属　蛇婆子属　可可属　午时花属　翅子树属　平当树属　昂天莲属　梅蓝属　刺果藤属　山麻树属

木果树亚目 Scytopetalineae

木果树科[39]Scytopetalaceae

旋花树亚目 Sarcolaenineae

旋花树科[40]Sarcolaenaceae

9. 壳斗目 Fagales

桦木科[41]Betulaceae　榛属　虎榛子属　鹅耳枥属　铁木属　桤木属　桦木属

壳斗科[42]Fagaceae　水青冈属　栗属　锥属　柯属　三棱栎属　栎属　青冈属

10. 蓼目 Polygonales

蓼科[43]Polygonaceae　冰岛蓼属　蓼属　何首乌属　虎杖属　金线草属　荞麦属　翼蓼属　沙拐枣属　木蓼属　翅果蓼属　山蓼属　酸模属　大黄属　竹节蓼属

11. 马兜铃目 Aristolochiales

大花草科[44]Rafflesiaceae　帽蕊草属　寄生花属

根寄生科[45]Hydnoraceae

马兜铃科[46]Aristolochiaceae　马蹄香属　细辛属　线果兜铃属　马兜铃属

12. 牻牛儿苗目 Geraniales

大戟亚目 Euphorbiineae

大戟科[47]Euphorbiaceae　喜光花属　雀舌木属　方鼎木属　闭花木属　土蜜树属　核果木属　五月茶属　白饭树属　龙胆木属　蓝子木属　叶下珠属（油甘属）　珠子木属　银柴属　木奶果属　算盘子属　守宫木属　黑面神属　秋枫属（重阳木属）　缅桐属　地构叶属　沙戟属　滑桃树属　野桐属　墨鳞属　血桐属　假奓包叶属　山麻杆属　棒柄花属　白桐树属　山靛属　轮叶戟属　水柳属　蓖麻属　白大凤属　风轮桐属　白茶树属　肥牛树属　蝴蝶果属　铁苋菜属　粗毛藤属　大柱藤属　黄蓉花属　巴豆属　橡胶树属　石栗属　油桐属　东京桐属　麻疯树属　变叶木属　留萼木属　宿萼木属　叶轮木属　异萼木属　三宝木属　轴花木属　木薯属　白树属　斑籽属　黄桐属　刺果树属　澳杨属　地杨桃属　海漆属　乌桕属　响盒子属　大戟属　红雀珊瑚属

交让木科（虎皮楠科）[48]Daphniphyllaceae　交让木属（虎皮楠属）

牻牛儿苗亚目 Geraniineae

古柯科[49]Erythroxylaceae　古柯属　粘木属

旱金莲科[50]Tropaeolaceae　旱金莲属

蒺藜科[51]Zygophyllaceae　白刺属　骆驼蓬属　驼蹄瓣属　霸王属　蒺藜属　四合木属

牻牛儿苗科[52]Geraniaceae　牻牛儿苗属　老鹳草属　天竺葵属　熏倒牛属

亚麻科[53]Linaceae　石海椒属　青篱柴属　亚麻属　异腺草属

酢浆草科[54]Oxalidaceae　阳桃属　酢浆草属　感应草属

沼泽草亚目 Limnanthineae

沼泽草科[55]Limnanthaceae

13. 毛茛目 Ranunculales

毛茛亚目 Ranunculineae

大血藤科（木通科）[56]Sargentodoxaceae

防己科[57]Menispermaceae　密花藤属　藤枣属　崖藤属　古山龙属　大叶藤属　天仙藤属　球果藤属　青牛胆属　连蕊藤属　夜花藤属　细圆藤属　秤钩风属　木防己属　粉绿藤属　风龙属　蝙蝠葛属　千金藤属　锡生藤属　轮环藤属

毛茛科[58]Ranunculaceae　芍药属　驴蹄草属　鸡爪草属　金莲花属　铁破锣属　黄三七属　升麻属　类叶升麻属　铁筷子属　菟葵属　黑种草属　乌头属　翠雀属　飞燕草属　拟扁果草属　扁果草属　蓝堇草属　人字果属　拟耧斗菜属　天葵属　尾囊草属　耧斗菜属　唐松草属　黄连属　星果草属　银莲花属　獐耳细辛属　罂粟莲花属　白头翁属　毛茛莲花属　互叶铁线莲属　铁线莲属　锡兰莲属　独叶草属　星叶草属　美花草属　侧金盏花属　毛茛属　鸦跖花属　碱毛茛属　水毛茛属　角果毛茛属

木通科[59] Lardizabalaceae 猫儿屎属 木通属 长萼木通属 八月瓜属 野木瓜属 串果藤属 大血藤属

小檗科[60] Berberidaceae 南天竹属 小檗属 十大功劳属 桃儿七属 鲜黄连属 鬼臼属 山荷叶属 淫羊藿属 牡丹草属 囊果草属 红毛七属

睡莲亚目 Nymphaeineae

金鱼藻科[61] Ceratophyllaceae 金鱼藻属

睡莲科[62] Nymphaeaceae 莲属 莼属 芡属 睡莲属 萍蓬草属

14. 毛丝花目 Medusandrales

毛丝花科[63] Medusandraceae

15. 木兰目 Magnoliales

澳洲番荔枝科[64] Eupomatiaceae

八角科[65] Illiciaceae 八角属

德坚勒木科[66] Degeneriaceae

对叶藤科[67] Austrobaileyaceae

番荔枝科[68] Annonaceae 紫玉盘属 杯冠木属 亮花木属 蚁花属 澄广花属 野独活属 囊瓣木属 假鹰爪属 蒙蒿子属 银钩花属 金钩花属 哥纳香属 木瓣树属 鹿茸木属 蕉木属 暗罗属 嘉陵花属 藤春属 依兰属 鹰爪花属 尖花藤属 瓜馥木属 皂帽花属 番荔枝属

芳香木科[69] Himantandraceae

假八角科[70] Winteraceae

假樟科[71] Canellaceae

昆栏树科[72] Trochodendraceae 昆栏树属

蜡梅科（腊梅科）[73] Calycanthaceae 夏蜡梅属 蜡梅属（腊梅属）

连香树科[74] Cercidiphyllaceae 连香树属

莲叶桐科[75] Hernandiaceae 莲叶桐属 青藤属

领春木科[76] Eupteleaceae 领春木属

木兰科[77] Magnoliaceae 木莲属 华盖木属 木兰属 盖裂木属 拟单性木兰属 单性木兰属 长蕊木兰属 含笑属 合果木属 观光木属 鹅掌楸属 八角属 南五味子属 五味子属

肉豆蔻科[78] Myristicaceae 红光树属 肉豆蔻属 风吹楠属

水青树科[79] Tetracentraceae 水青树属

五味子科[80] Schisandraceae 五味子属 南五味子属

腺齿木科[81] Trimeniaceae

香材树科[82] Monimiaceae

油籽树科[83] Gormortegaceae

樟科[84] Lauraceae 鳄梨属 润楠属 油丹属 赛楠属 檬果樟属 楠属 莲桂属 琼楠属 土楠属 油果樟属 樟属 新樟属 檫木属 黄肉楠属 木姜子属 新木姜子属 山胡椒属 月桂属 厚壳桂属 无根藤属

16. 木麻黄目 Casuarinales

木麻黄科[85] Casuarinaceae 木麻黄属

17. 荨麻目 Urticales

杜仲科[86] Eucommiaceae 杜仲属

马尾树科[87] Rhoipteleaceae 马尾树属

荨麻科[88] Urticaceae 荨麻属 花点草属 艾麻属 火麻树属 蝎子草属 冷水花属 假楼梯草属 赤车属 楼梯草属 藤麻属 舌柱麻属 苎麻属 微柱麻属 雾水葛属 糯米团属 瘤冠麻属 肉被麻属 锥头麻属 落尾木属 紫麻属 水麻属 四脉麻属 水丝麻属 墙草属 单蕊麻属

桑科[89] Moraceae 水蛇麻属 桑属 构属 牛筋藤属 鹊肾树属 波罗蜜属（木菠萝属） 橙桑属

柘属　见血封喉属　榕属（无花果属）　葎草属　大麻属

榆科[90]Ulmaceae　榆属　刺榆属　青檀属　榉属　白颜树属　糙叶树属　山黄麻属　朴属

18. 蔷薇目 Rosales

豆亚目 Leguminosineae

豆科[91]Leguminosae　海红豆属　牧豆树属　代儿茶属　假含羞草属　榼藤属　含羞草属　银合欢属　合欢草属　金合欢属　朱缨花属　棋子豆属　大合欢属　猴耳环属　合欢属　象耳豆属　雨树属　球花豆属　肥皂荚属　皂荚属　顶果树属　盾柱木属　凤凰木属　云实属　老虎刺属　采木属　扁轴木属　格木属　长角豆属　任豆属　决明属　紫荆属　羊蹄甲属　仪花属　无忧花属　缅茄属　李叶豆属　油楠属　酸豆属　红豆属　香槐属　马鞍树属　槐属　银砂槐属　藤槐属　黄檀属　紫檀属　相思子属　肿荚豆属　猪腰豆属　干花豆属　崖豆藤属　水黄皮属　紫藤属　耀花豆属　巴豆藤属　鱼藤属　灰毛豆属　冬麻豆属　刺槐属　田菁属　木蓝属　瓜儿豆属　三叉刺属　假木豆属　排钱树属　两节豆属　山蚂蝗属　长柄山蚂蝗属　舞草属　密子豆属　葫芦茶属　长柄荚属　狸尾豆属　算珠豆属　蝙蝠草属　链荚豆属　苞护豆属　芫子梢属　胡枝子属　鸡眼草属　鱼鳔槐属　苦马豆属　无叶豆属　铃铛刺属　锦鸡儿属　丽豆属　旱雀豆属　雀儿豆属　黄耆属　棘豆属　米口袋属　高山豆属　骆驼刺属　山羊豆属　甘草属　岩黄耆属　藏豆属　驴食草属　百脉根属　小冠花属　野豌豆属　山黧豆属　兵豆属　豌豆属　鹰嘴豆属　芒柄花属　紫雀花属　草木犀属　胡卢巴属（胡芦巴属）　苜蓿属　车轴草属　猪屎豆属（野百合属）　黄雀儿属　罗顿豆属　山豆根属　黄花木属　沙冬青属　野决明属　羽扇豆属　毒豆属　金雀儿属　鹰爪豆属　染料木属　荆豆属　扁豆属　豇豆属（菜豆属）　丁葵草属　葛属　鸡血藤属　兔尾草属　油麻藤属　鹿藿属　落花生属　毛瓣花属　野扁豆属　千斤拔属　土圞儿属　苦参属　补骨脂属　豆薯属

刚毛果科[92]Krameriaceae

牛栓藤科[93]Connaraceae　朱果藤属　螫毛果属　红叶藤属　牛栓藤属　栗豆藤属　单叶豆属

虎耳草亚目 Saxifragineae

瓣裂果科[94]Brunelliaceae

大维逊李科[95]Davidsoniaceae

海桐科[96]Pittosporaceae　海桐花属

虎耳草科[97]Saxifragaceae　扯根菜属　大叶子属　鬼灯檠属　落新妇属　独根草属　槭叶草属　岩白菜属　涧边草属　虎耳草属　黄水枝属　唢呐草属　峨屏草属　金腰属　梅花草属　黄山梅属　溲疏属　山梅花属　赤壁木属　冠盖藤属　常山属　草绣球属　蛛网萼属　钻地风属　叉叶蓝属　绣球属　多香木属　鼠刺属　茶藨子属

火把树科[98]Cunoniaceae

景天科[99]Crassulaceae　东爪草属　落地生根属　伽蓝菜属　瓦松属　八宝属　合景天属　石莲属　瓦莲属　景天属　红景天属

囊叶草科[100]Cephalotaceae

腺毛草科[101]Byblidaceae

小叶树科[102]Bruniaceae

金缕梅亚目 Hamamelidineae

金缕梅科[103]Hamamelidaceae　双花木属　马蹄荷属　红花荷属　壳菜果属　山铜材属　枫香树属　半枫荷属　蕈树属　四药门花属　檵木属　金缕梅属　蜡瓣花属　牛鼻栓属　秀柱花属　山白树属　蚊母树属　水丝梨属

悬铃木科[104]Platanaceae　悬铃木属

折扇叶科[105]Myrothamnaceae

蔷薇亚目 Rosineae

蔷薇科[106]Rosaceae　绣线菊属　鲜卑花属　假升麻属　珍珠梅属　风箱果属　绣线梅属　小米空木属　白鹃梅属　牛筋条属　枸子属　火棘属　山楂属　小石积属　红果树属　石楠属　枇杷属　石斑

木属（车轮梅属） 花楸属 榅桲属 移依属 木瓜属 梨属 苹果属 唐棣属 棣棠花属 鸡麻属 蚊子草属 悬钩子属 仙女木属 路边青属 羽叶花属 太行花属 无尾果属 林石草属 委陵菜属 沼委陵菜属 山莓草属 地蔷薇属 草莓属 蛇莓属 蔷薇属 绵刺属 龙芽草属 马蹄黄属 地榆属 羽衣草属 扁核木属 桃属 杏属 李属 樱属 稠李属 桂樱属 臀果木属 臭樱属 朱果藤属 螯毛果属 红叶藤属 牛栓藤属 栗豆藤属 单叶豆属

19. 肉穗果目 Batales（Batidales）

肉穗果科[107]Bataceae（Batidaceae）

20. 瑞香目 Thymelaeales

毒鼠子科[108]Dichapetalaceae 毒鼠子属

管萼科[109]Penaeaceae

胡颓子科[110]Elaeagnaceae 胡颓子属 沙棘属

瑞香科[111]Thymelaeaceae 沉香属 荛花属 瑞香属 毛花瑞香属 鼠皮树属 结香属 欧瑞香属 草瑞香属 狼毒属 假狼毒属

四棱果科[112]Geissolomataceae

21. 三柱目 Julianiales

三柱科[113]Julianiaceae

22. 伞形目 Umbelliflorae

八角枫科[114]Alangiaceae 八角枫属

常绿四照花科[115]Garryaceae

珙桐科[116]Davidiaceae 珙桐属 喜树属

伞形科[117]Umbelliferae 天胡荽属 积雪草属 马蹄芹属 变豆菜属 刺芹属（刺芫荽属） 细叶芹属 迷果芹属 峨参属 香根芹属 块茎芹属 窃衣属 刺果芹属 芫荽属 双球芹属 山茉莉芹属 滇芎属 滇芹属 东俄芹属 明党参属 矮泽芹属 棱子芹属 凹乳芹属 羌活属 舟瓣芹属 瘤果芹属 紫伞芹属 毒参属 绵果芹属 隐盘芹属 丝叶芹属 柴胡属 隐棱芹属 孜然芹属 芹属 欧芹属 毒芹属 糙果芹属 绒果芹属 鸭儿芹属 阿米芹属 葛缕子属 小芹属 囊瓣芹属 矮伞芹属 茴芹属 丝瓣芹属 细裂芹属 羊角芹属 西归芹属 斑膜芹属 白苞芹属 山茴香属 天山泽芹属 泽芹属 岩风属 西风芹属 水芹属 苞裂芹属 茴香属 莳萝属 亮叶芹属 翅棱芹属 蛇床属 亮蛇床属 狭腔芹属 空棱芹属 藁本属 厚棱芹属 单球芹属 栓果芹属 喜峰芹属 山芎属 古当归属 高山芹属 柳叶芹属 当归属 山芹属 欧当归属 珊瑚菜属 弓翅芹属 阿魏属 球根阿魏属 簇花芹属 胀果芹属 前胡属 川明参属 伊犁芹属 欧防风属 独活属 大瓣芹属 四带芹属 防风属 胡萝卜属 滇藏细叶芹属 环根芹属

山茱萸科[118]Cornaceae 单室茱萸属 桃叶珊瑚属 青荚叶属 鞘柄木属 灯台树属 梾木属 山茱萸属 四照花属 草茱萸属

五加科[119]Araliaceae 多蕊木属 兰屿加属 刺通草属 八角金盘属 通脱木属 刺参属 掌叶树属 鹅掌柴属 树参属 常春藤属 刺楸属 常春木属 梁王茶属 五加属 罗伞属 大参属 华参属 马蹄参属 幌伞枫属 五叶参属 楤木属 人参属

紫树科（蓝果树科）[120]Nyssaceae 蓝果树属

23. 山龙眼目 Proteales

山龙眼科[121]Proteaceae 银桦属 山龙眼属 假山龙眼属 澳洲坚果属

24. 蛇菰目 Balanophorales

蛇菰科[122]Balanophoraceae 盾片蛇菰属 蛇菰属

25. 鼠李目 Rhamnales

火筒树科[123]Leeaceae

葡萄科[124]Vitaceae 火筒树属 地锦属 俞藤属 蛇葡萄属 白粉藤属 乌蔹莓属 崖爬藤属 酸蔹藤属 葡萄属

鼠李科[125]Rhamnaceae 雀梅藤属 鼠李属 对刺藤属 枳椇属 蛇藤属 麦珠子属 猫乳属 苞叶木属 小勾儿茶属 勾儿茶属 马甲子属(铜钱树属) 枣属 翼核果属

26. 水穗目 Hydrostachyales

水穗科[126]Hydrostachyaceae

27. 檀香目 Santalales

桑寄生亚目 Loranthineae

桑寄生科[127]Loranthaceae 鞘花属 大苞鞘花属 离瓣寄生属 桑寄生属 五蕊寄生属 梨果寄生属 钝果寄生属 大苞寄生属 栗寄生属 油杉寄生属 槲寄生属 大苞寄生属 大苞鞘花属 钝果寄生属 广寄生 槲寄生属 梨果寄生属 离瓣寄生属 栗寄生属 鞘花属 五蕊寄生属 油杉寄生属 油杉寄生属

檀香亚目 Santalineae

假石南科 (毛盘花科)[128]Grubbiaceae

山柚子科[129]Opiliaceae 山柑藤属 山柚子属 尾球木属 鳞尾木属 台湾山柚属

十萼花科[130]Dipentodontaceae

檀香科[131]Santalaceae 米面蓊属 檀香属 檀梨属 沙针属 重寄生属 寄生藤属 硬核属 百蕊草属

铁青树科[132]Olacaceae 海檀木属 蒜头果属 铁青树属 青皮木属 赤苍藤属

羽毛果科[133]Misodendraceae

28. 桃金娘目 Myrtiflorae

杉叶藻亚目 Hippuridineae

杉叶藻科[134]Hippuridaceae 杉叶藻属

锁阳亚目 Cynomoriineae

锁阳科[135]Cynomoriaceae 锁阳属

桃金娘亚目 Myrtineae

方枝树科[136]Oliniaceae

海桑科[137]Sonneratiaceae 海桑属 八宝树属

红树科[138]Rhizophoraceae 红树属 角果木属 秋茄树属 木榄属 竹节树属 山红树属

假繁缕科[139]Theligonaceae 假繁缕属

菱科[140]Trapaceae 菱属

柳叶菜科[141]Onagraceae 丁香蓼属(水龙属) 倒挂金钟属 露珠草属 山桃草属 月见草属 克拉花属 柳叶菜属

毛枝树科[142]Dialypetalanthaceae

千屈菜科[143]Lythraceae 水苋菜属 节节菜属 千屈菜属 萼艾属 萼距花属 虾子花属 丽薇属 水芫花属 黄薇属 紫薇属 散沫花属

石榴科[144]Punicaceae 石榴属

使君子科[145]Combretaceae 榆绿木属 萼翅藤属 诃子属 榄李属 使君子属 风车子属

桃金娘科[146]Myrtaceae 红胶木属 桉属 红千层属 白千层属 岗松属 番樱桃属 肖蒲桃属 蒲桃属 水翁属 桃金娘属 番石榴属 香桃木属 子楝树属 多核果属 玫瑰木属 南美棯属

小二仙草科[147]Haloragaceae 狐尾藻属 小二仙草属

野牡丹科[148]Melastomataceae 金锦香属 耳药花属 野牡丹属 长穗花属 异形木属 尖子木属 偏瓣花属 药囊花属 棱果花属 柏拉木属 八蕊花属 野海棠属 锦香草属 无距花属 异药花属 肉穗草属 虎颜花属 卷花丹属 蜂斗草属 藤牡丹属 酸脚杆属 厚距花属 翼药花属 褐鳞木属 谷木属

隐翼科[149]Crypteroniaceae 隐翼属

玉蕊科[150]Lecythidaceae 玉蕊属

29．藤黄目 Guttiferales

茶亚目 Theineae

山茶科[151] Theaceae　山茶属　石笔木属　大头茶属　木荷属　圆籽荷属　折柄茶属　紫茎属　多瓣核果茶属　核果茶属　厚皮香属　杨桐属　红淡比属　猪血木属　柃木属　茶梨属

多柱树科[152] Caryocaraceae

附生藤科[153] Marcgraviaceae

绒子树科[154] Quiinaceae

藤黄科[155] Guttiferae　金丝桃属　三腺金丝桃属　黄牛木属　铁力木属　红厚壳属　格脉树属　藤黄属　猪油果属

钩枝藤亚目 Ancistrocladineae

钩枝藤科[156] Ancistrocladaceae　钩枝藤属

金莲木亚目 Ochnineae

金莲木科[157] Ochnaceae　金莲木属　赛金莲木属　合柱金莲木属

龙脑香科[158] Dipterocarpaceae　龙脑香属　坡垒属　娑罗双属　柳安属　青梅属

栓皮果科[159] Strasburgeriaceae

五桠果亚目 Dilleniineae

船形果科[160] Eucryphiaceae

环柱树科[161] Medusagynaceae

流苏亮籽科[162] Crossosomataceae

猕猴桃科[163] Actinidiaceae　猕猴桃属　藤山柳属　水东哥属　毒药树属

芍药科[164] Paeoniaceae　芍药属

五桠果科[165] Dilleniaceae　锡叶藤属　五桠果属

30．卫矛目 Celastrales

茶茱萸亚目 Icacinineae

茶茱萸科[166] Icacinaceae　肖榄属　粗丝木属　琼榄属　柴龙树属　假海桐属　假柴龙树属　定心藤属　微花藤属　无须藤属　刺核藤属　薄核藤属　麻核藤属　心翼果属

心翼果科[167] Cardiopteridaceae

黄杨亚目 Buxineae

黄杨科[168] Buxaceae　黄杨属　野扇花属　板凳果属

卫矛亚目 Celastrineae

棒果科[169] Corynocarpaceae

翅粤树科（翅萼树科）[170] Cyrillaceae

翅子藤科（希藤科）[171] Hippocrateaceae　五层龙属　翅子藤属　扁蒴藤属

刺茉莉科[172] Salvadoraceae　刺茉莉属

冬青科[173] Aquifoliaceae　冬青属

木根草科[174] Stackhausiaceae

省沽油科[175] Staphyleaceae　瘿椒树属　省沽油属　野鸦椿属　山香圆属

卫矛科[176] Celastraceae　卫矛属　沟瓣属　永瓣藤属　南蛇藤属　美登木属　膝柄木属　巧茶属　假卫矛属　十齿花属　雷公藤属　盾柱属　核子木属

五列木科[177] Pentaphylacaceae　五列木属

油树科[178] Pandaceae　小盘木属

31．无患子目 Sapindales

凤仙亚目 Balsamineae

凤仙花科[179] Balsaminaceae　凤仙花属　水角属

马桑亚目 Coriariineae

马桑科[180]Coriariaceae　马桑属

漆树亚目 Anacardiineae

漆树科[181]Anacardiaceae　山檬子属　腰果属　杧果属　槟榔青属　人面子属　南酸枣属　厚皮树属　藤漆属　黄连木属　黄栌属　盐肤木属　漆属　三叶漆属　肉托果属　辛果漆属　九子母属

无患子亚目 Sapindineae

伯乐树科[182]Bretschneideraceae　伯乐树属

鳞枝树科[183]Aextoxicaceae

七叶树科[184]Hippocastanaceae　七叶树属

槭树科[185]Aceraceae　金钱槭属　槭属

清风藤科[186]Sabiaceae　清风藤属　泡花树属

无患子科[187]Sapindaceae　倒地铃属　异木患属　无患子属　赤才属　滇赤才属　鳞花木属　龙眼属　爪耳木属　荔枝属　番龙眼属　干果木属　韶子属　滨木患属　柄果木属　檀栗属　细子龙属　假韶子属　栾树属　车桑子属　掌叶木属　黄梨木属　伞花木属　假山萝属　茶条木属　文冠果属

羽叶树科[188]Melianthaceae

32. 仙人掌目 Cactales

仙人掌科[189]Cactaceae　木麒麟属　仙人掌属　量天尺属　昙花属

33. 杨柳目 Salicales

杨柳科[190]Salicaceae　杨属　钻天柳属　柳属

34. 银毛木目 Leitneriales

滴滴美木科[191]Didymelaceae

银毛木科[192]Leitneriaceae

35. 罂粟目 Papaverales

白花菜亚目 Capparineae

白花菜科（山柑科）[193]Capparaceae　白花菜属　鱼木属　山柑属　斑果藤属　节蒴木属　白花菜属

烈味三叶草科[194]Tovariaceae

十字花科[195]Cruciferae　长柄芥属　芸苔属　白芥属　二行芥属　芝麻菜属　萝卜属　两节荠属　诸葛菜属　线果芥属　独行菜属　臭荠属　群心菜属　菘蓝属　厚壁荠属　沙芥属　屈曲花属　高河菜属　双果荠属　荠属　荠属　藏荠属　薄果荠属　半脊荠属　蛇头荠属　双脊荠属　宽框荠属　岩荠属　弯梗芥属　革叶荠属　绵果荠属　螺喙荠属　舟果荠属　乌头荠属　球果荠属　脱喙荠属　匙荠属　庭荠属　燥原荠属　香雪球属　团扇荠属　葶苈属　穴丝荠属　辣根属　碎米荠属　弯蕊芥属　单花荠属　藏芥属　山芥属　堇叶芥属　南芥属　腋花芥属　鼠耳芥属　曙南芥属　高原芥属　旗杆芥属　瘿菜属　豆瓣菜属　花旗杆属　异蕊芥属　丛菔属　四齿芥属　紫罗兰属　小柱芥属　离子芥属　异果芥属　条果芥属　丝叶芥属　涩荠属　香花芥属　香芥属　异药芥属　隐子芥属　棒果芥属　四棱荠属　糖芥属　棱果芥属　桂竹香属　簇芥属　葱芥属　沟子荠属　山萮菜属　大蒜芥属　小蒜芥属　寒原荠属　锥果芥属　念珠芥属　连蕊芥属　肉叶荠属　无隔荠属　盐芥属　亚麻荠属　播娘蒿属　羽裂叶荠属　芹叶荠属　阴山荠属

辣木亚目 Moringineae

辣木科[196]Moringaceae　辣木属

木犀草亚目 Resedineae

木犀草科[197]Resedaceae　木犀草属　川犀草属

罂粟亚目 Papaverineae

罂粟科[198]Papaveraceae　蓟罂粟属　绿绒蒿属　罂粟属　花菱草属　秃疮花属　海罂粟属　疆罂粟属　金罂粟属　荷青花属　白屈菜属　血水草属　博落回属　角茴香属　荷包牡丹属　紫金龙属　荷包藤属　紫堇属　烟堇属

36. 芸香目 Rutales

金虎尾亚目 Malpighiineae

独蕊科[199] Vochysiaceae

金虎尾科[200] Malpighiaceae　盾翅藤属　风筝果属（飞鸢果藤）　三星果属　翅实藤属　金虎尾属　金英属　异翅藤果属

三棱果科[201] Trigoniaceae

远志亚目 Polygalineae

假石南科（孔药花科）[202] Tremandraceae

远志科[203] Polygalaceae　黄叶树属　蝉翼藤属　远志属　齿果草属

芸香亚目 Rutineae

叠珠树科[204] Akaniaceae

橄榄科[205] Burseraceae　马蹄果属　嘉榄属　橄榄属

苦木科[206] Simaroubaceae　臭椿属　苦树属（苦木属）　鸦胆子属　海人树属　牛筋果属

楝科[207] Meliaceae　香椿属　洋椿属　桃花心木属　非洲楝属　麻楝属　杜楝属　地黄连属　浆果楝属　割舌树属　鹪鸪花属　米仔兰属　雷楝属　山楝属　崖摩属　樫木属　溪杪属　楝属　木果楝属

三叶脱皮树科[208] Picrodendraceae

叶柄花科[209] Cneoraceae

芸香科[210] Rutaceae　花椒属　臭常山属　吴茱萸属　蜜茱萸属　石椒草属　拟芸香属　芸香属　裸芸香属　白鲜属　巨盘木属　飞龙掌血属　黄檗属　榆橘属　山油柑属　香肉果属　茵芋属　小芸木属　山小橘属　黄皮属　九里香属　三叶藤橘属　单叶藤橘属　酒饼簕属　枳属　金橘属　柑橘属（柑桔属）　木橘属　象橘属

37. 中子目 Centrospermae

刺戟亚目 Didiereineae

刺戟科[211] Didiereaceae

藜亚目 Chenopodiineae

藜科[212] Chenopodiaceae　千针苋属　甜菜属　盐角草属　盐千屈菜属　盐爪爪属　盐穗木属　盐节木属　小果滨藜属　轴藜属　驼绒藜属　滨藜属　菠菜属　角果藜属　沙蓬属　虫实属　苞藜属　藜属　地肤属　雾冰藜属　樟味藜属　兜藜属　绒藜属　棉藜属　异子蓬属　碱蓬属　单刺蓬属　对节刺属　梭梭属　节节木属　假木贼属　合头草属　对叶盐蓬属　盐生草属　戈壁藜属　新疆藜属　猪毛菜属　小蓬属　盐蓬属　叉毛蓬属

苋科[213] Amaranthaceae　类林地苋属　浆果苋属　青葙属　砂苋属　苋属　杯苋属　白花苋属　针叶苋属　牛膝属　林地苋属　莲子草属　千日红属　血苋属　安旱苋属

马齿苋亚目 Portulacineae

落葵科[214] Basellaceae　落葵属　落葵薯属

马齿苋科[215] Portulacaceae　马齿苋属　土人参属

商陆亚目 Phytolaccineae

番杏科[216] Aizoaceae　针晶粟草属　星粟草属　粟米草属　海马齿属　假海马齿属　日中花属　番杏属

环蕊科[217] Gyrostemonaceae

商陆科[218] Phytolaccaceae　商陆属　蕾芬属

粟米草科[219] Molluginaceae

透镜籽科[220] Achatocarpaceae

紫茉莉科[221] Nyctaginaceae　腺果藤属　胶果木属　叶子花属　紫茉莉属　山紫茉莉属　黄细心属　粘腺果属

石竹亚目 Caryophyllineae

石竹科[222]Caryophyllaceae 裸果木属 治疝草属 大爪草属 拟漆姑属 荷莲豆草属 多荚草属 白鼓钉属 孩儿参属 鹅肠菜属 卷耳属 繁缕属 硬骨草属 无心菜属 种阜草属 囊种草属 短瓣花属 漆姑草属 米努草属 薄蒴草属 麦仙翁属 剪秋罗属 蝇子草属 狗筋蔓属 麦蓝菜属 膜萼花属 石竹属 刺叶属 肥皂草属 石头花属 金铁锁属

（二）合瓣花亚纲 Sympetalae

38. 白花丹目 Plumbaginales

白花丹科（蓝雪科）[223]Plumbaginaceae 白花丹属 鸡娃草属 蓝雪花属 彩花属 伊犁花属 驼舌草属 补血草属

39. 报春花目 Primulales

报春花科[224]Primulaceae 珍珠菜属 七瓣莲属 海乳草属 琉璃繁缕属 仙客来属 假报春属 假婆婆纳属 点地梅属 报春属 独花报春属 长果报春属 羽叶点地梅属 水茵草属

假轮叶科[225]Theophrastaceae

紫金牛科[226]Myrsinaceae 杜茎山属 蜡烛果属 紫金牛属 酸藤子属 铁仔属 密花树属

40. 车前目 Plantaginales

车前科[227]Plantaginaceae 车前属

41. 川续断目 Dipsacales

败酱科[228]Valerianaceae 败酱属 甘松属 缬草属

川续断科[229]Dipsacaceae 双参属 刺续断属 川续断属 翼首花属 蓝盆花属

忍冬科[230]Caprifoliaceae 接骨木属 荚蒾属 莛子藨属 七子花属 毛核木属 北极花属 蝟实属 六道木属 双盾木属 锦带花属 鬼吹箫属 忍冬属

五福花科[231]Adoxaceae 五福花属 四福花属 华福花属

42. 杜鹃花目 Ericales

杜鹃花科[232]Ericaceae 杜香属 杉叶杜属 松毛翠属 杜鹃属 岩须属 吊钟花属 木藜芦属 马醉木属 珍珠花属 金叶子属 地桂属 白珠树属 伏地杜鹃属 北极果属 越桔属 树萝卜属

尖苞树科[233]Epacridaceae

鹿蹄草科[234]Pyrolaceae 鹿蹄草属 独丽花属 单侧花属 喜冬草属 假水晶兰属 沙晶兰属 水晶兰属

山柳科（桤叶树科）[235]Clethraceae 桤叶树属

岩高兰科[236]Empetraceae 岩高兰属

43. 管花目 Tubiflorae

苦槛蓝亚目 Myoporineae

苦槛蓝科[237]Myoporaceae 苦槛蓝属

马鞭草亚目 Verbenineae

唇形科[238]Labiatae 心叶石蚕属 掌叶石蚕属 动蕊花属 香科科属 筋骨草属 四棱草属 歧伞花属 宽管花属 水棘针属 全唇花属 保亭花属 锥花属 毛药花属 黄芩属 分药花属 薰衣草属 欧夏至草属 夏至草属 藿香属 扭藿香属 裂叶荆芥属 荆芥属 活血丹属 台钱草属 扭连钱属 龙头草属 长蕊青兰属 青兰属 扁柄草属 夏枯草属 铃子香属 钩萼草属 沙穗属 绣球防风属 糙苏属 独一味属 鼬瓣花属 野芝麻属 小野芝麻属 菱叶元宝草属 鬃尾草属 假水苏属 益母草属 脓疮草属 兔唇花属 绵参属 斜萼草属 假野芝麻属 假糙苏属 喜雨草属 药水苏属 水苏属 箭叶水苏属 火把花属 鳞果草属 广防风属 簇序草属 冠唇花属 矮刺苏属 鼠尾草属 迷迭香属 美国薄荷属 异野芝麻属 新塔花属 蜜蜂花属 姜味草属 风轮菜属 新风轮属 神香草属 牛至属 百里香属 薄荷属 地笋属 紫苏属 石荠苎属（石荠宁属） 米团花属 香薷属 钩子木属 绵穗苏属 香简草属 刺蕊草属 水蜡烛属 羽萼木属 筒冠花属 四轮香属 山香属 排草香属 子宫草属 香茶菜属 角花属 鞘蕊花属 龙船草属 凉粉草属 尖头花属 网萼木属 小冠薰属 罗勒属 鸡脚参属 肾茶属

马鞭草科[239]Verbenaceae 海榄雌属 六苞藤属 楔翅藤属 绒苞藤属 马鞭草属 马缨丹属 过江藤属 假马鞭属(假败酱属) 蓝花藤属 假连翘属 紫珠属 柚木属 豆腐柴属 千解草属 假紫珠属 石梓属 牡荆属 大青属(赪桐属) 冬红属 辣莸属 莸属

水马齿科[240]Callitrichaceae 水马齿属

茄亚目 Solanineae

核果木科[241]Duckeodendraceae

巴西木科[242]Henriqueziaceae

胡麻科[243]Pedaliaceae 胡麻属 茶菱属

角胡麻科[244]Martyniaceae 角胡麻属

爵床科[245]Acanthaceae 山牵牛属 叉柱花属 蛇根叶属 瘤子草属 老鼠簕属 百簕花属 楠草属 地皮消属 拟地皮消属 喜花草属 假杜鹃属 水蓑衣属 裸柱草属 肾苞草属 安龙花属 赛山蓝属 恋岩花属 半插花属 尖蕊花属 黄猄草属 兰嵌马蓝属 山一笼鸡属 南一笼鸡属 肖笼鸡属 黄球花属 假尖蕊属 板蓝属 耳叶马蓝属 腺背蓝属 马蓝属 糯米香属 红毛蓝属 长苞蓝属 金足草属 叉花草属 合页草属 紫云菜属 四苞蓝属 延苞蓝属 假蓝属 鳞花草属 色萼花属 穿心莲属 火焰花属 鳔冠花属 十万错属 白接骨属 山壳骨属 钟花草属 纤穗爵床属 银脉爵床属 叉序草属 狗肝菜属 观音草属 枪刀药属 鳄嘴花属 针子草属 孩儿草属 灵枝草属 秋英爵床属 珊瑚花属 麒麟吐珠属 黄脉爵床属 鸭嘴花属 杜根藤属 野靛棵属 驳骨草属 爵床属 白鹤灵芝属

苦苣苔科[246]Gesneriaceae 辐花苣苔属 四数苣苔属 苦苣苔属 世纬苣苔属 马铃苣苔属 短檐苣苔属 金盏苣苔属 直瓣苣苔属 粗筒苣苔属 筒花苣苔属 漏斗苣苔属 珊瑚苣苔属 堇叶苣苔属 扁蒴苣苔属 横蒴苣苔属 细蒴苣苔属 短筒苣苔属 后蕊苣苔属 裂檐苣苔属 瑶山苣苔属 双片苣苔属 异裂苣苔属 异片苣苔属 单座苣苔属 半蒴苣苔属 密序苣苔属 石蝴蝶属 盾叶苣苔属 全唇苣苔属 细筒苣苔属 报春苣苔属 唇柱苣苔属 小花苣苔属 石山苣苔属 长蒴苣苔属 圆唇苣苔属 长檐苣苔属 朱红苣苔属 异唇苣苔属 蛛毛苣苔属 旋蒴苣苔属 喜鹊苣苔属 唇萼苣苔属 长冠苣苔属 大苞苣苔属 紫花苣苔属 芒毛苣苔属 吊石苣苔属 线柱苣苔属 浆果苣苔属 圆果苣苔属 十字苣苔属 异叶苣苔属 尖舌苣苔属 盾座苣苔属 台闽苣苔属

狸藻科[247]Lentibulariaceae 捕虫堇属 狸藻属

列当科[248]Orobanchaceae 草苁蓉属 黄筒花属 野菰属 假野菰属 肉苁蓉属 薦寄生属 齿鳞草属 豆列当属 列当属

铃花科[249]Nolanaceae

茄科[250]Solanaceae 假酸浆属 枸杞属 颠茄属 赛茛菪属 山莨菪属 天蓬子属 马尿泡属 天仙子属 泡囊草属 散血丹属 地海椒属 酸浆属 睡茄属 辣椒属 龙珠属 茄属 红丝线属 番茄属 茄参属 树番茄属 曼陀罗属 夜香树属 烟草属 碧冬茄属

球花科[251]Globulariaceae

弯药树科[252]Columelliaceae

玄参科[253]Scrophulariaceae 毛蕊花属 来江藤属 泡桐属 美丽桐属 玄参属 藏玄参属 野甘草属 假马齿苋属 水八角属 虻眼属 泽蕃椒属 钟萼草属 毛麝香属 石龙尾属 肉果草属 苦玄参属 三翅萼属 母草属 蝴蝶草属 沟酸浆属 通泉草属 野胡麻属 小果草属 水茫草属 柳穿鱼属 虾子草属 地黄属 毛地黄属 呆白菜属 鞭打绣球属 幌菊属 胡黄连属 腹水草属 细穗玄参属 婆婆纳属 兔耳草属 钟山草属 胡麻草属 黑蒴属 短冠草属 方茎草属 黑草属 独脚金属 火焰草属 直果草属 山罗花属 松蒿属 小米草属 脐草属 五齿萼属 疗齿草属 鼻花属 马先蒿属 翅茎草属 阴行草属 鹿茸草属 芯芭属

紫葳科[254]Bignoniaceae 二叶藤属 黄钟花属 蚁木属 非洲凌霄属 粉花凌霄属 连理藤属 硬骨凌霄属 炮仗藤属 照夜白属 猫爪藤属 老鸦烟筒花属 木蝴蝶属 梓属 翅叶木属 厚膜树属 火焰树属 羽叶楸属 菜豆树属 凌霄属 角蒿属 猫尾木属 火烧花属 蓝花楹属 葫芦树属

吊灯树属　蜡烛树属

　　醉鱼草科[255]Buddlejaceae　醉鱼草属

　　透骨草亚目 Phrymineae

　　透骨草科[256]Phrymaceae　透骨草属

　　旋花亚目 Convolvulineae

　　刺树科[257]Fouquieriaceae

　　花荵科[258]Polemoniaceae　电灯花属　花荵属　天蓝绣球属

　　旋花科[259]Convolvulaceae　马蹄金属　土丁桂属　盾苞藤属　丁公藤属　飞蛾藤属　心萼薯属　猪菜藤属　小牵牛属　打碗花属　旋花属　鱼黄草属　盒果藤属　番薯属　牵牛属　月光花属　茑萝属　金鱼花属　鳞蕊藤属　苞叶藤属　银背藤属　腺叶藤属　菟丝子属

　　紫草亚目 Boraginineae

　　盖裂寄生科[260]Lennoaceae

　　田基麻科[261]Hydrophyllaceae　田基麻属

　　紫草科[262]Boraginaceae　破布木属　厚壳树属　轮冠木属　基及树属　双柱紫草属　天芥菜属　紫丹属　砂引草属　紫草属　软紫草属　紫筒草属　滇紫草属　蓝蓟属　肺草属　牛舌草属　假狼紫草属　狼紫草属　腹脐草属　聚合草属　勿忘草属　附地菜属　车前紫草属　皿果草属　山茄子属　滨紫草属　钝背草属　微果草属　垫紫草属　齿缘草属　微孔草属　颈果草属　锚刺果属　鹤虱属　翅鹤虱属　颅果草属　异果鹤虱属　毛束草属　毛果草属　糙草属　李果鹤虱属　斑种草属　长蕊斑种草属　琉璃草属　长柱琉璃草属　翅果草属　长蕊琉璃草属　盾果草属　盘果草属

　　44.桔梗目 Campanulales

　　草海桐科[263]Goodeniaceae　草海桐属　离根香属

　　尖瓣花科[264]Sphenocleaceae

　　桔梗科[265]Campanulaceae　蓝钟花属　蓝花参属　星花草属　党参属　金钱豹属　细钟花属　桔梗属　风铃草属　沙参属　牧根草属　袋果草属　同钟花属　半边莲属　铜锤玉带属　五膜草属　尖瓣花属

　　菊科[266]Compositae　都丽菊属　斑鸠菊属　凋缨菊属　地胆草属　假地胆草属　下田菊属　藿香蓟属　泽兰属　假泽兰属　一枝黄花属　鱼眼草属　杯菊属　田基黄属　瓶头草属　秋分草属　粘冠草属　刺冠菊属　雏菊属　裸菀属　马兰属　翠菊属　狗娃花属　东风菜属　女菀属　紫菀属　岩菀属　紫菀木属　乳菀属　麻菀属　莎菀属　碱菀属　短星菊属　异裂菊属　寒蓬属　飞蓬属　小舌菊属　白酒草属　歧伞菊属　葶菊属　艾纳香属　拟艾纳香属　六棱菊属（臭灵丹属）　阔苞菊属　花花柴属　球菊属　戴星草属　翼茎草属　含苞草属　絮菊属　蝶须属　火绒草属　香青属　棉毛菊属　鼠麹草属　蜡菊属　革苞菊属　旋覆花属　苇谷草属　蚤草属　天名精属　和尚菜属　牛眼菊属　山黄菊属　虾须草属　苍耳属　豚草属　刺苞果属　银胶菊属　百日菊属　蛇目菊属　豨莶属　沼菊属　鳢肠属　金光菊属　百能葳属　蟛蜞菊属　肿柄菊属　向日葵属　金钮扣属　金腰箭属　金鸡菊属　大丽花属　秋英属　鬼针草属　鹿角草属　牛膝菊属　羽芒菊属　万寿菊属　天人菊属　蒿属　春黄菊属　果香菊属　蓍属　天山蓍属　木茼蒿属　茼蒿属　小滨菊属　滨菊属　短舌菊属　菊属　母菊属　三肋果属　匹菊属　太行菊属　鞘冠菊属　菊蒿属　扁芒菊属　复芒菊属　女蒿属　百花蒿属　紊蒿属　小甘菊属　亚菊属　画笔菊属　线叶菊属　喀什菊属　栉叶蒿属　芙蓉菊属　石胡荽属　山芫荽属　裸柱菊属　绢蒿属　多榔菊属　华蟹甲属　歧笔菊属　蟹甲草属　假橐吾属　兔儿伞属　款冬属　蜂斗菜属　蒲儿根属　狗舌草属　羽叶菊属　合耳菊属　藤菊属　千里光属　野茼蒿属　菊芹属　菊三七属（三七草属、土三七属）　一点红属　瓜叶菊属　金盏花属　大吴风草属　橐吾属　垂头菊属　蓝刺头属　刺苞菊属　苍术属　苓菊属　球菊属　毛蕊菊属　刺头菊属　虎头蓟属　牛蒡属　顶羽菊属　黄缨菊属　蝟菊属　翅膜菊属　疆菊属　菜蓟属　蓟属　肋果蓟属　泥胡菜属　大翅蓟属　川木香属　重羽菊属　飞廉属　寡毛菊属　水飞蓟属　半毛菊属　麻花头属　纹苞菊属　斜果菊属　山牛蒡属　漏芦属　红花属　针苞菊属　藏掖花属　珀菊属　矢车菊属　白刺菊属　薄鳞菊属　琉

苞菊属　风毛菊属　白菊木属　帚菊属　蚂蚱腿子属　兔儿风属　栌菊木属　大丁草属（扶郎花属）菊苣属　蝎尾菊属　鸦葱属　鼠毛菊属　婆罗门参属　猫儿菊属　毛连菜属　小疮菊属　苦苣菜属山莴苣属　乳苣属　厚喙菊属　山柳菊属　还阳参属　黄鹌菜属　河西菊属　假还阳参属　栓果菊属花佩菊属　假福王草属　福王草属　绢毛苣属　合头菊属　肉菊属　稻搓菜属　紫菊属　耳菊属岩参属　翅果菊属　莴苣属　雀苣属　苦荬菜属　小苦荬属　沙苦荬属　黄瓜菜属　毛鳞菊属　细莴苣属　头嘴菊属　粉苞菊属　异喙菊属　假小喙菊属　蒲公英属

蓝花根叶草科[267]Brunoniaceae

丝滴草科[268]Stylidiaceae

头花草科[269]Calyceraceae

五膜草科[270]Pentaphragmataceae

45．龙胆目 Gentianales

夹竹桃科[271]Apocynaceae　假虎刺属　仔榄树属　山橙属　奶子藤属　海杧果属（海芒果属）　黄花夹竹桃属　玫瑰树属　蕊木属　萝芙木属　链珠藤属　黄蝉属　鸡蛋花属　水甘草属　长春花属　蔓长春花属　鸡骨常山属　盆架树属　狗牙花属　假金桔属　止泻木属　倒吊笔属　清明花属　倒缨木属　帘子藤属　纽子花属　同心结属　夹竹桃属　羊角拗属　罗布麻属　白麻属　长节珠属　毛药藤属　金平藤属　鳝藤属　香花藤属　小花藤属　鹿角藤属　尖子藤属　络石属　腰骨藤属　乐东藤属　毛车藤属　花皮胶藤属　杜仲藤属　富宁藤属　思茅藤属

离水花科[272]Desfontainiaceae

龙胆科[273]Gentianaceae　藻百年属　杯药草属　小黄管属　百金花属　穿心草属　龙胆属　双蝴蝶属　蔓龙胆属　匙叶草属　大钟花属　花锚属　扁蕾属　喉毛花属　翼萼蔓属　假龙胆属　口药花属　黄秦艽属　肋柱花属　辐花属　獐牙菜属　睡菜属　莕菜属

萝藦科[274]Asclepiadaceae　桉叶藤属　海岛藤属　白叶藤属　马莲鞍属　翅果藤属　杠柳属　须药藤属　弓果藤属　勐腊藤属　须花藤属　鲫鱼藤属　乳突果属　尖槐藤属　肉珊瑚属　鹅绒藤属　牛角瓜属　滑藤属　马利筋属　钉头果属　白水藤属　驼峰藤属　秦岭藤属　萝藦属　大花藤属　铰剪藤属　天星藤属　石萝藦属　匙羹藤属　纤冠藤属　豹皮花属　润肺草属　夜来香属　牛奶菜属　黑鳗藤属　蜂出巢属　金凤藤属　球兰属　南山藤属　荟蔓藤属　眼树莲属　马兰藤属　醉魂藤属　娃儿藤属　箭药藤属　吊灯花属

马钱科[275]Loganiaceae　灰莉属　马钱属　蓬莱葛属　钩吻属　髯管花属　尖帽草属　度量草属　醉鱼草属

茜草科[276]Rubiaceae　多轮草属　岩上珠属　小牙草属　岩黄树属　耳草属　新耳草属　螺序草属　蛇根草属　五星花属　香茜属　蜘蛛花属　雪花属　牡丽草属　报春茜属　郎德木属　水锦树属　桂海木属　金鸡纳属　土连翘属　石丁香属　绣球茜属　流苏子属　滇丁香属　香果树属　帽蕊木属　钩藤属　乌檀属　团花属　新乌檀属　黄棉木属　鸡仔木属　槽裂木属　水团花属　心叶木属　风箱树属　尖药花属　玉叶金花属　裂果金花属　溪楠属　密脉木属　腺萼木属　尖叶木属　栀子属　木瓜榄属　山石榴属（山黄皮属）　浓子茉莉属　鸡爪簕属　茜树属　岭罗麦属　白香楠属　须弥茜树属　短萼齿木属　狗骨柴属　瓶花木属　乌口树属　绢冠茜属　藏药木属　长隔木属　丁茜属　红芽大戟属　琼梅属　鱼骨木属　海岸桐属　毛茶属　海茜树属　咖啡属　大沙叶属　龙船花属　长柱山丹属　九节属　弯管花属　爱地草属　头九节属　染木树属　粗叶木属　石核木属　蒋英木属　鸡矢藤属（鸡屎藤属）　香叶木属　野丁香属　假盖果草属　钩毛草属　蔓虎刺属　白马骨属　薄柱草属　穴果木属　虎刺属　南山花属　巴戟天属　墨苜蓿属　双角草属　丰花草属　盖裂果属　长柱草属　车叶草属　拉拉藤属　茜草属　泡果茜草属

睡菜科[277]Menyanthaceae

46．木犀目 Oleales

木犀科（木樨科）[278]Oleaceae　雪柳属　梣属　连翘属　丁香属　木犀属　李榄属　流苏树属　木犀榄属　女贞属　泽泻属（茉莉属）　夜花属　胶核木属

47. 柿树目 Ebenales

山榄亚目 Sapotineae

肉实树科[279] Sarcospermataceae

山榄科[280] Sapotaceae　神秘果属　铁线子属　胶木属　紫荆木属　梭子果属　牛油果属　金叶树属　藏榄属　刺榄属　蛋黄果属　桃榄属　山榄属　铁榄属　肉实树属

柿树亚目 Ebenineae

尖药科[281] Lissocarpaceae

马蹄柱头树科[282] Hoplestigmataceae

山矾科[283] Symplocaceae　山矾属

柿树科[284] Ebenaceae　柿属

野茉莉科（安息香科）[285] Styracaceae　安息香属（野茉莉属）　赤杨叶属　山茉莉属　银钟花属　陀螺果属　木瓜红属　白辛树属　秤锤树属　茉莉果属

48. 岩梅目 Diapensiales

岩梅科[286] Diapensiaceae　岩镜属　岩梅属　岩匙属　岩扇属

Ⅱ 单子叶植物纲 Monocotyledoneae

49. 百合目 Liliiflorae

百合亚目 Liliineae

蓝星科[287] Cyanastraceae

百部科[288] Stemonaceae　百部属　黄精叶钩吻属

百合科[289] Liliaceae　岩菖蒲属　无叶莲属　白丝草属　胡麻花属　丫蕊花属　棋盘花属　藜芦属　油点草属　山菅属（山菅兰属）　独尾草属　知母属　吊兰属　鹭鸶草属　异蕊草属　玉簪属　萱草属　芦荟属　山慈菇属　嘉兰属　顶冰花属　洼瓣花属　猪牙花属　郁金香属　贝母属　百合属　大百合属　豹子花属　假百合属　绵枣儿属　虎眼万年青属　穗花韭属　葱属　丝兰属　朱蕉属　龙血树属　虎尾兰属　白穗花属　铃兰属　夏须草属　吉祥草属　开口箭属　万年青属　蜘蛛抱蛋属　七筋姑属　鹿药属　舞鹤草属　万寿竹属　扭柄花属　黄精属　竹根七属　重楼属　延龄草属　天门冬属　假叶树属　山麦冬属　沿阶草属　球子草属　粉条儿菜属　菝葜属　肖菝葜属

长喙科[290] Hypoxidaceae

尖叶鳞枝科[291] Velloziaceae

箭根薯科（蒟蒻薯科）[292] Taccaceae　蒟蒻薯属　裂果薯属

龙舌兰科[293] Agavaceae　龙舌兰属

木根旱生草科[294] Xanthorrhoeaceae

石蒜科[295] Amaryllidaceae　网球花属　君子兰属　雪片莲属　葱莲属（玉簪属）　文殊兰属　鸢尾蒜属　全能花属　水鬼蕉属　朱顶红属　龙头花属　石蒜属　水仙属　龙舌兰属　晚香玉属　仙茅属　小金梅草属　芒苞草属　孤挺花属

薯蓣科[296] Dioscoreaceae　薯蓣属

血皮草科[297] Haemodoraceae

水玉簪亚目 Burmannineae

美丽腐生草科[298] Corsiaceae

水玉簪科[299] Burmanniaceae　水玉簪属　腐草属

田葱亚目 Philydrineae

田葱科[300] Philydraceae　田葱属

雨久花亚目 Pontederiineae

雨久花科[301] Pontederiaceae　雨久花属　凤眼蓝属

鸢尾亚目 Iridineae

地蜂草科[302] Geosiridaceae

鸢尾科[303]Iridaceae　番红花属　唐菖蒲属　雄黄兰属　观音兰属　虎皮花属　香雪兰属　红葱属　射干属　肖鸢尾属　鸢尾属　庭菖蒲属

50．灯心草目 Juncales

灯心草科[304]Juncaceae　灯心草属　地杨梅属

圭亚那草科[305]Thurniaceae

51．凤梨目 Bromeliales

凤梨科[306]Bromeliaceae　凤梨属　水塔花属

52．佛焰花目 Spathiflorae

浮萍科[307]Lemnaceae　紫萍属　浮萍属　芜萍属

天南星科[308]Araceae　菖蒲属　花烛属　臭菘属　刺芋属　曲籽芋属　石柑属　假石柑属　水芋属　雷公连属　上树南星属　麒麟叶属　藤芋属　崖角藤属　龟背竹属　广东万年青属（亮丝草属）　马蹄莲属　千年健属　落檐属　花叶万年青属　泉七属　岩芋属　五彩芋属　曲苞芋属　细柄芋属　芋属　海芋属　喜林芋属　大漂属　魔芋属　疆南星属　犁头尖属　天南星属　斑龙芋属　隐棒花属　半夏属

53．禾本目 Graminales

禾本科[309]Gramineae　梨竹属　簝箬竹属（思劳竹属）　泡竹属　空竹属　泰竹属　梨藤竹属　单枝竹属　新小竹属　篲竹属　慈竹属　绿竹属　牡竹属　巨竹属　大节竹属　唐竹属　短穗竹属　刚竹属　倭竹属　业平竹属　寒竹属　筇竹属　香竹属　镰序竹属　筱竹属　悬竹属　箭竹属　玉山竹属　酸竹属　少穗竹属　大明竹属　巴山木竹属　井冈寒竹属　矢竹属　异枝竹属　赤竹属　铁竹属　箬竹属　囊秆竹属　稻属　假稻属　水禾属　山涧草属　菰属　蒲苇属　芦竹属　类芦属　芦苇属　粽叶芦属　麦氏草属　酸模芒属　淡竹叶属　羊茅属　鼠茅属　裂秆茅属　扁穗草属　鸭茅属　洋狗尾草属　早熟禾属　银穗草属　旱禾属　碱茅属　硬草属　凌风草属　沿沟草属　假拟沿沟草属　小沿沟草属　黑麦草属　龙常草属　臭草属　甜茅属　水茅属　雀麦属　扇穗茅属　短柄草属　假牛鞭草属　细穗草属　披碱草属　赖草属　新麦草属　大麦属　猬草属　黑麦属　山羊草属　小麦属　鹅观草属　偃麦草属　冰草属　旱麦草属　燕麦草属　绒毛草属　鹬鸪草属　扁芒草属　银须草属　毛蕊草属　齿秆草属　溚草属　三毛草属　发草属　异燕麦属　燕麦属　藕草属　茅香属　黄花茅属　异颖草属　沟秆草属　短颖草属　野青茅属　拂子茅属　剪股颖属　单蕊草属　棒头草属　茵草属　梯牧草属　看麦娘属　粟草属　针茅属　落芒草属　三蕊草属　冠毛草属　直芒草属　沙鞭属　钝基草属　细柄茅属　三角草属　芨芨草属　九顶草属　獐毛属　画眉草属　羽穗草属　镰秆草属　弯穗草属　尖秆草属　细画眉草属　固沙草属　隐子草属　双秆草属　千金子属　草沙蚕属　穆属（蟋蟀草属）　龙爪茅属　总苞草属　格兰马草属　虎尾草属　肠须草属　狗牙根属　真穗草属　小草属　野牛草属　米草属　鼠尾粟属　隐花草属　乱子草属　显子草属　三芒草属　茅根属　结缕草属　锋芒草属　耳秆草属　野古草属　莎禾属　稗荩属　小丽草属　柳叶箬属　弓果黍属　黍属　二型花属　距花黍属　露籽草属　囊颖草属　糖蜜草属　红毛草属　刺毛头黍属　山鸡谷草属　凤头黍属　钩毛草属　求米草属　稗属　臂形草属　尾稃草属　野黍属　地毯草属　雀稗属　膜稃草属　毛颖草属　薄稃草属　马唐属　狗尾草属　狼尾草属　蒺藜草属　伪针茅属　类雀稗属　钝叶草属　莠雷草属　鬣刺属芒属　双药芒属　荻属　坚轴草属　白茅属　河八王属　甘蔗属　蔗茅属　大油芒属　油芒属　旱茅竹属　莠竹属　黄金茅属　假金发草属　拟金茅属　单序草属　金发草属（金丝草属）　楔颖草属　吉曼草属　高粱属　香根草属　金须茅属　双花草属　旱茅属　孔颖草属　细柄草属　鸭嘴草属　沟颖草属　水蔗草属　髯茅属　须芒草属　香茅属　裂秆草属　莐草属　苞茅属　假铁秆草属　黄茅属　菅属　锥茅属　束尾草属　牛鞭草属　空轴茅属　筒轴茅属　蜈蚣草属　蛇尾草属　假蛇尾草属　球穗草属　毛俭草属　多裔草属　磨擦草属　类蜀黍属　玉蜀黍属　薏苡属

54．合蕊目 Synanthae

巴拿马草科[310]Cyclanthaceae

55．露兜树目 Pandanales

黑三棱科[311]Sparganiaceae　黑三棱属

露兜树科[312]Pandanaceae　藤露兜树属　露兜树属

香蒲科[313]Typhaceae　香蒲属

56．霉草目 Triuridales

霉草科[314]Triuridaceae　喜荫草属

57．蘘荷目 Scitamineae

芭蕉科[315]Musaceae　象腿蕉属　地涌金莲属　芭蕉属　旅人蕉属　鹤望兰属　蝎尾蕉属　兰花蕉属

姜科[316]Zingiberaceae　姜花属　大苞姜属　长果姜属　山柰属　土田七属　凹唇姜属　象牙参属 距药姜属　姜黄属　舞花姜属　山姜属　直唇姜属　喙花姜属　豆蔻属　偏穗姜属　大豆蔻属　茴香砂仁属　姜属　闭鞘姜属

兰花蕉科[317]Lowiaceae　兰花蕉属

美人蕉科[318]Cannaceae　美人蕉属

竹芋科(久雨花科)[319]Marantaceae　竹叶蕉属　柊叶属　肖竹芋属　竹芋属(久雨花属)　再力花属 凤眼莲属

58．莎草目 Cyperales

莎草科[320]Cyperaceae　藨草属　羊胡子草属　扁穗草属　芙兰草属　荸荠属　球柱草属　飘拂草属 刺子莞属　赤箭莎属　克拉莎属　鳞籽莎属　黑莎草属　海滨莎属　莎草属　水莎草属　扁莎属 砖子苗属　翅鳞莎属　水蜈蚣属　断节莎属　湖瓜草属　野长蒲属　播鼓芳属　割鸡芒属　石龙刍属 珍珠茅属　裂颖茅属　嵩草属　薹草属

59．微子目 Microspermae

兰科[321]Orchidaceae　三蕊兰属　拟兰属　杓兰属　兜兰属　金佛山兰属　头蕊兰属　无叶兰属 火烧兰属　双蕊兰属　无喙兰属　鸟巢兰属　对叶兰属　竹茎兰属　管花兰属　斑叶兰属　袋唇兰属 血叶兰属　爬兰属　钳唇兰属　叉柱兰属　旗唇兰属　全唇兰属　翻唇兰属　叠鞘兰属　线柱兰属 二尾兰属　开唇兰属　绶草属　肥根兰属　铠兰属　指柱兰属　隐柱兰属　葱叶兰属　红门兰属 舌喙兰属　苞叶兰属　舌唇兰属　凹舌兰属　蜻蜓兰属　反唇兰属　尖药兰属　角盘兰属　无柱兰属 兜被兰属　手参属　长喙兰属　白蝶兰属　阔蕊兰属　玉凤花属　合柱兰属　兜蕊兰属　孔唇兰属 双袋兰属　鸟足兰属　香荚兰属　肉果兰属　山珊瑚属　倒吊兰属　盂兰属　朱兰属　芋兰属　天 麻属　双唇兰属　锚柱兰属　肉药兰属　虎舌兰属　白及属　宽距兰属　羊耳蒜属　沼兰属　鸢尾兰 属　套叶兰属　紫茎兰属　山兰属　杜鹃兰属　筒距兰属　布袋兰属　独花兰属　珊瑚兰属　美冠兰 属　地宝兰属　合萼兰属　球柄兰属　云叶兰属　带唇兰属　毛梗兰属　滇兰属　粉口兰属 苞舌兰属　黄兰属　鹤顶兰属　虾脊兰属　坛花兰属　筒瓣兰属　吻兰属　金唇兰属　密花兰属　竹 叶兰属　笋兰属　贝母兰属　独蒜兰属　曲唇兰属　足柱兰属　石仙桃属　耳唇兰属　新型兰属　蜂 腰兰属　瘦房兰属　多穗兰属　毛兰属　美柱兰属　盾柄兰属　牛角兰属　宿苞兰属　禾叶兰属　牛 齿兰属　柄唇兰属　矮柱兰属　馥兰属　石斛属　金石斛属　厚唇兰属　石豆兰属　短瓣兰属　大苞 兰属　带叶兰属　肉兰属　五唇兰属　象鼻兰属　拟万代兰属　蛇舌兰属　羽唇兰属　脆兰属　盖喉 兰属　火焰兰属　匙唇兰属　毛舌兰属　掌唇兰属　鹿角兰属　钻柱兰属　大喙兰属　隔距兰属　花 蜘蛛兰属　湿唇兰属　蜘蛛兰属　白点兰属　异型兰属　尖囊兰属　万代兰属　钻喙兰属　叉喙兰属 寄树兰属　凤蝶兰属　蝴蝶兰属　低药兰属　风兰属　萼脊兰属　指甲兰属　长足兰属　钗子股属 盆距兰属　香兰属　槽舌兰属　鸟舌兰属　拟蜘蛛兰属　火炬兰属　管唇兰属　虾尾兰属　巾唇兰属　植柱兰属

60．鸭跖草目 Commelinales

谷精草亚目 Eriocaulineae

谷精草科[322]Eriocaulaceae　谷精草属

须叶藤亚目 Flagellariineae

须叶藤科[323] Flagellariaceae　须叶藤属

鸭跖草亚目 Commelinineae

黄眼草科[324] Xyridaceae　黄眼草属

偏穗草科[325] Rapateaceae

三蕊细叶草科[326] Mayacaceae

鸭跖草科[327] Commelinaceae　穿鞘花属　孔药花属　竹叶子属　竹叶吉祥草属　聚花草属　杜若属　水竹叶属　三瓣果属　网籽草属　假紫万年青属　鞘苞花属　蓝耳草属　鸭跖草属　紫万年青属　吊竹梅属（水竹草属）

帚灯草亚目 Restionineae

刺鳞草科[328] Centrolepidaceae　刺鳞草属

帚灯草科[329] Restionaceae　薄果草属

61. 沼生目 Helobiae

水鳖亚目 Hydrocharitineae

水鳖科[330] Hydrocharitaceae　水车前属　水鳖属　海菖蒲属　泰来藻属　水筛属　苦草属　虾子草属　黑藻属　喜盐草属

眼子菜亚目 Potamogetonineae

茨藻科[331] Najadaceae　角果藻属　丝粉藻属　茨藻属

角果藻科[332] Zannichelliaceae

水麦冬科[333] Juncaginaceae

眼子菜科[334] Potamogetonaceae　水麦冬属　眼子菜属　川蔓藻属　大叶藻属　虾海藻属　波喜荡属　二药藻属　针叶藻属

水蕹科[335] Aponogetonaceae　水蕹属

泽泻亚目 Alismatineae

花蔺科[336] Butomaceae　花蔺属　拟花蔺属　黄花蔺属

泽泻科[337] Alismataceae　慈姑属　毛茛泽泻属　泽苔草属　泽泻属

芝菜亚目（冰沼草亚目）Scheuchzerineae

芝菜科（冰沼草科）[338] Scheuchzeriaceae　冰沼草属

62. 棕榈目 Principes

棕榈科[339] Palmae　刺葵属　棕榈属　石山棕属　棕竹属　蒲葵属　轴榈属　丝葵属　贝叶棕属　琼棕属　菜棕属　糖棕属　酒椰属　钩叶藤属　蛇皮果属　黄藤属　省藤属　桃椰属　鱼尾葵属　瓦理棕属　散尾葵属　王棕属　假槟榔属　槟榔属　山槟榔属　油棕属　椰子属　金山葵属　水椰属

（参考网站：中国植物志 http://frps.eflora.cn/frps）

（许友毅）

附录五 重要药用植物彩色照片

彩图 1* 百合科卷丹 *Lilium tigrinum* Ker Gawl.（示珠芽）

彩图 2* 猪笼草科猪笼草 *Nepenthes mirabilis*（Lour.）Merr.（示叶变态为捕虫叶）

彩图 3 芸香科沙田柚 *Citrus maxima*（Burm.）Merr. cv. Shatian Yu（示单身复叶与枝刺）

彩图 4 凤仙花科凤仙花 *Impatiens balsamina* L.（示距与叶柄腺体）

彩图 5* 十字花科油白菜 *Brassica chinensis* L. var. oleifera Makino et Namot（示十字形花冠、四强雄蕊、总状花序）

彩图 6* 豆科假地豆 *Desmodium heterocarpon*（L.）DC.（示假地豆、木豆等的蝶形花冠）

彩图 7 茄科洋金花(白花曼陀罗)*Datura metel* L.(示喇叭花/漏斗状花冠及蒴果)

彩图 8 桔梗科桔梗 *Platycodon grandiflorum*(Jacq.)A. DC.(示钟状花冠)

彩图 9 鸭跖草科鸭跖草 *Commelina communis* L.(示部分退化雄蕊)

彩图 10 菊科翅果菊 *Pterocypsela indica*(L.)Shih(示舌状花冠与头状花序及总苞片)

彩图 11* 唇形科益母草 *Leonurus japonicas* Houtt.(示花萼管状钟形、5枚萼齿与冠檐二唇形及轮伞花序)

彩图 12* 伞形科蛇床 *Cnidium monnieri*(L.)Cuss.(示复伞形花序与双悬果)

彩图 25　苋科鸡冠花 *Celosia civistata* L.（示胞果）

彩图 26　毛茛科黄连 *Coptis chinensis* Franch.

彩图 27*　毛茛科乌头 *Aconitum carmichaeli* Debx.（示叶深裂与全裂及蓝紫色萼片）

彩图 28*　毛茛科牡丹 *Paeonia suffruticosa* Andr.（示重瓣花与聚合蓇葖果）

彩图 29　小檗科阔叶十大功劳 *Mahonia bealei*（Fort.）Carr.（示单数羽状复叶与浆果）

彩图 30　小檗科三枝九叶草（箭叶淫羊藿）*Epimedium sagittatum*（Sieb. Et Zucc.）Maxim（示三出复叶）

彩图 31　防己科金线吊乌龟 *Stephania cepharantha* Hayata（示盾状着生叶）

彩图 32　木兰科鹅掌楸（马褂木）*Liriodendron chinensis*（Hemsl.）Sarg

彩图 33　木兰科厚朴 *Magnolia officinalis* Rehd. et Wils.

彩图 34　木兰科五味子 *Schisandra chinensis*

彩图 35　樟科南肉桂（越南清化肉桂）*Cinnamomum cassia* bl. forma macrophylla Cined（示离基三出脉）

彩图 36　樟科乌药 *Lindera aggregata*（Sims）Kosterm.

彩图 37* 十字花科菘蓝 *Isatis indigotica* Fortune

彩图 38 白屈菜科白屈菜 *Chelidonium majus* L.

彩图 39* 景天科瓦松 *Orostachys fimbriatus*（Turcz.）Berger（示肉质叶）

彩图 40* 虎耳草科虎耳草 *Saxifraga stolonifera* Curt.（示两侧对称花）

彩图 41 蔷薇科木瓜（榠楂）*Chaenomeles sinensis*（Thouin）Koehne

彩图 42 蔷薇科山楂 *Crataegus pinnatifida*（示叶缘重锯齿与梨果）

彩图 43* 蔷薇科龙芽草(仙鹤草)*Agrimonia pilosa* L db.

彩图 44* 蔷薇科地榆 *Sanguisorba officinalis* L.

彩图 45 蔷薇科枇杷 *Eriobotrya japonica*（Thunb.）Lindl.（示叶片上半部叶缘锯齿）

彩图 46 豆科苏木 *Caesalpinia sappan* L.（示荚果）

彩图 47 豆科合欢 *Albizia julibrissin* Durazz.（示二回羽状复叶与头状花序）

彩图 48 芸香科吴茱萸 *Evodia rutaecarpa*（Juss.）Benth.（示单数羽状复叶交互对生）

彩图 49 大戟科巴豆 *Croton tiglium* L.（示基出脉与叶基腺体及放大蒴果）

彩图 50 冬青科枸骨 *Ilex cornuta* Lindl. et Paxt.（示叶缘刺齿）

彩图 51* 冬青科铁冬青（救必应）*Ilex rotunda* Thunb.

彩图 52 鼠李科酸枣 *Zizyphus jujuba* Mill.

彩图 53 锦葵科圆锥苘麻 *Abutilon paniculatum* Hand.—Mazz.（示离瓣花与单体雄蕊及分果爿）

彩图 54* 五加科竹节参 *Panax japonicus* C. A. Mey.

彩图55 伞形科紫花前胡 *Angelica decursiva*（Miq.）Franch. et Sav.（示复伞形花序）

彩图56 木犀科女贞 *Ligustrum lucidum* Ait.

彩图57 木犀科木犀 *Osmanthus fragrans*（Thunb.）Lour.

彩图58* 夹竹桃科长春花 *Catharanthus roseus*（L.）G. Don（示高脚碟状花冠与双生蓇葖果）

彩图59 夹竹桃科萝芙木 *Rauvolfia verticillata*（Lour.）Baill.（示三叶轮生与螺旋状花被卷叠式）

彩图60 萝藦科杠柳 *Periploca sepium* Bunge

彩图 61* 马鞭草科蔓荆 *Vitex trifolia* L.

彩图 62 旋花科牵牛（裂叶牵牛）*Ipomoea nil*（L.）Roth

彩图 63* 紫茉莉科紫茉莉 *Mirabilis jalapa* L.

彩图 64 唇形科夏枯草 *Prunella vulgaris* L.

彩图 65 唇形科猫须草（肾茶）*Clerodendranthus spicatus* (Thunb.) C. Y. Wu

彩图 66* 唇形科白苏 *Perilla frutescens*(L.)Britt.

彩图 67* 唇形科南丹参 *Salvia bowleyana* Dunn（示交互对生单数羽状复叶与轮伞花序）

彩图 68* 爵床科穿心莲 *Andrographis paniculata*（Burm. f.）Nees

彩图 69* 玄参科玄参 *Scrophularia ningpoensis* Hemsl.（示交互式对生叶）

彩图 70 车前科车前 *Plantago asiatica* L.（示基生叶与细长穗状花序）

彩图 71 茜草科栀子 *Gardenia jasminoides* Ellis

彩图 72* 茜草科白花蛇舌草 *Hedyotis diffusa* Willd

彩图 73* 桔梗科党参 Codonopsis pilosula（Franch.）Nannf.（示钟状花冠）

彩图 74 忍冬科忍冬 Lonicera japonica Thunb.

彩图 75 忍冬科华南忍冬 Lonicera confusa（Sweet）DC.

彩图 76 败酱草科白花败酱（攀倒甑）Patrinia villosa（Thunb.）Juss（示叶基部楔形及花序上一小花）

彩图 77* 葫芦科木鳖子 Momordica cochinchinensis（Lour.）Spreng.（示放大瓠果）

彩图 78 葫芦科绞股蓝 Fiveleaf Gynostemma Herb

彩图 79　葫芦科栝楼 *Trichosanthes kirilowii* Maxim

彩图 80*　菊科旋覆花 *Inula japonica* Thunb.

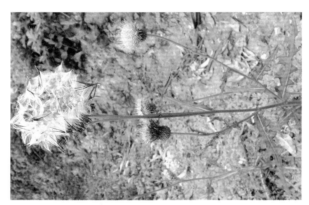

彩图 81*　菊科大蓟 *Cirsium japonicum* Fisch. ex DC.

彩图 82*　菊科小蓟 *Cirsium setosum*（Willd.）MB.

彩图 83*　禾本科薏苡 *Coix lacryma-jobi* L.（示骨质念珠状总苞）

彩图 84*　莎草科香附子（莎草）*Cyperus rotundus* L.（示三角柱形茎）

彩图 85 鸢尾科射干 *Belamcanda chinensis* (L.) Redouté(示 2 轮花被片)

彩图 86 天南星科石菖蒲 *Acorus tatarinowii*(示肉穗花序)

彩图 87 天南星科蒟蒻(魔芋)*Anorphophallus konjac* K. Koch

彩图 88 天南星科虎掌(掌叶半夏)*Pinellia pedatisecta*

彩图 89 百合科山百合(百合)*Lilium brownie* var. viridulum Baker

彩图 90 百合科菝葜 *Smilax china*

彩图 91* 百合科非洲天门冬 *Asparagus densiflorus*

彩图 92* 百合科木立芦荟 *Aloe arborescens* Mill.

彩图 93 百合科黄精 *Polygonatum sibiricum*

彩图 94 薯蓣科薯蓣 *Dioscorea opposita* Thunb.

彩图 95 百部科对叶百部(大百部)*Stemona tuberosa* Lour.

彩图 96* 姜科草豆蔻 *Alpinia katsumadai* Hayata

彩图 97　姜科砂仁 *Amomum villosum* Lour.

彩图 98*　姜科益智 *Alpinia oxyphylla* Miq.

彩图 99　兰科白及 *Bletilla striata*（Thunb. ex A. Murray）Rchb. f.

彩图 100*　兰科美冠兰 *Eulophia graminea* Lindl.（功能为止血定痛，用于跌打损伤、血瘀疼痛、外伤出血、痈疽疮疡、虫蛇咬伤）

彩图 101　蔷薇科山楂 *Crataegus pinnatifida*（三维立体图，需佩戴红蓝 3D 眼镜）

彩图 102　唇形科广藿香 *Pogostemon cablin*（Blanco）Bent.（三维立体图）

注：在彩图序号右上角标注 * 号的需顺时针旋转 90°观看。以上药物植物彩色照片中，提供 1 幅的有孙兴力、曾碧映老师，提供 2 幅的有梁晓婷老师，提供 3 幅的有田建平老师，提供 4 幅的有刘颖老师，提供 6 幅的有买买提·努尔艾合老师，提供 10 幅以上的有赵庆年、刘灿仿老师，其余约 70 幅由许友毅老师提供，并进行后续加工处理。

参 考 文 献

CANKAOWENXIAN

［1］ 姚腊初.药用植物识别技术［M］.武汉:华中科技大学出版社,2013.

［2］ 张浩.药用植物学［M］.6 版.北京:人民卫生出版社,2011.

［3］ 王德群,谈献和.药用植物学［M］.北京:科学出版社,2010.

［4］ 何先元.药用植物学［M］.西安:第四军医大学出版社,2007.

［5］ 艾继周.天然药物学［M］.北京:高等教育出版社,2006.

［6］ 郑汉臣,蔡少青.药用植物学与生药学［M］.4 版.北京:人民卫生出版社,2005.

［7］ 杨春樹.药用植物学［M］.北京:中国中医药出版社,2005.

［8］ 林美珍,张建海.药用植物学［M］.北京:中国医药科技出版社,2015.

［9］ 刘淑琴.原形原色生物标本的制作及保存方法［J］.教学仪器与实验,2000,10:22-23.

［10］ 韩峻,李玉卿,武煜明,等.几种常用植物教学标本的制作方法［J］.云南中医学院学报,2006,29(2):
31-34.

［11］ 宁小清,郭建华.植物绿色固定保色 AB 液的实验研究［J］.广西中医学院学报,2005,8(1):3-5.

［12］ 杜明芸,樊金会,臧德奎,等.木本植物电子标本库的建立与教学应用［J］.实验室科学,2007,3:85-86.

［13］ 彭学著.药用植物学［M］.西安:第四军医大学出版社,2011.

［14］ 潘凯元.药用植物学［M］.北京:高等教育出版社,2008.

［15］ 詹立平.药用植物学［M］.上海:第二军医大学出版社,2012.

［16］ 王宁.天然药物学［M］.北京:化学工业出版社,2013.

［17］ 国家药典委员会.中华人民共和国药典［M］.北京:中国医药科技出版社,2015.

［18］ 阮晓,王强,颜启传.药用植物生理生态学［M］.北京:科学出版社,2010.

［19］ 杜勤.药用植物学［M］.北京:中国医药科技出版社,2011.

［20］ 陈美霞.植物组织培养［M］.武汉:华中科技大学出版社,2013.

［21］ 肖尊安.植物生物技术［M］.北京:高等教育出版社,2011.